Linux 9
系统管理全面解析

沈 超 胡 波 编著

电子工业出版社
Publishing House of Electronics Industry
北京·BEIJING

内 容 简 介

本书采用了最新发行的 Rocky Linux 9 作为教学版本。全书共 9 章，内容涵盖了初学 Linux 系统管理所需掌握的所有知识点，讲解了 Linux 日常管理操作的方方面面，由浅入深，内容全面，案例丰富，实战性强。

本书依次讲解了 Linux 的高级文件系统管理，包括 LVM（逻辑卷管理）、磁盘配额和 RAID（磁盘阵列）的部署；shell 的基础知识，包括 Bash 操作环境的构建、输入/输出重定向、管道符、变量的设置和使用等；shell 编程的正则表达式、字符截取和替换命令、字符处理命令、条件判断、流程控制等知识，以及 shell 编程的脚本实例；Linux 系统的启动引导流程，以及启动引导程序 grub 的使用、内核模块管理；Linux 下的常见服务，以及服务的分类、管理、自启动的设置等；Linux 的进程管理、工作管理、系统资源查看和系统定时任务；Linux 的常用日志管理，包括日志服务 rsyslogd、日志轮替、日志分析工具；数据备份的原理和策略、备份和恢复命令；SELinux 的简介及启动管理、安全上下文管理、日志查看、策略规则等。

本书广泛适用于各种基于 Linux 平台服务部署及开发、运维的技术人员，以及高等院校计算机相关专业的学生，也是云计算学习的必备入门书籍。

未经许可，不得以任何方式复制或抄袭本书之部分或全部内容。
版权所有，侵权必究。

图书在版编目（CIP）数据

Linux 9 系统管理全面解析 / 沈超, 胡波编著.
北京 : 电子工业出版社, 2025. 4. -- ISBN 978-7-121-49991-3

Ⅰ. TP316.85

中国国家版本馆 CIP 数据核字第 2025BB0197 号

责任编辑：张梦菲　李　冰
印　　刷：三河市兴达印务有限公司
装　　订：三河市兴达印务有限公司
出版发行：电子工业出版社
　　　　　北京市海淀区万寿路 173 信箱　邮编：100036
开　　本：787×1092　1/16　印张：21.75　字数：487.2 千字
版　　次：2025 年 4 月第 1 版
印　　次：2025 年 4 月第 1 次印刷
定　　价：85.00 元

凡所购买电子工业出版社图书有缺损问题，请向购买书店调换。若书店售缺，请与本社发行部联系，联系及邮购电话：(010) 88254888，88258888。
质量投诉请发邮件至 zlts@phei.com.cn，盗版侵权举报请发邮件至 dbqq@phei.com.cn。
本书咨询联系方式：libing@phei.com.cn。

前言

2012 年左右，我和李明老师合作，共同录制了一套 Linux 的入门视频"史上最牛的 Linux 视频"教程。出乎我们意料的是，这套视频居然成为互联网"爆款"视频，好评如潮。十几年过去了，这套视频依然高居 B 站 Linux 类视频的榜首。为了配套此视频，我们也编写了《细说 Linux 系统管理》和《细说 Linux 基础知识》第 1 版和第 2 版两套书籍。

那么，今年为什么还要出版新的书籍呢？主要原因是 CentOS 停止开发，以及新版 Rocky Linux 9.x 系统的推出，旧版书籍已经不适用于最新系统，我们当然也要与时俱进。

本书为什么要采用名不见经传的 Rocky Linux 9.x 系统，作为教学操作系统呢？这就可以聊聊 RedHat 和 CentOS 的原创始人 Gregory Kurtzer 的恩怨了。

Rocky Linux 是一个开源、免费的企业级操作系统，与 RHEL（Red Hat Enterprise Linux）100%兼容。Red Hat 是全球著名的 Linux 开发商，旗下的 RHEL 系统也是 Linux 重要发行版本，但是这个版本一直收费。当年 CentOS 系统为了打破 RHEL 的收费模式，以完全开源、免费的形式向公众发布，CentOS 与 Red Hat 之争也被业界传为佳话。可惜 CentOS 最终没有抵抗到最后，被 Red Hat 收购，并且最终被 IBM 收购。2020 年 12 月 8 日，Red Hat 宣布停止开发免费的 CentOS 系统，全力发展收费的 RHEL 系统。

当 CentOS 系统宣布停止开发后，CentOS 的原创始人 Gregory Kurtzer 在 CentOS 官网上宣布，他将再次启动一个项目，以实现 CentOS 的最初目标，就是 Rocky Linux。2022 年 7 月 16 日，Rocky Linux 社区宣布 Rocky Linux 9.0 操作系统全面上市，其可作为 CentOS Linux 的直接替代品，并将继续和 RHEL 系统竞争，以免费的形式造福用户。

从 2006 年开始，我接触 Linux 职业教育领域，开始是兼职授课，后来成为专职的 Linux 讲师，最终变成我从事十几年的事业。

在这十几年当中，我们培训了超过万名学员，录制了浏览量超过千万次的"爆款"视频，在长期的教学实践中，我们越来越认识到编写一本适合初学者、思路清晰的教材的重要性。

本书是我们十几年技术与教学经验的总结，我们立志把复杂的技术简单化，同时保持足够的深度与难度，通过通俗易懂的方式、由浅入深的讲解，以及步骤清晰、完整的实验，给予每位 Linux 初学者帮助。

Linux 9 系统管理全面解析

  为了帮助读者学习，笔者团队为本书录制了配套视频，请大家关注 B 站视频账号"薪享宏福（uid：578475880）"观看，系列视频正在录制中。

  最后，感谢参与本书编写工作的胡波老师，也感谢我们教学团队的汪洋老师、刘川老师、焦明老师和黄惠娟老师的支持和建议。特别感谢李冰编辑，没有她的帮助，就没有本书的面世。

  由于作者水平有限，书中出现不足及错误之处在所难免，敬请各位读者批评指正、给予建议，联系邮箱：shenchao@xinxianghf.com。

沈超

目录

第 1 章 运筹帷幄，操控全盘：高级文件系统管理 ... 1

1.1 LVM（逻辑卷管理）... 1
- 1.1.1 LVM 的概念 ... 2
- 1.1.2 使用图形界面安装系统时配置 LVM 分区 ... 3
- 1.1.3 使用命令模式管理 LVM——PV 管理 ... 6
- 1.1.4 使用命令模式管理 LVM——VG 管理 ... 9
- 1.1.5 使用命令模式管理 LVM——LV 管理 ... 11
- 1.1.6 LVM 快照 ... 16

1.2 磁盘配额 ... 21
- 1.2.1 什么是磁盘配额 ... 21
- 1.2.2 磁盘配额中的常见概念 ... 22
- 1.2.3 用户配额的实现过程 ... 24
- 1.2.4 组配额的实现过程 ... 35
- 1.2.5 目录配额的实现过程 ... 37

1.3 RAID（磁盘阵列）... 40
- 1.3.1 RAID 简介 ... 40
- 1.3.2 使用命令模式配置 RAID 5 ... 46

1.4 本章小结 ... 50

第 2 章 化简单为神奇：shell 基础 ... 51

2.1 shell 概述 ... 51
- 2.1.1 什么是 shell ... 51
- 2.1.2 shell 的分类 ... 52

2.2 Bash 的主要功能 ... 54
- 2.2.1 历史命令 ... 54
- 2.2.2 命令与文件补全 ... 58
- 2.2.3 命令别名 ... 58
- 2.2.4 命令连接符号 ... 61

		2.2.5	管道符 ···	64
		2.2.6	echo 输出 ··	67
		2.2.7	输入/输出重定向 ··	69
		2.2.8	通配符 ···	76
		2.2.9	Bash 常用快捷键 ··	77
	2.3	编辑并运行脚本 ···		78
		2.3.1	编辑第一个 shell 脚本 ···	78
		2.3.2	运行第一个 shell 脚本 ···	79
	2.4	Bash 的变量 ···		80
		2.4.1	为什么要使用变量 ···	80
		2.4.2	变量的分类 ··	82
		2.4.3	变量赋值方式之接收键盘输入 ····································	104
	2.5	Bash 中的特殊符号 ··		107
		2.5.1	单引号和双引号 ··	107
		2.5.2	反引号 ···	108
		2.5.3	小括号和大括号 ··	109
	2.6	Bash 中的运算符 ···		111
		2.6.1	数值运算 ···	111
		2.6.2	shell 中常用的运算符 ···	115
	2.7	环境变量配置文件 ··		116
		2.7.1	source 命令 ··	116
		2.7.2	环境变量配置文件分类 ··	116
		2.7.3	shell 登录信息 ··	119
		2.7.4	Bash 快捷键 ···	121
	2.8	本章小结 ··		121
第 3 章	管理员的"九阳神功"：shell 编程 ·································			122
	3.1	正则表达式 ···		122
		3.1.1	什么是正则表达式 ···	122
		3.1.2	基础正则表达式 ··	122
		3.1.3	扩展正则表达式 ··	129
	3.2	字符截取和替换命令 ···		130
		3.2.1	cut 列提取命令 ··	130
		3.2.2	awk 编程 ··	132
		3.2.3	sed 命令 ···	141
	3.3	字符处理命令 ··		148
		3.3.1	排序命令 sort ··	148

目 录

  3.3.2 uniq 命令 ·················149
  3.3.3 统计命令 wc ············150
3.4 条件判断························151
  3.4.1 按照文件类型进行判断········151
  3.4.2 按照文件权限进行判断········152
  3.4.3 对两个文件进行比较·········153
  3.4.4 对两个整数进行比较·········153
  3.4.5 字符串判断···············154
  3.4.6 多重条件判断·············154
  3.4.7 [[ ]]判断···················155
3.5 流程控制························156
  3.5.1 if 条件判断···············157
  3.5.2 多分支 case 条件语句·······165
  3.5.3 变量的测试与变量置换······168
  3.5.4 for 循环·················170
  3.5.5 while 循环···············178
  3.5.6 until 循环················180
  3.5.7 函数·····················181
  3.5.8 特殊流程控制语句·········182
3.6 脚本实例························188
  3.6.1 自定义回收站············188
  3.6.2 自动判卷脚本············189
3.7 本章小结·······················195

第 4 章 庖丁解牛，悬丝诊脉：Linux 系统启动管理············196

4.1 Rocky Linux 9.x 启动过程详解······196
  4.1.1 Rocky Linux 9.x 基本启动流程···196
  4.1.2 具体启动过程·············198
4.2 启动引导程序（Boot Loader）·····208
  4.2.1 grub2 加载内核和虚拟文件系统···209
  4.2.2 grub2 的配置文件··········209
  4.2.3 手工安装 grub2············213
  4.2.4 grub2 加密················213
4.3 系统修复模式····················215
  4.3.1 单用户模式···············215
  4.3.2 破解 root 用户密码·········217
  4.3.3 光盘修复模式·············219

4.4 本章小结 ······ 222

第5章 掌柜先生敲算盘：服务管理 ······ 223

5.1 服务的简介与分类 ······ 223
- 5.1.1 服务和端口 ······ 223
- 5.1.2 服务的启动与自启动 ······ 225
- 5.1.3 Rocky Linux 9 服务的分类 ······ 226

5.2 RPM 包默认安装的系统服务管理 ······ 228
- 5.2.1 通过 systemctl 启动与自启动系统服务 ······ 228
- 5.2.2 通过 systemctl 查看系统服务 ······ 230
- 5.2.3 通过 systemctl 管理系统单元组（操作环境）······ 234
- 5.2.4 systemctl 服务的配置文件 ······ 235

5.3 源码包安装的服务管理 ······ 238
- 5.3.1 源码包安装服务的启动与自启动 ······ 238
- 5.3.2 把源码包安装的服务加入 systemd 管理 ······ 239

5.4 本章小结 ······ 241

第6章 七剑下天山：系统管理 ······ 242

6.1 进程管理 ······ 242
- 6.1.1 进程简介 ······ 243
- 6.1.2 进程的查看 ······ 244
- 6.1.3 进程的管理 ······ 252
- 6.1.4 进程的优先级 ······ 256

6.2 工作管理 ······ 258
- 6.2.1 工作管理简介 ······ 258
- 6.2.2 如何把命令放入后台 ······ 259
- 6.2.3 后台命令管理 ······ 260

6.3 系统资源查看 ······ 263
- 6.3.1 vmstat 命令：监控系统资源 ······ 263
- 6.3.2 dmesg 命令：显示开机时的内核检测信息 ······ 264
- 6.3.3 free 命令：查看内存使用状态 ······ 265
- 6.3.4 查看 CPU 信息 ······ 265
- 6.3.5 查看本机登录用户信息 ······ 266
- 6.3.6 uptime 命令 ······ 268
- 6.3.7 查看系统与内核的相关信息 ······ 268
- 6.3.8 lsof 命令：列出进程调用或打开的文件信息 ······ 269

6.4 系统定时任务 ······ 272

目录

  6.4.1 at 命令：一次性执行定时任务 ………………………………… 272
  6.4.2 crontab 命令：循环执行定时任务 ……………………………… 275
  6.4.3 anacron …………………………………………………………… 280
 6.5 本章小结 ………………………………………………………………… 282

第 7 章 凡走过必留下痕迹：日志管理 ……………………………………… 283
 7.1 日志简介 ………………………………………………………………… 283
  7.1.1 日志相关服务 …………………………………………………… 283
  7.1.2 确认日志服务启动状态 ………………………………………… 284
 7.2 日志服务 journald ……………………………………………………… 285
  7.2.1 journald 服务常见日志文件 …………………………………… 285
  7.2.2 journalctl 命令 …………………………………………………… 285
 7.3 日志服务 rsyslogd ……………………………………………………… 289
  7.3.1 rsyslogd 服务常见日志文件 …………………………………… 289
  7.3.2 痕迹命令 ………………………………………………………… 290
  7.3.3 日志文件的格式 ………………………………………………… 292
  7.3.4 rsyslogd 服务的配置文件 ……………………………………… 293
 7.4 日志轮替 ………………………………………………………………… 300
  7.4.1 日志文件的命名规则 …………………………………………… 300
  7.4.2 logrotate 配置文件 ……………………………………………… 301
  7.4.3 把自己的日志加入日志轮替 …………………………………… 303
  7.4.4 logrotate 命令 …………………………………………………… 304
 7.5 日志分析工具 …………………………………………………………… 306
 7:6 本章小结 ………………………………………………………………… 309

第 8 章 常在河边走，哪有不湿鞋：备份与恢复 ……………………………… 310
 8.1 数据备份简介 …………………………………………………………… 310
  8.1.1 Linux 服务器中的哪些数据需要备份 ………………………… 310
  8.1.2 备份策略 ………………………………………………………… 312
 8.2 备份和恢复命令：xfsdump 和 xfsrestore ……………………………… 314
  8.2.1 xfsdump 命令 …………………………………………………… 314
  8.2.2 xfsrestore 命令 …………………………………………………… 316
 8.3 备份命令 dd …………………………………………………………… 317
 8.4 本章小结 ………………………………………………………………… 320

第 9 章 服务器安全"一阳指"：SELinux 管理 ……………………………… 321
 9.1 什么是 SELinux ………………………………………………………… 321

· IX ·

        9.1.1 SELinux 的作用 ·················321
        9.1.2 SELinux 的运行模式 ············322
    9.2 SELinux 的启动管理 ·················323
        9.2.1 SELinux 附加管理工具的安装 ····323
        9.2.2 SELinux 的启动管理 ············324
    9.3 SELinux 安全上下文管理 ·············326
        9.3.1 查看安全上下文 ··············326
        9.3.2 修改和设置安全上下文 ········329
        9.3.3 查询和修改默认安全上下文 ····332
    9.4 SELinux 日志查看 ···················333
        9.4.1 auditd 的安装与启动 ··········333
        9.4.2 auditd 日志的使用 ············333
    9.5 SELinux 的策略规则 ·················335
        9.5.1 规则的查看 ··················335
        9.5.2 规则的开启与关闭 ············337
    9.6 本章小结 ··························338

第1章 运筹帷幄，操控全盘：高级文件系统管理

学前导读

本章我们将学习高级文件系统管理，主要包括 LVM（逻辑卷管理）、磁盘配额和 RAID（磁盘阵列）。其中，LVM 可以在不停机和不损失数据的情况下对分区进行扩容；磁盘配额用来限制普通用户在分区中的可用空间和创建文件数量；RAID 由多块硬盘或分区组成，可以提升读写速度或实现硬件冗余。

1.1 LVM（逻辑卷管理）

我们在实际使用 Linux 服务器的时候，总会面临一个让人头疼的问题：分区到底应该分多大呢？分得太大，会浪费硬盘空间；分得太小，又会出现分区空间不足的情况。如果在安装系统时规划得不合理，此种困扰就会经常出现。

在实际工作和生活中，我们几乎不可能在进行一次分区后，分区空间就刚好能满足所有场景的使用需求，毕竟我们也无法预估今后服务器中数据的增长量。因此，建议在进行分区时注意数据增长趋势，将分区空间设置得略大于现有数据，并保证至少在一段时间内有足够的可用空间。那么，在一段时间后如果出现分区空间不足，该怎么办呢？

如果出现了分区空间不足的情况，就需要根据使用的操作系统和内核版本来选择不同的解决方式。

以往（2.4 内核版本以前）要想调整分区大小，要么先新建立一个更大的分区，然后将旧分区中的内容复制到新分区，最后使用软链接来替代旧分区；要么使用调整分区大小的工具，如 parted。parted 可以调整分区大小，但只有卸载分区之后才可以进行，也就是说在调整分区空间期间，分区中的数据是无法被访问的，如果分区中恰好运行了一些服务，那么要将服务停止后才能调整分区空间。

现在我们使用的 Rocky Linux 9.x 操作系统，其默认支持 LVM，可以选择使用 LVM 进行分区扩容。并且，LVM 的优势在于能够动态地对分区进行扩容。动态表示从扩容开始到扩容结束，我们扩容的分区都不需要卸载，在整个扩容过程中，扩容分区的原有数据是可以被正常访问的。

1.1.1 LVM 的概念

LVM 是 Logical Volume Manager 的简称，中文译为逻辑卷管理，它是 Linux 系统对磁盘分区的一种管理机制。LVM 在硬盘分区之上建立了一个逻辑层，这个逻辑层让多个硬盘或分区看起来像一整块逻辑硬盘，然后将这块逻辑硬盘分成逻辑卷之后使用，从而极大地提高了分区空间的灵活性。

我们把真实的物理硬盘或分区称作物理卷；由多个物理卷组成的一块大的逻辑硬盘，叫作卷组；将卷组划分成多个可以使用的分区，叫作逻辑卷。而在 LVM 中，最小的存储单位不再是扇区或 block，而是物理扩展。我们通过图 1-1 来了解上述概念之间的联系。

- 物理卷（Physical Volume，PV）：可以把分区或整块硬盘划分为 PV，如果是将分区划分为 PV，就需要把分区的 ID 改为 8e00（LVM 的标识 ID）。而如果是将整块硬盘划分为 PV，就可以直接划分，不需要提前对硬盘进行分区。
- 卷组（Volume Group，VG）：将多个 PV 合并起来就组成了 VG。组成同一个 VG 的 PV 可以是同一块硬盘的不同分区，也可以是不同硬盘的不同分区，或者是不同硬盘。我们可以把 VG 想象为一块逻辑硬盘。
- 逻辑卷（Logical Volume，LV）：VG 是一块逻辑硬盘，我们并不能对这个逻辑硬盘进行格式化，而是要在这个逻辑硬盘的基础上划分出"分区"，我们把这个"分区"称作 LV。LV 可以被格式化、挂载并写入数据。
- 物理扩展（Physical Extend，PE）：PE 是 VG 中的最小存储单位，PE 的大小是可以调整的，默认为 4MB。注意区分 PE 和 block（数据块）的差别，block 是格式化后文件系统中划分的最小存储单位，而 PE 是在 VG 创建时划分的，在使用 VG 划分 LV 时，可以指定从 VG 中划分多少个 PE 组成 LV。

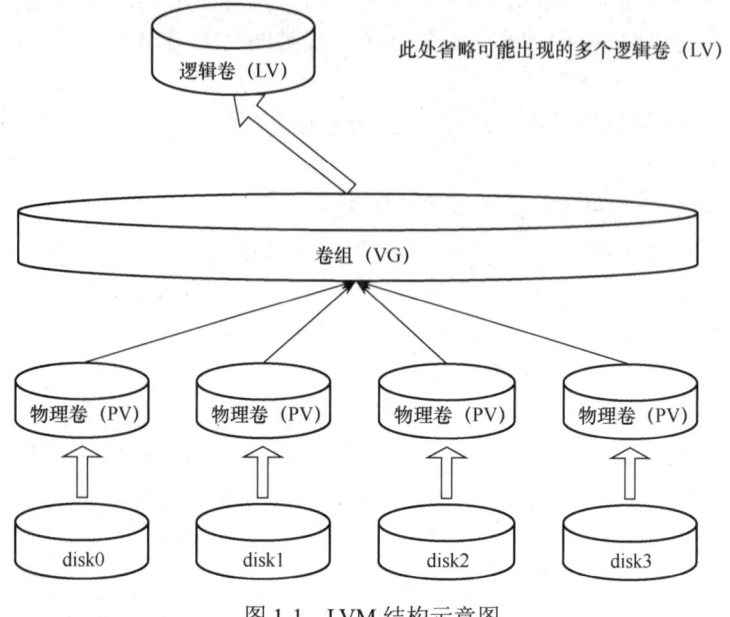

图 1-1　LVM 结构示意图

也就是说，我们在建立 LVM 的时候，需要按照以下步骤来进行。

（1）把物理硬盘分成分区，并把分区的 ID 号改为 8e00。当然也可以直接使用整块硬盘，如果使用整块硬盘，就不需要对硬盘进行分区，直接将整块硬盘创建成 PV 即可。

（2）把物理分区建立为 PV，也可以直接把整块硬盘都建立为 PV。

（3）把 PV 合并为 VG，建立 VG 的时候需要划分 PE，默认为 4MB。VG 可以动态地调整大小，把更多的 PV 加入 VG 就表示 VG 扩容，把 PV 从 VG 中移除就表示 VG 空间缩减。

（4）在 VG 的基础上划分 LV，当然 LV 空间也是可以调整大小（扩容或缩减）的。

（5）将 LV 格式化写入文件系统，之后进行挂载，接下来就可以读写数据了。

其实，在安装 Linux 系统时，我们采用的图形安装界面就可以直接把硬盘配置成 LVM，但当时我们只分配了基本分区。这是因为 LVM 最主要的作用是分区扩容，所以就算在安装 Linux 系统时选择 LVM，我们还是需要先学习 LVM 的命令才能在字符界面中进行扩容。那么，接下来我们就一步步实现 LVM 吧。

1.1.2　使用图形界面安装系统时配置 LVM 分区

在之前的系统安装过程中，我们选择了基本分区，其实在安装系统时可以将分区方案选择为 LVM。那么，我们先来看看在图形安装界面下如何进行 LVM 分区。使用光盘启动图形安装的方法，进入"安装信息摘要"界面，如图 1-2 所示。

图 1-2　安装信息摘要

选择"安装目的地（D）"选项，表示对硬盘进行分区，进入"安装目标位置"界面，如图 1-3 所示。

Linux 9 系统管理全面解析

图 1-3　安装目标位置

在"安装目标位置"界面，选择"自定义"并点击"完成"，就会进入"手动分区"界面。手动分区如图 1-4 所示。

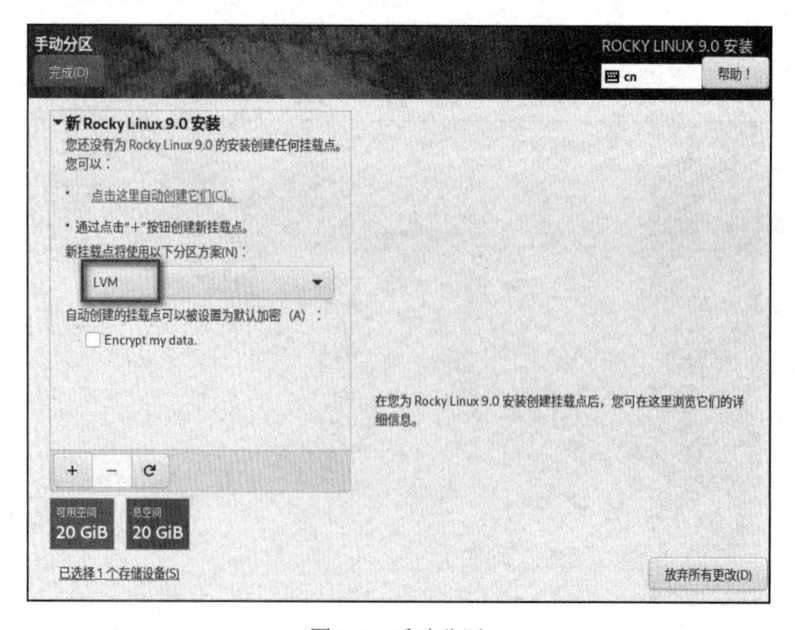

图 1-4　手动分区

在"手动分区"界面，把"新挂载点将使用以下分区方案（N）"调整为"LVM"。然后，点击"+"按钮，会进入"添加新挂载点"界面。添加/boot 分区，大小为 512MB，在点击"添加挂载点"按钮，分配/boot 分区之后，会返回"手动分区"界面。划分/boot 分区如图 1-5 所示。

第 1 章　运筹帷幄，操控全盘：高级文件系统管理

图 1-5　划分/boot 分区

随后，我们会发现在分区之前我们明明选择了 LVM 分区，但是/boot 分区依然是"标准分区"，分区设备文件名为"nvme0n1p1"。

需要注意，就算使用 LVM 分区，/boot 分区也必须是标准分区，因为系统在启动过程中需要从/boot 分区中读取启动文件。如果/boot 分区选择使用 LVM 分区方式，就不能被读取，进一步会导致系统启动失败。另外，我们的分区设备名叫作 nvme0n1p1，挂载点叫作/boot，在这种情况下，我们称之为/boot 分区。

接下来，再次点击"+"按钮，进入"添加新挂载点"界面，选择划分 swap 分区，如图 1-6 所示。

图 1-6　划分 swap 分区

划分 swap 分区，大小为 2GB。需要注意的是，swap 前面没有出现"/"，因为 swap 分区从物理硬件结构上来说是硬盘中的一个分区。但是，在实际使用中，swap 分区用来和物理内存交换数据，并不由用户直接写入或读取数据，其挂载点也并不在/目录之下。

此时，swap 分区的类型为 LVM。同时我们会发现，swap 分区所在的卷组名为 rl，逻辑卷名为 swap。因此，我们见到的 rl-swap 是卷组名与逻辑卷名的组合。

接下来我们还要点击"+"，准备划分"/"（根）分区。因为我们打算只划分 3 个基本分区，所以把剩余的空间都分配给根分区。在填写"期望容量（C）"时，将此处空出，就代表把所有剩余空间（17.5GiB）都分配给"/"分区。点击"添加挂载点"确认分区，如图 1-7 所示。

图 1-7 划分"/"（根）分区

现在我们可以看到系统中一共有 3 个分区：/boot 是标准分区，对应的分区是 nvme0n1p1；/是 rl 卷组中名为 root 的逻辑卷；swap 是 rl 卷组中名为 swap 的逻辑卷。

1.1.3 使用命令模式管理 LVM——PV 管理

虽然使用图形界面建立 LVM 更加方便，但是这种方式建立的 LVM 只能在安装系统时才能配置。而 LVM 最主要的作用是在不丢失数据和不停机的情况下对分区进行扩容，因此我们一定会在系统安装完成之后，使用命令模式对 LVM 调整分区空间。也就是说，在日常工作中使用命令对 LVM 进行配置更为常见，接下来我们在命令模式下实现 LVM。

我们使用分区和硬盘分别建立 PV。

- 使用分区建立 PV，这时需要先进行分区，并把分区的 ID 改为 8e00。我们打算在/dev/nvme0n1 硬盘（共 20GB）上建立 2 个 10GB 大小的分区，用于实验。

- 直接把整块/dev/nvme0n2 硬盘（共 20GB）建立为 PV，整块硬盘不需要提前分区。

1. 硬盘分区

建立所需的物理分区。使用 cfdisk 命令即可划分分区，创建过程可参考《Linux 9 基础知识全面解析》一书。

需要注意的是，分区的系统 ID 不再是 Linux 默认的"Linuxfile system"，而需要改成"Linux LVM"。在/dev/nvme0n1 硬盘中划分 2 个分区，每个分区的大小为 10GB，执行结果如下：

```
[root@localhost ~]# cfdisk /dev/nvme0n1
#对/dev/nvme0n1 分区
                    Disk: /dev/nvme0n1
Size: 20 GiB, 21474836480 bytes, 41943040 sectors
Label: gpt, identifier: BC46248F-EB96-9847-8192-F3A36125D1D2
Device           Start        End        Sectors     Size    Type
/dev/nvme0n1p1    2048      20973567    20971520    10G     Linux filesystem
/dev/nvme0n1p2  20973568    41943006    20969439    10G     Linux filesystem
[ Delete ]  [ Resize ]  [ Quit ]  [ Type ]  [ Help ]  [ Write ]  [ Dump ]
#分区划分完成后选择"type"选项，分别将 2 个分区类型修改为 LVM
Disk: /dev/nvme0n1
Size: 20 GiB, 21474836480 bytes, 41943040 sectors
Label: gpt, identifier: BC46248F-EB96-9847-8192-F3A36125D1D2
Device            Start         End        Sectors      Size         Type
/dev/nvme0n1p1    2048       20973567    20971520     20971520    10G Linux LVM
/dev/nvme0n1p2  20973568    41943006    20969439     20969439    10G Linux LVM
#将/dev/nvme0n1p1 和/dev/nvme0n1p2 分区修改为 LVM 类型后，保存并退出
```

2. 建立 PV

建立 PV 的命令如下：

```
[root@localhost ~]# pvcreate 设备文件名
```

在建立 PV 时，我们既可以把某个分区创建成 PV，也可以把整块硬盘创建成 PV。如果要把整块硬盘都创建成 PV，那么硬盘不需要提前分区，直接创建 PV 即可，命令如下：

```
[root@localhost ~]# pvcreate /dev/nvme0n1p1
Physical volume "/dev/nvme0n1p1" successfully created.
#成功将/dev/nvme0n1p1 分区创建为 PV
[root@localhost ~]# pvcreate /dev/nvme0n1p2
Physical volume "/dev/nvme0n1p2" successfully created.
#成功将/dev/nvme0n1p2 分区创建为 PV
[root@localhost ~]# pvcreate /dev/nvme0n2
Physical volume "/dev/nvme0n2" successfully created.
#将/dev/nvme0n2 整个硬盘创建为 PV
```

3. 查看 PV

查看 PV 的命令为：pvscan 和 pvdisplay。

首先，我们会看到 pvscan 命令。此命令可以用来查询系统中有哪些 PV、是否在 VG 中、在哪个 VG 中，以及可用空间等信息，命令如下：

```
[root@localhost ~]# pvscan
PV /dev/sda2            VG rl_192            lvm2 [<19.00 GiB / 0    free]
#VG rl_192 表示系统中本就存在 LVM 逻辑卷，系统中无论是否存在 LVM 逻辑卷都不影响本次 LVM
逻辑卷练习，忽略即可
PV /dev/nvme0n2                              lvm2 [20.00 GiB]
PV /dev/nvme0n1p1                            lvm2 [10.00 GiB]
PV /dev/nvme0n1p2                            lvm2 [<10.00 GiB]
Total: 4 [<59.00 GiB] / in use: 1 [<19.00 GiB] / in no VG: 3 [<40.00 GiB]
```

通过 pvscan 命令的执行结果会发现，在系统中/dev/nvme0n1p1、/dev/nvme0n1p2 分区是 PV，/dev/nvme0n2 硬盘也是 PV。

pvscan 命令结果最后一行表示：系统中共有 4 个 PV[总空间大小] / 使用了 1 个 PV[空间大小] / 空闲 3 个 PV[空间大小]。现在已经被使用的 1 个 PV 是系统安装时划分的 /dev/sda2 分区，无论其是否存在都不会影响后续操作，只能表示现有操作系统在安装时选择了 LVM 逻辑卷。

其次，是 pvdisplay 命令。通过此命令可以查看更详细的 PV 状态，如 PV 中的 PE 大小、PE 数量、PV 的 UUID 等信息，命令如下：

```
[root@localhost ~]# pvdisplay /dev/nvme0n2
#在执行 pvdisplay 时如果不指定分区，就表示查看所有 PV，也可以查看指定 PV
"/dev/nvme0n2" is a new physical volume of "20.00 GB"
#/dev/nvme0n2 是新的 PV，大小为 20GB
  --- NEW Physical volume ---
  PV Name            /dev/nvme0n2     ←PV 名
  VG Name                             ←VG 名，因为并未加入任何 VG，所以 VG 名为空
  PV Size            20.00 GiB        ←PV 大小
  Allocatable        NO               ←是否已经分配
  PE Size            0                ←PE 大小，因为没有分配，所以 PE 大小没有指定
  Total PE           0                ←PE 总数
  Free PE            0                ←空闲 PE 数量
  Allocated PE       0                ←可分配 PE 数量
  PV UUID            23WINx-Kfhr-RTT3-tSQR-BMB9-MD6E-tablTm   ←PV 的 UUID
```

4．删除 PV

如果不再需要 PV，就使用 pvremove 命令删除，命令如下：

```
[root@localhost ~]# pvremove /dev/nvme0n1p2
Labels on physical volume "/dev/nvme0n1p2" successfully wiped.
#删除/dev/nvme0n1p2 物理卷。因为之后的练习还需要使用/dev/nvme0n1p2，所以在删除后记得再次将
它添加为 PV
```

在删除 PV 时，如果 PV 不属于任何 VG，那么可以直接删除；如果 PV 属于某个 VG，那么需要先将 PV 从 VG 中移除，而后再删除 PV。

1.1.4 使用命令模式管理 LVM——VG 管理

我们已经把物理分区创建成 PV，按照步骤，接下来应该建立 VG。可以把 VG 想象成基本分区中的硬盘，VG 是由多个 PV 组成的。当 VG 空间不足时，可以通过向 VG 中添加新的 PV 来对 VG 空间进行扩容，相反，如果将 VG 中的 PV 移除，就会缩减 VG 空间。

1. 建立 VG

建立 VG 使用的命令是 vgcreate，具体命令格式如下：

```
[root@localhost ~]# vgcreate [选项] VG 名 PV 名
选项：
    -s PE 大小：    指定 PE 的大小，单位可以是 MB、GB、TB 等。如果不写，就默认 PE 大小为 4MB
```

我们有 3 个可用 PV，分别是/dev/nvme0n1p1、/dev/nvme0n1p2、/dev/nvme0n2，先把/dev/nvme0n1p1 和/dev/nvme0n1p2 加入 myvg 卷组，将/dev/nvme0n2 留作扩容使用，命令如下：

```
[root@localhost ~]# vgcreate myvg /dev/nvme0n1p1 /dev/nvme0n1p2
  Volume group "myvg" successfully created
#myvg 卷组创建成功
```

使用/dev/nvme0n1p1 和/dev/nvme0n1p2 两个 PV 组成 myvg 卷组。其中，卷组名可以自定义。

2. 查看 VG

查看 VG 的命令为：vgscan 和 vgdisplay。

vgscan 命令主要用于查看系统中是否存在 VG，命令如下：

```
[root@localhost ~]#  vgscan
  Found volume group "myvg" using metadata type lvm2
  Found volume group "rl_192" using metadata type lvm2
#系统中存在 myvg 和 rl_192 卷组
```

而 vgdisplay 命令则用于查看 VG 的详细状态，命令如下：

```
[root@localhost ~]# vgdisplay myvg
#查看 myvg 卷组详细信息，如果不指定卷组名，就显示系统中所有卷组的详细信息
  --- Volume group ---
  VG Name               myvg                  ←VG 名
  System ID
  Format                lvm2
  Metadata Areas        2
  Metadata Sequence No  1
  VG Access             read/write            ←VG 访问状态
  VG Status             resizable             ←VG 状态
  MAX LV                0
  Cur LV                0
  Open LV               0
```

Max PV	0	
Cur PV	2	←VG 中的 PV 数量
Act PV	2	
VG Size	**19.99 GiB**	←VG 大小
PE Size	4.00 MiB	←单个 PE 大小
Total PE	5118	←VG 中 PE 的总数
Alloc PE / Size	0 / 0	←已用 PE 数量 / 大小
Free PE / Size	5118 / 19.99 GiB	←空闲 PE 数量 / 大小
VG UUID	j3ffb7-BDjm-7qnd-apjC-QdOv-p1W6-177Rf0	←VG 的 UUID

3．增加 VG 容量

我们现在要把/dev/nvme0n2 加入 myvg 卷组，使用的命令是 vgextend，具体如下：

```
[root@localhost ~]# vgextend myvg /dev/nvme0n2
  Volume group "myvg" successfully extended
#将物理卷/dev/nvme0n2 加入 myvg 卷组
[root@localhost ~]# vgdisplay myvg
#查看扩容后 myvg 卷组的详细信息
  --- Volume group ---
```

VG Name	myvg	
System ID		
Format	lvm2	
Metadata Areas	3	
Metadata Sequence No	2	
VG Access	read/write	
VG Status	resizable	
MAX LV	0	
Cur LV	0	
Open LV	0	
Max PV	0	
Cur PV	3	
Act PV	3	
VG Size	**<39.99 GiB**	←卷组大小增加了 20GB
PE Size	4.00 MiB	
Total PE	10237	
Alloc PE / Size	0 / 0	
Free PE / Size	10237 / <39.99 GiB	
VG UUID	j3ffb7-BDjm-7qnd-apjC-QdOv-p1W6-177Rf0	

4．减少 VG 容量

既然增加 VG 内的 PV 数量可以进一步增加 VG 容量，那么也可以通过移除 VG 内 PV 的方式来减少 VG 容量，可以使用 vgreduce 命令在 VG 中移除 PV，命令如下：

```
[root@localhost ~]# vgreduce myvg /dev/nvme0n2
  Removed "/dev/nvme0n2" from volume group "myvg"
#将/dev/nvme0n2 物理卷从 myvg 卷组中移除
[root@localhost ~]# vgdisplay myvg
#查看容量减少后 myvg 卷组的详细信息
  --- Volume group ---
```

```
VG Name               myvg
System ID
Format                lvm2
Metadata Areas        2
Metadata Sequence No  3
VG Access             read/write
VG Status             resizable
MAX LV                0
Cur LV                0
Open LV               0
Max PV                0
Cur PV                2
Act PV                2
VG Size               19.99 GiB          ←卷组大小减少了20GB
PE Size               4.00 MiB
Total PE              5118
Alloc PE / Size       0 / 0
Free   PE / Size      5118 / 19.99 GiB
VG UUID               j3ffb7-BDjm-7qnd-apjC-QdOv-p1W6-177Rf0
[root@localhost ~]# vgreduce -a myvg
Removed "/dev/nvme0n1p2" from volume group "myvg"
Removed "/dev/nvme0n1p1" from volume group "myvg"
Can't remove final physical volume "/dev/nvme0n2" from volume group "myvg"
```
#在移除PV时需要注意，在VG中应至少存在1个PV，也就是说，当前myvg卷组由3个PV组成，我们最多可以移除其中的2个PV

注意：LVM采用线性存储模式，即如果是由2个PV组成的VG，就先把第1个PV写满，再向第2个PV中写入数据。一旦删除已经存储数据的PV，就会造成数据丢失。

同样，缩减VG容量之后记得将PV再添加回VG，以便用于接下来的实验。

5．删除VG

删除VG使用的命令为vgremove，具体如下：

```
[root@localhost ~]# vgremove myvg
  Volume group "myvg" successfully removed
#删除myvg卷组
```

只有在删除VG之后，才能删除PV。还要注意的是，myvg卷组中还没有添加任何LV，如果拥有了LV，那么记得先删除LV，再删除VG。再次强调，删除和创建LVM的过程相反，每一步都不能跳过。

同样，删除之后记得再将其创建回来，否则LV的实验将无法继续，命令如下：

```
[root@localhost ~]# vgcreate myvg /dev/nvme0n1p1 /dev/nvme0n1p2 /dev/nvme0n2
  Volume group "myvg" successfully created
#创建myvg卷组并将2个分区和1个硬盘加入myvg卷组
```

1.1.5　使用命令模式管理LVM——LV管理

在VG创建完成后，需要在VG的基础上划分LV。LV也是可以动态扩容的，如果要增加LV空间（扩容），那么LV中的数据是不会丢失的，并且在扩容过程中LV不需要卸载；而如果要缩减 LV，就需要对 LV 中的现有数据进行备份，并且在 LV 空间缩减后，再次将备份数据恢复到缩减后的 LV 中。

因此，通常不建议缩减 LV。日常在使用 LVM 的过程中，对 LV 空间的划分会比预期保存的数据略大，如果随着时间推移数据量逐渐增加，那么在分区空间不足时，对 LV 进行扩容即可。

1．建立 LV

我们现在已经拥有了近 40GB 的 myvg 卷组，接下来需要在卷组中创建 LV，命令如下：

```
[root@localhost ~]# lvcreate <选项> <-n LV 名> VG 名
选项：
    -L 容量：      指定 LV 大小，单位为 MB、GB、TB 等
    -l 个数：      按照 PE 个数指定 LV 大小，这个参数需要换算容量
    -n LV 名：     指定 LV 名
```

创建一个大小为 3GB、名为 mylv 的 LV，命令如下：

```
[root@localhost ~]# lvcreate myvg -n mylv -L 3G
  Logical volume "mylv" created.
#在 myvg 卷组中创建名为 mylv 的 LV，空间大小为 3GB
```

在 LV 创建成功后，系统中会出现一个名为/dev/myvg/mylv 的设备文件，此文件的路径在设备文件目录下，由 VG 名和 LV 名组合而成。我们对 LV 的格式化、挂载、查看 LV 详细信息等操作都是对/dev/myvg/mylv 文件执行的。

对 LV 进行格式化，命令如下：

```
[root@localhost ~]# mkfs.xfs /dev/myvg/mylv
#对 LV 进行格式化
[root@localhost ~]# mkdir /disk1/
#创建挂载点
[root@localhost ~]# mount /dev/myvg/mylv /disk1/
#挂载
[root@localhost ~]# mount | grep /disk1
/dev/mapper/myvg-mylv on /disk1 type xfs (rw,relatime,seclabel,attr2,inode64,logbufs=8,logbsize=32k,noquota)
#查看挂载信息
```

在对 LV 进行格式化挂载后会发现，设备文件名会自动变为"/dev/mapper/VG 名-LV 名"，无论使用 mount 命令还是使用 df 命令查询设备文件，其名称均为/dev/mapper/myvg-mylv。实际上，大家可以查看/dev/mapper/myvg-mylv 和/dev/myvg/mylv 这两个文件，会发现两个文件都是符号链接（软链接）文件，它们都指向一个名为 dmN 的块设备文件（N 为一个整数）。在实际操作过程中，大家可能会看到/dev/dm-0、/dev/dm-1，或者/dev/dm-2，但无论看到哪一个，都会发现"/dev/VG 名/LV 名"和"/dev/mapper/VG 名-LV 名"指向了相同的文件。

2．查看 LV

查看 LV 的命令同样有两个，第一个命令 lvscan 只能查看系统中是否存在 LV，命令如下：

```
[root@localhost ~]# lvscan
  ACTIVE              '/dev/myvg/mylv' [3.00 GiB] inherit
#能够看到激活的 LV，大小为 3GiB
```

第二个命令 lvdisplay 可以查看 LV 的详细信息，命令如下：

```
[root@localhost ~]# lvdisplay [LV 绝对路径]
#直接执行 lvdisplay 输出当前系统中所有 LV 的详细信息，如果指定了 LV 绝对路径，就输出指定 LV
的详细信息

[root@localhost ~]# lvdisplay /dev/myvg/mylv
#查看 mylv 逻辑卷详细信息
  --- Logical volume ---
  LV Path                /dev/myvg/mylv          ←LV 所在绝对路径
  LV Name                mylv                    ←LV 名
  VG Name                myvg                    ←LV 所在卷组名
  LV UUID                2cAKxO-nZTG-il6M-Jxp8-i58y-pjxL-nYA0Iw    ←LV 的 UUID
  LV Write Access        read/write              ←LV 访问状态
  LV Creation host, time localhost.localdomain, 2023-08-23 16:33:42 +0800
                                                 ←LV 创建时间
  LV Status              available               ←LV 状态
  # open                 0
  LV Size                3.00 GiB                ←LV 大小
  Current LE             768
  Segments               1
  Allocation             inherit
  Read ahead sectors     auto
  - currently set to     256
  Block device           253:2
```

3. 调整 LV 大小

在对 LV 进行扩容之前，先创建一些测试文件，以便在扩容结束之后验证文件是否可以正常读写，具体如下：

```
[root@localhost ~]# cp /etc/fstab /disk1/
[root@localhost ~]# cp /etc/passwd /disk1/
[root@localhost ~]# ls -l /disk1/
total 8
-rw-r--r--. 1 root root 579  8月  23 17:21 fstab
-rw-r--r--. 1 root root 945  8月  23 17:21 passwd
#创建测试文件
```

我们可以使用 lvresize 命令调整 LV 的大小，lvresize 命令格式如下：

```
[root@localhost ~]# lvresize [选项] LV 设备文件名
```
选项：
- -L 容量： 调整空间大小，单位为 KB、GB、TB 等。使用 "+" 代表增加空间，使用 "-" 代表减少空间 如果不写 "+" 或 "-" 直接写空间大小，就代表设定 LV 为指定的空间大小
- -l 个数： 按照 PE 个数调整 LV 大小，需要自行计算添加空间
- -r： 在扩容 LV 空间后，文件系统识别的扩容后的 LV 空间

mylv 逻辑卷的大小为 3GB，而 myvg 卷组的总大小为 40GB，还有 37GB 的空闲空

间，因此将 mylv 逻辑卷的大小增加到 10GB，命令如下：
```
[root@localhost ~]# lvresize -L +7G /dev/myvg/mylv
  Size of logical volume myvg/mylv changed from 3.00 GiB (768 extents) to 10.00 GiB (2560 extents).
  Logical volume myvg/mylv successfully resized.
#/dev/myvg/mylv 增加了 7GB 空间，由原有的 3GB 变为现在的 10GB
```

此命令也可写为 lvresize -L 10G /dev/myvg/mylv，差别在于是否有"+"。有"+"表示在原有基础上增加了空间大小，没有"+"表示将分区调整到指定的空间大小。

```
[root@localhost ~]# lvdisplay /dev/myvg/mylv
#查看 LV 详细信息
  --- Logical volume ---
  LV Path                /dev/myvg/mylv
  LV Name                mylv
  VG Name                myvg
  LV UUID                2cAKxO-nZTG-il6M-Jxp8-i58y-pjxL-nYA0Iw
  LV Write Access        read/write
  LV Creation host, time localhost.localdomain, 2023-08-23 16:33:42 +0800
  LV Status              available
  # open                 1
  LV Size                10.00 GiB       ←空间大小已经调整
  Current LE             2560
  Segments               2
  Allocation             inherit
  Read ahead sectors     auto
  - currently set to     256
  Block device           253:2
```

LV 的空间大小已经改变了，继续查看可用空间的变化，命令如下：
```
[root@localhost ~]# df -h /disk1
#查看分区空间
Filesystem              Size  Used Avail Use% Mounted on
/dev/mapper/myvg-mylv   3.0G   54M  3.0G   2% /disk1
```

使用 df 命令查询后会发现，在查看 LV 详细信息时可用空间为 10GB，但是挂载信息中可用空间仍然是 3GB。

之所以出现 LV 空间和可用空间的差异，原因在于文件系统，/dev/myvg/mylv 原本空间为 3GB，在初次格式化时文件系统识别的空间大小也为 3GB，但是随后我们对 LV 空间进行了扩容，使其从 3GB 增加到了 10GB，总共增加了 7GB 的空间，而后续增加的 7GB 并没有被文件系统识别。

因此，在对 LV 进行扩容后，还需要让文件系统重新识别扩容后分区的空间。使用 xfs_growfs 命令可以让文件系统识别扩容后的 LV 空间。

注意：重新识别并不意味着整个 LV 重新格式化，重新识别的过程也不需要进行卸载。

```
[root@localhost ~]# xfs_growfs /disk1
#重新识别/disk1 目录对应分区的空间
[root@localhost ~]# df -h /disk1
Filesystem              Size        Used         Avail        Use%         Mounted on
```

```
/dev/mapper/myvg-mylv    10G      105M     9.9G     2%        /disk1
#扩容成功，/dev/mapper/myvg-mylv 总空间为 10GB
[root@localhost ~]# ls -l /disk1/
total 8
-rw-r--r--. 1 root root 579 Aug 23 17:21 fstab
-rw-r--r--. 1 root root 945 Aug 23 17:21 passwd
#扩容后逻辑卷中原有文件不受影响
```

在执行 lvresize 时加入 -r 选项，表示扩容并让文件系统识别扩容后空间，不需要执行单独的 xfs_growfs 命令。

接下来我们对 LV 空间进行缩减，如果想缩减 LV 空间，那么需要先将其卸载，还要经过重新格式化等操作。

因此，通常我们会说 LVM 可以动态扩容，但是缩减空间并不是动态完成的。接下来，我们将 10GB 的 LV 空间缩减至 5GB，命令如下：

```
[root@localhost ~]# umount /dev/myvg/mylv
#先卸载 LV
[root@localhost ~]# lvreduce -L -5G /dev/myvg/mylv
#将 /dev/myvg/mylv 空间减少 5GB
    WARNING: Reducing active logical volume to 5.00 GiB.
    THIS MAY DESTROY YOUR DATA (filesystem etc.)
Do you really want to reduce myvg/mylv? [y/n]: y
#在缩减过程中会进行确认，因为缩减后需要重新将其格式化，会导致原有数据丢失
    Size of logical volume myvg/mylv changed from 10.00 GiB (2560 extents) to 5.00 GiB (1280 extents).
    Logical volume myvg/mylv successfully resized.
[root@localhost ~]# mkfs.xfs -f /dev/myvg/mylv
#因为 /dev/myvg/mylv 曾经写入过文件系统，所以再次格式化时需要添加 -f，表示强制格式化
[root@localhost ~]# mount /dev/myvg/mylv /disk1/
#挂载
[root@localhost ~]# df -h /disk1/
Filesystem              Size     Used     Avail    Use%      Mounted on
/dev/mapper/myvg-mylv   5.0G     68M      5.0G     2%        /disk1
#查看 LV 缩减后空间
[root@localhost ~]# ls -l /disk1/
total 0
#因为进行了强制格式化，所以原有文件已经不存在了
```

以上我们实现了对 LV 进行缩减的过程，在此过程中，必须要注意的就是在缩减之前一定要备份数据，否则，缩减和强制格式化都会导致数据丢失。

4．删除 LV

在删除 LV 后，LV 中原有的数据就会丢失，因此要确定是否已对重要数据进行了备份，命令如下：

```
[root@localhost ~]# lvremove 逻辑卷的设备文件名
```

删除 mylv 逻辑卷，记得在删除时要先卸载，命令如下：

```
[root@localhost ~]# umount /dev/myvg/mylv
[root@localhost ~]# lvremove /dev/myvg/mylv
```

```
Do you really want to remove active logical volume myvg/mylv? [y/n]: y
  Logical volume "mylv" successfully removed.
#选择 y 表示删除
```

需要注意的是，在删除 LV 后，LV 中原有的数据会被清空。

1.1.6　LVM 快照

LVM 还有一个常用功能，就是 LVM 快照。我们可以把 LVM 快照理解为虚拟机的快照，二者的共同点在于都把当前状态保存下来，如果发生了修改，可以恢复快照中的数据，就能保证数据不丢失。

1．LVM 快照原理

在 LVM 中，要想创建快照，需要注意：快照区和被快照的 LV 必须处于同一个 VG 中，因为快照区与被快照的 LV 有很多物理扩展（PE）是通用的。这种情况是怎么造成的呢？我们需要解释一下 LVM 快照的原理。

当我们给原始 LV 建立一个快照时，快照区中只写入被快照 LV 的"元数据"。元数据是 LVM 的必备数据，主要记录 VG 相关数据、LV 相关数据等，如图 1-8 所示。

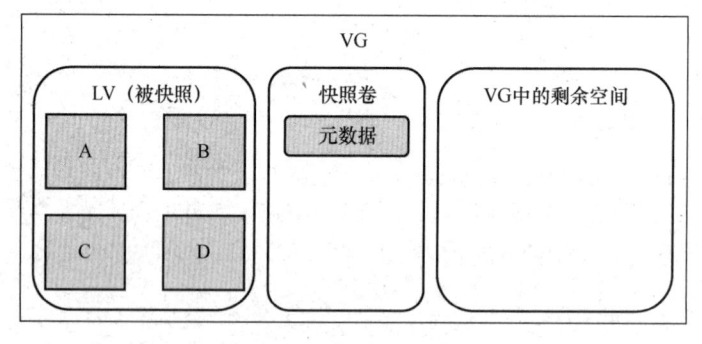

图 1-8　快照卷使用前

当 LV 中有文件被修改时，LV 和快照卷会发生变化，如图 1-9 所示。

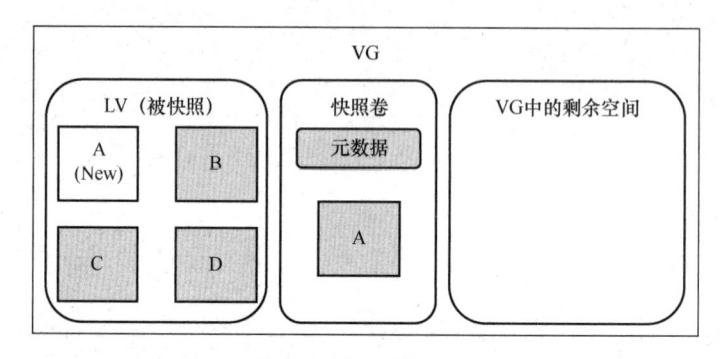

图 1-9　快照卷使用后

图 1-8 表示创建快照后的情况，快照区不会真实地复制被快照 LV 中的数据，只是记录了被快照 LV 的元数据。此时快照区的 PE 是空白的，快照区共享了被快照 LV 中的

PE。因此，会看到快照区与被快照 LV 的大小一致，存储的数据也完全相同。

图 1-9 表示当 LV 中的数据被修改时，被快照 LV 在数据写入前，会先把原始数据在快照区中进行保存。如图 1-9 中所示，在 A 文件被修改成 A（New）之前，会先将 A 文件备份至快照区的 PE 中，然后被快照 LV 中的数据才会更新为 A（New），无论被快照 LV 中的数据如何变化，快照中保存的都是快照创建时的数据。

需要注意的是，快照也是有大小限制的。如果被快照 LV 中的数据变化量小于快照区能保存的数据量，那么快照正常生效。但是，如果被快照 LV 中的数据变化量大于快照区能保存的数据量，那么快照区会失效。为了解决这个问题，建议尽可能将快照区的空间大小和被快照 LV 的空间大小设置得相同。

2. 建立 LVM 快照

在创建 LVM 快照之前，我们先创建逻辑卷并向被快照 LV 中写入一些测试数据，具体如下：

```
[root@localhost ~]# lvcreate myvg -n mylv -L 10G
  Logical volume "mylv" created.
#因为之前的操作中删除了 LV，所以再次创建 LV
[root@localhost ~]# mkfs.xfs /dev/myvg/mylv
#格式化
[root@localhost ~]# mount /dev/myvg/mylv /disk1/
#挂载到/disk1/目录
[root@localhost ~]# cp /etc/issue /disk1/
[root@localhost ~]# cat /disk1/issue
\S
Kernel \r on an \m
#向 LV 中写入一些测试文件
```

/etc/issue 是系统中默认存在的登录信息提示文件，当前用于测试快照卷效果。

接下来创建 LVM 快照，依然使用 lvcreate 命令，具体如下：

```
[root@localhost ~]# lvcreate [选项] [-n 快照名] 逻辑卷名
```

选项：

    -s：   建立快照，snapshot 的意思
    -L 容量：   指定快照大小，单位为 MB、GB、TB 等
    -l 个数：   按照 PE 个数指定快照大小，如果使用就需要换算容量，过于复杂
    -n 快照名：   指定快照的设备文件名

在创建快照之前，我们需要查看 myvg 卷组中的剩余可用空间：

```
[root@localhost ~]# vgdisplay myvg
#查看 VG 详细信息
  --- Volume group ---
  VG Name                 myvg
  System ID
  Format                  lvm2
  Metadata Areas          3
  Metadata Sequence No    6
  VG Access               read/write
  VG Status               resizable
```

MAX LV	0
Cur LV	1
Open LV	1
Max PV	0
Cur PV	3
Act PV	3
VG Size	<39.99 GiB
PE Size	4.00 MiB
Total PE	10237
Alloc PE / Size	2560 / 10.00 GiB
Free PE / Size	**7677 / <29.99 GiB**

#myvg 共有近 40GB 的空间，划分 mylv 使用了 10GB，剩余接近 30GB 空间

VG UUID	z5a9E2-a9vc-4qPt-heKd-HPIx-w97T-wBIWA1

我们给 mylv 逻辑卷创建一个 2GB 的快照空间。快照卷名为 mysna，命令如下：

[root@localhost ~]# lvcreate -s -L **2G** -n **mysna** /dev/myvg/mylv
　　Logical volume "mysna" created.
#给 /dev/myvg/mylv 逻辑卷创建一个 2GB 的快照卷，名为 mysna

创建完成，进行查看：

[root@localhost ~]# lvdisplay /dev/myvg/mysna
#查看镜像卷详细信息
　--- Logical volume ---

LV Path	/dev/myvg/mysna	
LV Name	mysna	
VG Name	myvg	
LV UUID	wZJa1a-tJTk-CycN-NE5i-hQ01-kdsM-2kFOee	
LV Write Access	read/write	
LV Creation host, time localhost.localdomain, 2023-08-24 16:36:31 +0800		
LV snapshot status	active destination for mylv	
LV Status	available	
# open	0	
LV Size	**10.00 GiB**	←LV 大小
Current LE	2560	
COW-table size	**2.00 GiB**	←快照大小
COW-table LE	512	
Allocated to snapshot	**0.00%**	←快照卷占用百分比
Snapshot chunk size	4.00 KiB	
Segments	1	
Allocation	inherit	
Read ahead sectors	auto	
- currently set to	256	
Block device	253:5	

在快照创建完成后，同样要在挂载之后才能正常使用，命令如下：

[root@localhost ~]# mkdir /mysna/
#创建挂载点
[root@localhost ~]# mount -o nouuid /dev/myvg/mysna /mysna/
#挂载快照分区

第1章　运筹帷幄，操控全盘：高级文件系统管理

注意：在挂载快照分区的时候，需要使用"-o nouuid"选项，因为快照区和被快照 LV 的 UUID 相同，系统中默认不允许相同 UUID 的分区重复挂载。

挂载之后，查询被快照 LV 和快照卷的空间使用情况：

```
[root@localhost ~]# df -hT /disk1/ /mysna/
Filesystem              Type    Size    Used    Avail   Use%    Mounted on
/dev/mapper/myvg-mylv   xfs     10G     104M    9.9G    2%      /disk1
/dev/mapper/myvg-mysna  xfs     10G     104M    9.9G    2%      /mysna
#被快照 LV 和快照卷磁盘占用空间一致
[root@localhost ~]# ls -li /disk1/
total 4
-rw-r--r--. 1 root root 23 Aug 24 16:58 issue
[root@localhost ~]# ls -li /mysna/
total 4
-rw-r--r--. 1 root root 23 Aug 24 16:58 issue
#被快照 LV 和快照卷数据相同、属性相同
```

3. 使用 LVM 快照恢复数据

我们来测试一下如何使用 LVM 快照恢复数据。如果被快照 LV 中的数据发生变化，那么无论是数据增加还是数据减少，都可以通过快照区的数据进行恢复。我们先给被快照 LV 中的某个文件增加数据：

```
[root@localhost ~]# echo "Linux_HB" >> /disk1/issue
#使用 echo 的方式随便追加字符串，写入/disk1/issue 文件
[root@localhost ~]# cat /disk1/issue
\S
Kernel \r on an \m

Linux_HB
#字符串 Linux_HB 出现在/disk1/issue 文件中，写入成功
[root@localhost ~]# cat /mysna/issue
\S
Kernel \r on an \m
#查看快照卷中的 issue 文件，issue 是修改前的状态
[root@localhost ~]# ls -l /disk1/issue
-rw-r--r--. 1 root root 27 Aug 24 17:12 /disk1/issue
[root@localhost ~]# ls -l /mysna/issue
-rw-r--r--. 1 root root 23 Aug 24 16:58 /mysna/issue
#分别查看被快照 LV 和快照卷文件的详细信息
```

通过分别对被快照 LV 的 issue 文件和快照卷的 issue 文件进行查看可以发现，在字符串写入后，2 个文件的时间信息明显不同。逻辑卷中的 issue 是写入文件字符串的时间，快照卷中的 issue 保持了文件原有时间。

在字符串写入 issue 文件后，旧的 issue 文件才被真正地保存到快照卷（mysna）中，写入字符串后的新 issue 文件被保存到被快照 LV（mylv）中。此时，如果想要进行数据恢复，那么只要将快照卷中的旧 issue 文件还原，覆盖被快照 LV 中的新 issue 文件即可。为了便于理解，我们用示意图来解释快照卷的文件保存和数据恢复过程，在镜像卷创建后，如图 1-10 所示。

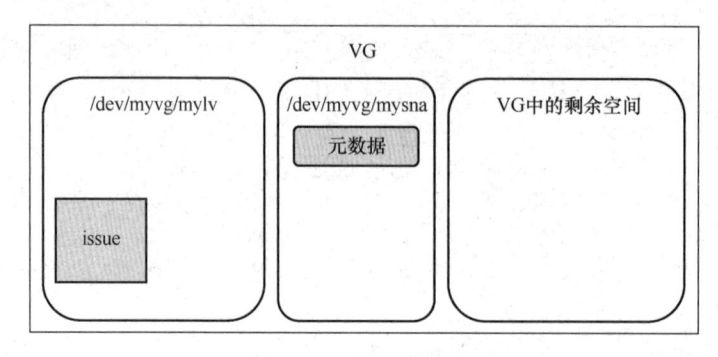

图 1-10　快照卷未使用

修改 mylv 分区中的 issue 文件，如图 1-11 所示。

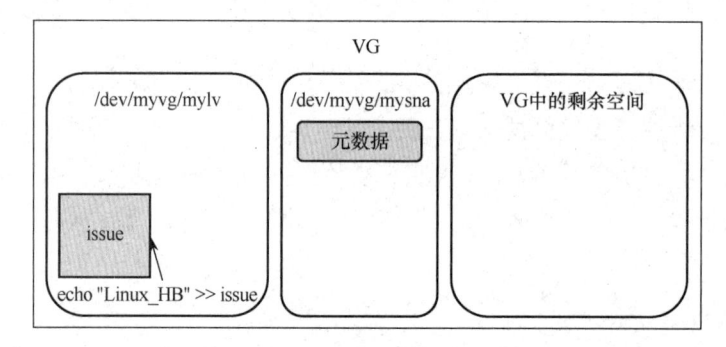

图 1-11　逻辑卷修改文件

修改后，mylv 分区中原有的旧 issue 文件被保存到 mysna 快照卷中，如图 1-12 所示。

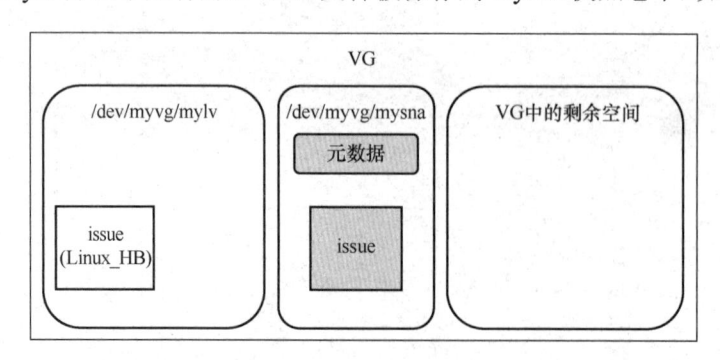

图 1-12　快照区变化

接下来我们会看到，出现在 /dev/myvg/mylv 中的是修改后的新文件，出现在 /dev/myvg/mysna 中的是修改前的旧文件，如图 1-13 所示。

此时，如果想要进行数据恢复，就只要使用 /dev/myvg/mysna 中的旧文件覆盖 /dev/myvg/mylv 中的新文件即可。

在实际工作中，分区不可能只有一个文件，并且通常也无法确定用户会修改分区中的哪个文件，如果修改了大量的文件，就需要快照分区具有足够的空间来保存所有被修改文件的旧文件。只有把快照区创建得和被快照 LV 一样大，才不用考虑快照失效问题，真正利用快照来保护数据。

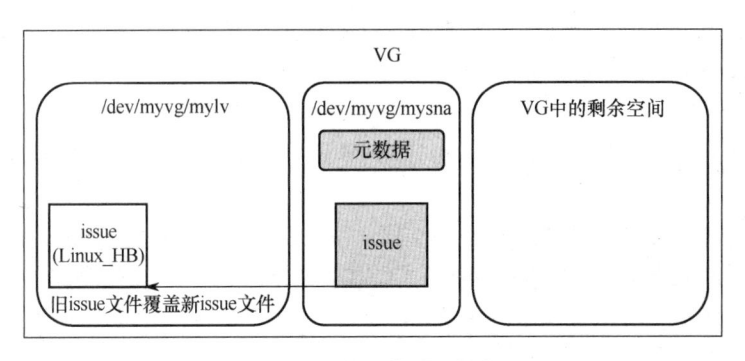

图 1-13 使用快照区恢复

1.2 磁盘配额

1.2.1 什么是磁盘配额

在 Linux 服务器环境中，通常多用户的使用场景居多。在多用户的使用场景下，如果我们不对用户可用空间进行限制，就会出现少量用户占用大量分区资源的情况，这会影响其他用户正常使用分区空间。

以之前安装系统时的分区方式为例，我们划分了根（/）分区、/boot 分区、swap 分区。假设系统中存在超级用户 root 和普通用户 user1，现在两个用户分别在自己的家目录中写入数据，root 用户的家目录在/root/中，普通用户的家目录在/home/user1/中。两个用户的家目录虽然不同，但是它们同样属于根分区，写入数据同样需要占用根分区的 inode 和 block。假设安装系统后，根分区有 15GB 空间可用，user1 用户在自己的家目录中保存了 14GB 的数据，那么根分区剩余 1GB 空间可用。此时，root 用户将无法在根分区中写入大于 1GB 的文件。很明显，作为一个多用户的操作系统，如果不对用户可用分区的 inode 和 block 进行限制，就极易出现上述情况。

磁盘配额（Quota）是指在某分区或目录中，可以用来限制普通用户（user）或组（group）占用的磁盘空间大小或文件数量。在这个概念中，我们需要强调以下几个重点。

- 在 ext 文件系统（CentOS 6.x 以前的版本）中，磁盘配额只能限制在整个分区中用户使用的磁盘空间大小与文件数量，而不能限制某个目录占用的空间大小；而在 XFS 文件系统（Rocky Linux 9.0 中的默认文件系统）中，磁盘配额功能增强了，不仅可以限制整个分区，也能限制分区中某个目录使用的磁盘空间大小和文件数量。本书会按照 Rocky Linux 9.0 版本进行讲解，如果需要了解 CentOS 6.x 或 CentOS 7.x 操作系统中磁盘配额的概念，请参考《细说 Linux 系统管理》的第 1 版、第 2 版。
- 磁盘配额针对分区进行限制，其限制的是用户在分区中占用的空间大小和文件数量，限制的主体是用户或组。这时只有普通用户会被限制，超级用户不会被限制。

- 磁盘配额能够限制用户/组占用分区的空间大小（对应 block 限制），当然也能限制用户/组允许占用分区的文件数量（对应 inode 限制）。
- 可以针对目录做配额限制，限制的是目录及其子文件、子目录在本分区中占用的空间大小和创建的文件数量。因为限制的主体是目录，所以无论是超级用户还是普通用户，在目录中创建的文件大小和创建的文件数量都受目录配额限制。
- 当前的 Rocky Linux 9.0 操作系统默认使用 XFS 文件系统，其中增加了警告次数的限制，如果用户创建文件超出了警告次数的限制，那么也会禁止用户继续使用分区资源。
- 通常在表示用户或组磁盘配额时，应以分区为单位，也就是说，某用户在某分区中可以创建的文件数量是多少，或者某用户在某分区中可以使用的空间大小是多少。以整个操作系统为单位进行描述是不清晰的，因为不能具体表达某用户在具体某分区中能够创建的文件数量和能够占用的分区空间大小。

Rocky Linux 9.x 版本的 Linux 系统默认支持磁盘配额，不需要进行任何修改。可以查看内核配置文件，确认系统是否支持磁盘配额，命令如下：

```
[root@localhost~]# grep "CONFIG_QUOTA" \
/boot/config-5.14.0-70.13.1.el9_0.x86_64
CONFIG_QUOTA=y
CONFIG_QUOTA_NETLINK_INTERFACE=y
# CONFIG_QUOTA_DEBUG is not set
CONFIG_QUOTA_TREE=y
CONFIG_QUOTACTL=y
```

可以看到，内核已经支持磁盘配额。如果内核不支持，就需要重新编译内核，加入 quota supper 功能。

1.2.2 磁盘配额中的常见概念

1．用户配额

用户配额是指以用户为限制主体，统计分区中有多少以某用户为所有者的文件，来确定某用户在分区中占用的 inode 数量。通过统计分区中所有以某用户为所有者的文件，并将所有文件所占空间相加，最终得到某用户在分区中占用 block 情况（通常对 block 占用情况使用 KB、MB、GB 等单位进行表示）。

注意：本书代码中显示的 K、M、G 为程序显示效果，实际意义与 KB、MB、GB 相同，此处统一说明，后文不再赘述。

2．组配额

组配额是指以组为限制主体，统计分区中有多少以某组为所属组的文件，来确定某组在分区中占用的 inode 数量。通过统计分区中所有以某组为所属组的文件，并将所有文件占用空间相加，最终得到某组在分区中 block 占用情况（通常对 block 占用情况使用 KB、MB、GB 等单位进行表示）。

其与用户配额的不同点在于，组内可能存在多个成员。需要注意的是，组内成员共享组内创建的文件数量和分区空间。也就是说，只要用户以组身份创建文件，就会占用组配额。举例来说，如果用户 user1、user2 和 user3 都属于 tg 组，给 tg 组分配 100MB 的磁盘空间，那么只要有用户使用 tg 组身份创建文件，就会消耗组配额中的空间。如果分区中所有 tg 组的文件大小总计达到 100MB，其余用户就无法使用 tg 组身份在分区中继续写入数据。

如果某用户既设置了用户配额又设置了组配额，那么在这种情况下并不存在优先级问题，而是先达到最大限制的先生效。举例来说，假设用户 user1 初始组为 user1 组，user1 用户设置分区中可写入 10 个文件，user1 组设置分区中可写入 20 个文件，在这种情况下，用户创建 10 个文件时就达到了用户限制值，无法继续创建新文件。

3．分区空间限制

在用户配额和组配额中，我们反复提到了一个概念——文件占用分区空间。在分区文件系统中，我们限制了用户或组可用的 block 块数量，这就相当于限制了用户或组在分区中的可用空间。

4．分区文件数量限制

在用户配额和组配额中，我们还反复提到了一个概念——文件数量。在分区文件系统中，我们限制了用户或组可用的 inode 数量，这就相当于限制了用户或组在分区中能够创建的文件数量。

5．目录配额

目录配额指的是分区中以某个目录为限制主体，可以限制目录使用的 inode 和 block，即递归式统计目录及在目录下的所有子文件子目录在分区文件系统中创建的文件数量（对应 inode 限制）和目录下文件所占的分区空间（对应 block 限制）。在目录配额限制下，任何用户，包括超级用户写入的数据都计算在目录配额限制内。

6．软限制

软限制可以理解为警告限制，在超出软限制后用户会收到提示信息。但此时我们的文件创建或数据写入是能够正常保存的，我们应该立即停止数据写入或新文件的创建，考虑是否应该删除某些文件来释放可用空间，或者联系 root 用户来调整限制值。注意，xfs_quota 命令在 man 帮助中解释了带有 realtime 功能的文件系统尚未实现配额警告机制。简单来说，就是超出软限制后不发出提示信息（当前使用的 Rocky Linux 9.x 系统中，默认 XFS 文件系统是带有 realtime 的文件系统）。

7．硬限制

既然软限制超出后会进行提示，那么用户到底能在分区中创建多少个文件，以及会占用多少分区空间呢？使用硬限制可以限制用户在分区中可创建的文件数量（对应 inode 限制）和占用的空间大小（对应 block 限制）。硬限制是一个不可超出的数值。

8. 警告次数

在当前的 Rocky Linux 9.0 系统中，使用了警告次数的概念。如果用户 inode 或 block 达到了软限制，就被认为满足警告条件。在后续使用过程中每超出 1 次软限制，警告次数就加 1 次，默认警告最大值是 5 次，即用户受到 5 次警告后，即便没有达到硬限制，也会禁止其继续使用分区 inode 或 block（在 Rocky Linux 9.4 版本中，警告次数功能暂未启用）。

9. 宽限时间

如果用户的 inode 或 block 超出软限制，系统就会在用户登录时警告用户磁盘将满。但是这个警告不会一直进行，而是默认有 7 天的时间限制，这被称为宽限时间。如果宽限时间用尽，并且用户的 inode 或 block 占用仍然超过软限制，那么软限制就会升级为硬限制。

也就是说，如果软限制是 100MB，硬限制是 200MB，宽限时间是 7 天，此时用户占用了 120MB，那么今后 7 天用户每次登录时都会出现磁盘将满的警告。如果用户置之不理，7 天后用户的硬限制就会变成 100MB，而不是 200MB。

1.2.3 用户配额的实现过程

现在进行用户磁盘配额实验。我们之后再尝试组配额和目录的磁盘配额。接下来，规划我们的实验，查看都需要做哪些准备工作。

首先，磁盘配额是限制普通用户在分区上所使用的 block 和 inode。因此，我们需要创建普通用户和一个能够限制用户磁盘配额的分区。添加硬盘/dev/nvme0n1，划分分区/dev/nvme0n1p1，分区大小为 10GB，将其格式化为 XFS 文件系统，挂载时指定开启用户磁盘配额选项。

其次，创建 ruser 用户，限制 ruser 用户在/dev/nvme0n1p1 分区中的可用创建文件数量（对应 inode 限制）为：软限制为 15 个文件，硬限制为 18 个文件。限制 ruser 用户在/dev/nvme0n1p1 分区中可用空间（对应 block 限制）为：软限制为 400MB，硬限制为 600MB。

最后，将宽限时间修改为 9 天。

1. 创建分区

我们按照实验规划，划分 10GB 的/dev/nvme0n1p1 分区（划分分区过程见《Linux 9 基础知识全面解析》一书），将其格式化为 XFS 文件系统并挂载到/disk1/目录上，然后查看这个分区，命令如下：

```
[root@localhost ~]# mkfs.xfs /dev/nvme0n1p1
#格式化为 XFS 文件系统
[root@localhost ~]# mount /dev/nvme0n1p1 /disk1/
#挂载
[root@localhost ~]# mount | grep /dev/nvme0n1p1
/dev/nvme0n1p1 on /disk1 type xfs(rw,relatime,seclabel,attr2,inode64,logbufs=8,logbsize=32k,noquota)
#查看挂载后默认挂载选项
```

挂载后我们会发现，分区默认为 noquota 状态，也就是说，在没有指定任何特殊挂载选项的情况下，分区默认不开启磁盘配额。

2. 创建需要进行限制的用户

[root@localhost ~]# useradd ruser
[root@localhost ~]# passwd ruser
#创建 ruser 用户并设置密码

3. 分区开启用户磁盘配额

早在 CentOS 6.x 和以前的系统中，我们都可以通过使用"mount -o remount,usrquota /disk1/"的方式临时开启分区的磁盘配额功能。但是，从 CentOS 7.x 开始就不能再通过 remount 选项来临时加载磁盘配额功能了，只能通过卸载分区，再重新挂载分区的方式来开启磁盘配额。我们现在使用的 Rocky Linux 9.0 系统，同样要在卸载后添加磁盘配额挂载选项才能生效，命令如下：

[root@localhost ~]# umount   /dev/nvme0n1p1
#先进行卸载
[root@localhost ~]# mount -o **usrquota** /dev/nvme0n1p1 /disk1/
#再次进行挂载并加入用户配额挂载选项
[root@localhost ~]# mount | grep /disk1
/dev/nvme0n1p1 on   /disk1   type   xfs   (rw,relatime,seclabel,attr2,inode64,logbufs=8,logbsize=32k,**usrquota**)
#查看挂载选项

在卸载后再次挂载时指定磁盘配额挂载选项，如果想要进行永久挂载，就需要写入 /etc/fstab 文件：

[root@localhost ~]# cat /etc/fstab
/dev/nvme0n1p1 /disk1   xfs   defaults,**usrquota**   0   0
#写入/etc/fstab 文件，将 usrquota 选项加入 defaults 后并以逗号隔开

这里加入的内容是"usrquota"，注意拼写是否正确，中间用逗号隔开。修改/etc/fstab 文件时一定要注意，修改错误可能会造成系统无法正常启动。可以在修改文件后使用 findmnt 来验证文件修改是否有误。findmnt 的具体使用方法见《Linux 9 基础知识全面解析》一书。

/etc/mtab 和/etc/fstab 两个文件的区别是：/etc/mtab 文件中记录的是操作系统当前已经挂载的文件系统（分区），包括操作系统建立的虚拟文件系统；而/etc/fstab 文件中记录的是操作系统准备挂载的文件系统，也就是下次启动后系统会挂载的文件系统。因此，如果希望磁盘配额永久生效，就应该修改/etc/fstab 文件。

4. 设置用户配额

我们先介绍 xfs_quota 命令，来看看通用的命令格式：

[root@localhost ~]# xfs_quota -x -c "指令" [挂载点]
选项：
    -x: 专家模式，如果想用-c 来指定命令，就必须使用专家模式
    -c "指令": 通过命令来实现配额、查看配额
指令：
    limit: 设置用户、用户组、目录磁盘配额

timer:	设置宽限时间
project:	设置目录配额
report:	列出磁盘配额的限制值。主要用于查看配额的限制值，以及使用情况
state:	列出配额状态。主要用于查看分区是否开启了配额功能，以及查看宽限时间
print:	打印命令。用于打印文件系统（分区）的基本情况
df:	列出文件系统的使用情况。和系统命令 df 非常相似
disable:	暂时关闭磁盘配额功能
enable:	开启磁盘配额功能
off:	完全关闭磁盘配额功能，使用 off 关闭之后，不能使用 enable 开启，必须在卸载分区之后，重新挂载才能再次开启。如果只是需要关闭，那么请使用 disable 指令，只有需要使用 remove 指令时才需要 off
remove:	删除磁盘配额的配置，只有在 off 状态下才能进行

xfs_quota 命令确实比较复杂，现在我们逐个选项来演示使用。先来看看如何配置用户配额，需要使用 xfs_quota 命令中的 limit 指令：

[root@localhost ~]# xfs_quota -x -c "limit [选项] 用户名/用户组名" 挂载点
limit 指令的选项：

-u:	设置用户配额
-g:	设置用户组配额
-p:	设置目录配额
bsoft=n:	block 软限制，可以指定 KB、MB、GB 等单位
bhard=n:	block 硬限制，可以指定 KB、MB、GB 等单位
isoft=n:	inode 软限制
ihard=n:	inode 硬限制

在学习了 xfs_quota 命令中 limit 指令的格式之后，我们就可以按照实验规划来设置配额了，用户配额的设置如下：

[root@localhost ~]# xfs_quota -x -c \
"limit -u bsoft=300M bhard=500M ruser" /disk1/
#设置 ruser 用户在/disk1 分区中写入 300MB 数据时达到软限制，写入 500MB 时达到硬限制
[root@localhost ~]# xfs_quota -x -c "limit -u isoft=10 ihard=13 ruser" /disk1/
#设置 ruser 用户在/disk1 分区中写入文件数量达到 10 个时达到软限制，写入文件数量达到 13 个时达到硬限制

当然，我们也可以在某条命令中既指定 block 的软硬限制，又指定 inode 的软硬限制：
[root@localhost ~]# xfs_quota -x -c "limit -u bsoft=400M bhard=600M isoft=15 ihard=18 ruser" /disk1/
#同时指定用户的 block 和 inode 的软硬限制

之前设置的 bolck 软限制为 300MB、硬限制为 500MB，会被再次设置的 block 软限制为 400MB、硬限制为 600MB 所覆盖，inode 限制同理。

5．查看磁盘配额

在 xfs_quota 命令中，我们先来看一下用于查看的指令的常见选项：
[root@localhost ~]# xfs_quota -x -c "查看指令" [挂载点]
查看指令：

report:	列出磁盘配额的限制值。主要用于查看配额的限制值，以及使用情况
-u:	查看用户配额
-g:	查看组配额

	-p:	查看目录配额
	-b:	查看 block 限制的大小
	-i:	查看 inode 限制的大小
	-h:	使用 KB、MB、GB 等常见单位显示 block 限制
state:		列出配额状态。主要用于查看分区是否开启了配额功能，以及查看宽限时间
print:		打印命令。用于打印文件系统（分区）的基本情况
df:		列出文件系统的使用情况。和系统命令 df 非常相似，支持的选项也相似

例 1：如何查看用户配额的限制值。

[root@localhost ~]# xfs_quota -x -c "report -uibh" /disk1/
#查询用户 inode 和 block 配额并以常见单位列出
User quota on /disk1 (/dev/nvme0n1p1)

		Blocks				**Inodes**		
User ID	Used	Soft	Hard	Warn/Grace	Used	Soft	Hard	Warn/Grace
---	---	---	---	---	---	---	---	---
Ruser	0	400M	600M	00 [------]	0	15	18	00 [------]
#用户名		block 限制情况				inode 限制情况		

通过命令查看到的信息分为 Blocks 和 Inodes 两部分，每部分都有 4 列内容，接下来分别对命令执行结果进行讲解。

- Used：当前用户已经占用的 block/inode。
- Soft：block/inode 的软限制。
- Hard：block/inode 的硬限制。
- Warn/Grace：警告次数，以及宽限时间。

例 2：查看组配额的限制值。

[root@localhost ~]# xfs_quota -x -c "report -gibh" /disk1/
#因为没有对任何组设置过磁盘配额，所以返回结果为空

例 3：查询分区的配额开启状态。

[root@localhost ~]# xfs_quota -x -c "state" /disk1/
User quota state on /disk1 (/dev/nvme0n1p1)
  Accounting: ON
  Enforcement: ON
#在 /disk1/ 分区中用户配额状态为：开启记录并开启用户写入限制
  Inode: #131 (2 blocks, 2 extents)
Blocks grace time: [7 days]
#block 块超出软限制后宽限时间
Blocks max warnings: 5
#block 块超出软限制后最大警告数值
Inodes grace time: [7 days]
#inode 号超出软限制后宽限时间
Inodes max warnings: 5
#inode 号超出软限制后最大警告数值
Realtime Blocks grace time: [7 days]
#实时块超出软限制后宽限时间
Group quota state on /disk1 (/dev/nvme0n1p1)
  Accounting: OFF

```
    Enforcement: OFF
#在/disk1/分区中组配额没有开启记录和写入限制
    Inode: N/A
Blocks grace time: [--------]
Blocks max warnings: 0
Inodes grace time: [--------]
Inodes max warnings: 0
Realtime Blocks grace time: [--------]
Project quota state on /disk1 (/dev/nvme0n1p1)
    Accounting: OFF
    Enforcement: OFF
#在/disk1/分区中没有开启对目录的记录和写入限制
    Inode: N/A
Blocks grace time: [--------]
Blocks max warnings: 0
Inodes grace time: [--------]
Inodes max warnings: 0
Realtime Blocks grace time: [--------]
```

在"state"查询结果中，因为组配额和目录配额没有开启，所以软限制超出后的宽限时间和软限制超出后的警告次数都没有显示。

例4：查询文件系统挂载参数。

```
[root@localhost ~]# xfs_quota -x -c "print" /disk1/
Filesystem          Pathname
/disk1              /dev/nvme0n1p1 (uquota)
#查询分区挂载，uquota 表示用户配额开启正常
```

例5：查询磁盘配额分区的空间使用情况。

xfs_quota 命令中的 df 指令的作用和系统命令 df 基本相似，也支持使用"-h"选项显示常见单位：

```
[root@localhost ~]# xfs_quota -x -c "df -h" /disk1/
Filesystem          Size    Used    Avail   Use%    Pathname
/dev/nvme0n1p1      10.0G   103.6M  9.9G    1%      /disk1
#返回结果中显示了分区可用空间、已用空间、可用空间、已用百分比及挂载点
```

6. 设置宽限时间

设置宽限时间需要使用 xfs_quota 命令中的 timer 指令，命令格式如下：

```
[root@localhost ~]# xfs_quota -x -c "timer [-u|-g|-p] [-bir] ndays" 挂载点
```

timer 指令选项：

    -u：   用户配额
    -g：   用户组配额
    -p：   目录配额
    -b：   block 限制
    -i：   inode 限制
    -r：   实时块限制

宽限时间默认为 7 天，通常不需要修改。需要修改时可以使用如下命令：

```
[root@localhost ~]# xfs_quota -x -c "timer -uibr 9days" /disk1/
#将用户的 inode、block 和实时块的宽限时间设置为 9 天
```

```
[root@localhost ~]# xfs_quota -x -c "state" /disk1/
User quota state on /disk1 (/dev/nvme0n1p1)
  Accounting: ON
  Enforcement: ON
  Inode: #131 (2 blocks, 2 extents)
Blocks grace time: [9 days]
Blocks max warnings: 5
Inodes grace time: [9 days]
Inodes max warnings: 5
Realtime Blocks grace time: [9 days]
#用户block、inode、实时块的宽限时间发生变化
```

7. 测试用户 inode 和 block 配额

在设置磁盘配额后，我们准备测试一下配额限制是否生效。我们还需要修改/disk1/的权限，使用 ruser 用户在/disk1/中写入文件：

```
[root@localhost ~]# ls -ld /disk1/
drwxr-xr-x. 2 root root 6  8月 28 17:45 /disk1/
[root@localhost ~]# chmod o+w /disk1/
[root@localhost ~]# ls -ld /disk1/
drwxr-xrwx. 2 root root 6  8月 28 17:45 /disk1/
#修改后的效果
```

在/disk1/目录中，目录的所有者是 root 用户，目录所属组是 root 组。因此，ruser 用户既不属于 root 用户，也不属于 root 组内成员。ruser 用户对/disk1/目录来说，默认使用的是其他人权限。

因为 ruser 用户对目录来说是其他人身份，所以给目录的其他人加入写入权限。在实际工作中，需要考虑是否会出现权限溢出的情况。

测试 ruser 用户的磁盘配额限制的方式如下。我们先尝试写入文件，再测试磁盘配额对文件数量的限制。我们对 ruser 可用 inode 的软限制是 15 个文件，硬限制是 18 个文件。

```
[ruser@localhost disk1]$ touch /disk1/sdr{1..20}
#创建 sdr1 至 sdr20 文件
touch: cannot touch '/disk1/sdr19': Disk quota exceeded
touch: cannot touch '/disk1/sdr20': Disk quota exceeded
#因为对于 inode 的硬限制是 18 个文件，所以在创建文件数量超出 18 个时会创建失败
[ruser@localhost disk1]$ ls /disk1/
sdr1   sdr11  sdr13  sdr15  sdr17  sdr2  sdr4  sdr6  sdr8
sdr10  sdr12  sdr14  sdr16  sdr18  sdr3  sdr5  sdr7  sdr9
#只创建了 18 个文件，inode 的硬限制生效
```

接下来我们切换 root 用户身份查看/disk1/中磁盘配额使用情况。

```
[root@localhost ~]# xfs_quota -x -c "report -ubih" /disk1/
User quota on  /disk1 (/dev/nvme0n1p1)
                        Blocks                              Inodes
User ID      Used   Soft   Hard   Warn/Grace     Used  Soft  Hard  Warn/Grace
---------------------------------------------------------------------------
ruser        0     400M   600M    00 [------]     18    15    18   03 [8 days]
#以分区为单位查看文件系统中 inode 和 block 的使用情况
```

在上面的返回结果中，与 ruser 用户写入文件相关的数值改变主要出现在 "Inodes" 部分。在 Inodes 部分中：
- Used：表示用户已用 inode 数量为 18 个文件。
- Soft：表示用户 inode 软限制为 15 个文件。
- Hard：表示用户 inode 硬限制为 18 个文件。
- Warn/Grace：其中，Warn 表示超出软限制后的提示次数或超出软限制次数，目前 quota 磁盘配额不支持对含有实时运行区的文件系统发出软限制超出提示，当前 Warn 可认为是超出软限制次数。假设创建 inode 软限制为 15，当前已用 inode 为 18，超出 3 次，则当前 Warn 数值为 03。此外，Grace 表示超出软限制后的宽限时间，在上面操作中，我们将宽限时间设置为 9 天。超出软限制后宽限时间倒计时开始。因为是倒计时，我们见到的时间完整格式应该是 8 天××小时××分钟××秒，但是宽限时间倒计时默认显示最大单位，所以当前看到的结果是 8 days。经过一段时间后，假设宽限时间降至 2 天以内，显示结果为 1 day。如果宽限时间为 1 天以内，显示结果的格式就为××小时××分钟××秒。

接下来再测试一下 ruser 用户磁盘容量限制：

```
[root@localhost ~]# rm -rf /disk1/sdr*
#先删除 inode 测试文件，否则测试文件无法写入
[ruser@localhost disk1]$ dd if=/dev/zero of=/disk1/test-1 bs=1G count=1
#切换到 ruser 用户身份，在 /disk1/ 目录中创建大小为 1GB 的文件
dd: error writing '/disk1/test-1': Disk quota exceeded
1+0 records in
0+0 records out
628686848 bytes (629 MB, 600 MiB) copied, 3.70324 s, 170 MB/s
#想要创建一个大小为 1GB 的文件，实际命令执行后文件大小约为 600MB
[ruser@localhost disk1]$ ls -lh /disk1/test-1
-rw-r--r--. 1 ruser ruser 600M Aug 30 17:27 /disk1/test-1
#查看创建文件大小
```

上面的代码在创建测试文件时使用了 dd 命令，接下来我们解释 dd 命令的选项的含义。
- if：表示数据的来源，当前我们使用的数据来源是 /dev/zero。/dev/zero 是系统中默认存在的字符设备文件，可用于输出指定数量的零，以此创建指定大小的文件。
- of：表示数据的去向，表示数据从 if 中读取出来后的保存位置。在当前案例中，其表示为创建测试文件的位置及文件名。
- bs：表示每次从 /dev/zero 中读取多大的数据量。读取数据量可以用 KB、MB、GB 等单位表示。
- count：表示总共从 if 中取多少次数据。结合使用 bs 可以创建出指定大小的文件。

可以看到，我们想要创建 1GB 的文件，但是实际创建的文件大小约为 600MB。

接下来我们可以使用 root 用户查看分区配额使用情况：

```
[root@localhost ~]# xfs_quota -x -c "report -uibh" /disk1/
User quota on   /disk1(/dev/nvme0n1p1)
                        Blocks                          Inodes
```

第1章 运筹帷幄，操控全盘：高级文件系统管理

```
User ID      Used   Soft   Hard   Warn/Grace       Used   Soft  Hard   Warn/Grace
----------------------------------------------------------------------------------
root         0      0      0      00 [0 days]      3      0     0      00 [0 days]
ruser        599.6M 400M   600M   02 [8 days]      1      15    18     00 [------]
#可以看到，ruser用户的已用空间约为600MB，已经达到了硬限制，触发了宽限时间的倒计时
```

练习过程中需要注意以下几点。

第一，在我们对分区空间进行限制时通常会发现，写入数据量接近硬限制时就会认为硬限制生效，也就是说，硬限制的block数值并不十分精确。因此，在日常设置硬限制时，应留出足够的文件写入空间。

第二，在创建指定大小的文件时，bs选项不建议指定太小的数值。在创建同样大小的文件时，如果bs值偏小，就需要多次写入数据块才能创建出文件，而当前版本的quota又会对超出软限制后的写入数据的次数进行限制。因此，若bs值偏小，则文件创建时需要多次写入数据块，这会导致超出写入次数限制，最终写入失败。偏小的bs值很容易造成写入文件达不到硬限制大小。

8．警告次数

修改警告次数的命令如下：

```
[root@localhost ~]# xfs_quota -x -c "指令" [挂载点]
选项：
    -x：            专家模式，如果想用-c来指定指令，就必须使用专家模式
    -c "指令"：     通过命令来实现配额、查看配额
命令：
   warn：           表示修改警告次数
    -b：            表示修改block的警告次数
    -i：            表示修改inode的警告次数
    -d：            默认选项，表示对整个分区生效。结合使用-u、-g、-p表示对分区中所有用户、
                    所有组、所有目录生效
    -u：            需要结合-d使用，否则使用-u后需要指定限制警告次数的用户名
    -g：            需要结合-d使用，否则使用-g后需要指定限制警告次数的组名
    -p：            需要结合-d使用，否则使用-p后需要指定限制警告次数的目录项目名
   注意：目前单独指定用户、组、目录的警告次数限制方式在当前Rocky Linux 9.0系统中使用的
xfs_quota5.14.2版本中并未实现
```

在使用xfs_quota -x -c "state"进行查询时，会发现存在Warn字段，其表示在磁盘配额超出软限制后的inode或block写入次数，命令如下：

```
[root@localhost ~]# xfs_quota -x -c "state" /disk1
User quota state on /disk1 (/dev/nvme0n1p1)
  Accounting: ON
  Enforcement: ON
  Inode: #131 (2 blocks, 2 extents)
Blocks grace time: [9 days]
Blocks max warnings: 5
#block警告次数为5次
Inodes grace time: [9 days]
Inodes max warnings: 5
```

```
#inode 警告次数为 5 次
Realtime Blocks grace time: [9 days]
```

最大警告次数表示，在用户使用 inode 或 block 超出软限制后，还能进行多少次数据写入。默认警告次数为 5 次，当达到 5 次警告时，禁止用户继续使用 inode 或 block。

```
[root@localhost ~]# xfs_quota -x -c "report -uihb" /disk1/
#查看用户 inode 和 block 使用情况
User quota on /disk1 (/dev/nvme0n1p1)
                        Blocks                              Inodes
User ID      Used    Soft    Hard  Warn/Grace      Used    Soft    Hard Warn/Grace
----------------------------------------------------------------------------------
ruser       599.6M   400M    600M   02 [8 days]      1      15      18   00 [------]
#可以看到 Blocks 中 Warn 列对应的数字是 02，表示在达到软限制之后有过 2 次 block 块写入
```

正因为默认最大警告次数为 5 次，所以我们设置 inode 的软限制为 15 个文件，硬限制为 18 个文件。因为如果软限制、硬限制相差大于 5 个文件，就不会看到硬限制的限制效果（写入会被警告次数所限制）；而如果软限制、硬限制相差 5 个文件，就很难分辨禁止写入的限制效果到底是最大警告次数造成的还是硬限制造成的。

接下来，我们将 ruser 用户可用 inode 的软限制设置为 10 个文件，硬限制设置为 20 个文件。最大警告次数保持 5 次，来看看警告次数的限制效果。

```
[root@localhost ~]# xfs_quota -x -c "report -uibh" /disk1/
User quota on /disk1 (/dev/nvme0n1p1)
                        Blocks                              Inodes
User ID      Used    Soft    Hard  Warn/Grace      Used    Soft    Hard Warn/Grace
----------------------------------------------------------------------------------
...省略其他用户内容...
ruser       599.6M   400M    600M   02 [8 days]      1      10      20   00 [------]
```

当前 ruser 用户在分区中使用的 block 约为 600MB，block 警告次数为 2 次。inode 使用 1 个文件，软限制为 10 个文件，硬限制为 20 个文件，inode 超出次数为 0 次。为了能够正常写入数据，我们在删除原有 600MB 的测试文件后，再创建新文件观察警告次数限制情况：

```
[ruser@localhost disk1]$ ls -lh /disk1/
#查看当前/disk1/中的子文件大小
total 600M
-rw-r--r--. 1 ruser ruser 600M   Sep   1 14:53 test-1
[ruser@localhost disk1]$ rm -rf /disk1/test-1
#删除文件，否则会因为文件过大无法而继续创建新文件
[ruser@localhost disk1]$ touch /disk1/u{1..20}
#创建测试文件
touch: cannot touch '/disk1/u16': Disk quota exceeded
touch: cannot touch '/disk1/u17': Disk quota exceeded
touch: cannot touch '/disk1/u18': Disk quota exceeded
touch: cannot touch '/disk1/u19': Disk quota exceeded
touch: cannot touch '/disk1/u20': Disk quota exceeded
[ruser@localhost disk1]$ ls
u1  u10  u11  u12  u13  u14  u15  u2  u3  u4  u5  u6  u7  u8  u9
#创建 u1 至 u20 文件，发现创建失败，只创建了 u1 至 u15 文件
```

接下来我们切换 root 用户，从分区文件系统的角度查看 ruser 用户对文件系统中 inode 的使用情况：

```
[root@localhost ~]# xfs_quota -x -c "report -uibh" /disk1/
#查看/disk1/分区用户 inode 和 block 使用情况
User quota on /disk1 (/dev/nvme0n1p1)
                        Blocks                          Inodes
User ID      Used   Soft   Hard Warn/Grace     Used   Soft   Hard Warn/Grace
--------------------------------------------------------------
...省略其他用户数据...
ruser          0   400M   600M   00 [------]    15    10    20   05 [8 days]
#inode 警告次数为 5 次
```

当创建文件数量达到 15 个时，无法继续写入，虽然没有达到硬限制的 20 个文件，但是已经达到了 5 次最大警告次数。因此，在工作中要合理地配置硬限制和超出限制警告次数。

接下来我们对最大警告次数进行修改：

```
[root@localhost ~]# xfs_quota -x -c "warn -d -u -bi 30" /disk1/
#将/disk1 中用户的 block 和 inode 最大警告次数设置为 30 次
[root@localhost ~]# xfs_quota -x -c "state" /disk1/
#查看修改后的最大值变化
User quota state on /disk1 (/dev/nvme0n1p1)
  Accounting: ON
  Enforcement: ON
  Inode: #131 (2 blocks, 2 extents)
Blocks grace time: [9 days]
Blocks max warnings: 30
Inodes grace time: [9 days]
Inodes max warnings: 30
Realtime Blocks grace time: [9 days]
```

另外，还可以对组和目录设置最大警告次数。命令如下：

```
[root@localhost ~]# xfs_quota -x -c "warn -d -g -bi 30" /disk1/
#将组的 block、inode、realtime 警告次数设置为 30
[root@localhost ~]# xfs_quota -x -c "warn -d -p -bi 30" /disk1/
#将目录的 block、inode、realtime 警告次数设置为 30
```

注意： 无论是修改用户警告次数，还是组警告次数，或者是目录警告次数，都一定是在对应配额挂载选项开启时才能成功执行的。

9. 关闭或删除配额

若需要关闭配额功能，或者需要删除配额选项，则命令如下：

```
[root@localhost ~]# xfs_quota -x -c "指令" [挂载点]
指令：
   disable：      暂时关闭磁盘配额功能
      -u：        用户配额
      -g：        组配额
      -p：        目录配额
   enable：       开启磁盘配额功能
   off：          完全关闭磁盘配额功能，在使用 off 指令关闭后，不能使用 enable 指令开启，必须卸载分区再重新挂载才能再次开启。如果只是需要关闭，那么请使用 disable 指令，
```

remove： 只有需要使用 remove 指令时才需要使用 off 指令
删除磁盘配额的配置，只有在 off 状态下才能进行

如果需要临时关闭配额，但是不清除配额的各项限制，那么可以直接使用 disable 指令临时关闭磁盘配额，也可以使用 enable 指令开启：

```
[root@localhost ~]# xfs_quota -x -c "disable -u" /disk1/
#临时关闭用户磁盘配额
[root@localhost ~]# xfs_quota -x -c "state" /disk1/
User quota state on /disk1 (/dev/nvme0n1p1)
  Accounting: ON
  Enforcement: OFF                      ←临时关闭
[root@localhost ~]# xfs_quota -x -c "enable -u" /disk1/
#在关闭后重新开启用户磁盘配额
[root@localhost ~]# xfs_quota -x -c "state" /disk1/
User quota state on /disk1 (/dev/nvme0n1p1)
  Accounting: ON
  Enforcement: ON                       ←开启成功
```

通过 disable 指令临时关闭磁盘配额后，可以使用 enable 指令重新开启磁盘配额，重新开启磁盘配额后限制照常生效。

```
[root@localhost ~]# xfs_quota -x -c "report -uihb" /disk1/
#查看配额
User quota on /disk1 (/dev/nvme0n1p1)
                        Blocks                          Inodes
User ID      Used     Soft     Hard   Warn/Grace     Used    Soft    Hard Warn/Grace
----------------------------------------------------------------------------------
root          0         0        0    00 [0 days]     3       0       0   00 [0 days]
ruser       599.6M    400M     600M   02 [8 days]     1      15      18   00 [------]
#各项配置依然存在
```

如果想删除配额配置，就需要先用 off 指令彻底关闭配额功能，再通过 remove 指令删除配置：

```
[root@localhost ~]# xfs_quota -x -c "off -u" /disk1/
#完全关闭用户磁盘配额
[root@localhost ~]# xfs_quota -x -c "remove -u" /disk1/
#清除用户配额和用户组配额
[root@localhost ~]# umount /dev/nvme0n1p1
#卸载
[root@localhost ~]# mount -o usrquota /dev/nvme0n1p1 /disk1/
#挂载并开启用户配额选项
[root@localhost ~]# xfs_quota -x -c "report -uibh" /disk1/
#查看用户 inode 和 block 配额使用和限制情况
User quota on /disk1 (/dev/nvme0n1p1)
                   Blocks                          Inodes
User ID      Used   Soft  Hard Warn/Grace     Used  Soft  Hard Warn/Grace
----------------------------------------------------------------------------
...省略部分命令执行结果...
ruser      599.6M    0     0   00 [------]     1     0     0   00 [------]
#只见到用户对分区中 block 和 inode 的使用情况，限制情况清零
```

1.2.4 组配额的实现过程

我们在 1.2.3 节中学习了如何对用户配额进行限制,接下来我们继续对组配额进行限制。

1. 分区开启组磁盘配额

如果想开启组配额,就需要在对分区进行挂载时开启组的配额挂载选项,命令如下:

```
[root@localhost ~]# mount -o usrquota,grpquota /dev/nvme0n1p1 /disk1/
[root@localhost ~]# mount | grep /disk1
/dev/nvme0n1p1 on    /disk1    type  xfs (rw...省略部分内容...usrquota,grpquota)
#挂载时,同时加入用户配额和组配额选项
[root@localhost ~]# grep "/disk1" /etc/fstab
/dev/nvme0n1p1 /disk1    xfs    defaults,usrquota,grpquota    0 0
#如果需要永久挂载,就在配置文件中加入 grpquota 选项
```

在这之前,我们已经单独开启过 usrquota 配额了,现在我们将 usrquota 和 grpquota 一同开启。

2. 查看组配额状态

```
[root@localhost ~]# xfs_quota -x -c "state" /disk1/
#查看分区用户配额和组配额是否开启成功
User quota state on /disk1 (/dev/nvme0n1p1)
  Accounting: ON
  Enforcement: ON
#在/disk1/分区中,用户配额状态为开启记录并开启用户写入限制
  Inode: #131 (2 blocks, 2 extents)
Blocks grace time: [7 days]
Blocks max warnings: 5
Inodes grace time: [7 days]
Inodes max warnings: 5
Realtime Blocks grace time: [7 days]
Group quota state on /disk1 (/dev/nvme0n1p1)
  Accounting: ON
  Enforcement: ON
#在/disk1/分区中,组配额状态为开启记录并开启组写入限制
  Inode: #133 (2 blocks, 2 extents)
Blocks grace time: [7 days]
Blocks max warnings: 5
Inodes grace time: [7 days]
Inodes max warnings: 5
Realtime Blocks grace time: [7 days]
#省略部分内容
```

因为在挂载选项中同时加入了 usrquota 和 grpquota,所以我们会看到 User quota 和 Group quota 全部是开启记录并开启写入限制的状态。

3．设置组配额

在确认开启组配额后，创建 ruser2 用户。在默认情况下，ruser2 用户初始组为 ruser2 组。我们对 ruser2 组进行磁盘配额限制。

```
[root@localhost ~]# useradd ruser2
#创建 ruser2 用户
[root@localhost ~]# passwd ruser2
#设置 ruser2 用户密码
[root@localhost ~]# id ruser2
uid=1001(ruser2) gid=1001(ruser2) groups=1001(ruser2)
#在默认情况下，ruser2 用户只在 ruser2 组中
[root@localhost ~]# xfs_quota -x -c "limit -g isoft=10 ihard=13 \
> bsoft=150M bhard=200M ruser2" /disk1/
#设置对 ruser2 组的磁盘配额，上面命令行中的"\"表示换行继续进行输入
```

作为 ruser2 组，在/disk1/中能够创建文件的软限制为 10 个文件、硬限制为 13 个文件，能够占用的分区空间软限制为 150MB、硬限制为 200MB。

4．查看磁盘配额

在设置好组配额后，我们对组配额进行查看，验证设置是否成功：

```
[root@localhost ~]# xfs_quota -x -c "report -gbih" /disk1/
Group quota on /disk1 (/dev/nvme0n1p1)
                        Blocks                          Inodes
Group ID    Used    Soft    Hard  Warn/Grace    Used    Soft    Hard   Warn/Grace
----------------------------------------------------------------------------------
ruser2      0       150M    200M   00 [---]     0       10      13     00 [---]
#查看 ruser2 组磁盘配额设置
```

经过查看发现，对 ruser2 组设置的磁盘配额成功了。但是，由于没有任何用户以 ruser2 组身份将文件保存到/disk1/中，所以无论是 Blocks 还是 Inodes 的已用情况都是 0。

5．测试组 inode 和 block

作为测试写入前的准备工作，要先确保 ruser2 用户对/disk1 目录有权限创建文件：

```
[root@localhost ~]# chmod o+w /disk1/
#和测试 ruser 用户时相同，ruser2 用户作为/disk1/目录其他人身份需要拥有对目录的写入权限
```

使用 root 用户对/disk1/目录权限进行修改，ruser2 用户作为其他人身份，需要在/disk1/目录中具备写入权限。在具体工作中，权限设置以实际需求为准。接下来，使用 ruser2 用户登录，进行文件写入测试 block 限制：

```
[ruser2@localhost ~]$ dd if=/dev/zero of=/disk1/u2-test1 bs=50M count=6
dd: error writing '/disk1/u2-test1': Disk quota exceeded
209715200 bytes (210 MB, 200 MiB) copied, 0.0933468 s, 2.2 GB/s
#切换 ruser2 用户身份，使用 dd 命令创建文件
[ruser2@localhost ~]$ ls -lh /disk1/u2-test1
-rw-r--r--. 1 ruser2 ruser2 200M Sep  3 12:12 /disk1/u2-test1
#组配额生效，以 ruser2 作为所属组的文件占用分区空间无法大于 200MB
```

组配额生效，使用 dd 命令创建 300MB 的文件，在实际中，当文件达到 200MB 时，组的硬限制会导致无法继续写入，最终文件大小为 200MB。

· 36 ·

接下来，我们使用 root 用户身份查询分区中 block 的使用情况：

```
[root@localhost ~]# xfs_quota -x -c "report -ghb" /disk1/
#查看/disk1 分区中组 block 的使用情况
Group quota on /disk1 (/dev/nvme0n1p1)
                        Blocks
Group ID       Used    Soft    Hard    Warn/Grace
---------- --------------------------------------
ruser2         200M    150M    200M    04 [6 days]
```

在命令结果中可以看到，ruser2 组已用分区空间为 200MB，软限制为 150MB，硬限制为 200MB，目前已经达到硬限制值。警告次数达 4 次，宽限时间剩余 6 天。

接下来我们删除 u2-test1 文件，准备测试 inode 限制：

```
[ruser2@localhost ~]$ rm -rf /disk1/u2-test1
#删除原有测试文件
[ruser2@localhost ~]$ touch /disk1/u{1..15}
#创建 u1-u15，共 15 个文件
touch: cannot touch '/disk1/u14': Disk quota exceeded
touch: cannot touch '/disk1/u15': Disk quota exceeded
#inode 硬限制生效，u14、u15 文件创建失败
[ruser2@localhost ~]$ ls /disk1/u*
/disk1/u1   /disk1/u11  /disk1/u13  /disk1/u3  /disk1/u5  /disk1/u7  /disk1/u9
/disk1/u10  /disk1/u12  /disk1/u2   /disk1/u4  /disk1/u6  /disk1/u8
#创建文件数量为 13 个，文件 u1 至 u13 创建成功，文件 u14、u15 创建失败
```

接下来我们使用 root 用户来查询分区中 inode 的使用情况：

```
[root@localhost ~]# xfs_quota -x -c "report -gi" /disk1/
Group quota on /disk1 (/dev/nvme0n1p1)
                        Inodes
Group ID       Used Soft  Hard Warn/Grace
---------- --------------------------------------
ruser2         13   10    13   03 [6 days]
#查看/disk1 分区中 inode 的使用情况
```

在命令结果中可以看到，ruser2 组已用分区 inode 数量为 13 个，软限制为 10 个，硬限制为 13 个，目前已达到硬限制值。警告次数为 3 次，宽限时间剩余 6 天。

1.2.5 目录配额的实现过程

在 XFS 文件系统的分区中，可以对目录进行配额限制。目录配额将以递归的方式统计目录中所有子文件、子目录的数量和所有子文件子目录的大小。通过递归的方式统计出目录中所有子文件子目录的数量并加以限制，便能够限制目录可用的 inode；通过递归的方式统计出目录中所有子文件子目录的大小并加以限制，便能够限制目录中可用 block。

因此，无论是 root 用户还是普通用户，在目录中创建文件或写入数据，都会被目录配额所记录。因为目录配额是以目录为限制主体的，并不会考虑在目录中写入数据的是

哪个用户或组，所以当目录达到了配额的硬限制时，即便是 root 用户，也无法突破目录硬限制进行数据写入或新文件的创建。

1. 分区开启目录磁盘配额

我们需要先开启分区的目录配额挂载项，在之前的实验中，我们已经清除了用户和用户组配额。因此，我们重新配置目录配额：

[root@localhost ~]# mount -o **usrquota,grpquota,prjquota** /dev/nvme0n1p1 /disk1/
#临时开启用户、组、目录配额挂载选项
[root@localhost ~]# vim /etc/fstab
/dev/nvme0n1p1 /disk1　　　xfs　　**defaults,usrquota,grpquota,prjquota** 0 0
#永久开启用户、组、目录配额挂载选项

对于挂载选项，随着我们实验练习的深入，其会从最初的"用户配额"到"用户+组配额"再到"用户+组+目录配额"不断累加，在实际使用过程中按需求自行选择配额选项即可。但是请注意，在某些系统版本中曾经出现过组配额不能和目录配额同时开启的情况。

2. 查看目录配额状态

[root@localhost ~]# xfs_quota -x -c "state"
...省略部分内容...
Project quota state on /disk1 (/dev/nvme0n1p1)
　Accounting: ON
　Enforcement: ON
#目录配额记录和限制开启
Inode: #173 (1 blocks, 1 extents)
Blocks grace time: [7 days]
Blocks max warnings: 30
Inodes grace time: [7 days]
Inodes max warnings: 30
Realtime Blocks grace time: [7 days]

3. 目录配额设置项目名称和项目 ID

如果需要进行目录配额，就需要给目录起一个项目名和项目 ID，并且需要写入 /etc/projects 和 /etc/projid 两个文件。需要注意的是，这两个文件默认不存在，需要手动创建，而且文件名错误会导致实验失败。

既然我们限制的是目录，那就不能直接限制/disk1/目录了，因为/disk1/不仅是目录，也是分区的挂载点。建立一个测试目录/disk1/quota/：

[root@localhost ~]# mkdir /disk1/quota/
#建立想要限制的测试目录，目录名可以自定义
[root@localhost ~]# echo **"24:/disk1/quota"** >> **/etc/projects**
#建立项目 ID 和目录名的对应关系，项目 ID 可以是自定义整数
[root@localhost ~]# echo **"myprj:24"** >> **/etc/projid**
#建立项目名称和项目 ID 的对应关系，项目名称可以自定义

4. 初始化项目

初始化项目需要使用 xfs_quota 命令中的 project 指令，命令格式如下：

```
[root@localhost ~]# xfs_quota -x -c "project [选项] 项目名"
```
选项:
    -s: 初始化项目名

我们尝试一下：
```
[root@localhost ~]# xfs_quota -x -c "project -s myprj"
#初始化名为 myprj 的项目
Setting up project myprj (path /disk1/quota)...
Processed 1 (/etc/projects and cmdline) paths for project myprj with recursion depth infinite (-1).
Setting up project myprj (path /disk1/quota)...
Processed 1 (/etc/projects and cmdline) paths for project myprj with recursion depth infinite (-1).
Setting up project myprj (path /disk1/quota)...
Processed 1 (/etc/projects and cmdline) paths for project myprj with recursion depth infinite (-1).
#根据我们创建的/etc/projects 和/etc/projid 文件，识别要限制的目录并进行递归限制
```
查看目录配额是否开启成功：
```
[root@localhost ~]# xfs_quota -x -c "print"
Filesystem          Pathname
…省略部分内容…
/disk1              /dev/nvme0n1p1 (uquota, gquota, pquota)
/disk1/quota        /dev/nvme0n1p1 (project 24, myprj)
#限制的目录是/disk1/quota，对应分区是/dev/nvme0n1p1，项目 ID 是 24，名称是 myprj
```

5. 设置目录配额

给测试目录/disk1/quota/设置容量：软限制为 450MB，硬限制为 500MB。用来设置目录配额限制的命令，依然是 xfs_quota 命令中的 limit 指令：

```
[root@localhost ~]# xfs_quota -x -c "limit -p bsoft=450M bhard=500M myprj" /disk1/
#设置目录配额
#-p 选项表示设置目录配额
#myprj 是之前写入/etc/projid 文件的项目名
[root@localhost ~]# xfs_quota -x -c "report -phb" /disk1/
#查看目录在/disk1 分区占用配额情况
#-p 表示查询目录配额
Project quota on /disk1 (/dev/nvme0n1p1)
                              Blocks
Project ID      Used    Soft    Hard Warn/Grace
---------- ---------------------------------
…省略部分内容…
myprj              0    450M    500M  00 [------]
#限制的主体不再是用户或组，而是目录，因此我们的查询结果是以项目名来显示的
```

6. 测试目录配额

目录配额限制的是目录在本分区中保存的子文件、子目录占用空间（对应 block 限制）和目录中创建的子文件、子目录个数（对应 inode 限制）。因为限制的主体是目录，所以无论是什么用户或组身份，哪怕是 root 用户写入也会受到目录配额限制，接下来我们就用 root 进行写入测试：

```
[root@localhost ~]# dd if=/dev/zero of=/disk1/quota/r1.txt bs=1G count=1
#尝试写入大小为 1GB 的文件
```

```
dd: error writing '/disk1/quota/r1.txt': No space left on device
1+0 records in
0+0 records out
523960320 bytes (524 MB, 500 MiB) copied, 0.331271 s, 1.6 GB/s
#写入失败，/disk1/quota 目录空间不足
[root@localhost ~]# ls -lh /disk1/quota/r1.txt
-rw-r--r--. 1 root root 500M Sep  3 13:11 /disk1/quota/r1.txt
#文件实际大小为 500MB
[root@localhost ~]# xfs_quota -x -c "report -pbh" /disk1/
#查询目录配额
Project quota on /disk1 (/dev/nvme0n1p1)
                              Blocks
Project ID       Used        Soft         Hard       Warn/Grace
---------- ---------------------------------
...省略部分内容...
myprj            499.7M      450M         500M       01 [6 days]
#已用空间为 499.7MB，软限制为 450MB，硬限制为 500MB，警告次数为 1 次，宽限时间剩余 6 天
```

经过查询发现，myprj 已用空间为 499.7MB，同样在用户配额、组配额中，我们都会发现对 block 使用的限制值并不是一个非常精确的数值，略有不足 1MB 的差异，在可接受的范围内。

1.3 RAID（磁盘阵列）

RAID 的优势在于可以提升硬盘的读写性能，或者让磁盘具有一定的磁盘容错功能（部分硬盘损坏，数据不丢失）。

1.3.1 RAID 简介

RAID（Redundant Arrays of Independent Disks），翻译过来就是廉价的、具有冗余功能的磁盘阵列。其原理是通过软件或硬件将多块较小的硬盘或分区组合成一个容量较大的"磁盘组"。那么，什么是磁盘容错呢？从字面上理解，冗余就是多余的、重复的。在磁盘阵列中，冗余是指由多块硬盘组成一个磁盘组。在这个磁盘组中，数据存储在多块硬盘当中，这样即使某块硬盘出现问题，数据也不会丢失，即磁盘数据具有了保护功能，并且在这个磁盘组中，我们可以并行使用多个磁盘读取或写入数据，这样就加快了 I/O 时间。RAID 的组成可以是几块硬盘，也可以是几个分区，而硬盘更加容易理解，因此我们在讲解原理时使用硬盘举例，但是大家要知道不同的分区也可以组成 RAID。

常见的 RAID 有以下几种级别。

1. RAID 0

RAID 0 也叫 Stripe 或 Striping（条带卷），是 RAID 级别中读写性能最好的一个。RAID 0 最好由相同容量的两块或两块以上硬盘组成，最好硬盘的品牌与型号也一致，这样性能最佳。在这种模式下，会先把硬盘分隔出大小相等的区块，当有数据需要写入硬盘时，

会把数据也切割成相同大小的区块，然后分别写入各块硬盘，这样就相当于把一个文件分成几个部分同时写入所有硬盘，数据的读/写速度会有明显提升。例如，两块相等大小的硬盘组成 RAID 0，一个 100MB 的文件要保存到 RAID 0 当中，那么每块硬盘会写入 50MB，并且在两块硬盘中写入 100MB 文件的过程是，并行使用两块硬盘 I/O 进行写入，速度更快。

从理论上讲，由几块硬盘组成 RAID 0，写入速度就会提升几倍。例如，由两块硬盘组成 RAID 0，理论上在同样的数据量下，其写入速度是向一块硬盘中写入速度的两倍。如果由 3 块硬盘组成 RAID 0，那么写入速度相比单块硬盘会提升 3 倍。RAID 0 示意如图 1-14 所示。

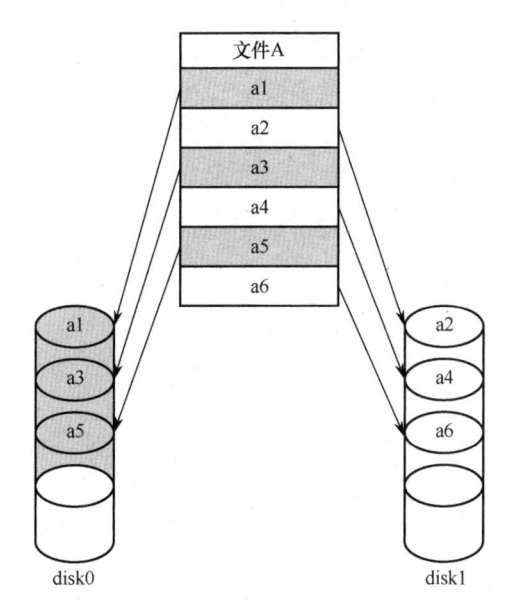

图 1-14 RAID 0 示意

在图 1-14 中，我们准备了两块硬盘，组成了 RAID 0，每块硬盘都划分了相等的区块。当有数据要写入 RAID 0 时，先把文件 A 按照区块大小进行分割，分割后的文件 A 为 a1—a6，再把数据依次交替写入 disk0 和 disk1 硬盘。在 disk0 硬盘写入 a1、a3、a5，在 disk1 硬盘写入 a2、a4、a6，每块硬盘的数据写入量都是整体数据的 1/2，而且 a1、a3、a5 和 a2、a4、a6 近似并行写入，因此理论上写入时间也只有原始时间的 1/2。

RAID 0 的优点如下。

- 由两块或两块以上的硬盘或分区组成，硬盘或分区的大小最好一致。
- 通过把数据分割成等大小的区块，分别存入不同的硬盘，加快数据的读/写速度。数据的读/写性能是几种 RAID 中最好的。
- 多块硬盘合并成 RAID 0，几块小硬盘组成了更大容量的硬盘，并且没有容量损失。RAID 0 的总容量就是几块硬盘的容量之和。

RAID 0 也有一个明显的缺点，那就是没有磁盘容错功能，RAID 0 中的任何一块硬盘损坏，RAID 0 中所有的数据都将丢失。也就是说，由两块硬盘组成 RAID 0，数据的损毁概率就是只写入一块硬盘的两倍。

前面提到过，组成 RAID 0 的硬盘的大小最好都是一样的。那么，如果有两块大小不一样的硬盘，难道就不能组成 RAID 0 吗？答案是可以的。假设有两块硬盘，一块是 100GB 的，另一块是 200GB 的，由这两块硬盘组成 RAID 0，那么当最初的 200GB 数据写入时，是分别存放在两块硬盘当中的；但是当数据大于 200GB 之后，第一块硬盘就写满了，以后的数据就只能写入第二块硬盘，读/写性能也就随之下降了。

一般不建议企业用户使用 RIAD 0，因为数据的损毁概率比较高。只有在对数据的读/写性能要求非常高，但对数据安全要求不高时，才会考虑选择 RAID 0。

2．RAID 1

RAID 1 也叫 Mirror 或 Mirroring（镜像卷），由两块硬盘组成。两块硬盘的大小最好一致，否则总容量以容量小的那块硬盘为准。RAID 1 就具备了磁盘容错功能，因为这种模式是把同一份数据同时写入两块硬盘。例如，两块硬盘组成 RAID 1，当有数据写入时，相同的数据既写入硬盘 1，也写入硬盘 2，当然分区的容量就只有两块硬盘总容量的 50% 了。但好处是，任何一块硬盘数据损坏，都可以在另一块硬盘中找到相同的数据。RAID 1 示意如图 1-15 所示。

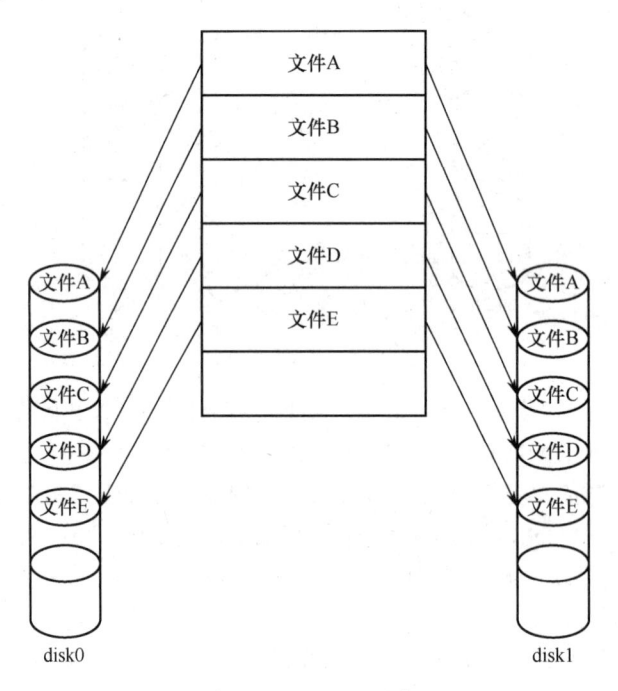

图 1-15　RAID1 示意

RAID 1 具有了磁盘容错功能，但是硬盘的容量却减少了 50%。如图 1-15 所示，disk0 和 disk1 保存的文件相同，因此两块硬盘实际上只保存了一块硬盘容量大小的数据，这也是我们把 RAID 1 称作镜像卷的原因。

RAID 1 的优点如下。

- 只能由两块硬盘组成，每块硬盘的大小最好一致。

第1章　运筹帷幄，操控全盘：高级文件系统管理

- 具备磁盘容错功能，任何一块硬盘出现故障，数据都不会丢失。
- 数据的读取性能虽然不如 RAID 0，但是比单一硬盘要好，因为数据有两个备份存储在不同的硬盘上，当多个进程读取同一数据时，RAID 1 会自动分配读取进程。

RAID 1 的缺点也同样明显，具体如下。

- RAID 1 的容量只有两块硬盘容量的 50%，因为每块硬盘中保存的数据相同。
- 数据写入性能较差（相对 RAID 0 而言），以图 1-15 为例，文件 A 若要写入 disk0 和 disk1，则需要进行两次写入。这两次写入并行进行，但需要 disk0 和 disk1 全部写入完成才能算作写入成功。因此，从写入时间来说，其比单个磁盘使用的时间略长。

3. RAID 10

我们发现，RAID 0 虽然数据读/写性能非常好，但是没有磁盘容错功能；而 RAID 1 虽然具有磁盘容错功能，但是数据写入速度相比 RAID 0 较慢。那么，我们是否可以把 RAID 0 和 RAID 1 组合起来使用呢？当然可以，这样我们就既拥有了 RAID 0 的性能，又拥有了 RAID 1 的磁盘容错功能。

我们先用两块硬盘组成 RAID 1，再用两块硬盘组成另一个 RAID 1，最后将这两个 RAID 1 组成 RAID 0，这种方法就称作 RAID 10，如图 1-16 所示。如果先组成 RAID 0，再组成 RAID 1，这种方法就称作 RAID 01。

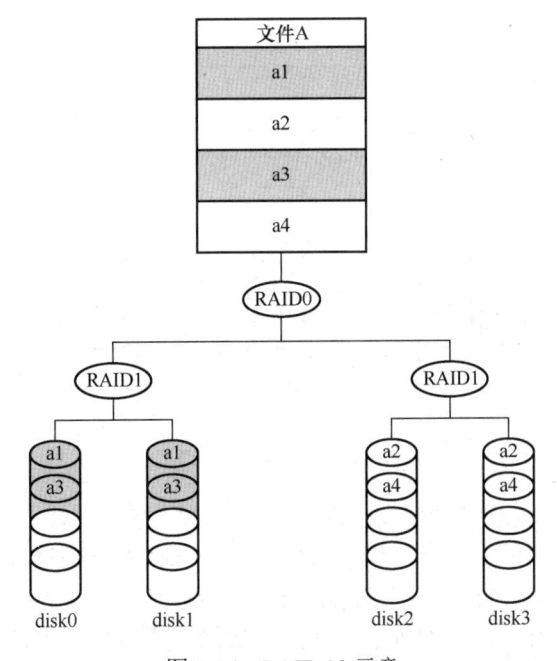

图 1-16　RAID 10 示意

在图 1-16 中，disk0 和 disk1 组成第一个 RAID 1，disk2 和 disk3 组成第二个 RAID 1，这两个 RAID 1 组成 RAID 0。因为先组成 RAID 1，再由两组 RAID1 组成 RAID 0，所

以最终的组合称为 RAID 10。当有数据写入时，先写入的是 RAID 0，因为是 RAID 0，所以数据会被条带化分割，一部分数据写入了 disk0 和 disk1 组成的 RAID 1，另外一部分数据写入 disk2 和 disk3 组成的 RAID 1。disk0 与 disk1 之间的关系为 RAID 1（镜像卷）关系，因此两块磁盘保存数据相同；disk2 和 disk3 之间的关系也是 RAID 1（镜像卷）关系，因此 disk2 和 disk3 保存数据相同。

整体来看，RAID 10 中既存在 RAID 0 对数据进行条带化分割而提高了读写速度，也存在 RAID 1 镜像卷而保证了硬件冗余。注意，虽然我们有了 4 块硬盘，但是由于 RAID 1 的缺点，所以真正的容量只有 4 块硬盘的 50%。

4. RAID 5

RAID 5 最少需要 3 块硬盘组成，硬盘的容量也应当一致。当组成 RAID 5 时，同样需要把硬盘分隔成大小相同的区块。当有数据写入时，数据被条带化分割后循环向组成 RAID 5 的硬盘中写入。不过，在每次循环写入数据的过程中，在其中一块硬盘中加入 1 个奇偶校验值（Parity），奇偶校验值保存着其他硬盘之间的奇偶校验信息。在任意一块硬盘发生损坏时，通过剩余硬盘中的数据和奇偶校验信息就能够计算得出损坏硬盘中的数据，进一步可以恢复数据。RAID 5 示意如图 1-17 所示。

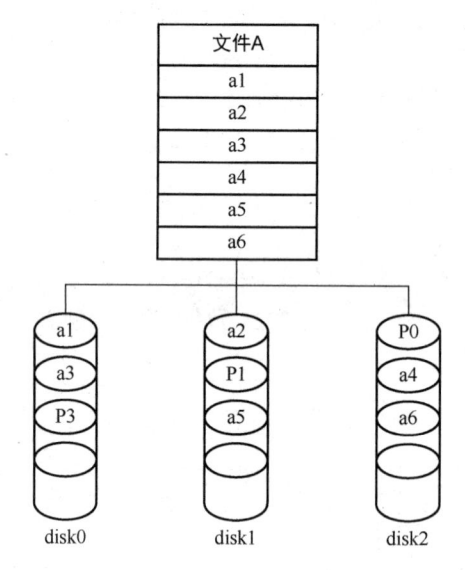

图 1-17　RAID 5 示意

不过需要注意，在每次数据写入时，都会有 1 块硬盘用来保存奇偶校验值。因此，在 RAID 5 中可以使用的总容量是硬盘总容量减去保存奇偶校验占用空间所得的值。例如，在图 1-17 中，由 3 块硬盘组成 RAID 5，但是真正可用的容量是 2 块硬盘的容量之和，也就是说，组成 RAID 5 的硬盘越多，损失的容量占比越少，因为不管由多少块硬盘组成 RAID 5，奇偶校验值加起来只占用 1 块硬盘。而且还要注意，RAID 5 不管是由几块硬盘组成的，只有损坏 1 块硬盘的情况下才能恢复数据，如果损坏的硬盘超过 1 块，数据就不能再恢复了。

RAID 5 的优点如下。
- 由 3 块或 3 块以上硬盘组成，每块硬盘的大小需要一致。
- 因为存在奇偶校验值，所以 RAID 5 具有磁盘容错功能。
- RAID 5 的实际容量是 $n-1$ 块硬盘的容量之和，有 1 块硬盘用来保存奇偶校验值，但不能保存实际数据。
- RAID 5 的数据读/写性能比 RAID 1 更好，但是在数据写入性能上比 RAID 0 差。

RAID 5 的缺点是，不管由多少块硬盘组成 RAID 5，只支持 1 块硬盘损坏之后的数据恢复。

从总体上来说，RAID 5 更像是对 RAID 0 和 RAID 1 的折中，其性能比 RAID 1 好，但是不如 RAID 0；其磁盘容错比 RAID 0 好，而且不像 RAID 1 那样浪费了 50%的硬盘容量。

近些年，又出现了一种新的磁盘阵列 RAID 6，其是 RAID 5 的扩展。RAID 5 总共只有一块硬盘的容量用于做奇偶校验，而 RAID 6 有两块硬盘的容量做奇偶校验，因此 RAID 6 可以支持 2 块硬盘损坏之后的数据恢复。

在了解了各种 RAID 的不同特点之后，我们通过表 1-1 进行总结。

表 1-1 RAID 的特点

对比项目	RAID 0	RAID 1	RAID 5	RAID 6
磁盘数	≥2	2	≥3	≥4
磁盘容错	无	最多 1 块硬盘损坏	最多 1 块硬盘损坏	最多 2 块硬盘损坏
读写速度	最快	最慢	较快	较快
存储空间	磁盘利用率 100%	磁盘利用率 50%	磁盘利用率 $n-1/n$	磁盘利用率 $n-2/n$

5. 硬 RAID 和软 RAID

要想在服务器上实现 RAID，通常采用磁盘阵列卡（RAID 卡）设置 RAID 级别，这种方式称为硬件 RAID，也叫作硬 RAID。RAID 卡上有硬件微控制器和 DRAM 易失性存储器，可以在写入数据时进行奇偶校验、在读取和写入时缓冲数据块，因此性能要好得多，而且不影响操作系统本身的性能。缺点是对于个人机来说，RAID 卡并不是常见硬件配置，单独购买又比较昂贵。

如果我们既没有 RAID 卡又想使用 RAID，就只能使用软 RAID 了。软 RAID 是指通过软件实现 RAID 功能。其优点在于不需要硬件，使用开源且免费的工具即可模拟出 RAID 磁盘阵列；缺点在于由于没有硬件微控制器和 DRAM 易失性存储器，需要耗费服务器系统性能，并且对磁盘 IO 性能的提升并不明显。

因此，笔者认为，软件模拟的 RAID 是没有实际使用价值的。因为 RAID 最主要的功能是磁盘容错功能（RAID 1 和 RAID 5 具备），也就是说，在一块硬盘损坏之后，数据不会丢失，可以通过撤除损坏硬盘、加入新硬盘的方式修复 RAID。但是软 RAID 的修复是在操作系统正常的情况下，才可以使用命令来修复 RAID 的。我们试想，操作系统是安装在 RAID 之中的，而 RAID 是安装在硬盘之上的，硬盘都已经损坏，操作系统怎么可能正常呢？而操作系统都已经损坏，我们如何还能使用命令来修复 RAID 呢？

在生产环境中，要想使用 RAID，必须使用独立于硬盘之外的 RAID 卡，只有这样 RAID 才能具备完整的功能。而在我们当前的练习环境中，使用 Linux 模拟软件 RAID 更为方便，并且我们以下的实验主要用于帮助大家理解 RAID 原理，在实际工作中不要使用软件模拟 RAID（不论是 Windows 还是 Linux 中的软 RAID 都没有实际使用价值）。

1.3.2 使用命令模式配置 RAID 5

我们主要以学习、理解 RAID 组成方式和数据恢复效果为目的，在命令行模式下配置 RAID。因为在工作中，我们都是通过 RAID 卡来配置硬 RAID 的，而配置过程通过图形化完成，并不像软 RAID 一样需要通过命令配置 RAID。

我们选择 RAID 5 级别进行软 RAID 配置练习，其他 RAID 级别和 RAID 5 的配置方式相似。软 RAID 本身在工作中并不常用，并且其他级别的软 RAID 配置更加简单。

在 Linux 中，软 RAID 使用 mdadm 命令建立和管理，mdadm 既支持使用完整硬盘建立 RAID，也支持用硬盘中的不同分区建立 RAID。

1. 准备 4 块 8GB 的硬盘

```
[root@localhost ~]# lsblk
...省略部分内容...
nvme0n1        259:0    0   8G  0 disk
nvme0n2        259:1    0   8G  0 disk
nvme0n3        259:2    0   8G  0 disk
nvme0n4        259:3    0   8G  0 disk
#准备 4 块硬盘，大小均为 8GB
```

硬盘类型也可以选择 SCSI，注意对应设备文件名的变化。

2. 建立 RAID 5

使用 mdadm 命令建立 RAID：

```
[root@localhost ~]# dnf -y install mdadm
#Rocky Linux 9.0 中默认没有安装 mdadm 命令，需要进行安装
[root@localhost ~]# mdadm [模式] [RAID 设备文件名] [选项]
```
模式：
  Assemble：加入一个已经存在的阵列
  Build：创建一个没有超级块的阵列
  Create：创建一个阵列，每个设备都具有超级块
  Manage：管理阵列，如添加设备和删除损坏设备
  Misc：允许单独对阵列中的设备进行操作，如停止阵列
  Follow or Monitor：监控 RAID 状态
  Grow：改变 RAID 的容量或阵列中的数目
选项：
  -s,--scan：扫描配置文件或/proc/mdstat 文件，发现丢失的信息
  -D,--detail：查看磁盘阵列详细信息
  -C,--create：建立新的磁盘阵列，也就是调用 Create 模式
  -a,--auto=yes：采用标准格式建立磁盘阵列

第1章 运筹帷幄，操控全盘：高级文件系统管理

-n,--raid-devices=数字：使用几块硬盘或分区组成 RAID
-l,--level=级别：创建 RAID 的级别，可以是 0,1,5
-x,--spare-devices=数字：使用几块硬盘或分区组成备份设备
-a,--add 设备文件名：在已经存在的 RAID 中加入设备
-r,--remove 设备文件名：在已经存在的 RAID 中移除设备
-f,--fail 设备文件名：把某个组成 RAID 的设备设置为错误状态
-S,--stop：停用 RAID 设备
-A,--assemble：按照配置文件加载 RAID

因为准备创建的是 RAID 5，所以使用以下命令创建：

```
[root@localhost ~]# mdadm --create --auto=yes /dev/md0 \
--level=5 --raid-devices=3 --spare-devices=1 \
/dev/nvme0n1 /dev/nvme0n2 /dev/nvme0n3 /dev/nvme0n4
#上面命令行中 "\" 表示换行继续进行输入
```

其中，/dev/md0 是第 1 个 RAID 设备的设备文件名。如果还有其他 RAID 设备，就可以使用/dev/md[0~9]来表示。我们建立了 RAID 5，使用了 3 个分区，并建立了 1 个备份分区。先查看新建立的/dev/md0，命令如下：

```
[root@localhost ~]# mdadm --detail /dev/md0
/dev/md0:
           Version : 1.2                                 #设备文件名
     Creation Time : Mon Aug  7 17:27:38 2023            #创建时间
        Raid Level : raid5                               #RAID 级别
        Array Size : 16758784 (15.98 GiB 17.16 GB)       #RAID 的可用空间
     Used Dev Size : 8379392 (7.99 GiB 8.58 GB)          #每个分区的容量
      Raid Devices : 3                                   #组成 RAID 的设备数量
     Total Devices : 4                                   #总设备数量
       Persistence : Superblock is persistent            #持久性

       Update Time : Mon Aug  7 17:28:21 2023            #更新时间
             State : clean                               #RAID 状态
    Active Devices : 3                                   #激活的设备数量
   Working Devices : 4                                   #可用设备数量
    Failed Devices : 0                                   #故障设备数量
     Spare Devices : 1                                   #备用设备数量

Layout : left-symmetric
Chunk Size : 512K
Consistency Policy : resync
Name : localhost.localdomain:0  (local to host localhost.localdomain)
UUID : 005db32c:fdfe3b6f:61a9ad1c:14c7397d
Events : 18
Number   Major   Minor   RaidDevice   State
0        259     0       0            active sync   /dev/nvme0n1
1        259     1       1            active sync   /dev/nvme0n2
4        259     2       2            active sync   /dev/nvme0n3
#3 个激活的设备
3        259     3       -            spare         /dev/nvme0n4
#1 个备份的设备
```

再查看一下/proc/mdstat 文件，这个文件中也保存了 RAID 的相关信息，命令如下：
```
[root@localhost ~]# cat /proc/mdstat
Personalities : [raid6] [raid5] [raid4]
md0 : active raid5 nvme0n3[4] nvme0n4[3](S) nvme0n2[1] nvme0n1[0]
#RAID 名称、级别、组成 RAID 的硬盘或分区，[数字]表示硬盘在 RAID 中的顺序
      16758784 blocks super 1.2 level 5, 512k chunk, algorithm 2 [3/3] [UUU]
#blocks：block 总数
#level：RAID 级别
#chunk：条带化分割数据大小
#algorithm：组成设备数量及正常设备数量
unused devices: <none>
```

3．格式化与挂载 RAID

RAID 5 已经创建，但是要想正常使用，还需要进行格式化和挂载，格式化命令如下：
```
[root@localhost ~]# mkfs -t xfs /dev/md0
#将/dev/md0 格式化为 xfs 文件系统
```

挂载命令如下：
```
[root@localhost ~]# mkdir /raid/                #创建挂载点
[root@localhost ~]# mount /dev/md0 /raid/       #挂载
[root@localhost ~]# mount | grep /dev/md0       #查看挂载是否成功
/dev/md0 on /raid type xfs (rw,relatime...省略部分内容...swidth=2048,noquota)
```

4．生成 mdadm 配置文件

在 Rocky Linux 9.0 中，mdadm 配置文件并不存在，需要手动建立。我们使用以下命令建立/etc/mdadm.conf 配置文件：
```
[root@localhost ~]# mdadm -Ds >> /etc/mdadm.conf
#查询和扫描 RAID 信息，并追加进/etc/mdadm.conf 文件
[root@localhost ~]# cat /etc/mdadm.conf
ARRAY   /dev/md0   metadata=1.2   spares=1   name=localhost.localdomain:0
UUID=005db32c:fdfe3b6f:61a9ad1c:14c7397d
#查看文件内容
```

5．设置开机后自动挂载

查看分区 UUID：
```
[root@localhost ~]# blkid | grep /dev/md0
/dev/md0: UUID="0a19d7c5-0f82-4364-8682-2cfb6b0dc379" BLOCK_SIZE="512" TYPE="xfs"
#执行 blkid 命令，过滤关键字/dev/md0
```

自动挂载要修改的/etc/fstab 配置文件，命令如下：
```
[root@localhost ~]# vim /etc/fstab
UUID=0a19d7c5-0f82-4364-8682-2cfb6b0dc379         /raid  xfs   defaults   0 0
#修改文件加入此行，具体含义见《Linux 9 基础知识全面解析》一书中有关文件系统的章节
```

6．模拟分区出现故障

我们的 RAID 虽然配置完成了，但是它真的生效了吗？我们来模拟磁盘报错，看看备份分区是否会自动代替错误分区。mdadm 命令中有选项-f，其作用就是把一块硬盘或

第 1 章　运筹帷幄，操控全盘：高级文件系统管理

分区变成错误状态，用来模拟 RAID 报错，命令如下：

```
[root@localhost raid]# mdadm /dev/md0 -f /dev/nvme0n1
mdadm: set /dev/nvme0n1 faulty in /dev/md0
[root@localhost raid]# mdadm -D /dev/md0
/dev/md0:
```

...省略部分内容...
Active Devices : 2
Working Devices : 3
Failed Devices : 1　　　　　#故障的设备为 1 台
Spare Devices : 1
...省略部分内容...

Number	Major	Minor	RaidDevice	State	
3	259	3	0	**spare rebuilding**	**/dev/nvme0n4**
1	259	1	1	active sync	/dev/nvme0n2
4	259	2	2	active sync	/dev/nvme0n3

#/dev/nvme0n4 原本为预备磁盘，因/dev/nvme0n1 硬盘故障，/dev/nvme0n4 代替/dev/nvme0n1 进行数据恢复

0	259	0	-	faulty	/dev/nvme0n1

#/dev/nvme0n1 硬盘故障

要想看到上面的效果，须尽快查看，否则修复完成后无法查看数据恢复过程。因为有备份分区的存在，所以分区损坏是不用管理员手动参与修复的。如果修复完成后再查看，就会出现下面的情况：

Number	Major	Minor	RaidDevice	State	
3	259	3	0	**active sync**	**/dev/nvme0n4**
1	259	1	1	active sync	/dev/nvme0n2
4	259	2	2	active sync	/dev/nvme0n3
0	259	0	-	faulty	/dev/nvme0n1

备份分区/dev/nvme0n4 已经被激活，但是/dev/nvme0n1 分区失效了。

7．移除错误分区

既然分区已经报错，我们就把/dev/nvme0n1 从 RAID 中删除。如果这是硬盘，就可以进行更换硬盘的处理，移除命令如下：

```
[root@localhost ~]# mdadm /dev/md0    --remove /dev/nvme0n1
```

8．添加新的备份分区

现在，报错分区已经移除。我们还需要添加一个新的备份硬盘，以防下次硬盘或分区出现问题。添加 nvme 类型硬盘，大小为 8GB，硬盘设备文件名为/dev/nvme0n5。

```
[root@localhost ~]# mdadm /dev/md0 --add /dev/nvme0n5
mdadm: added /dev/nvmeon5
```

#把/dev/nvme0n5 加入/dev/md0

```
[root@localhost ~]# mdadm -D /dev/md0
```

...省略部分输出...

Number	Major	Minor	RaidDevice	State	
0	8	17	0	active sync	/dev/nvme0n4
3	8	20	1	active sync	/dev/nvme0n2

· 49 ·

| 4 | 8 | 19 | 2 | active sync | /dev/nvme0n3 |
| 5 | 8 | 21 | - | spare | /dev/nvme0n5 |

#查看一下，/dev/nvme0n5 已经变成备份分区

1.4 本章小结

本章重点

本章重点讲解了 LVM 原理及配置方式、磁盘配额配置方式、RAID 常见级别及配置方式。

本章难点

本章的学习难点在于，LVM 中逻辑卷扩容操作和 LVM 镜像卷的实现原理，以及在磁盘配额中各种限制条件及配置方式较多，需要通过逐一练习来加深理解。

第 2 章　化简单为神奇：shell 基础

学前导读

shell 是类 Linux 操作系统中的命令解释器，可以理解为类 Linux 操作系统提供给用户的使用界面。通过命令解释器，用户可以输入命令来完成对系统资源的使用和控制。

而绝大多数类 Linux 操作系统的默认 shell 解释器类型是 Bash。当前操作系统（Rocky Linux 9.x）中 Bash 的功能非常强大，包括 Bash 操作环境的构建和 shell 脚本编辑、输入/输出重定向、管道符、变量的设置和使用。

构建 Bash 环境对于大家理解系统运行有所帮助，shell 编程可以极大地提升管理员日常系统维护与服务管理的效率，重定向和管道符等符号可以直接应用到 shell 编程或日常执行命令中。

因此，熟练掌握 shell 可以让使用者加深对系统运行机制的理解，同时在管理系统时更加高效。

2.1　shell 概述

2.1.1　什么是 shell

我们平时所说的 shell 可以理解为 Linux 操作系统提供给用户的使用界面，在本地字符界面登录后、在本地图形打开终端后、在远程连接后，我们都会得到 shell 命令解释器，因为在以上几种情况下，我们都需要以输入命令的方式来使用系统资源。

shell 为用户提供了一个可以输入命令并得到命令执行结果的环境。在用户登录系统之后，系统就根据用户在/etc/passwd 文件中的设定，为该用户运行一个被称为 shell（外壳）的程序。

确切地说，shell 是一个命令行解释器，它为用户提供了一个向 Linux 内核发送请求，以便运行程序的界面系统级程序，用户可以通过 shell 来启动、挂起、停止，甚至编写一些程序。shell 处于内核与用户之间，起着协调用户与系统的一致性、在用户与系统之间进行交互的作用。

如图 2-1 所示为 Linux 操作系统层次结构，shell 层接收用户输入的命令，并把用户的命令从类似"abcd"的 ASCII 码解释为类似"0101"的机器语言，然后把命令提交到系统内核处理；在内核处理完毕之后，把处理结果再通过 shell 返回给用户。

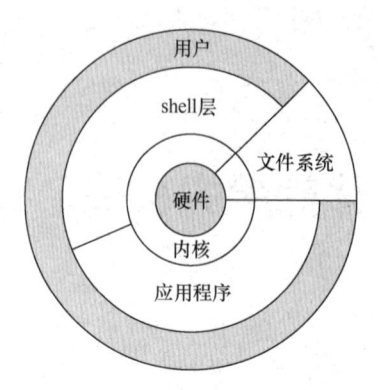

图 2-1　Linux 操作系统层次结构

在图 2-1 中，Linux 操作系统内核可用于管理控制硬件，而在内核之外存在 shell 层和应用程序，在 shell 层或应用程序之外是用户。用户执行的命令会通过 shell 层转换为内核能执行的指令，并最终实现使用硬件资源的目的。同时，在系统中使用其他语言（C 语言或 Go 语言）编写的应用程序或工具，它们不使用 shell 命令解释器最终也能通过内核实现使用硬件资源的目的。最后，在图 2-1 中还出现了文件系统部分。文件系统既不属于 shell 层也不属于应用程序，其是在格式化时直接写入硬盘（硬件）中的。

shell 不仅是一个命令行解释器，还是一门功能强大的编程语言，其易编写、易调试、灵活性较强。作为一种命令级语言，shell 组合功能很强，与操作系统有密切的关系，我们可以在 shell 脚本中直接使用系统命令。

与大多数的编程语言相同，shell 提供了很多特性，如数据变量、参数传递、判断、流程控制、数据输入和输出、子程序及中断处理等。但与部分编程语言不同的是，shell 属于解释型语言，而同样作为编程语言的 C 语言和 Go 语言等属于编译型语言。通常对编译型语言来说，在对源代码进行编译之后会得到该程序的二进制代码，之后的每次运行使用其二进制代码即可。解释型语言通常需要指定解释器所在位置，并且在每次运行时都需要对代码中的语句进行逐一翻译并运行。因此，我们通常认为编译型语言效率更高，因为经过一次编译后，每次执行过程都不需要再编译；而解释型语言在每次运行时都要使用解释器对代码进行解释后再执行。

2.1.2　shell 的分类

目前 shell 的版本有很多种，如 Bourne shell、C shell、Bash、ksh、tcsh 等，它们各有特点，下面对部分版本进行简要介绍。

首先是 Bourne shell，这样命名是为了纪念此 shell 的发明者 Steven Bourne。从 1979 年起，UNIX 就开始使用 Bourne shell。Bourne shell 的主文件名为 sh，开发人员便以 sh 作为 Bourne shell 的主要识别名称。

虽然 Linux 与 UNIX 一样，可以支持多种 shell，但 Bourne shell 的重要地位至今仍然没有改变，许多 UNIX 系统中仍然使用 sh 作为重要的管理工具。它的工作从开机到关机，几乎无所不含。在 Linux 中，用户 shell 主要使用 Bash，但在启动脚本、编辑等很多工作中仍然使用 Bourne shell。

其次是 C shell。C shell 是非常流行的 shell 变种，其主要在 BSD 版的 UNIX 系统中使用，发明者是伯克利大学的 Bill Joy。C shell 因为其语法和 C 语言类似而得名，这也使得 UNIX 的系统工程师在学习 C shell 时感到相当方便。

Bourne shell 和 C shell 形成了 shell 的两大主流派别，后来的变种大都吸取了这两种 shell 的特点，如 Korn、tcsh 及 Bash。

最后是 Bash，它是 GNU 计划的重要工具之一，也是 GNU 系统中标准的 shell。Bash 与 sh 兼容，因此许多早期开发出来的 Bourne shell 程序都可以继续在 Bash 中运行。目前我们使用的 Rocky Linux 9.x 就以 Bash 作为用户的默认 shell。

Bash 于 1988 年发布，在 1995—1996 年推出了 Bash 2.0。当前我们的操作系统是 Rocky Linux 9.x，默认使用的版本是 Bash 5.1.8。表 2-1 中详细列出了 shell 各版本的具体情况。

表 2-1　shell 版本列表

shell 类别	易学性	可移植性	编辑性	快捷性
Bourne shell (sh)	容易	好	较差	较差
Korn shell (ksh)	较难	较好	好	较好
Bourne Again (Bash)	难	较好	好	好
POSIX shell (psh)	较难	好	好	较好
C shell (csh)	较难	差	较好	较好
TC shell (tcsh)	难	差	好	好
Z shell (zsh)	难	差	好	好

注意：shell 的两种主要语法类型为 Bourne 和 C，这两种语法彼此不兼容。Bourne 家族主要包括 sh、ksh、Bash、psh、zsh；C 家族主要包括 csh、tcsh（Bash 和 zsh 在不同程度上支持 csh 的语法）。

本章讲述的脚本编程就是在 Bash 环境中进行的。不过，在 Linux 中，除了可以支持 Bash，还可以支持很多其他的 shell。我们可以通过/etc/shells 文件来查询 Linux 支持的 shell，命令如下：

```
[root@localhost ~]# vi /etc/shells
/bin/sh
/bin/bash
/usr/bin/sh
/usr/bin/bash
```

在 Linux 中，这些 shell 是可以任意切换的，命令如下：

```
[root@localhost ~]# /bin/sh
#切换到 sh
sh-5.1#
#sh 的提示符界面
sh-5.1# exit
exit
#退回到 Bash 中
[root@localhost ~]# ls -l /
```

```
…省略部分输出…
lrwxrwxrwx.     1 root root        7 May 16   2022 bin -> usr/bin
lrwxrwxrwx.     1 root root        8 May 16   2022 sbin -> usr/sbin
#命令正常执行
```

用户信息文件/etc/passwd 的最后一列就是用户默认的 shell 类型，命令如下：

```
[root@localhost ~]# vi /etc/passwd
root:x:0:0:root:/root:/bin/bash
bin:x:1:1:bin:/bin:/sbin/nologin
daemon:x:2:2:daemon:/sbin:/sbin/nologin
…省略部分输出…
#以 ":" 为分隔符，最后一列为 shell 类型
```

大家可以看到，root 用户和其他可以登录系统的普通用户的登录 shell 类型是/bin/bash，在 Linux 中，/bin/bash 也是可登录系统的用户默认使用的 shell 类型。此外，系统中还存在系统用户和服务用户（伪用户），此类用户的 shell 类型通常是/sbin/nologin，受 shell 类型限制不能登录系统，具体概念详见《Linux 9 基础知识全面解析》一书中的用户管理相关内容。

2.2 Bash 的主要功能

2.2.1 历史命令

1．历史命令的查看与保存

Bash 具有完善的历史命令，这对于简化管理操作、排查系统错误都起到了重要的作用，而且使用起来简单、方便，善用历史命令可以有效地提高我们的工作效率。系统保存的历史命令可以使用 history 命令查询，命令格式如下：

```
[root@localhost ~]# history [选项] [历史命令保存文件]
选项：
    -w：    将当前终端执行过的命令写入历史命令文件，如果不手动指定历史命令保存文件，
            就放入默认历史命令保存文件~/.bash_history 中；如果手动指定历史命令保存文
            件，就将所有历史命令保存到指定文件中
    -a：    将当前终端执行的历史命令保存到指定文件中，如果不手动指定历史命令保存文
            件，就放入默认历史命令保存文件~/.bash_history 中；如果手动指定历史命令保存
            文件，就将当前终端执行过的历史命令保存到指定文件中
    -d：    删除指定编号的历史命令
    -c：    清空历史命令
```

如果 history 命令直接执行，就可用于查询系统中的历史命令，命令如下：

```
[root@localhost ~]# history
…省略部分输出…
    525  ls
    526  cd /opt/
    527  cd /tmp/
    528  ls
```

```
529  pwd
530  history
```

这样就可以查询我们刚刚输入的系统命令，而且每条命令都是有编号的。历史命令默认会保存 1000 条，这是通过环境变量（环境变量的含义详见 2.7.2 节）HISTSIZE 来设置的，我们可以在环境变量配置文件/etc/profile 中进行修改，如修改为保存 10000 条，命令如下：

[root@localhost ~]# vi /etc/profile
…省略部分输出…
HISTSIZE=10000
…省略部分输出…

大家需要注意，每个用户的历史命令是单独保存的，因此每个用户的家目录中都有.bash_history 这个历史命令文件。

如果某个用户的历史命令总条数超过了历史命令保存条数，那么新命令会变成最后 1 条命令，最早的命令则会被删除。假设系统能够保存 1000 条历史命令，而系统中已经保存了 1000 条历史命令，那么新输入的命令会被保存成第 1000 条命令，而最早的第 1 条命令会被删除。

还要注意的是，我们使用 history 命令查看的历史命令和~/.bash_history 文件中保存的历史命令是不同的。这是因为当前登录操作的命令并没有直接写入~/.bash_history 文件，而是保存在缓存中，需要等当前用户注销（退出登录）后，缓存中的命令才会写入~/.bash_history 文件。如果我们需要把内存中的命令立即写入~/.bash_history 文件，而不等用户注销时再写入，就需要使用"-w"选项，命令如下：

[root@localhost ~]# history -w
#把缓存中的历史命令立即写入~/.bash_history 文件

命令执行后查询~/.bash_history 文件，历史命令文件中的内容就和 history 命令查询的结果一致了。同时，我们可以在执行"-w"选项后指定一个文件名，表示将当前的历史命令写入指定的文件，命令如下：

```
[root@localhost ~]# history -w /root/linux_hb.his
#将历史命令写入/root/linux_hb.his 文件
[root@localhost ~]# cat -n /root/linux_hb.his
    696    ls
    697    pwd
    698    history
    699    cd
    700    history -w /root/linux_hb.his
#通过查看，发现 linux_hb.his 文件中保存了 700 条历史命令
```

此时，如果我们使用"-a"选项将历史命令保存到指定文件中，就只能在文件中看到当前终端执行过的命令，而不是全部历史命令，命令如下：

```
[root@localhost ~]# history -a /root/linux_hb.his2
#使用"-a"选项将当前终端的历史命令保存到指定文件中
[root@localhost ~]# cat   -n /root/linux_hb.his2
    1   cd
    2   history -w /root/linux_hb.his
```

```
   3  cat -n /root/linux_hb.his
   4  history -a /root/linux_hb.his2
#查看保存历史命令的文件
```

可以看到，使用"-a"选项与使用"-w"选项后将所有历史命令保存到文件中的差别非常明显。

```
[root@localhost ~]# touch /root/aa1
[root@localhost ~]# touch /root/aa2
[root@localhost ~]# touch /root/aa3
#通过创建文件，产生历史命令
[root@localhost ~]# history -w
#将历史命令以"-w"选项的方式写入默认历史命令文件
[root@localhost ~]# tail -n 5 ~/.bash_history
#查看历史命令文件后5行内容
vim ./.bash_history
touch /root/aa1
touch /root/aa2
touch /root/aa3
history -w
[root@localhost ~]# touch /root/bb1
[root@localhost ~]# touch /root/bb2
[root@localhost ~]# touch /root/bb3
#通过创建文件的方式产生不同的历史命令
[root@localhost ~]# history -a
#通过"-a"选项的方式将历史命令写入默认历史命令文件
[root@localhost ~]# tail  -n 10 ~/.bash_history
#查看历史命令后10行内容
vim ./.bash_history
touch /root/aa1
touch /root/aa2
touch /root/aa3
history -w
tail -n 5 ~/.bash_history
touch /root/bb1
touch /root/bb2
touch /root/bb3
history -a
```

通过上述操作可以看到，在执行"-a"选项或"-w"选项不指定文件时，都表示将当前终端执行过的命令保存到~/.bash_history 文件中。

如果需要清空历史命令，那么只需要执行如下命令：

```
[root@localhost ~]# history -c
#清空当前终端产生的历史命令
```

2. 历史命令的调用

如果想要使用执行过的历史命令，那么有这样几种方法可供使用。

（1）使用上（↑）、下（↓）箭头调用执行过的历史命令。

（2）使用"!n"重复执行第 *n* 条历史命令。

第 2 章 化简单为神奇：shell 基础

```
[root@localhost ~]# history
...省略部分输出...
  421  chmod 755 hello.sh
  422  /root/sh/hello.sh
  423  ./hello.sh
  424  tail -n 5 ~/.bash_history
  425  history
...省略部分输出...
[root@localhost sh]# !424
#重复执行第 424 条命令
```

（3）使用"!!"重复执行上一条命令。

```
[root@localhost sh]# !!
#如果接着上一条命令，就会把第 424 条命令再执行一遍
```

（4）使用"!字符串"重复执行最后一条以该字符串开头的命令。

```
[root@localhost sh]# !tail
#重复执行最后一条以 tail 开头的命令
```

（5）使用"!$"重复上一条命令的最后一个参数。

```
[root@localhost ~]# cat /etc/sysconfig/network-scripts/ifcfg-eth0
#查看网卡配置文件内容
[root@localhost ~]# vi !$
#"!$"代表上一条命令的最后一个参数，也就是/etc/sysconfig/network-scripts/ifcfg-eth0
```

（6）使用快捷键，先按"Esc"然后按"."，同样可以调出上一条命令的执行对象或执行选项，或者上一条命令本身。

如果上一条命令既有选项又有执行对象，那么使用快捷键"Esc"". "会调出命令的执行对象，执行结果如下：

```
[root@localhost ~]# ls -li /etc/fstab
#执行命令，既有选项又有执行对象
33575043 -rw-r--r--. 1 root root 579 Jun 10 16:15 /etc/fstab
[root@localhost ~]# /etc/fstab
#在命令行中先按"Esc"后按"."，就会看到上一条命令的执行对象
```

如果上一条命令只有选项，没有执行对象，那么使用快捷键"Esc"". "会调出命令中的选项，执行结果如下：

```
[root@localhost ~]# ls -li
#执行命令，只有选项，没有执行对象
total 8
17467564 -rw-------. 1 root root 1094 Jun 10 16:17 anaconda-ks.cfg
16781069 -rwxr-xr-x. 1 root root   56 Oct 25 16:37 test.sh
[root@localhost ~]# -li
#在命令行中先按"Esc"后按"."就会看到上一条命令的选项
```

如果上一条命令中只有命令，既没有选项又没有执行对象，那么使用快捷键"Esc"". "会调出命令本身，执行结果如下：

```
[root@localhost ~]# ls
#执行命令，既没有选项，也没有执行对象
anaconda-ks.cfg   test.sh
[root@localhost ~]# ls
```

```
#在命令行中先按"Esc"后按"."就会看到上一条命令本身
```

如果我们执行的命令只有执行对象没有选项,结果会如何呢?最终会列出执行命令的执行对象。另外,快捷键"Esc"" . "是可以重复多次使用的,表示上一条命令、上上条命令、上上上条命令。

2.2.2 命令与文件补全

在 Bash 中,命令与文件补全是非常方便与常用的功能,只要输入命令或文件的开头几个字母然后按 Tab 键,系统就会自动补齐命令或文件名。并且输入的字符越多,补全的范围越小,命令就越准确。拥有这样的功能不仅能让用户在操作时能提高速度,而且也能提高命令执行的准确性,因为如果要执行一个命令或要修改一个配置文件,用 Tab 键不能补全出来,就说明命令不存在或文件不存在。

例如,如果想知道以 user 开头的命令有多少,就可以执行以下操作:

```
[root@localhost ~]# user
#输入 user,按 Tab 键,如果以 user 开头的只有一条命令,就可以直接补全完整命令
#如果以 user 开头的有多条命令,就需要连按两次 Tab 键,才会列出所有以 user 开头的命令
useradd        userdel        userhelper    usermod        usernetctl    users
```

补全文件名同理,在想要查看或修改某些文件的时候,也可以使用"Tab 键"对文件名进行补全:

```
[root@localhost ~]# cat /etc/f
filesystems    firewalld/    fonts/        fstab         fuse.conf
#查看/etc/目录下以 f 开头的文件,此时以 f 开头文件过多。按两次 Tab 键后会出现如 filesystems、firewalld、fonts 等文件
[root@localhost ~]# cat /etc/fs
#但是当我们在输入/etc/fs 时,因为在/etc/目录中只有一个文件以 fs 开头,所以按一次 Tab 键就能补全/etc/fstab 完整名称
```

当前版本系统增强了补全功能,不仅能够补全命令,还可以补全命令之后的选项、启动服务的服务名等。

如果操作系统安装时选择了最小化安装,那么可能会出现无法使用 Tab 键补全服务名称和命令选项的情况。在这种情况下,配置好 dnf 安装源,安装"bash-completion"包即可,执行命令如下:

```
[root@localhost ~]# dnf -y install bash-completion
#安装后,重新登录系统,就可以使用 Tab 键进行补全了
```

2.2.3 命令别名

我们之前学习过很多命令,也见到了很多命令在实际使用过程中,通常需要先添加一些选项,然后才能得到我们想要的命令执行结果。如果某命令的某个选项经常需要手动加入,那么在这种情况下,我们可以将此命令和需要加入的选项以别名的方式设置到系统当中,设置后,每次输入别名即可执行命令和指定的选项,方式如下:

命令格式:

```
[root@localhost ~]# alias
#查询当前命令的别名
[root@localhost ~]# alias 别名='原命令'
#设置命令的别名
[root@localhost ~]# alias
#查询系统中已经定义好的别名
alias cp='cp -i'
alias egrep='egrep --color=auto'
alias fgrep='fgrep --color=auto'
alias grep='grep --color=auto'
alias l.='ls -d .* --color=auto'
alias ll='ls -l --color=auto'
alias ls='ls --color=auto'
alias mv='mv -i'
alias rm='rm -i'
alias xzegrep='xzegrep --color=auto'
alias xzfgrep='xzfgrep --color=auto'
alias xzgrep='xzgrep --color=auto'
alias zegrep='zegrep --color=auto'
alias zfgrep='zfgrep --color=auto'
alias zgrep='zgrep --color=auto'
```

为了便于大家理解别名的作用，我们以系统中的现有命令为例进行讲解，如十分常见的 ls 命令。

其实，每当我们在命令行中输入 ls 命令并执行时，因为默认存在别名，所以实际操作系统执行的是"ls --color=auto"。也就是说，在执行 ls 命令时默认加入了选项"--color=auto"，而"--color=auto"的作用在于可以将查看的目录下的子文件按文件类型显示为不同的颜色，例如，黑色字体的是普通文件、蓝色字体的是目录、绿色字体的是可执行文件。在日常使用 ls 命令时，能够默认显示文件类型对于我们辨别文件类型还是非常有帮助的。但是，如果每次执行 ls 命令时都手动加入"--color=auto"，也会让命令执行变得非常复杂，这恰好体现出命令别名的作用。

此外，我们还会看到 rm 命令。当我们在命令行中执行 rm 命令时，实际上执行的是"rm -i"。执行 rm 命令在不加入任何选项的情况下，会收到系统询问是否确认删除，在输入 y/n 后才能确定是否删除文件。删除前询问的过程就是别名中"-i"选项发挥的作用，这种做法可以在一定程度上避免误删除的情况发生。

在之前硬链接知识点中需要频繁地查看文件的 inode 号，我们现在尝试使用别名的方式，设置一个能够方便查看文件 inode 号及文件详细信息的命令，具体如下：

```
[root@localhost ~]# alias lli='ls -l -i --color=auto'
#设置 lli 为命令行中输入的命令，"ls -l -i --color=auto"表示命令行中实际执行的命令
[root@localhost ~]# lli /etc/passwd
34036494 -rw-r--r--. 1 root root 945 Jun 10 16:17 /etc/passwd
#使用 lli 查看某个文件
```

需要注意一点，命令别名的优先级要高于系统命令本身。因此，尽量不要将别名和系统命令名设置得相同，这会导致系统命令无法执行，例如：

```
[root@localhost ~]# alias ls='cd'
```
在设置了"ls='cd'"之后，我们再到命令行输入 ls 时，实际执行的就是 cd 命令，结果如下：
```
[root@localhost ~]# alias ls='cd'
[root@localhost ~]# ls /etc/
[root@localhost etc]# pwd
/etc
#输入 ls 命令，实际执行的是 cd 命令
[root@localhost etc]# cd /boot/
[root@localhost boot]# pwd
/boot
#输入 cd 命令还是执行 cd 命令本身
```
现在系统中的 ls 命令已经变成 cd 命令了，而 cd 命令还是 cd 命令。遇到这种情况应该怎么解决呢？要想解决这个问题，我们可以从命令执行优先级入手。既然我们说别名的优先级比命令高，那么命令执行时的具体顺序是什么呢？

命令执行时的顺序是：

（1）第一顺位执行用绝对路径或相对路径执行的命令。

（2）第二顺位执行命令别名。

（3）第三顺位执行 Bash 的内部命令。

（4）第四顺位执行按照$PATH 环境变量定义的目录查找顺序找到的第一条命令。

注意：在$PATH 中定义了多个能够用于保存命令可执行文件的目录，在执行命令时可到这些目录中找到相应命令的可执行文件，我们在 2.4.2 节中再详细讲解$PATH 的作用。
```
[root@localhost boot]# /usr/bin/ls /root/
anaconda-ks.cfg
#以绝对路径的方式执行 ls 命令
```
当然，使用绝对路径执行命令并不方便，只能说是绕过别名设置，直接执行了 ls 命令本身。另外，我们可以通过 unalias 命令来取消设置过的别名，命令执行方式如下：
```
[root@localhost ~]# unalias -a
#取消当前生效所有别名
[root@localhost ~]# unalias <别名>
#取消指定别名
[root@localhost ~]# unalias ls
#取消 ls 命令别名
```
其实，我们刚才设置过的别名只在当前终端临时生效，也就是说，如果退出设置别名的终端后重新登录一次系统，之前设置的别名就不存在了。

如果想要别名永久生效，就可以把别名写入环境变量配置文件~/.bashrc，命令如下：
```
[root@localhost ~]# vi ~/.bashrc
# .bashrc
# Source global definitions
...省略部分内容...
alias rm='rm -i'
alias cp='cp -i'
```

alias mv='mv -i'
alias lli='ls -l -i --color=auto'
#在文件中加入 lli 命令的别名，使别名永久生效

这样一来，即便重新登录或重启系统，lli 命令还是存在的。那么，环境变量配置文件又是什么呢？所谓环境变量配置文件，顾名思义，是用来定义我们的操作环境的，别名也算是操作环境，我们在 2.7.2 节中再详细讲解这个文件的作用。

2.2.4 命令连接符号

在 Bash 中，如果需要让多条命令顺序执行，那么有这样几种命令连接符号可用，如表 2-2 所示。

表 2-2 多条命令顺序执行的方法

多命令执行符	格式	作用
;	命令 1；命令 2	多条命令顺序执行，命令之间没有任何逻辑关系
&&	命令 1 && 命令 2	如果命令 1 正确执行（$?=0），那么命令 2 才会执行 如果命令 1 执行不正确（$?≠0），那么命令 2 不会执行
||	命令 1 || 命令 2	如果命令 1 执行不正确（$?≠0），那么命令 2 才会执行 如果命令 1 正确执行（$?=0），那么命令 2 不会执行

1．";"多命令顺序执行

如果使用";"连接多条命令，那么这些命令会依次执行，但是各条命令之间没有任何逻辑关系，也就是说，不论哪条命令报错，后面的命令都会依次执行，如图 2-2 所示。

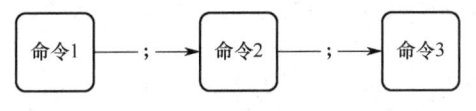

图 2-2 ";"多命令顺序执行

示例代码如下：

```
[root@localhost ~]# ls ; date ; cd /user/ ; pwd
anaconda-ks.cfg
#ls 命令正确执行
Fri Nov  3 23:21:55 CST 2023
#date 命令正确执行
-bash：cd：/user:No such file or directory
#cd 切换目录失败，因为系统中默认没有/user/目录
/root
#虽然 cd 命令执行失败，但是并不影响 pwd 命令执行
```

这就是";"的作用，不论前一条命令是否正确执行，都不影响后续命令的执行。当我们需要一次执行多条命令，而这些命令之间又没有任何逻辑关系时，就可以使用";"来连接多条命令。

2. "&&" 逻辑与

如果使用"&&"连接多条命令，那么这些命令之间就存在逻辑关系。如图 2-3 所示，只有命令 1 正确执行后，"&&"连接的命令 2 才会执行。如果命令 1 执行失败，就不执行命令 2，退回到命令行。

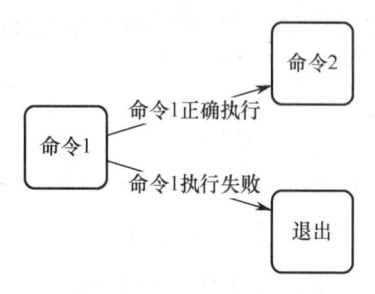

图 2-3 "&&" 逻辑与

那么，命令 2 如何知道命令 1 正确执行了呢？这就需要 Bash 的预定义变量"$?"的支持了，如果"$?"返回值是 0，就证明上一条命令正确执行；如果"$?"返回值非 0，就证明上一条命令执行错误（"$?"具体概念参考 2.4.2 节）。例如：

```
[root@localhost ~]# cp /root/test /tmp/test && rm -rf /root/test && echo "yes"
cp: cannot stat '/root/test': No such file or directory
#将/root/test 复制到/tmp/test，如果命令成功则删除/root/test 并打印"yes"
#因为/root/test 不存在，所以第一条命令执行失败，第二和第三条命令不执行
[root@localhost ~]# ls /tmp/
#在/tmp/目录中并没有建立 test 文件
[root@localhost ~]# touch   /root/test
#建立/root/test 文件
[root@localhost ~]# cp /root/test /tmp/test && rm -rf /root/test && echo "yes"
yes
#第一条命令执行成功后，第二和第三条命令成功执行，因此在命令行中打印"yes"
[root@localhost ~]# ls -l /root/test
ls: cannot access '/root/test': No such file or directory
#/root/test 文件消失，因为第二条命令会将/root/test 文件删除
[root@localhost ~]# ls -l /tmp/test
-rw-r--r--. 1 root root 0 Nov   4 20:22 /tmp/test
#cp 命令执行成功，test 文件在/tmp/目录下
```

再举一个例子，我们在安装源码包时，需要执行"./configure"、"make"和"make install"命令，但是在安装软件时又需要等待较长时间，此时就可以利用"&&"顺序执行这 3 条命，命令如下：

```
[root@localhost ~]# cd ./httpd-2.4.58
[root@localhost httpd-2.4.58]#./configure --prefix=/usr/local/apache2 \
&& make && make install
```

在这里，"\"代表一行命令没有输入结束，因为命令太长了，所以加入"\"字符，可以换行输入。利用"&&"就可以让这 3 条命令执行，然后我们可以休息片刻，等待命令结束。

不过，大家请思考一下，这里是否可以把"&&"替换为";"或"||"呢？当然不行，这三条安装命令必须在前一条命令正确执行之后，才能执行后一条命令。如果把"&&"替换为";"，那么不管前一条命令是否正确执行，后一条命令都会执行；如果把"&&"替换为"||"，那么只有前一条命令执行错误后，后一条命令才会执行，如果编译没有成功，那么继续进行安装是没有任何意义的，因此将"&&"替换为";"或"||"从逻辑上是说不通的。

3．"||" 逻辑或

如果使用"||"连接多条命令，如图 2-4 所示，那么只有命令 1 执行错误后，命令 2 命令才会执行。如果命令 1 执行正确，就不执行命令 2，退回到命令行。

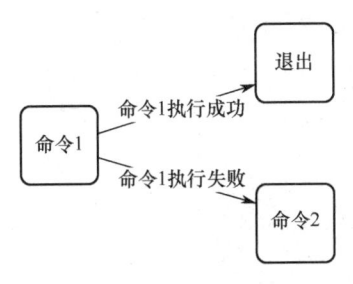

图 2-4 "||" 逻辑或

举个例子：

```
[root@localhost ~]# ls /root/test || mkdir /root/test.d
ls: cannot access '/root/test': No such file or directory
#因为已经删除了/root/test 文件，所以在使用 ls 命令查看时会报错
#因为第一条命令执行失败，所以第二条命令才执行
[root@localhost ~]# ls -ld /root/test.d/
drwxr-xr-x. 2 root root 6 Nov   4 21:24 /root/test.d/
#/root/test.d/目录已经创建
```

"&&"和"||"非常有意思，"&&"和"||"的结合使用可以实现简单地判断语句的功能。如图 2-5 所示，即在命令 1 执行成功时执行命令 2，在命令 1 执行失败时执行命令 3。

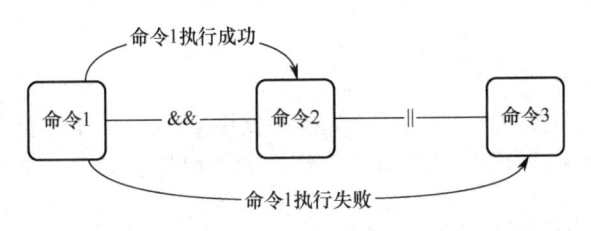

图 2-5 正确与错误判断

如果我们想要判断某条命令是否正确执行，就可以这样操作：

```
[root@localhost ~]# 命令  && echo "yes" || echo "no"
#当命令执行成功时执行 echo 输出 yes
#当命令执行失败时执行 echo 输出 no
```

· 63 ·

例如：
[root@localhost ~]# ls /root/test && echo "yes" || echo "no"
ls: cannot access '/root/test': No such file or directory
no
#因为/root/test 文件不存在，第一条命令报错，所以第二条命令不执行
#第二条命令不执行，第三条命令正确执行，输出"no"
[root@localhost ~]# touch /root/test
#创建/root/test 文件
[root@localhost ~]# ls /root/test && echo "yes" || echo "no"
/root/test
yes
#因为第一条命令正确执行，所以第二条命令正确执行，打印"yes"
#因为第二条命令正确执行，所以第三条命令不执行

请大家思考一下，判断命令是否正确执行的格式是："命令 && echo "yes" || echo "no""，先写"&&"，后写"||"。那么，我们将其反过来写，先写"||"，后写"&&"可以吗？尝试如下：

例 1：如果命令正确执行
[root@localhost ~]# ls || echo "yes" && echo "no"
anaconda-ks.cfg   out.log   sh
no
#命令正确执行，应该输出 yes，但是命令输出了 no
#这是由于 ls 命令正确执行了，所以 yes 没有输出，但是"&&"之前的 ls 命令执行了，因此 no 还是会输出

例 2：如果命令错误执行
[root@localhost ~]# ls dayooo || echo "yes" && echo "no"
ls: cannot access 'dayooo': No such file or directory
yes
no
#命令错误，但是 yes 和 no 都输出了
#也就是说"&&"和"||"的顺序是不能颠倒的，否则结果从逻辑上是说不通的

2.2.5 管道符

1. 行提取命令 grep

在学习使用管道符之前，我们必须先学会使用 grep 命令作为补充，因为我们经常会将管道符和 grep 命令组合使用。grep 命令原本的作用是在文件中查找包含指定关键字的行，格式如下：

[root@localhost ~]# grep [选项] "搜索内容" 文件名
选项：
  -A 数字： 列出符合条件的行，并列出后续的 n 行
  -B 数字： 列出符合条件的行，并列出前面的 n 行
  -c：   统计找到符合条件的字符串的次数
  -i：   忽略大小写

> -n: 输出行号
> -v: 反向查找
> --color=auto: 搜索出的关键字用颜色显示

例如：
```
[root@localhost ~]# grep "/bin/bash" /etc/passwd
root:x:0:0:root:/root:/bin/bash
#查找/etc/passwd 文件中包含/bin/bash 的行
```

grep 命令作用在于查找包含关键字的行，因此只要一行数据中包含"搜索内容（关键字）"，就会列出整行的数据。在上述案例中，会在/etc/passwd 文件中列出所有包含"/bin/bash"的行，而我们已知可登录用户的默认 shell 是"/bin/bash"，因此这条命令会列出当前系统中所有可以登录系统的用户，举个例子：

```
[root@localhost ~]# grep -n "/bin/bash" /etc/passwd
#查找可以登录系统的用户，并列出行号
1:root:x:0:0:root:/root:/bin/bash
#root 在/etc/passwd 文件中第一行，行号与后续文件内容之间以":"分隔

[root@localhost ~]# grep -v "/bin/bash" /etc/passwd
#列出不包含/bin/bash 的所有行
bin:x:1:1:bin:/bin:/sbin/nologin
daemon:x:2:2:daemon:/sbin:/sbin/nologin
adm:x:3:4:adm:/var/adm:/sbin/nologin
…省略部分输出…

[root@localhost ~]# grep -A 3 "/bin/bash" /etc/passwd
#查找文件中包含/bin/bash 的行并列出后续三行
root:x:0:0:root:/root:/bin/bash
bin:x:1:1:bin:/bin:/sbin/nologin
daemon:x:2:2:daemon:/sbin:/sbin/nologin
adm:x:3:4:adm:/var/adm:/sbin/nologin
```

find 也是搜索命令，那么，find 命令和 grep 命令有什么区别呢？

（1）find 命令。

通常在学习使用 grep 命令和 find 命令时，比较难以区分它们的具体差别。find 命令用于在系统中搜索符合条件的文件（如文件名、文件大小、文件所有者、文件 inode 等，都可以成为 find 命令查找文件时的条件）。在使用 find 命令按名称查找文件时，如果需要模糊查询，就使用通配符（参见 2.2.8 节）进行匹配。在搜索时，文件名默认是完全匹配的。完全匹配是什么意思呢？举个例子：

```
[root@localhost ~]# touch /root/abc
#建立文件 abc
[root@localhost ~]# touch /root/abcd
#建立文件 abcd
[root@localhost ~]# find /root/ -name "abc"
/root/abc
#搜索文件名是 abc 的文件，只会找到 abc 文件，而不会找到 abcd 文件
```

#虽然 abcd 文件名中包含 abc，但是 find 命令的要求是完全匹配，只有文件名和要搜索的文件名完全一致，才会匹配成功

完全匹配的意思就是，文件名和搜索的名称完全相同，才能被搜索到。

如果想要找到 abcd 文件，就必须依靠通配符，如 find . -name "abc*"。

注意：find 命令是可以通过 -regex 选项来识别正则表达式规则的，也就是说，find 命令可以按照正则表达式的规则进行匹配，而正则表达式是模糊匹配。但是对于初学者而言，find 命令和 grep 命令本身就不好理解，因此这里只按照通配符规则来进行 find 查询。

（2）grep 命令。

而 grep 命令用于在文件中搜索符合条件的字符串（文件内容查找），如果需要使用模糊查询，就使用正则表达式（参见 3.1.1 节）进行匹配。搜索时字符串是包含匹配的。

而 grep 命令就和 find 命令不太一样了，在使用 grep 命令在文件中查找符合条件的字符串时，只要搜索的内容包含在数据行中，就会列出整行内容。举个例子：

```
[root@localhost ~]# echo abc > test
#在 test 文件中写入 abc
[root@localhost ~]# echo abcd >> test
#在 test 文件中追加 abcd
[root@localhost ~]# grep "abc" test
abc
abcd
#在使用 grep 命令查找时，只要数据行中包含 abc，就会列出
#因此 abc 和 abcd 都会被列出
```

通过这两个例子，我们就可以发现完全匹配和包含匹配的区别了。

2．管道符介绍

在 Bash 中，管道符使用"|"表示。管道符也用来连接多条命令，如"命令 1 | 命令 2"。不过，和多命令顺序执行不同的是，使用管道符连接的命令，命令 1 的正确输出将成为命令 2 的操作对象。这里需要注意，第一，命令 1 必须有正确输出，而命令 2 必须可以处理命令 1 的输出结果；第二，命令 2 只能处理命令 1 的正确输出，不能处理错误输出。管道符如图 2-6 所示。

图 2-6 管道符

举个例子，我们经常需要使用 ls -l 命令查看文件的长格式，不过有些目录中文件众多，如/etc/目录，在使用 ls -l 命令查看/etc/目录后，命令结果有很多行，并且只能看到最后的内容，不能看到前面输出的内容。这时我们想到，使用 more 命令可以分屏显示文件内容，可是怎么使用 more 命令分屏显示命令的输出呢？这时就可以利用管道符来解决此类问题，命令如下：

```
[root@localhost ~]# ls -l /etc/ | more
```

这条命令大家可以这样理解：先执行 ls -l /etc/命令，将命令执行结果通过管道符交给 more 命令，再由 more 命令处理 ls -l /etc/命令的执行结果，也就是我们所说的第一条命令的正确输出是第二条命令的处理和操作对象。

关于管道符，我们再举几个例子：

[root@localhost ~]# netstat -an | grep "ESTABLISHED"
#查询本地所有网络连接，提取包含 ESTABLISHED（已建立连接）的行
#就可以知道我们的服务器上有多少已经成功连接的网络连接
[root@localhost ~]# netstat -an | grep "ESTABLISHED" | wc -l
#如果想知道具体的网络连接数量，就可以再使用 wc 命令统计行数

2.2.6 echo 输出

在我们日常编辑脚本的过程中，经常需要给用户输出一些具有提示性的信息，或者将脚本执行结果显示给用户，又或者我们在脚本编辑过程中需要得知脚本执行状态。在上述情况下，我们可以选择使用 echo 命令来实现脚本提示信息显示、脚本执行结果显示、脚本调试等工作。

echo 命令除了可以应用在脚本中，还可以在命令行中执行。接下来，我们先学习在命令行中执行 echo 命令，等到基础知识掌握之后再学习如何将 echo 命令写到脚本中。echo 命令的格式如下：

[root@localhost ~]# echo [选项] [输出内容]
选项：
　　-e：　　　支持反斜线控制的字符转换（具体参见表 2-3）
　　-n：　　　取消输出后行末的换行符号（内容输出后不换行）

其实，echo 命令非常简单，命令的输出内容如果没有特殊含义，就将原内容输出到屏幕上；如果输出内容有特殊含义，就输出其含义，例如：

[root@localhost ~]# echo "Mr. Shen Chao is a good man! "
Mr. Shen Chao is a good man!
#echo 命令后的字符串就会输出到屏幕上
[root@localhost ~]#

在某些版本的 Linux 操作系统中，当以 "!" 为 echo 字符串结尾时，在 "!" 后要记得添加空格，否则会有报错提示。在当前的 Rocky Linux 9.0 中并不需要在 "!" 后加入空格。但是请注意，"!" 如果连续出现多次，就会存在一些特殊含义。例如，我们在历史命令中见到的 "!!" 就表示调用上一条历史命令：

例：
[root@localhost ~]# **ls /root/**
#首先，我们先执行一条命令
anaconda-ks.cfg
[root@localhost ~]# echo "ABCD!!"
#在字符串中，出现了两个连续的 "!"
echo "ABCD**ls /root/**"
ABCD**ls /root/**

在这种情况下，两个连续的 "!" 调用了上一条命令 ls /root/，因此在输出结果中我

们会看到，先将"!!"转换为上一条命令（ls /root/），再进行输出。

[root@localhost ~]# echo -n "Mr. Shen Chao is a good man!"
Mr. Shen Chao is a good man![root@localhost ~]#
#如果加入了"-n"选项，那么在输出内容结束后，不会换行，直接显示新行的提示符

在 echo 命令中如果使用了"-e"选项，就可以支持使用控制字符，如表 2-3 所示。

表 2-3　控制字符

控制字符	作用
\\	输出\本身
\a	输出警告音（就是滴的声音）
\b	退格键，即向左删除键
\c	取消输出行末的换行符。和"-n"选项一致
\e	Esc 键
\f	换页符
\n	换行符
\r	Enter 键
\t	制表符，即 Tab 键
\v	垂直制表符
\0nnn	按照八进制 ASCII 码表输出字符。其中 0 为数字 0，nnn 是三位八进制数
\xhh	按照十六进制 ASCII 码表输出字符。其中 hh 是两位十六进制数

接下来说明"-e"选项，举例如下：
[root@localhost ~]# echo -e "\\ \a"
\
#输出"\"，同时会在系统中播放警告音

在上面的例子中，echo 命令会输出"\"。如果不写为"\\"，就会因为"\"具有特殊含义而不输出。如果想要听到警告音，那么前提是有声音输出设备，首先在字符界面中是最容易听到的；其次通过 Xshell 远程连接的 Windows10 或 Windows11 操作系统也可以听到警告音，只是警告音的间隔时间相比字符界面中的略长，并且不同的操作系统会有不同的警告音；最后如果想要在图形化本地听到警告音，就需要对系统中的声音进行比较复杂的设置。

例：
[root@localhost ~]# echo -e "ab\bc"
ac
#在这个输出中，b 键左侧有"\b"，因此输出时只有 ac

注意，若使用"\b"作为字符串的最后一个字符，则删除不生效。此种情况下，在"\b"后加入空格可以解决问题。

例：
[root@localhost ~]# echo -e "a\tb\tc\nd\te\tf"
a　　b　　c
d　　e　　f
#因为加入了制表符"\t"和换行符"\n"，所以会按照格式输出

```
[root@localhost ~]# echo -e "\0141\t\0142\t\0143\n\0144\t\0145\t\0146"
a       b       c
d       e       f
#还是会输出上面的内容，不过会按照八进制ASCII码输出
```

也就是说，141这个八进制数在ASCII码中代表小写的"a"，其他以此类推。

例：
```
[root@localhost ~]# echo -e "\x61\t\x62\t\x63\n\x64\t\x65\t\x66"
a       b       c
d       e       f
#按照十六进制ASCII码同样可以输出
```

echo命令还可以输出一些比较有意思的内容。

例：
```
[root@localhost ~]# echo -e "\e[1;31m abcd \e[0m"
```

这条命令会把abcd按照红色进行输出。解释一下这个命令：\e[1是标准格式，代表颜色输出开始，\e[0m代表颜色输出结束，31m定义字体颜色是红色。echo命令能够识别的颜色如下：30m=黑色，31m=红色，32m=绿色，33m=黄色，34m=蓝色，35m=洋红，36m=青色，37m=白色。

例：
```
[root@localhost ~]# echo -e "\e[1;42m abcd \e[0m"
```

这条命令会给abcd加入一个绿色的字体底色。echo命令可以使用的字体底色如下：40m=黑色，41m=红色，42m=绿色，43m=黄色，44m=蓝色，45m=洋红，46m=青色，47m=白色。其实大家会发现一个规律，在字体颜色数字的基础上加上10，就表示设置字体的底色。

例：
```
echo -e "\e[5;1；41m abcd \e[0m"
```

在数字1前面加入5，表示输出字体闪烁。在系统中，我们会发现一个失效的符号链接也是以这种方式显示的。在以后编写脚本的过程中，也可以使用这种方式输出一些警告性提示信息。

2.2.7 输入/输出重定向

1. Bash的标准输入/输出

输入/输出重定向从字面上看，就是改变输入与输出的方向，但是标准的输入与输出方向是什么呢？我们先来解释一下输入设备和输出设备。现在计算机的输入设备非常多，常见的有键盘、鼠标、麦克风、手写板等，常见的输出设备有显示器、投影仪、打印机等。不过，在Linux中，标准输入设备指的是键盘，标准输出设备指的是显示器。

在Linux中认为一切皆文件，计算机硬件也是文件，那么标准输入设备（键盘）和标准输出设备（显示器）当然也是文件了。标准输入/输出设备的设备文件名，如表2-4所示。

表 2-4 标准输入/输出设备

设备	设备文件名	文件描述符	类型
键盘	/dev/stdin	0	标准输入
显示器	/dev/stdout	1	标准输出
显示器	/dev/stderr	2	标准错误输出

Linux 使用设备文件名来表示硬件（如/dev/sda1 代表第一块 SATA 硬盘的第一个主分区），但是键盘和显示器的设备文件名并不好记，我们可以用"0"、"1"和"2"分别代表标准输入、标准输出和标准错误输出，如图 2-7 所示。

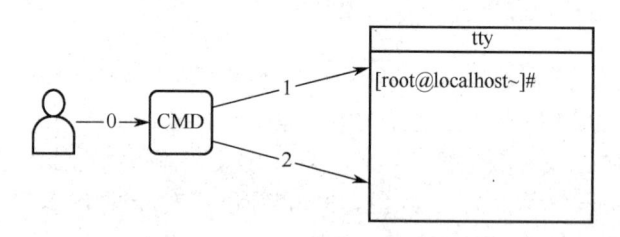

图 2-7 标准输入、标准输出和标准错误输出

在图 2-7 中，用户通过文件描述符 0（键盘）输入命令并执行，命令执行成功后会通过文件描述符 1 默认输出到终端（显示器）上；若命令执行失败，则通过文件描述符 2 输出到终端（显示器）上。

在了解了标准输入和标准输出后可以知晓，输出重定向是指改变输出方向，不再输出到终端（显示器）上，而是输出到文件或其他设备中；输入重定向则是指不再使用键盘作为输入设备，而是把文件的内容作为命令的输入。

2．输出重定向

使用输出重定向的最大好处就是可以把命令结果保存到指定的文件中，我们可以到文件中对命令结果进行过滤或截取，并且命令执行结果是永久保存在文件中的，方便再次查看，这是在 shell 脚本中比较常见的操作。Bash 支持的输出重定向符号如表 2-5 所示。

表 2-5 Bash 支持的输出重定向符号

类型	符号	作用
标准输出重定向	命令 > 文件	以覆盖的方式，把命令的正确输出重定向到指定的文件或设备中
	命令 >> 文件	以追加的方式，把命令的正确输出重定向到指定的文件或设备中
标准错误输出重定向	错误命令 2>文件	以覆盖的方式，把命令的错误输出重定向到指定的文件或设备中
	错误命令 2>>文件	以追加的方式，把命令的错误输出重定向到指定的文件或设备中

第 2 章 化简单为神奇：shell 基础

续表

类型	符号	作用
正确输出和错误输出同时保存	命令 > 文件 2>&1	以覆盖的方式，把正确输出和错误输出都保存到同一个文件中
	命令 >> 文件 2>&1	以追加的方式，把正确输出和错误输出都保存到同一个文件中
	命令 &>文件	以覆盖的方式，把正确输出和错误输出都保存到同一个文件中
	命令 &>>文件	以追加的方式，把正确输出和错误输出都保存到同一个文件中
	命令>>文件1 2>>文件2	把正确的输出追加到文件1中，把错误的输出追加到文件2中

（1）标准输出重定向。

如图 2-8 所示，使用标准输出重定向将命令的正确执行结果保存到文件中。但是，如果命令执行错误，返回结果通过文件描述符 2 输出到命令行中，就无法重定向到文件中。

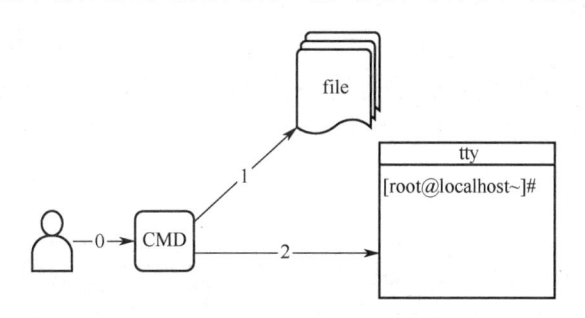

图 2-8　标准输出重定向

在输出重定向中，">"代表的是覆盖，">>"代表的是追加。

例：
```
[root@localhost ~]# ls -l /root/
total 4
-rw-------. 1 root root 1094 Jun 10 16:17 anaconda-ks.cfg
#首先执行 ls 命令，默认输出位置是屏幕
[root@localhost ~]# ls -l /root/ > /root/out.log
#以>对 ls 命令的执行结果进行重定向，将结果输出到/root/out.log 文件中
[root@localhost ~]# cat /root/out.log
total 4
-rw-------. 1 root root 1094 Jun 10 16:17 anaconda-ks.cfg
-rw-r--r--. 1 root root    0 Oct 30 16:45 out.log
#查看文件内容
```

注意，将 ls -l 命令的结果通过重定向的方式写入文件/root/out.log，但 ls 命令的结果并不是整体重定向并一次性写入到/root/out.log 文件中的，而是逐步将命令执行结果写入到/root/out.log 文件中的。因此，在最初的命令结果写入到/root/out.log 文件中后，/root/out.log 文件就已经存在于/root/目录中，在/root/out.log 文件中将见到 out.log 文件本身。

```
[root@localhost ~]# pwd > /root/out.log
#将 pwd 命令结果以覆盖的方式写入/root/out.log 文件
[root@localhost ~]# cat /root/out.log
/root
#查看/root/out.log 文件
```

因为使用">"会进行覆盖式写入，所以 out.log 中的原有数据将被 pwd 命令的结果所覆盖。在使用">"时需要注意文件中是否有原有数据，以及原有数据是否可被覆盖。

如果不想覆盖文件中的原有数据，那么可以选择使用">>"追加的方式进行写入。

```
[root@localhost ~]# date >> /root/out.log
#使用追加重定向将 date 命令结果写入/root/out.log 文件
[root@localhost ~]# cat /root/out.log
/root
Tue Oct 31 17:38:15 CST 2023
#查看重定向执行结果
```

可以看到，在使用">>"追加重定向后，原有 pwd 命令的执行结果还在，同时在下面新建了一行保存了 date 命令的执行结果。

（2）标准错误输出重定向。

如图 2-9 所示，使用标准错误重定向将命令错误执行结果保存到文件中，但是如果命令执行正确，执行结果就通过文件描述符 1 输出到命令行中，无法重定向到文件中。

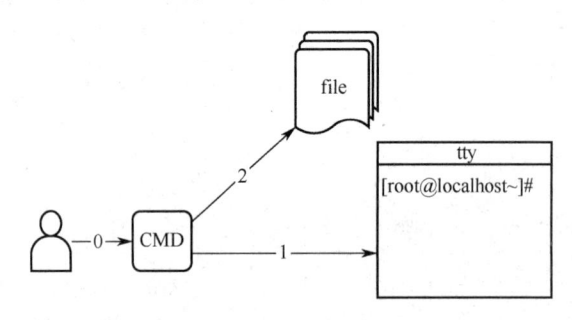

图 2-9　标准错误重定向

如果想要把命令的错误输出保存到文件中，那么使用正确的输出重定向是不成功的，例如：

```
[root@localhost ~]# ls /root/xxxYYYZZZ >> /root/err.log
ls: cannot access '/root/xxxYYYZZZ': No such file or directory
#使用 ls 命令查看一个不存在的文件
#虽然使用了重定向符号，但是命令结果显示在命令行中
[root@localhost ~]# ls /root/
anaconda-ks.cfg    err.log    out.log
[root@localhost ~]# cat /root/err.log
#在/root/目录中出现了 err.log 文件，但是文件为空
```

使用 ls 命令查看一个并不存在的文件，此时命令执行会报错，在命令返回错误结果的情况下，错误执行结果并没有通过重定向写入指定的/root/err.log 文件，而是直接出现在当前命令行中。因为">>"表示对正确输出结果进行重定向，由于命令执行错误，正确输出结果为空，所以只创建了/root/err.log 文件，并没有进行任何写入。在这种情况下，

需要使用错误重定向进行写入，例如：

[root@localhost ~]# ls /root/XXXYYYZZZ 2>> /root/err.log
#通过错误重定向，命令执行结果并没有在命令行中显示
[root@localhost ~]# **cat /root/err.log**
ls: cannot access '/root/XXXYYYZZZ': **No such file or directory**
#命令执行报错结果显示在 err.log 文件中

在重定向过程中，2 表示错误输出，只有这样才能把命令的错误输出保存到指定的文件中。这里需要注意的是，错误输出的大于号左侧一定不能有空格，否则会报错。

（3）正确输出和错误输出同时保存到同一文件中。

在重定向实际使用过程中，将正确输出和错误输出同时保存到某个文件中，比单独使用正确或错误重定向的概率高一些。因为在命令执行前，我们通常并不能确定命令会执行成功还是失败，所以，如图 2-10 所示，将正确输出和错误输出同时重定向到某文件中，这种既能保存正确输出又能保存错误输出的方式，更有利于我们保存命令执行的所有输出结果。

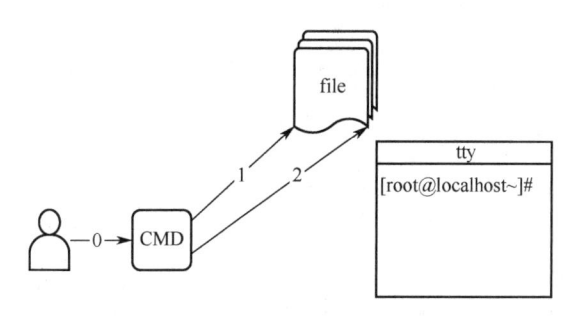

图 2-10　正确输出和错误输出同时重定向

命令执行结果如下：

[root@localhost ~]# ls /root/ >> /root/together.log 2>&1
[root@localhost ~]# ls /root/XXXYYYZZZ &>> /root/together.log
#将正确输出和错误输出全部重定向到/root/together.log 文件中
#两种重定向方式依据个人习惯进行选择，执行结果相同
[root@localhost ~]# cat /root/together.log
anaconda-ks.cfg
err.log
out.log
together.log
#第一条正确命令的输出追加保存了
ls: cannot access '/root/XXXYYYZZZ': No such file or directory
#第二条错误命令的输出也追加保存了

（4）正确输出和错误输出保存到不同文件中。

我们还可以把正确输出和错误输出分别保存到不同的文件中，如图 2-11 所示。命令格式如下：

[root@localhost ~]# ls >> list.log 2>>err.log

如果使用上述格式，那么命令的正确输出会写入文件 list.log，可以将其当作正确日志；而错误输出则会写入 err.log 文件，可以将其当作错误日志。笔者认为，如果想要保

存命令的执行结果,那么这种方法更加清晰。

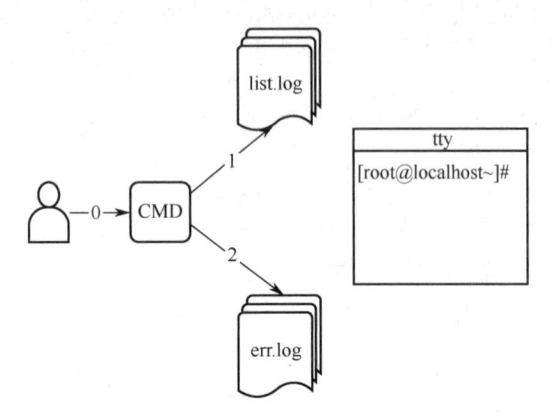

图 2-11　正确输出和错误输出保存到不同的文件中

如果我们既不想把命令的输出保存下来,也不想把命令的执行结果输出到屏幕上,那么为了避免执行干扰命令,可以把命令的所有执行结果放入/dev/null 中。大家可以把/dev/null 当成 Linux 中的数据黑洞,任何重定向到/dev/null 的数据都会被丢弃,并且不能被恢复。

命令如下:

[root@localhost ~]# ls &>/dev/null

例 1:输出到终端并写入文件

在上面的案例中,无论正确或错误,无论单个文件或多个文件,都将通过重定向的方式将命令执行结果写入指定的文件。使用 tee 命令并结合管道符可以将命令正确执行结果输出到命令行,同时也能将其写入文件,如图 2-12 所示。

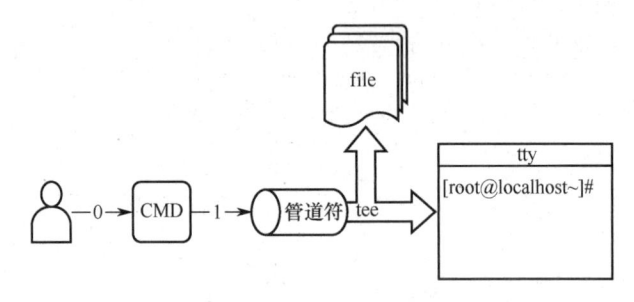

图 2-12　输出到终端并写入文件

在图 2-12 中,用户通过标准输入(描述符 0)执行命令,在命令执行返回正确结果时,正确结果通过标准正确输出(描述符 1)传给管道符,管道符将命令执行结果交给 tee 命令,tee 命令将传递来的字符串输出到终端并写入文件。

例:
```
[root@localhost ~]# df -h | tee /root/tee.log
Filesystem            Size  Used Avail Use% Mounted on
...省略部分内容...
/dev/sda1            1014M  166M  849M  17% /boot
```

```
tmpfs                         195M    0    195M   0% /run/user/0
/dev/sr0                      7.9G   7.9G     0  100% /mnt
#可以看到，df 命令执行结果出现在命令行中
[root@localhost ~]# cat /root/tee.log
Filesystem                    Size   Used  Avail Use% Mounted on
...省略部分内容...
/dev/sda1                     1014M  166M  849M   17% /boot
tmpfs                         195M    0    195M   0% /run/user/0
/dev/sr0                      7.9G   7.9G     0  100% /mnt
#df 命令执行结果同时保存在文件中
```

3．输入重定向

什么是输入重定向呢？输入重定向是指改变输出的方向，把命令的输入重定向到文件中。也就是说，输入重定向会改变输入的方向，不再使用键盘作为命令的输入，而是使用文件作为命令的输入。

例 2：at 命令与输入重定向

下面以 at 命令为例来讲解输入重定向的作用。我们需要先简单地介绍一下 at 命令的作用和用法。at 可以使我们的命令在指定的时间运行，在默认情况下会以交互式的方式执行 at 命令，具体格式如下：

```
[root@localhost ~]# at <命令执行时间>
#在加入命令执行时间后会以交互式的方式输入命令
```

如果在安装操作系统时选择最小化安装，那么此时可能没有 at 命令，需要在配置 dnf 源后安装：

```
[root@localhost ~]# dnf -y install at
#在 dnf 源配置正确的情况下安装 at 命令
[root@localhost ~]# systemctl start atd
#启动 atd 服务，安装 at 命令后需要启动 atd 服务才能正常使用
[root@localhost ~]# at 12:26
#在命令行中输入 at 后，输入想要执行命令的时间
warning: commands will be executed using /bin/sh
#警告，将使用/bin/sh 运行命令，在当前系统中/bin/sh 作为符号链接指向到/bin/bash
at> touch /root/test.at              ←以交互式的方式继续输入想要在 12:26 执行的命令
at> <EOT>                            ←按 Enter 键换行后，使用快捷键 Ctrl+D 表示输入完成
job 1 at Thu Dec  26 12:26:00 2023
#at 任务编号为 1，在 2023 年 12 月 26 日的 12 时 26 分执行
```

很明显，上面的 at 命令是以交互式的方式执行的。只要结合输入重定向就可以使 at 命令变为非交互式的方式执行，具体如下：

```
[root@localhost ~]# echo "mkdir -p /a/b/c" >> /root/at.exec
#首先将想要执行的命令写入文件
[root@localhost ~]# cat /root/at.exec
mkdir -p /a/b/c
#查看命令写入后的文件
[root@localhost ~]# at 12:30 < /root/at.exec
#指定 at 命令执行时间，并以输入重定向的方式将文件/root/at.exec 中的命令交给 at 执行
```

```
warning: commands will be executed using /bin/sh
job 2 at Thu Dec   26 12:30:00 2023
#at 任务编号为 2，在 2023 年 11 月 2 日的 12 时 30 分执行
```

借助输入重定向，将/root/at.exec 文件中的命令交给 at 命令执行，实现了非交互式执行 at 命令。

例 3：EOF 与输入重定向

在 shell 脚本中，EOF 与 echo 类似，可以将指定字符串输出到屏幕中显示。在使用 EOF 过程中，不可避免地需要使用输入重定向。

接下来我们学习使用命令行中 EOF 的用法，然后逐步将其应用在脚本当中。

输出 abcd 这四个字符，我们在输出过程中要试着看懂 EOF 的输出格式，具体如下：

```
[root@localhost ~]# cat << EOF
> abcd
#输入 abcd 字符串
> EOF
abcd
#执行后输出 abcd 字符串
```

首先，键盘中输入 cat << EOF，然后按 Enter 键即可进入下一个命令行；其次，新命令行中以">"为命令提示符，直接输入 abcd，并按 Enter 键表示当前行输入完成；最后，在新的一行中输入 EOF，表示输入完成。最终，我们看到命令行中输出了 abcd 字符串。

我们尝试使用 EOF 进行多行输出，具体如下：

```
[root@localhost ~]# cat << EOF
> 1.linux
> 2.apache
> 3.mysql
> 4.php
> EOF
1.linux
2.apache
3.mysql
4.php
#加粗字体为输出结果
```

在上述案例中，我们进行了多行字符串的输出。还是先使用 cat << EOF 进入新行，在输入"1.linux"之后，直接按 Enter 键表示当前行输入完成，在进入新行后输入"2.apache"，在输入完成后再次按 Enter 键进入下一行，以此类推。在输入完所有字符串后，在最后一个新行输入 EOF 表示输入完成。可以看到，对于 EOF 输出字符串来说，调整格式（如换行、按 Tab 键等）更加简单。

2.2.8 通配符

在 Bash 中，如果需要模糊匹配文件名或目录名，就要用到通配符。下面通过表 2-6 介绍常用的通配符。

表 2-6 通配符

通配符	作用
?	匹配一个任意字符
*	匹配 0 个或任意多个任意字符，也就是可以匹配任何内容
[]	匹配中括号中任意一个字符。例如，[abc]代表一定匹配一个字符，或者是a，或者是b，或者是c
[-]	匹配中括号中任意一个字符，"-"代表一个范围。例如，[a-z]代表匹配一个小写字母
[^]	逻辑非，表示匹配不是中括号内的一个字符。例如，[^0-9]代表匹配一个不是数字的字符

例如：
```
[root@localhost ~]# mkdir /root/test.d
[root@localhost ~]# cd /root/test.d/
#创建并进入 test.d 目录
[root@localhost test.d]# touch ./abc ./abcd ./abcc ./012 ./0abc
#在目录中创建多个测试文件
[root@localhost test.d]# ls ?abc
0abc
```
命令结果中的"?"需要匹配一个字符，可以匹配到 0abc 文件的 0，但是不能匹配 abc，因为"?"不能匹配空。
```
[root@localhost test.d]# ls *
012  0abc  abc  abcc  abcd
```
"*"表示 0 或任意多个字符，因此匹配到了当前目录下的所有文件。
```
[root@localhost test.d]# ls abc[cd]
abcc  abcd
```
"[]"中可以写入任意多个字符并匹配"[]"中的任意一个字符，在当前案例中表示列出文件名 abc 后出现 c 或 d 的文件，因此列出了 abcc 和 abcd 两个文件。因为 abc 文件后并没有 c 或 d 字符，所以不会列出。
```
[root@localhost test.d]# ls [0-9]*
012  0abc
```
"[0-9]"表示为数字，"*"表示为任意字符，因此会列出第一个字符为数字，剩余部分为任意字符的文件名。
```
[root@localhost test.d]# ls [^0-9]*
abc  abcc  abcd
```
"[^0-9]"表示不是数字的字符范围，"*"表示任意字符，因此会列出第一个字符不是数字，并且后续为任意字符的文件名。

2.2.9 Bash 常用快捷键

在 Bash 中有很多快捷键，如果可以熟练地使用这些快捷键，就可以有效地提高工作效率。只是快捷键相对较多，不太好记忆，需要勤加练习才能熟练掌握。

Bash 常用快捷键如表 2-7 所示，其中加粗的快捷键比较常用，可以较为明显地提升工作效率。

表 2-7 Bash 常用快捷键

快捷键	作用
Ctrl+A	把光标移动到命令行开头。如果我们输入的命令较长，就在想要把光标移动到命令行开头时使用
Ctrl+E	把光标移动到命令行结尾
Ctrl+C	强制终止当前的命令
Ctrl+L	清屏，相当于使用 clear 命令
Ctrl+U	删除或剪切光标之前的命令。假设输入了一行很长的命令，无须使用退格键一个个字符地删除，使用这个快捷键会更加方便
Ctrl+K	删除或剪切光标之后的内容
Ctrl+Y	粘贴使用快捷键 Ctrl+U 或 Ctrl+K 剪切的内容
Ctrl+R	在历史命令中搜索。按下快捷键 Ctrl+R 之后，就会出现搜索界面，只要输入搜索内容，就会在历史命令中进行搜索
Ctrl+D	退出当前终端
Ctrl+Z	暂停，并放入后台。这个快捷键涉及工作管理的内容
Ctrl+S	暂停屏幕输出
Ctrl+Q	恢复屏幕输出
Esc+.	将上一条命令的最后一个单词调用到当前光标处
Esc+R	恢复对当前行的所有改动

2.3 编辑并运行脚本

在 Linux 中，将命令或条件判断、流程控制语句写入文件，通过运行文件的方式执行文件中的命令，其实就是在运行脚本。虽然我们还没有学习判断和流程控制语句，但是简单的命令还是能够正常使用的。接下来，让我们试着用命令来编辑一个简单的脚本吧。

2.3.1 编辑第一个 shell 脚本

通过前面的学习，我们了解了 echo 命令的用法、如何调整格式、如何调整字体颜色，也学习了如何通过重定向的方式将 echo 输出的字符串写入指定的文件。

在编辑脚本时，ccho 命令也是常见且常用的，使用 echo 命令可以输出提示、判断脚本执行情况或变量取值情况等。接下来我们将简单地使用 echo 命令完成第一个脚本，具体如下：

```
[root@localhost ~]# vim /root/echo.sh
#!/bin/bash
echo "Hello Rocky Linux"
```

我们逐行对文件内容进行解释。

关于文件中第一行写入的"#!/bin/bash"，通常在 Linux 配置文件中会认为以"#"开头的行表示为注释信息，是不生效的。但是在 shell 脚本中，以"#!"开头表示的是当前文件中的解释器类型，称为"shebang"。"/bin/bash"表示在当前文件中后续语句遵循/bin/bash 语法格式并使用/bin/bash 作为命令解释器。在 shell 脚本的格式规范中一定要声明解释器类型，如果解释器类型写错，那么在执行时会报错并执行失败。

不过，我们也会发现，在写编辑 shell 脚本时，不加"#!/bin/bash"这句话，shell 脚本也可以正确执行。那是因为我们用户默认 shell 就是/bin/bash，在没有声明 shell 类型时，会选择使用当前用户 shell 类型运行脚本。如果把脚本放在默认环境而不是 Bash 的环境中运行，又或者编写脚本使用的不是纯 Bash 语言，而是嵌入了其他语言（如 expect 语言），那么脚本就不能正确执行了。因此，大家还是要记住我们的 shell 脚本都必须以"#!/bin/bash"开头。

在 shell 脚本中，除"#!/bin/bash"这行外，其他行只要以"#"开头就都是注释。建议大家在编写脚本时加入清晰而详尽的注释，用于对脚本中的语句进行解释和说明，这些都是在建立良好编程规范时应该注意的问题。

随后，来看脚本中的第二行。在第二行中写入了 echo 命令，输出"Hello Rocky Linux"，其实写在脚本中的 echo 命令的执行效果和在命令行中执行 echo 的效果并无较大差别。

现在我们只是以 echo 命令为例进行编写脚本。实际上，我们曾经学习过的命令都可以写入文件，以执行脚本的方式执行脚本中的命令，如 EOF、ls、grep 等命令都可以写到脚本中并以此方式运行。

2.3.2 运行第一个 shell 脚本

前面我们编辑了第一个脚本，但是在 Linux 中运行脚本有多种可选方式，接下来逐一介绍。

1. 使用绝对路径或相对路径运行脚本

我们可以使用脚本的绝对路径或相对路径来运行脚本，使用这种方式的前提是脚本文件需要有可执行权限。在使用绝对路径或相对路径执行脚本时，脚本在子 shell 中执行（子 shell 概念参见 2.4.2 节），执行过程如下：

```
[root@localhost ~]# ls -l /root/echo.sh
-rw-r--r--. 1 root root 37 Nov 14 17:01 /root/echo.sh
[root@localhost ~]# /root/echo.sh
-bash: /root/echo.sh: Permission denied
#可以看到，在文件没有可执行权限时，脚本执行失败
```

我们给脚本文件加入可执行权限：

```
[root@localhost ~]# chmod +x /root/echo.sh
[root@localhost ~]# /root/echo.sh
Hello Rocky Linux
#执行成功，输出了 echo 后的字符串
```

2. 使用 bash 命令运行脚本

使用 bash 命令可以在脚本没有可执行权限的情况下运行脚本。使用 bash 命令执行脚本时，脚本在子 shell 中执行，执行效果如下：

```
[root@localhost ~]# ls -l /root/echo.sh
-rw-r--r--. 1 root root 37 Nov 14 17:01 /root/echo.sh
#先取消/root/echo.sh 文件的可执行权限
[root@localhost ~]# bash /root/echo.sh
Hello Rocky Linux
#使用 bash 命令还是能够正常执行脚本中的 shell 语句的
```

综上，我们见到了两种能够执行脚本的方式。随着对于 shell 部分的深入学习，我们会对执行脚本的方式有更深的理解。

2.4 Bash 的变量

2.4.1 为什么要使用变量

其实，变量从字面意思上来看，就是可变化的"量"。这个可变化的"量"可以让脚本更加灵活地运行，可以根据不同的需求适应不断变化的应用场景。

定义可变化的"量"的过程叫作变量赋值，在变量赋值过程中，需要指定变量名和变量值。而我们前面说的可变化的部分，实际上是变量中的变量值。

在变量赋值时需要指定变量的值，在变量赋值之后还可以根据自己的需求更改变量的值。接下来，我们在命令行中演示变量赋值及调用变量值的过程，然后再逐步将变量赋值并调用的过程写到脚本中：

```
[root@localhost ~]# a=1
#变量赋值，变量名为 a，变量值为数字 1
[root@localhost ~]# echo $a
1
#使用"$"加上变量名可以调用变量中保存的值，使用 echo 可以把变量中的值输出到终端上
[root@localhost ~]# a=2
#可以再次对变量 a 赋予不同的值
[root@localhost ~]# echo $a
2
#因为进行了重新赋值，所以变量 a 保存的值变为数字 2
#这是因为再次赋值时，旧值会被新值覆盖
```

接下来，我们尝试在命令行中使用变量进行不同数值的运算：

```
[root@localhost ~]# num1=1
#给变量 num1 赋值为数字 1，表示第一个要进行计算的数字
[root@localhost ~]# ct=+
#给变量 ct 赋值为+，表示要进行加法运算
[root@localhost ~]# num2=2
#给变量 num2 赋值为数字 2，表示第二个要进行计算的数字
[root@localhost ~]# echo $num1
1
[root@localhost ~]# echo $ct
+
[root@localhost ~]# echo $num2
2
```

#在计算之前我们可以输出各变量的值进行查看，其实也可以直接进行计算
[root@localhost ~]# echo $(($num1ctnum2))
3
#输出计算结果为 3

在 Bash 中可以使用$(( ))来进行整数的四则运算，将运算公式和数字写在小括号内即可。接下来，我们重新进行赋值并计算不同的运算式和数字：
[root@localhost ~]# num1=2
[root@localhost ~]# ct=*
[root@localhost ~]# num2=4
[root@localhost ~]# echo $(($num1ctnum2))
8
#重新对 num1、num2、ct 进行赋值，重新计算

此时，我们可以看到，使用变量可以在运算式"$(($num1ctnum2))"不变的情况下重新对各变量进行赋值，以此对不同数字进行不同运算式的计算。现在，我们可以尝试将变量赋值并以调用的方式写入脚本中：
[root@localhost ~]# cat /root/count1.sh
#!/bin/bash
num1=3
ct=*
num2=8
#在脚本文件中对变量 num1、ct、num2 进行赋值
echo $(($num1ctnum2))
#调用变量 num1、num2、ct 的值并在计算后将结果输出到屏幕上
[root@localhost ~]# chmod +x /root/count1.sh
#给脚本加入可执行权限
[root@localhost ~]# /root/count1.sh
8
#执行查看结果

现在，大家可能会发现一个严重的问题，即在当前的 count1.sh 脚本中，虽然我们使用了变量的概念，但是如果想要计算不同的数字、使用不同的运算式，还是需要通过修改/root/count1.sh 脚本文件才能实现，这违背了我们使用变量的初衷。

其实，现在我们面临的问题是在脚本中写入了变量的值。因为是写在文件中的，所以在不修改文件的情况下，每次执行文件，变量 num1、num2、ct 都会按照脚本文件中的值进行一次赋值。如果不修改文件内容，每次计算结果就都是相同的。但是如果不在脚本中赋值，num1、num2、ct 该怎样赋值呢？

要想解决这类问题，我们需要在脚本执行前或执行脚本执行过程中对变量进行赋值，这就需要我们对变量赋值的方式进行继续学习。

注意： 在整个赋值调用的过程中，首先变量名理论上是可以自定义的，但是有些变量名是系统已经使用的，因此随意使用变量名可能会改变系统中已经定义好的变量，可能会导致系统不能正常运行。现在最稳妥的做法是按照上述脚本中出现过的变量名进行赋值，随着学习的深入，我们会见到哪些变量名是系统占用的。

2.4.2 变量的分类

在 2.4.1 节中，我们已经用案例证明了变量可以让我们的脚本运行得更加灵活。但同时，在系统中本身就存在一些变量，这些变量有些可以自由定义名称和作用，有些可以让系统更加易于使用，有些可以将脚本外的变量值传到脚本中，有些可以让我们更加方便地观察脚本的运行状态。根据这些变量的不同特点和不同作用，我们进行分类讲解。

1．用户自定义变量

用户自定义变量是最常用的变量类型，也称作本地变量，其特点是变量名、变量的作用和变量值都是由用户自由定义的，但要注意，可以自定义的前提是名称不能和系统中已经存在的变量名冲突。

（1）用户自定义变量的声明与调用。

声明用户自定义变量的格式："变量名=变量值"。

例如：

```
[root@localhost ~]# moto="FF"
#变量名为 moto，变量值为"FF"
[root@localhost ~]# echo $moto
FF
#使用 echo 并在变量名前加入"$"符号，就可以调用变量 moto 的值
```

在定义时变量有一些需要遵守的变量定义规则，如果不遵守规则，那么变量的定义将会执行失败，例如：

```
[root@localhost ~]# 2moto="FF"
-bash: 2moto=FF: command not found
#变量名可以由字母、数字和下画线组成，但不能以数字开头
[root@localhost ~]# moto = "FF"
-bash: moto: command not found
#变量名与变量值之间用等号连接，等号两侧不能有空格
[root@localhost ~]# moto=F F
-bash: F: command not found
#变量值如果有空格，就必须写在单引号或双引号中才能赋值成功
[root@localhost ~]# moto="F F"
#赋值成功
```

在部分情况下，变量已经进行过赋值了，但我们需要在之前的基础上继续对变量进行赋值，在这种情况下，我们有两个选择：第一，可以重新对变量进行赋值；第二，我们可以选择使用变量叠加的方式。例如，之前已经对 moto 进行了赋值，随后发现赋值后的结果并不那么准确，此时可以使用重新赋值的方式进行修改：

```
[root@localhost ~]# echo $moto
F F
[root@localhost ~]# moto=FF-GSX
```

#重新对 moto 进行赋值,变量值为 FF-GSX
[root@localhost ~]# echo $moto
FF-GSX
#重新输出

变量的特点之一就是变量值可被覆盖,即便将变量值修改得和原有值毫不相关,也是可以的。

接下来,在现有基础上我们继续针对变量 moto 增加值,使用变量叠加的方式:

[root@localhost ~]# echo $moto
FF-GSX
#首先输出当前变量 moto 的值
[root@localhost ~]# moto=$moto-**RC**
#使用变量叠加的方式对变量 moto 的值进行重新赋值
[root@localhost ~]# echo $moto
FF-GSX-RC
#在原有值的基础上加入-RC

所谓变量叠加,就是在原有值的基础上增加变量值,因此先使用$moto 来调用原有值,然后将需要增加的值写在$moto 之后。

但是,在变量叠加时需要注意调用变量值的格式。如果出现在变量名后的第一个字符是字母或数字,那么通常不能准确地调用变量值,例如:

[root@localhost ~]# name1=1
#变量名为 name1,变量值为 1
[root@localhost ~]# name1=a**$name1b2c3**
#使用变量叠加的方式对变量 name1 进行赋值,出现在$name1 后的第一个字符是字母 b
[root@localhost ~]# echo $name1
a
#变量叠加赋值后变量 name1 的值是字母 a

变量叠加后,在我们的设想中变量 name1 的值应该是 a1b2c3,但是结果是变量值变为字母 a,原因在于变量叠加过程中需要调用变量 name1 的原有值。但在上面的叠加格式中,系统将$name1b2c3 识别为一个整体,调用$name1b2c3 的值进行变量叠加赋值。我们之前没有设置过$name1b2c3 的值,因此经过调用,$name1b2c3 的调用结果为空,只剩字母 a 对变量 name1 重新进行了一次赋值。

我们之所以能够成功对变量 moto 进行变量叠加,是因为 shell 变量名中只能包含字母、数字,以及下画线。而变量 moto 在变量叠加时加入的字符是-RC,也就是说跟在变量名 moto 后的第一个字符是"-"。因此,系统认为"-"之前的字符串是一个独立的变量名,"-"及后续字符串是需要变量叠加的内容。

任何空白字符或标点符号(下画线除外)都足以提示变量名的结束位置,但如果变量名后是数字或字母,就需要加入大括号"{}"来表示变量名。

因此,通常为了防止变量名和其他字符串混在一起,导致变量值调用失败,我们还会在变量名中加入大括号"{}",用来表示需要调用的变量名。加入大括号后,执行结果如下:

[root@localhost ~]# name1=1
#再次对 name1 进行赋值

```
[root@localhost ~]# name1=a${name1}b2c3
```
#使用大括号的方式将变量名包含在内
```
[root@localhost ~]# echo $name1
a1b2c3
```
#成功调用变量 name1 的值并进行了变量叠加

在使用大括号时，写在双引号或大括号内的变量名会被识别为一个整体，这就避免了变量名和后续需要叠加的值混在一起而不能正常识别的情况出现。

（2）变量的查看。

我们可以通过 echo 命令查询已经设定的变量值，这种查询需要事先知道变量名，然后才能查询变量值。

但是，如果不知道变量名，怎样查询系统中有哪些存在的变量呢？只需使用 set 命令即可。set 命令可以用来查看系统中的大多数变量（包括用户自定义变量和两种环境变量，不包括预定义变量和位置参数变量）和设定 shell 的执行环境，其格式如下：

```
[root@localhost ~]# set [选项]
```
选项：
  -u: 如果设定此选项，那么在调用未声明的变量时会报错（默认无任何提示）
  -x: 如果设定此选项，那么在命令执行之前会先把命令输出一次

set 命令执行结果如下：

```
[root@localhost ~]# set
```
#set 命令在不添加任何选项执行时，会列出当前除预定义变量与位置参数变量外的所有变量
```
BASH=/bin/bash
```
#BASH 完整路径和文件名
```
BASHOPTS=checkwinsize:cmdhist:complete_fullquote:expand_aliases:extquote:force_fignore:globasciirang
es:histappend:hostcomplete:interactive_comments:progcomp:promptvars:sourcepath
```
#当前 shell 选项参数，可使用 shopt 命令进行修改，修改后可增加易用性
```
BASHRCSOURCED=Y
```
#/etc/bashrc 文件是否已经生效，Y 表示文件存在且文件经过 source 生效于当前 shell。如果/etc/bashrc 文件不生效，那么此选项不存在
...省略部分输出...
```
moto=FF-GSX-RC
```
#之前练习过程中的自定义变量

set -u 选项主要用于区分未声明变量和赋值为空的变量，在默认情况下，如果不开启 set -u 选项，那么调用一个未声明变量的返回结果，与调用变量值为空的结果相同。在执行过 set -u 选项后，就可以轻易区分出变量值为空和变量未声明的情况，具体如下：

```
[root@localhost ~]# set | grep test1
```
#通过 set 与 grep 的结合使用并没有找到变量 test1 进行过赋值的证明
```
[root@localhost ~]# echo $test1
```

#变量 test1 没有进行过赋值，即变量并不存在，输出结果为空
```
[root@localhost ~]# test2=""
```
#变量 test2 赋值为空
```
[root@localhost ~]# set | grep test2
```

```
test2=
#通过 set 与 grep 的结合使用能够找到变量 test2 的赋值
[root@localhost ~]# echo "$test2"

#变量值输出为空，此时如果不查看 set 命令的执行结果，就无法区分变量是没有赋值还是赋值为空
[root@localhost ~]# set -u
[root@localhost ~]# echo $test1
-bash: test1: unbound variable
#在调用未声明变量时出现提示
```

接下来是执行 set 命令中的-x 选项：

```
[root@localhost ~]# set -x
#如果设定了-x 选项，就会在每条命令执行之前先把命令输出一次，包括命令别名等内容
++ printf '\033]0;%s@%s:%s\007' root localhost '~'
[root@localhost ~]# ls
+ ls --color=auto
anaconda-ks.cfg  at.exec  bin  count1.sh  echo.sh  err.log  his.txt  out.log  test1  test.d  test.sh
together.log
++ printf '\033]0;%s@%s:%s\007' root localhost '~'
#在输出结果中不仅可以看到 ls 命令的执行结果，还会出现 ls 命令别名等内容
```

set 命令的选项和功能众多，不过我们较常用的还是使用 set 命令查看变量是否存在。

（3）变量的删除。

如果想要删除自定义变量，就可以使用 unset 命令，其格式如下：

```
[root@localhost ~]# unset 变量名
```

因为是清空变量，而不是调用变量值，所以在变量名前不需要加入"$"符号。

举例说明：

```
[root@localhost ~]# unset moto
#删除变量 moto
```

在删除变量后，可通过 set 命令确认变量删除效果。同时需要注意，用户自定义变量只会在当前 shell 中生效。

即便是同一个用户在不同终端登录，也无法调用相同用户在不同终端声明的用户自定义变量。同时，因为变量声明占用的是内存空间，所以如果只在命令行中声明自定义变量，就会造成系统重启，最终导致变量被清除。

2．环境变量

（1）什么是环境变量。

用户自定义变量和环境变量最主要的区别在于：用户自定义变量是局部变量，环境变量是全局变量。

环境变量通常是在系统中已经进行过赋值的与当前 shell 运行环境相关的变量。因为与 shell 运行环境相关，所以环境变量会在当前 shell，以及基于当前 shell 开启的子 shell 中生效，以此确保子 shell 环境运行正常。

当前 shell 中的用户自定义变量是不会传递到子 shell 中的。变量值是否传递给子 shell

也是自定义变量与环境变量之间比较明显的区别。接下来我们对父子 shell 的概念和环境变量的声明逐一进行讲解。

① 父 shell 和子 shell。

```
[root@localhost ~]# pstree  -p
|-login（909）---bash（1086）
...省略部分内容...
#在执行 pstree 查看进程树后，使用 grep 过滤包含 bash 的行，-p 选项表示在查看进程名的同时列出进程 PID
```

通过命令执行结果可以得知，当前本地登录系统，在登录后系统根据用户 shell 类型为用户运行了一个 bash 命令解释器（如果是远程连接，那么可能会出现一些 ssh 相关进程）。

```
[root@localhost ~]# bash
#执行 bash 命令
[root@localhost ~]# pstree  -p
|-login（909）---bash（1086）---bash（1153）
...省略部分内容...
#再次执行 pstree 进行查看
```

前面我们使用 bash 命令运行了没有可执行权限的 shell 脚本文件，bash 命令也可以直接执行，在执行 bash 命令后，会开启一个新的 bash 命令解释器。通过 pstree 命令查看进程树会发现存在两个 bash 进程。

可通过 ps -ef 命令证明 bash 进程间的父子关系：

```
[root@localhost ~]# ps -ef| grep bash
root    1086    909  0 10:19 tty1    00:00:00 -bash
root    1153   1086  0 10:28 tty1    00:00:00 bash
```

在 ps -ef 命令中，第二列为当前进程 PID，第三列为进程的父进程 PID（关于 ps 命令的详解参见《Linux 9 基础知识全面解析》一书），查看可知，PID 为 1153 的 bash 进程，其父进程 PID 是 1086。

两个进程是父子进程，并且存在父子关系的进程都是 bash，这种情况通常称为父 shell 和子 shell。但也要注意，父子 shell 是一个相对的概念，例如，我们可以说 PID1086 是 PID1153 的父 shell，也可以说 PID1153 是 PID1086 的子 shell。

```
[root@localhost ~]# exit
exit
#在开启子 shell 后可以使用 exit 命令退出子 shell，执行 exit 后会返回到当前 shell
[root@localhost ~]# pstree -p
|-login(909)---bash(1086)
...省略部分内容...
```

执行 exit 命令可以让我们退出子 shell，重新返回到之前 PID 为 1086 的 bash 进程中。但需要注意，退出子 shell 就意味着结束了子 shell 对应的 bash 进程，再次执行 bash 命令开启的是一个新的 bash 进程。

② 环境变量。

在了解了什么是父子 shell 的基础上，我们加入用户自定义变量与环境变量的概念：

```
[root@localhost ~]# moto=RC390
#给变量 moto 赋值，moto 是一个用户自定义变量
```

```
[root@localhost ~]# echo $moto
RC390
#输出自定义变量 moto 的值
[root@localhost ~]# echo $PATH
/root/.local/bin:/root/bin:/usr/local/sbin:/usr/local/bin:/usr/sbin:/usr/bin
#输出 PATH 的值，PATH 是系统中默认存在的环境变量（环境变量调用值的方式和自定义变量相同）
```

正是 PATH 的存在，才让我们在执行命令时不需要加入命令的绝对路径，在命令执行时会按照 PATH 中记录的路径逐个查找命令可执行文件。当前可以使用 PATH 来对比用户自定义变量和环境变量之间的差别。

```
[root@localhost ~]# bash
#执行 bash 开启子 shell
[root@localhost ~]# echo $moto

#在子 shell 中变量名为 moto 的输出结果为空
[root@localhost ~]# echo $PATH
/root/.local/bin:/root/bin:/usr/local/sbin:/usr/local/bin:/usr/sbin:/usr/bin
#在子 shell 中 PATH 的变量值仍然存在，并且和父 shell 中的相同
```

PATH 是系统中默认存在的环境变量，因为是环境变量，所以在开启子 shell 之后仍然能够看到 PATH 的值。环境变量会在当前 shell 及基于当前 shell 的所有子 shell 中生效，这样才能确保开启的子 shell 能够正常运行。

（2）声明环境变量。

用户自定义环境变量和用户自定义变量的设置方法基本相同，只是需要通过 export 命令将变量声明为环境变量，具体如下：

```
[root@localhost ~]# VAL1=500
#声明变量 VAL1 的值
[root@localhost ~]# VAL2=300
#声明变量 VAL2 的值
[root@localhost ~]# export VAL2
#使用 export 将 VAL2 声明为环境变量
[root@localhost ~]# bash
#执行 bash 开启子 shell
[root@localhost ~]# echo $VAL1

#由于 VAL1 并未声明环境变量，所以 VAL1 的值不会传入子 shell，无法在子 shell 中调用
[root@localhost ~]# echo $VAL2
300
#VAL2 声明环境变量后，在子 shell 中变量值可正常调用
```

我们也可以在变量赋值的同时声明环境变量：

```
[root@localhost ~]# export VAL2="300"
#在变量赋值的同时，使用 export 声明环境变量
```

以上我们见到了两种声明环境变量的方式，第一种是先进行变量赋值再声明环境变量，第二种是在变量赋值的同时声明环境变量。在当前版本中，这两种方式都可以正常执行并生效，但需注意，一些较老的 bash 版本不支持在赋值的同时声明环境变量。

(3) 查看和删除环境变量。

其实，使用 set 命令可以查询所有的变量（包括用户自定义变量、用户自定义环境变量和系统环境变量），使用 env 命令可以查询环境变量（系统环境变量和用户自定义环境变量），具体如下：

```
[root@localhost ~]#set | grep VAL
VAL1=500
VAL2=300
#VAL1 属于用户自定义变量，VAL2 属于用户自定义环境变量，它们都会在 set 命令中显示出来
[root@localhost ~]#env | grep VAL
VAL2=300
#在 env 命令的执行结果中只存在 VAL2，因为 VAL1 属于用户自定义变量，不会在 env 命令的执行结果中出现
```

env 命令和 set 命令的区别是，set 命令可以查看所有变量（除去预定义变量和位置参数变量），而 env 命令只能查看环境变量。我们发现系统默认有很多环境变量，这些环境变量都代表什么含义呢？稍后会详细介绍。

先来看看环境变量是如何删除的，其实删除环境变量的方法和删除用户自定义变量的方法相同，使用 unset 命令即可，具体如下：

```
[root@localhost ~]#unset VAL2
#删除变量 VAL2
[root@localhost ~]#env | grep VAL2

#通过 env 命令查找变量 VAL2
[root@localhost ~]#set | grep VAL
VAL1=500
_=VAL2
#通过 set 命令查找变量 VAL2
```

变量 VAL2 被删除，根据关键字 VAL 查询后发现只有变量 VAL1 存在。"_"记录了我们上一条命令的执行对象，因此"VAL2"只是被"_"记录，并不表示变量 VAL2 仍然存在。

(4) 系统环境变量。

在 Linux 中，一般通过系统环境变量来配置操作系统的环境，如提示符、在执行命令时用来查找命令的命令绝对路径、用户家目录、用户 ID、当前所在目录等。这些系统默认的环境变量的变量名是固定的，变量的作用也是固定的，我们只能修改变量值，系统环境变量的变量名或作用都是不能修改的。

系统中默认有很多环境变量，下面来详细了解这些系统默认的环境变量的作用。

```
[root@localhost ~]# env
#查看当前系统环境变量
SHELL=/bin/bash              ←当前使用的解释器类型
HISTCONTROL=ignoredups       ←历史命令记录方式，ignoredups 表示忽略重复的历史命令
HISTSIZE=1000                ←历史命令记录条数
HOSTNAME=localhost           ←简写主机名
PWD=/root                    ←用户当前所在目录
```

```
LOGNAME=root                    ←表示当前用户名,可以在记录日志时调用该变量的值
XDG_SESSION_TYPE=tty            ←表示所使用的会话类型,在使用 Xshell 远程连接或字符界面本
地登录时显示结果为 tty,使用图形化本地登录后打开终端时显示 wayland,表示图形显示协议
HOME=/root                      ←当前用户家目录
LANG=zh_CN.UTF-8                ←当前所使用的语系变量
LS_COLORS=rs=0:di=01;34:ln=01;36:mh=00:pi=40;33:so=01;35:do=01;35:bd=40;33;01:cd=40;33;01:or=40
;31;01:mi=01;37;41:su=37;41:sg=30;43:ca=
30;41:tw=30;42:ow=34;42:st=37;44:ex=01;32:*.tar=01;31:*.tgz=01;31:*.arc=01;31:*.arj=01;31:*.taz=01;31:
*.lha=01;31:*.lz4=01;31:*.lzh=01;
31:*.lzma=01;31:*.tlz=01;31:*.txz=01;31:*.tzo=01;31:*.t7z=01;31:*.zip=01;31:*.z=01;31:*.dz=01;31:*.gz=0
1;31:*.lrz=01;31:*.lz=01;31:*.lz
o=01;31:*.xz=01;31:*.zst=01;31:*.tzst=01;31:*.bz2=01;31:*.bz=01;31:*.tbz=01;31:*.tbz2=01;31:*.tz=01;31:
*.deb=01;31:*.rpm=01;31:*.jar=01
;31:*.war=01;31:*.ear=01;31:*.sar=01;31:*.rar=01;31:*.alz=01;31:*.ace=01;31:*.zoo=01;31:*.cpio=01;31:*.7
z=01;31:*.rz=01;31:*.cab=01;31:
*.wim=01;31:*.swm=01;31:*.dwm=01;31:*.esd=01;31:*.jpg=01;35:*.jpeg=01;35:*.mjpg=01;35:*.mjpeg=01;
35:*.gif=01;35:*.bmp=01;35:*.pbm=01;35
:*.pgm=01;35:*.ppm=01;35:*.tga=01;35:*.xbm=01;35:*.xpm=01;35:*.tif=01;35:*.tiff=01;35:*.png=01;35:*.s
vg=01;35:*.svgz=01;35:*.mng=01;35:
*.pcx=01;35:*.mov=01;35:*.mpg=01;35:*.mpeg=01;35:*.m2v=01;35:*.mkv=01;35:*.webm=01;35:*.webp=0
1;35:*.ogm=01;35:*.mp4=01;35:*.m4v=01;35:
*.mp4v=01;35:*.vob=01;35:*.qt=01;35:*.nuv=01;35:*.wmv=01;35:*.asf=01;35:*.rm=01;35:*.rmvb=01;35:*.
flc=01;35:*.avi=01;35:*.fli=01;35:*.f
lv=01;35:*.gl=01;35:*.dl=01;35:*.xcf=01;35:*.xwd=01;35:*.yuv=01;35:*.cgm=01;35:*.emf=01;35:*.ogv=01;
35:*.ogx=01;35:*.aac=01;36:*.au=01;
36:*.flac=01;36:*.m4a=01;36:*.mid=01;36:*.midi=01;36:*.mka=01;36:*.mp3=01;36:*.mpc=01;36:*.ogg=01;
36:*.ra=01;36:*.wav=01;36:*.oga=01;36
:*.opus=01;36:*.spx=01;36:*.xspf=01;36:        ←定义颜色显示
SSH_CONNECTION=192.168.5.1 62058 192.168.5.131 22  ←当前 ssh 远程连接的 IP 端口号等信息
TERM=xterm                      ←终端类型,远程登录为 xterm,字符本地登录为 Linux
LESSOPEN=||/usr/bin/lesspipe.sh %s  ←less 命令预处理脚本,可以提供查看压缩文件功能
USER=root                       ←当前登录用户
SHLVL=0                         ←每运行一个 bash,此数字递增 1
SSH_CLIENT=192.168.5.1 62058 22  ←ssh 客户端 IP 端口信息
PATH=/root/.local/bin:/root/bin:/usr/local/sbin:/usr/local/bin:/usr/sbin:/usr/bin
                                ←在执行命令时,命令可执行文件查找目录
DBUS_SESSION_BUS_ADDRESS=unix:path=/run/user/0/bus    ←用于指定会话的总线地址
MAIL=/var/spool/mail/root       ←用户邮箱
SSH_TTY=/dev/pts/0              ←当前所在终端名
BASH_FUNC_which%%=() {  ( alias;
 eval ${which_declare} ) | /usr/bin/which --tty-only --read-alias --read-functions --show-tilde --show-dot
"$@"
}                               ←声明环境变量的函数
_=/usr/bin/env                  ←上次执行命令的最后一个参数或命令本身
```

在执行 env 命令后,可以查询到系统中默认存在的环境变量和我们声明的环境变量。另外,系统中还存在一些虽然不是 env 输出但却和当前运行环境相关的变量。这些变量

只能用 set 命令来查看，这里只列出重要的内容，具体如下：

```
[root@localhost ~]# set
BASH=/bin/bash                      ←Bash 的位置
BASH_VERSINFO=([0]="5"[1]="1"[2]="8"[3]="1"[4]="release"[5]="x86_64-redhat-linux-gnu")
                                    ←Bash 的主要、次要版本等相关信息
BASH_VERSION='5.1.8(1)-release'     ←Bash 的版本
LS_COLORS=/etc/DIR_COLORS           ←颜色记录文件
HISTFILE=/root/.bash_history        ←历史命令保存文件
HISTFILESIZE=1000                   ←在文件中记录的历史命令最大条数
HISTSIZE=1000                       ←在缓存中记录的历史命令最大条数
LANG=zh_CN.UTF-8                    ←语系变量
MACHTYPE=x86_64-redhat-linux-gnu    ←软件类型是 x86_64 类型
MAILCHECK=60                        ←每隔 60 秒扫描新邮件
PPID=1290                           ←当前进程的父进程 PID
PS1='[\u@\h \W]\$ '                 ←命令提示符
PS2='> '                            ←如果命令在一行中没有输入完成，那么下一行使用 ">"
                                      作为命令提示符
UID=0                               ←当前用户的 UID
```

接下来结合 env 命令和 set 命令的返回结果，继续查看有哪些重要并需要修改的变量。

① PATH 变量：系统查找命令的路径。

我们知道/usr/bin/和/usr/sbin/目录是系统用来保存命令的目录，在这两个目录中，我们日常执行的 ls、cat、cp、mkdir 等命令都能找到对应的可执行文件。那么，为什么在我们执行命令时不需要指定命令所在目录呢？这其实就是 PATH 变量的功劳了。在我们执行命令时，系统默认会按照 PATH 变量记录的目录查找对应的命令可执行文件，这样执行的命令就不需要再加入命令所在的绝对路径了。

```
[root@localhost ~]# echo $PATH
/root/.local/bin:/root/bin:/usr/local/sbin:/usr/local/bin:/usr/sbin:/usr/bin
```

当我们执行 ls 命令时，系统会默认根据变量 PATH 所记录的目录查询 ls 可执行文件。在 PATH 的路径上，以 ":" 为目录之间的分隔符。

如果我们想在原有 PATH 路径的基础上增加一些查询可执行文件的路径，就可以使用变量叠加的方式，执行结果如下：

```
[root@localhost ~]# PATH=${PATH}:/root
#在变量 PATH 的后面，加入/root 目录
[root@localhost ~]# echo $PATH
/root/.local/bin:/root/bin:/usr/local/sbin:/usr/local/bin:/usr/sbin:/usr/bin:/root
#查询 PATH 的值，变量叠加生效了
[root@localhost ~]# export PATH
#在变量叠加后再次声明环境变量，以此避免修改过的 PATH 在子 shell 中不生效
```

在原有路径的基础上加入/root 目录作为命令执行过程中的查找目录，这样一来，我们写在/root/目录中的脚本就可以不添加路径直接运行了。

对于 PATH，需要注意以下几点。

- 因为有 PATH 存在，所以我们执行的命令不需要再加入命令绝对路径。反之，如果 PATH 不存在，或者 PATH 没有记录任何路径，那么不加路径执行命令就会失败。
- 修改 PATH 变量的行为属于临时修改，重新登录系统或重启操作系统都会使自定义的 PATH 变量中的/root/目录消失。如果想让某个变量的定义永久生效，就需要将变量赋值写到指定的环境变量配置文件中。
- 我们可以将脚本文件所在的目录加入到 PATH 的变量值当中，这样就可以不添加路径执行脚本。换个思路，我们将脚本文件保存到 PATH 记录的任意目录下也能实现不添加路径执行脚本。
- 在 PATH 的变量值当中有些目录并不存在，但是这些目录一旦创建出来，将可执行文件放到这些目录之下就可以直接不添加路径执行，如/root/bin/目录。

② PS1 变量：命令提示符设置。

PS1 变量用来定义命令行的提示符，可以按照自己的需求来定义自己喜欢的提示符。

PS1 变量可以支持以下选项。

- \d：显示日期，格式为"星期 月 日"。
- \H：显示完整的主机名，如默认主机名"localhost.localdomain"。
- \h：显示简写的主机名，如默认主机名"localhost"。
- \t：显示 24 小时制时间，格式为"HH:MM:SS"。
- \T：显示 12 小时制时间，格式为"HH:MM:SS"。
- \A：显示 24 小时制时间，格式为"HH:MM"。
- \@：显示 12 小时制时间，格式为"HH:MM am/pm"。
- \u：显示当前用户名。
- \v：显示 Bash 的版本信息。
- \V：显示 Bash 版本和补丁版本信息。
- \w：显示当前所在目录的完整名称。
- \W：显示当前所在目录的最后一个目录。
- \#：执行的第几条命令。
- \$：提示符。如果是 root 用户，就会显示提示符"#"；如果是普通用户，就会显示提示符"$"。

这些选项该怎么使用呢？先看看 PS1 变量的默认值，具体如下：

```
[root@localhost ~]# echo $PS1
[\u@\h \W]\$
#默认的提示符是显示"[用户名@简写主机名 最后所在目录]提示符"
```

在 PS1 变量中，如果是可以解释的符号，如"\u""\h"等，就显示这个符号的作用；而某些符号是不具备特殊含义直接输出的，如"@"或"空格"，就按照原符号输出。我们修改一下 PS1 变量，看看会出现什么情况。

```
[root@localhost ~]# PS1='[\u@\t \w]\$ '
#修改提示符为'[用户名@当前时间 当前所在完整目录]提示符'
[root@12:26:00 ~]# cd /usr/local/src/
```

```
#切换到当前所在目录，因为在家目录中是看不出来区别的
[root@12:26:00 /usr/local/src]#
#提示符按照PS1变量的修改发生了变化
```

这里要注意，PS1变量的值要使用单引号包含，否则设置不生效，再举个例子：

```
[root@12:26:08 /usr/local/src]#PS1='[\u@\@ \h \# \W]\$'
[root@12:26 上午 localhost 31 src]#
#提示符又变了。\@：时间格式是HH:MM am/pm；\#：会显示执行了多少条命令
```

PS1变量可以自由定制，从中好像看到了一点Linux系统可以自由定制和修改的影子。不过，在适应了原有命令提示符以后，如果换一个还是觉得不太习惯，就改回默认的提示符吧，命令如下：

```
[root@04:53 上午 localhost 31 src]#PS1='[\u@\h \W]\$ '
[root@localhost src]#
```

注意：这些提示符的修改同样是临时生效的，一旦注销或重启系统就会消失。要想使其永久生效，必须写入环境变量配置文件。

③ LANG语系变量。

LANG变量定义了Linux的主语系环境，这个变量的默认值如下：

```
[root@localhost src]# echo $LANG
zh_CN.UTF-8
```

注意：如果使用本机纯字符界面登录，那么LANG的值是"en_US.UTF-8"，这是由于纯字符界面不支持中文显示，Linux系统默认把纯字符界面的语系环境改成了英文。但如果使用远程工具或图形界面登录系统，那么LANG的值是"zh_CN.UTF-8"，这两种登录方式都可以正确显示中文。

因为我们在安装Linux系统时选择的是中文安装，所以默认的主语系变量是"zh_CN.UTF-8"。那么，Linux系统到底支持多少种语系呢？可以使用以下命令查询：

```
[root@localhost ~]# locale -a
C
C.utf8
POSIX
zh_CN
zh_CN.gb18030
zh_CN.gbk
zh_CN.utf8
zh_HK
zh_HK.utf8
zh_SG
zh_SG.gbk
zh_SG.utf8
zh_TW
zh_TW.euctw
zh_TW.utf8
```

既然Linux系统支持多种语系，那么当前系统使用的到底是什么语系呢？可以使用locale命令直接查询，具体如下：

```
[root@localhost ~]# locale
LANG=zh_CN.UTF-8
```

```
LC_CTYPE="zh_CN.UTF-8"
LC_NUMERIC="zh_CN.UTF-8"
LC_TIME="zh_CN.UTF-8"
LC_COLLATE="zh_CN.UTF-8"
LC_MONETARY="zh_CN.UTF-8"
LC_MESSAGES="zh_CN.UTF-8"
LC_PAPER="zh_CN.UTF-8"
LC_NAME="zh_CN.UTF-8"
LC_ADDRESS="zh_CN.UTF-8"
LC_TELEPHONE="zh_CN.UTF-8"
LC_MEASUREMENT="zh_CN.UTF-8"
LC_IDENTIFICATION="zh_CN.UTF-8"
LC_ALL=
```

在 Linux 系统中，语系主要是通过以上这些变量来设置的，这里只需知道 LANG 变量和 LC_ALL 变量即可，其他变量会根据这两个变量的值而发生变化。LANG 变量是定义系统主语系的变量，LC_ALL 变量是定义整体语系的变量，一般使用 LANG 变量来定义系统语系。

我们还要通过文件 /etc/locale.conf 定义系统的默认语系，查看这个文件的内容，具体如下：

```
[root@localhost ~]# cat /etc/locale.conf
LANG="zh_CN.UTF-8"
```

又是当前系统语系，又是默认语系，有没有快晕倒的感觉？解释一下，我们可以这样理解：默认语系是下次重启之后系统所使用的语系，而当前系统语系是当前系统所使用的语系。如果系统重启，就会从默认语系配置文件 /etc/locale.conf 中读出语系，然后赋予 LANG 变量，让这个语系生效。也就是说，LANG 变量定义的语系只对当前系统生效，如果想让语系永久生效，就要修改 /etc/locale.conf 文件。

说到这里，我们需要解释一下 Linux 系统的中文支持问题。是不是只要定义了语系为中文，如 zh_CN.UTF-8，就可以正确显示中文了呢？要想正确显示中文，需要满足以下三个条件。

- 安装了中文编码和中文字体（我们在安装的时候要求大家采用中文安装，已经安装了中文编码和字体）。
- 系统语系设置为中文语系。
- 操作终端必须支持中文显示。

我们的操作终端都支持中文吗？这要分情况，如果是在图形界面中，或者使用远程连接工具（如 SecureCRT、Xshell 等），这些终端都支持中文编码，只要语系设置正确，中文显示就没有问题，举个例子：

```
[root@localhost ~]# df -h
文件系统              容量    已用    可用    已用%   挂载点
devtmpfs             951M    0       951M    0%      /dev
tmpfs                971M    0       971M    0%      /dev/shm
tmpfs                389M    5.7M    383M    2%      /run
/dev/mapper/root     17G     1.5G    16G     9%      /
/dev/sda1            1014M   166M    849M    17%     /boot
tmpfs                195M    0       195M    0%      /run/user/0
#在 df 命令结果中，我们可以看到中文能够正常显示
```

但如果是纯字符界面（本地终端 tty1～tty6），就不能显示中文，因为 Linux 系统的纯字符界面不能显示中文这样复杂的编码。举个例子，如果是在纯字符界面呢？虽然 Linux 系统是使用中文安装的，但纯字符界面的语系却是"en_US.UTF-8"，如图 2-13 所示。

```
[root@localhost ~]# echo $LANG
en_US.UTF-8
[root@localhost ~]# df -h
Filesystem               Size  Used Avail Use% Mounted on
devtmpfs                 951M     0  951M   0% /dev
tmpfs                    971M     0  971M   0% /dev/shm
tmpfs                    389M  5.7M  383M   2% /run
/dev/mapper/rl_192-root   17G  1.5G   16G   9% /
/dev/sda1               1014M  166M  849M  17% /boot
tmpfs                    195M     0  195M   0% /run/user/0
```

图 2-13　字符界面本地登录的默认语系

我们将语系强制更改为中文，看看会出现什么情况，如图 2-14 所示。

```
[root@localhost ~]# LANG=zh_CN.UTF-8
[root@localhost ~]# echo $LANG
zh_CN.UTF-8
[root@localhost ~]# df -h
□□□□□            □□□  □□ □□□ □□% □□□□□ □□
devtmpfs         951M     0  951M   0% /dev
tmpfs            971M     0  971M   0% /dev/shm
tmpfs            389M  5.7M  383M   2% /run
/dev/mapper/rl_192-root  17G  1.5G   16G   9% /
/dev/sda1       1014M  166M  849M  17% /boot
tmpfs            195M     0  195M   0% /run/user/0
```

图 2-14　字符界面本地登录设置中文语系

可以发现，如果强行在纯字符界面中设置中文语系，那么本该显示中文字体的部分会出现乱码。

3．位置参数变量

在讲解位置参数变量之前，我们分别学习了用户自定义变量和环境变量，通过学习会发现，用户自定义变量和环境变量的赋值方式是相同的（只是环境变量需要进行额外的 export 声明）。不同点在于，用户自定义变量只能在当前 shell 中调用，环境变量可以在当前及基于当前的子 shell 中调用。

因为用户自定义变量的值只能在当前 shell 中调用，所以在我们执行脚本时很难在脚本中调用用户自定义变量的值（直接将赋值过程写在脚本中又失去了变量灵活变化的意义）。

如果使用位置参数变量，就能够在脚本执行前将变量值传入脚本并执行，但需要注意的是，位置参数变量的赋值方式和用户自定义变量的赋值方式并不相同。

写在脚本程序之后的字符串就是位置参数变量的值。在执行脚本时，脚本名后的字符会传入脚本，并按照出现在脚本后字符串的先后位置以$1、$2、$3 等特定变量名命名。

接下来，我们编写一个简单的脚本，主要观察位置参数变量的赋值和调用过程。

```
[root@localhost ~]# ls -l /root/ppv1.sh
-rwxr-xr-x. 1 root root 20 Dec   8 16:19 /root/ppv1.sh
#ppv1 为位置参数变量测试文件，已设置可执行权限
[root@localhost ~]# cat /root/ppv1.sh
#!/bin/bash
```

```
echo "$1"
#文件当中除了表明解释器类型，只能用 echo 进行输出变量$1 的值
[root@localhost ~]# /root/ppv1.sh A
A
```

在脚本后输入字母 A，为变量$1 赋值，输出变量$1 的值为 A。如果在脚本名后（以空格隔开）输入字符，那么字符将会赋值给变量 $1，最终 echo 可以将赋值后的 $1 的值输出。大家可以结合图 2-15 来加深对于位置参数变量的理解。

```
[root@localhost ~] # /root/ppv1.sh           A
#! /bin/bash
echo $1   ←————————————  赋值
```

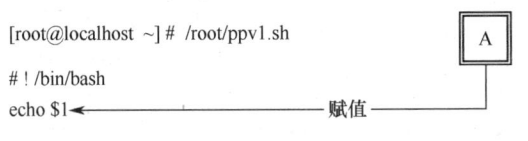

图 2-15　单个变量单个值

若执行/root/ppv1.sh 时在脚本名后加入字符，则脚本名后的字符 A 就会赋值给变量 $1，并随着 echo 输出显示到命令行中。

```
[root@localhost ~]# /root/ppv1.sh

#若直接执行 ppv1.sh 脚本，则输出结果为空行，因为此时位置参数变量没有取到任何值
```

若执行/root/ppv1.sh 时不加任何字符串，则变量 $1 取值为空，echo 输出结果为空，如图 2-16 所示。

```
[root@localhost ~] # /root/ppv1.sh
#! /bin/bash
echo $1   ←————————————  赋值
```

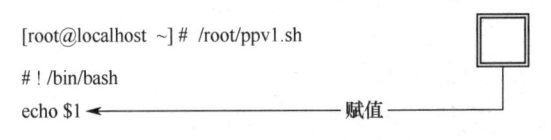

图 2-16　空值位置参数变量

写在脚本名后的可以是单个字符，也可以是连续的字符串，字符串执行结果如下：

```
[root@localhost ~]# cat /root/ppv1.sh
#!/bin/bash
echo $1
[root@localhost ~]# /root/ppv1.sh ABC
ABC
```

连续的字符串 ABC 赋值给变量 $1，然后通过 echo 输出到屏幕上，如图 2-17 所示。

```
[root@localhost ~] # /root/ppv1.sh            ABC
#! /bin/bash
echo $1   ←————————————  赋值
```

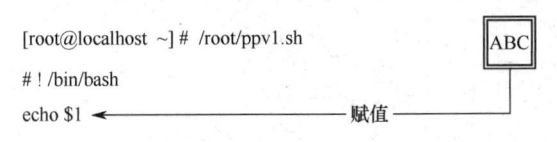

图 2-17　单个变量多个值

因为是连续的字符串，所以 ABC 以整体的形式赋值给了变量 $1，并进行了输出。
我们已经见到连续字符串的赋值了，如果是并不连续的字符串会怎么样呢？结果如下：

```
[root@localhost ~]# cat /root/ppv1.sh
#!/bin/bash
```

```
echo $1
[root@localhost ~]# /root/ppv1.sh A B C
A
#在变量名后写入 ABC 三个字母，字母之间以空格隔开
```

最终，我们看到的结果是输出了字母 A，那么 B 和 C 呢？在位置参数变量中，写在脚本后的第一个连续的字符串会赋值给$1，但如果以空格隔开，出现的字符串就将会赋值给$2，并以此类推，如图 2-18 所示。

```
[root@localhost ~] # /root/ppv1.sh
# ! /bin/bash
echo $1  ←————————— 赋值 ——————— A
echo $2  ←————————————— 赋值 ——————— B
echo $3  ←————————————————— 赋值 ——— C
```

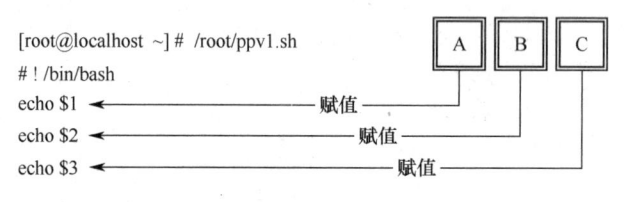

图 2-18 多个变量多个值

在执行/root/ppv1.sh 脚本时，在脚本名中写入 A、B、C 三个字符且三个字符之间用空格隔开。此时，因为三个字符外面并没有将它们表示为整体的双引号或单引号，所以这三个字符分别对$1、$2、$3 赋值。对于当前脚本而言，只有 echo 输出了$1 的值，因此只输出了字母 A。

我们可以在增加位置参数值的同时，增加相应数量的位置参数变量，脚本修改如下：

```
[root@localhost ~]# cat /root/ppv1.sh
#!/bin/bash
echo $1
echo $2
echo $3
#对应增加$2 和$3
[root@localhost ~]# /root/ppv1.sh A B C
A
B
C
#A、B、C 三个值正常输出
```

当前的 A、B、C 输出结果是分三行输出的。原因在于，我们每个位置参数变量都分别使用 echo 进行了输出，而 echo 输出每次都会默认换行。

接下来，如果我们在 A、B、C 外添加双引号，那么即便 A、B 与 C 之间有空格存在，ABC 也会以整体的方式进行赋值，执行结果如下：

```
[root@localhost ~]# cat /root/ppv1.sh
#!/bin/bash
echo $1
echo $2
echo $3
[root@localhost ~]# /root/ppv1.sh "A B C"
A B C
```

"A B C"以整体赋值给$1 后通过 echo 进行输出，$2 和$3 赋值为空，输出空白行

现在，我们已经对位置参数变量的设置已经有了基本了解。接下来，我们尝试使用

第 2 章　化简单为神奇：shell 基础

位置参数变量来编写一个能实现四则运算的计算器脚本。

```
[root@localhost ~]# ls -l /root/count2.sh
-rwxr-xr-x. 1 root root 57 Dec   9 00:49 /root/count2.sh
[root@localhost ~]# cat /root/count2.sh
#!/bin/bash
echo "$1$2$3 的计算结果是:$(($1$2$3))"
[root@localhost ~]# /root/count2.sh 1 + 2
1+2 的计算结果是:3
```

在 count2 脚本中，位置参数变量$1 取值为 1，位置参数变量$2 取值为+，位置参数变量$3 取值为 2，经过计算得到的结果为 3。

这样一来，我们只需在脚本后写明数字和运算符号，数字和运算符号就会传进脚本中进行赋值并计算了。

四则运算中的乘法用"*"来表示，但是"*"本身具有特殊含义，因此在计算乘法运算时记得加入"\"，表示要取消"*"的特殊含义，执行效果如下：

```
[root@localhost ~]# /root/count2.sh 2 * 3
/root/count2.sh: line 2: 2anaconda: value too great for base (error token is "2anaconda")
#因为"*"默认存在特殊含义，所以直接运算会报错
[root@localhost ~]# /root/count2.sh 2 \* 3
2*3 的计算结果是:6
#使用"\"取消"*"的特殊含义，运算正常
```

在我们能够正常进行四则整数运算之后，接下来会发现想一次性计算多个数字的加减乘除还是不能成功，计算结果如下：

```
[root@localhost ~]# cat /root/count2.sh
#!/bin/bash
echo "$1$2$3 的计算结果是:$(($1$2$3))"
[root@localhost ~]# /root/count2.sh 1 + 2 + 3 + 4
1+2 的计算结果是:3
```

在脚本后输入字符串，表示要连续计算 1 + 2 + 3 + 4 的结果，但因为在脚本中只调用了$1、$2、$3 三个变量的值，所以计算结果并不准确。这也是我们在使用位置参数变量过程中一个比较常见的问题，即我们可能无法确认执行脚本时到底有多少个位置参数变量需要赋值。

其实，在位置参数变量中不是只有$n（n 表示数字）这一种取值方式，还存在如$*或$@等取值方式。接下来具体讲解位置参数变量中都有哪些取值方式，可用位置参数变量如表 2-8 所示。

表 2-8　可用位置参数变量

位置参数变量	作用
$n	n 为数字，$0 代表命令本身，$1~$9 代表第 1 个至第 9 个参数，10 以上的参数需要用大括号包含，如${10}
$*	代表命令行中所有的参数，$*把所有的参数看成一个整体
$@	代表命令行中所有的参数，$@把每个参数都区别对待
$#	代表命令行中所有参数的个数

通过表 2-8 可以得知，使用$*或$@都可以表示命令行中的所有位置参数，存在的只是当作整体和区分对待的差别。那么，我们分别使用$*和$@执行计算器脚本，结果会如何呢？脚本修改后效果如下：

[root@localhost ~]# cat /root/count3.sh
#在原有的/root/count2.sh 基础上修改脚本，使用$*
#!/bin/bash
echo "$* 的计算结果是:$(($*))"
[root@localhost ~]# /root/count3.sh 1 + 2 + 3 + 4
1 + 2 + 3 + 4 的计算结果是:10

从命令执行结果来看，使用$*可以将命令行中的所有字符赋值给$*并进行运算，运算结果正确。

接下来，我们看看使用$@取值运算结果会如何。

[root@localhost ~]# cat /root/count4.sh
#!/bin/bash
#在原有的/root/count2.sh 基础上修改脚本，使用$@
echo "$@ 的计算结果是:$(($@))"
[root@localhost ~]# /root/count4.sh 1 + 2 + 3 + 4
1 + 2 + 3 + 4 的计算结果是:10

我们会发现，使用$@同样取到了命令行中的所有值，并进行了正确的运算。仅论结果，/root/count3.sh 和/root/count4.sh 两个脚本的执行结果并无差别，使用$*或$@都是取所有值。

那么，$*中把所有值当成整体，与$@中把每个值区分对待，二者的差别要怎样才能看到呢？如果想观察$*和$@之间的差别，就需要使用 for 循环。

首先，我们简单熟悉一下 for 循环的语句格式及赋值方式。

[root@localhost ~]# /root/for1.sh
for i in 值 1 值 2 值 3
do
    赋值后执行
done

在 for1.sh 脚本中，for、in、do、done 是 for 循环的固定格式。其中，出现在 for 和 in 之间的是变量名。变量名是可以自定义的，这里我们使用 i 作为变量名。出现在 in 之后的是变量的值，在 in 之后可以出现一个值或多个值。如果是一个值，就将这个值赋值给变量 i，然后执行 do 和 done 之间的代码，之后脚本结束。如果在 in 之后有多个值，那么这些值会依次赋值给变量 i，并依次执行 do 和 done 之间的代码，如图 2-19 所示。

在图 2-19 中，在 for 循环中变量名为 i，变量的值分别是 A、B、C。脚本执行后，首先将值 A 赋值给变量 i，然后执行 do 和 done 之间的 echo，输出 i 的值。

其次，将值 B 赋值给变量 i。因为变量具有覆盖的特点，所以此时变量 i 的值是字母 B，再次执行 do 和 done 之间的 echo，输出 i 的值。

最后，将值 C 赋值给变量 i，然后执行 do 和 done 之间的 echo，输出 i 的值。此时，in 之后的值取尽，脚本执行结束。

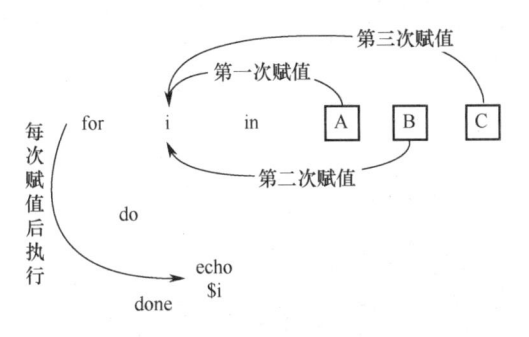

第 2 章 化简单为神奇：shell 基础

图 2-19 位置参数变量循环赋值

接下来我们执行脚本并观察执行结果。

```
[root@localhost ~]# cat /root/for1.sh
#!/bin/bash
for i in A B C
do
        echo "$i"
done
#脚本内容
[root@localhost ~]# /root/for1.sh
A
B
C
#脚本执行后输出结果
```

在 for 循环中，出现在 in 之后的字符串，其内部以空格隔开，且在没有被双引号或单引号包含的情况下，字符串就被空格分隔成多个值，例如，A B C 会被认为是三个值。但是，如果字符串之间有空格但字符串整体被双引号或单引号包含，那么引号范围内的字符会被认为是一个整体，将使用这个整体进行赋值，例如，"A B C"会被认为是一个整体，将使用"A B C"整体进行赋值，执行效果如下：

```
[root@localhost ~]# cat /root/for1.sh
#!/bin/bash
for i in "A B C"
do
        echo "$i"
done
#在"A B C"外侧加入双引号，将其表示为整体
[root@localhost ~]# /root/for1.sh
A B C
#脚本执行后输出结果
```

因为使用了双引号将 A B C 表示为整体，所以在脚本执行时会一次性将"A B C"赋值给变量 i。在执行 echo 时，输出 A B C，此时所有值取尽，脚本执行结束。

出现在 for 循环中的值可以固定值的方式写入脚本，也可以使用如位置参数变量等方式将值传递进脚本。例如，可以使用位置参数变量中的$@和$*，将变量的值传给 for 循环执行，脚本如下：

```
[root@localhost ~]# cat /root/for2.sh
#!/bin/bash
```

• 99 •

```
for i in "$*"
do
     echo "$i"
done
#for 循环，使用$*位置参数取值
[root@localhost ~]# /root/for2.sh A B C
A B C
#通过输出结果可以得知，A B C作为整体进行了赋值，进行了一次输出
[root@localhost ~]# cat /root/for3.sh
#!/bin/bash
for i in "$@"
do
     echo "$i"
done
#for 循环，使用$@位置参数取值
[root@localhost ~]# /root/for3.sh A B C
A
B
C
#通过输出结果可以得知，A B C作为个体分别进行了赋值，进行了三次输出
```

通过 for 循环能发现，$*和$@都表示所有位置参数，但是$*将值当作整体，一次性将所有值进行了输出；$@将值作为多个独立的个体分别赋值，输出多次。需要注意的是，大家需要在脚本中将$*和$@用双引号包含起来，否则$*将值传进脚本后会被识别为多个个体，无法实现实验效果。

接下来，我们来看$#的作用，$#用来表示位置参数的个数。

```
[root@localhost ~]# cat /root/ppv2.sh
#!/bin/bash
echo "$1"
#输出第一个位置参数变量的值
echo "$2"
#输出第二个位置参数变量的值
echo "$3"
#输出第三个位置参数变量的值
echo "$4"
#输出第四个位置参数变量的值
echo "$#"
#输出位置参数的个数
[root@localhost ~]# /root/ppv2.sh A B C D
A
B
C
D
4
#输出$1至$4的值并输出位置参数的个数
```

4．预定义变量

预定义变量不同于之前的用户自定义变量、环境变量、位置参数变量，因为以上这

些变量的值都是由用户设置或可以由用户修改的。预定义变量就像它的名字一样，通常是被预先定义过的，我们通过指定变量名来调用预定义变量的值。

预定义变量如表 2-9 所示。

表 2-9　预定义变量

预定义变量	作用
$?	最后一次执行的命令的返回状态。如果这个变量的值为 0，就证明上一条命令正确执行；如果这个变量的值为非 0（具体是哪个数由编程人员决定），就证明上一条命令执行错误
$$	当前进程的进程 PID
$!	后台运行的最后一个进程的进程 PID

（1）$?

我们先看到的就是$?，它可以用来检查我们执行的"上一条"命令是否正确。通常，如果上一条命令执行正确，$?的返回结果就为 0；如果命令执行错误，返回结果（执行失败）就为非 0。至于具体除 0 外的数字都有什么含义，这是由编写代码的相关人员决定的。除 0 外，其余数字可用来表示在代码执行过程中的错误退出状态，通常默认 0 表示代码执行正确退出。

接下来举例说明：

```
[root@localhost ~]# ls /opt/
#执行 ls 命令查看/opt/目录，命令执行成功
[root@localhost ~]# echo $?
0
#在 ls 命令执行成功后输出$?的值，返回结果为 0
[root@localhost ~]# ls /Panigale
ls: cannot access '/Panigale': No such file or directory
#执行 ls 命令查看/Panigale，因为没有/Panigale，所以 ls 命令执行失败
[root@localhost ~]# echo $?
2
#失败返回结果 2
```

我们可以明确地看到，当命令执行成功时，$?的返回结果是 0；当命令执行失败时，命令返回结果是非 0。不同类型的命令执行错误，返回的数值并不相同，要想确定错误数值的具体含义，还需要阅读源代码。

（2）$$

$$可以输出当前进程的进程 PID。如果我们直接在命令行中输入 echo $$，看到的就是当前终端的 bash 进程 PID。

```
[root@localhost ~]# echo $$
1021
[root@localhost ~]# ps -p 1021
  PID    TTY        TIME       CMD
 1021   pts/1     00:00:00    bash
#PID 为 1021 的进程是 bash 命令解释器
```

在用户登录系统后，根据用户在/etc/passwd 文件中的记录，运行一个相应的解释器。当前在使用 root 用户登录系统时，root 用户默认 shell 类型是 Bash。因此，无论是否执

行命令，系统都运行了 bash 进程，准备对我们输入的命令进行解析并交给内核执行。

同样，如果将$$写入脚本，那么脚本在子 shell 执行时，$$会输出脚本的进程 PID。但是，只在脚本中写$$也是没有任何意义的，因为这样一来脚本会在极短的时间内执行完成，我们无法通过进程 PID 来查看进程，例如：

```
[root@localhost ~]# cat /root/test1.sh
#!/bin/bash
echo "$$"
#只在脚本中输出$$的值
[root@localhost ~]# /root/test1.sh
1005
#脚本执行输出进程 PID
[root@localhost ~]# ps -p 1005
  PID   TTY        TIME     CMD

#执行结果为空，PID 为 1005 的进程不存在
```

在查找进程 PID 时，发现根本找不到相应的脚本进程。这是因为脚本从执行开始到执行结束的周期极短，脚本进程在一瞬间就结束了，所以要想看到脚本进程存在，我们还需要在脚本中加入一些能够让脚本持久运行的命令。例如，将 sleep 命令写在脚本中，就可以让脚本进程以睡眠的状态运行更长的时间，结果如下：

```
[root@localhost ~]# cat /root/test1.sh
#!/bin/bash
echo "$$"
sleep 30
#在脚本中加入 sleep 命令
```

在 sleep 后加入数字表示 sleep 执行的时间，默认时间单位是秒，也就是说脚本运行到 sleep 会暂停 30 秒（sleep 命令的含义为暂停，此时进程处于睡眠状态）。在 30 秒内是可以见到脚本进程的，如果时间不够，那么还可以将时间指定为分钟（m）、小时（h）、天（d）。

```
[root@localhost ~]# /root/test1.sh
1041
#脚本执行后输出进程 PID
```

test1.sh 脚本在输出进程 PID 后，便开始执行 sleep 30，执行 sleep30 不会有任何输出。我们要尽快根据输出的进程 PID，到另一个终端中查找进程是否存在。

```
[root@localhost ~]# ps aux | grep 1041
  PID   TTY        TIME     CMD
 1041 pts/1  00:00:00   test1.sh
#在另一个终端查看 PID 为 1041 的进程
```

其实对于$$来说，我们可以选择把它输出到屏幕上，也可以选择把它输出到某个文件中。而且，将进程 PID 输出到某个文件中更有利于多用户查看进程 PID，因为我们在当前终端输出的进程 PID 只能在当前终端查看，在不同的终端是见不到的。

如果我们将进程 PID 输出到文件中，那么只要用户有权限对文件进行查看，就能查看进程 PID。系统中很多服务等进程会将运行进程的进程 PID 保存在/var/run/目录下。

```
[root@localhost ~]# ls /var/run/*.pid
/var/run/atd.pid        /var/run/auditd.pid        /var/run/crond.pid        /var/run/rsyslogd.pid
    /var/run/sshd.pid
#查看任意文件，会发现文件中保存了对应进程的进程 PID
```

因此，我们也可以选择使用文件保存脚本进程的进程 PID。

```
[root@localhost ~]# cat /root/test1.sh
#!/bin/bash
echo "$$" > /var/run/test.pid
#将进程 PID 通过重定向的方式写入文件
sleep 30
[root@localhost ~]# /root/test1.sh
#运行脚本，脚本不会有任何输出
```

切换终端后：

```
[root@localhost ~]# cat /var/run/test.pid
10851
#切换终端，查看保存进程 PID 的文件
[root@localhost ~]# ps aux | grep 10851
PID         TTY        TIME            CMD
10851       pts/1      00:00:00        test1.sh
#根据进程 PID 查找进程
```

我们使用重定向的方式保存脚本运行过程中的进程 PID，需要注意，这里我们选择了覆盖式重定向（>）的方式，因为如果使用追加式重定向（>>）保存进程 PID，我们就会发现无论进程正在执行还是已经执行结束，进程 PID 都会被不断地保存到 /var/run/test.pid 文件中。然而，通常不需要对已经结束的进程执行进一步操作，因此使用覆盖的方式只保存当前正在运行的进程 PID。

现在，我们除了查看进程状态和进程占用资源，还可以使用 kill 命令给进程发信号，执行方式如下：

```
[root@localhost ~]# /root/test1.sh
#执行/root/test1.sh 脚本
```

随后，切换终端查看脚本/root/test1.sh 运行的进程 PID，使用 kill 命令给进程发送结束进程的信号。

```
[root@localhost ~]# cat /var/run/test.pid
10899
#切换终端查看/var/run/test.pid 文件
[root@localhost ~]# kill 10899
#查看进程 PID，结束进程（kill 命令执行时默认为结束进程信 PID）
```

现在，我们再次切换回执行/root/test1.sh 脚本的终端进行查看。

```
[root@localhost ~]# /root/test1.sh
已终止
#命令行中会出现"已终止"的提示
#如果 sleep 30 秒时间不足，来不及切换终端执行 kill 命令，就可以适当调整 sleep 数值
```

现在总结一下截至目前的脚本执行及对执行后的脚本输出进程 PID 文件的操作流程。

先执行/root/test1.sh 脚本，执行后会生成当前进程的进程 PID，并且将进程 PID 以覆盖的方式写入/var/run/test1.pid 文件。

随后切换终端，根据/var/run/test1.pid 文件确定正在运行的脚本的进程 PID，根据进程 PID 完成结束进程或查看进程等操作。

在以上通过文字描述的流程当中，其实可以进一步对"查看脚本的进程 PID"操作进行优化，使其更加易于执行，例如：

```
[root@localhost ~]# cat /var/run/test.pid
10955
#查看/var/run/test.pid 文件
[root@localhost ~]# echo $(cat /var/run/test.pid )
10955
#将查看命令写入$()
```

上面我们使用了两种查看进程 PID 文件的方式，直接使用 cat 命令查看是最常见的方式，而另一种是将查看命令写入$()，再使用 echo 命令将其输出到当前终端。

$()在 Bash 中表示，所有在$()中的字符串都会被当作命令执行。这样一来，无须人为查看进程 PID，只要将查看命令写入$()即可，因此查看进程或结束进程的命令可修改为：

```
[root@localhost ~]# ps -p $(cat /var/run/test.pid )
#查看进程
[root@localhost ~]# kill $(cat /var/run/test.pid )
#结束进程
```

我们也可以将 kill 命令写进脚本，这样，一个用于结束 test1.sh 脚本的脚本文件就被创建出来了。

（3）$!

$!可用来输出当前终端放入后台的最后一个进程的进程 PID。如果想要查看当前终端最后一个放入后台的进程，或者想要给当前终端最后一个放入后台的进程发送某些信号，就可以使用$!获取进程 PID，例如：

```
[root@localhost ~]# vim /etc/issue &
[1]1010
#使用 vim 打开文件并放入后台，输出结果中[]内的数字表示是在当前终端中第几个放入后台的进程，1010 为进程 PID
[root@localhost ~]# echo $!
1010
#输出当前终端最后一个放入后台的进程 PID
[root@localhost ~]# ps -p $!
PID     TTY       TIME       CMD
1010    pts/0     00:00:00   vim
#执行 ps 命令，通过$!调用当前终端最后一个放入后台的进程 PID
```

2.4.3 变量赋值方式之接收键盘输入

前面我们使用了位置参数变量，位置参数变量能在脚本运行在子 shell 中时，将值写在脚本名后，在脚本运行时脚本名后的值会赋值给子 shell 中的位置参数。但是，位置参数变量的缺点在于，我们在使用参数传递值的时候一定知道在哪个位置应该传递什么值，例如，计算器脚本，在使用位置参数变量传递值时，我们就知道第一个位置是第一个要计算的数字、第二个位置是运算符号、第三个位置是另一个要运算的数字，这就要求执行脚本的人要么能够看懂脚本，要么知道该以怎样的格式顺序表示位置参数变量的值，这无疑提高了脚本执行的难度。

同样是将脚本外的值传递进脚本，同样是在子 shell 中运行，相对来说使用 read 语句的好处在于可以给用户输出提示信息。携带提示信息可以引导用户进行相应变量的输入，降低脚本执行的难度。接下来一起看看 read 语句该怎样使用吧。

```
[root@localhost ~]# read [选项] [变量名]
选项：
    -p "提示信息"：  在等待 read 输入时，输出提示信息
    -t 秒数：       read 命令会一直等待用户输入，使用此选项可以指定等待时间
    -n 字符数：     read 命令只接收指定的字符数就会执行
    -s：           隐藏输入的数据，适用于机密信息的输入
变量名：
    变量名可以自定义。如果不指定变量名，就会把输入保存到默认变量 REPLY 中
    如果只提供了一个变量名，就将整个输入行赋予该变量
    如果提供了一个以上的变量名，那么输入行分为若干字，一个接一个地赋予各个变量，而命令行
中最后一个变量取得剩余的所有值
```

接下来简单地写一个使用 read 语句赋值并调用的语句，来看看赋值和调用的过程。

例 1：

```
[root@localhost ~]# cat /root/read1.sh
#!/bin/bash
read -p "请输入变量的值:" rd_1
echo "您输入的值是:$rd_1"

[root@localhost ~]# /root/read1.sh
请输入变量的值:RockyLinux      ←用户输入字符串，将字符串赋值给 rd_1
您输入的值是:RockyLinux        ←调用变量的值
```

如图 2-20 所示为，除 shebang 外的脚本 read1.sh 中的内容。

①read -P "请输入变量的值: " rd_1
③将键盘输入的字符赋值给 rd_1
②请输入变量的值: RockyLinux
④echo "您输入的值是$rd_1"
⑤调用$rd_1 的值
⑥您输入的值是: RockyLinux

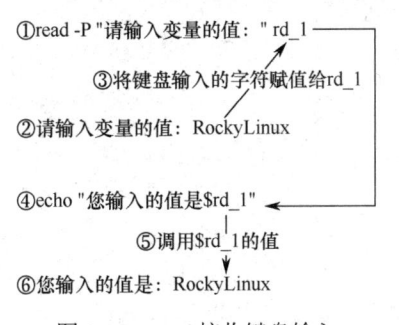

图 2-20 read 接收键盘输入

首先，执行①后的语句，语句执行会输出提示信息"请输入变量的值"，并在提示信息后定义了 rd_1 变量名，也就是说用户在见到"请输入变量的值"提示后所进行的键盘

输入都会被赋值给 rd_1 变量。

其次，②表示了我们在执行脚本后见到的提示信息，在见到提示后输入了 RockyLinux 字符串，这个字符串会被赋值给$rd_1 变量，这是③要表达的含义。

再次，④表示脚本中的 echo"您输入的值是$rd_1"，在 echo 执行过程中，⑤表示调用已经赋值的$rd_1 的值进行输出。

最后，⑥表示在命令行中见到的输出结果，此时$rd_1 的值正常调用并输出。

例 2：

接下来使用 read 语句赋值的方式写一个用于四则运算的脚本。

```
[root@localhost ~]# cat /root/count5.sh
#!/bin/bash
echo "四则运算…"
read -p "请输入第一个数字:" num_1
read -p "请输入运算符号:" ct_1
read -p "请输入第二个数字:" num_2
echo "${num_1}${ct_1}${num_2}的运算结果是:$((${num_1}${ct_1}${num_2}))"
[root@localhost ~]# /root/count5.sh
#执行脚本/root/count5.sh
四则运算…
请输入第一个数字:10
请输入运算符号:+
请输入第二个数字:16
10+16 的运算结果是:26
```

脚本/root/count5.sh 以 read 语句进行赋值，在赋值前 read 可以输出提示信息，即便不了解脚本内容，也可以根据提示正确地执行脚本。但脚本也还存在一些问题，例如，如果用户执行/root/count5.sh 脚本后没有进行键盘输入，结果会如何？再例如，输入运算符号时我们输入的是多个运算符号，结果会如何？使用 read 语句中的选项可以解决上述问题，我们简单调整一下脚本，加入一些选项：

```
[root@localhost ~]# cat /root/count5.sh
#!/bin/bash
echo "四则运算…"
read -t 10 -p "请输入第一个数字:" num_1
#"-t"read 语句等待 10 秒。
read -t 10 -n 1 -p "请输入运算符号:" ct_1
#"-t"read 语句等待 10 秒，接收一个字符输入。
read -t 10 -p "请输入第二个数字:" num_2
#"-t"read 语句等待 10 秒。
echo "${num_1}${ct_1}${num_2}的运算结果是:$((${num_1}${ct_1}${num_2}))"
#在原有基础上加入"-t"和"-n"选项
```

read 语句的作用在于接收键盘输入，但如果执行 read 语句后键盘没有任何输入，就默认会等待键盘输入。使用-t 选项可以指定 read 语句等待键盘输入的时间，使其不再无限制等待，在-t 选项后出现的数字的默认单位是秒。

read 语句在默认情况下会将键盘输入的字符串传进脚本并进行赋值，在当前

/root/count5.sh 计算器脚本当中，我们可以执行或 "+"、"−"、"*" 或 "/" 中的任意操作，但在两个数字之间写入多个运算符号明显是不符合运算规则的。在 read 语句中，我们可以使用 "-n" 选项来控制接收字符个数，在没有字符个数限制前，在输入字符串后需要按 Enter 键表示确认输入并将字符传进脚本进行赋值。但是当我们设置了 read 接收字符个数后，在达到限制的字符个数后就会自动确认、进行赋值并执行下一行代码。

2.5 Bash 中的特殊符号

在 Bash 中还有很多其他的特殊符号，我们在本节集中进行说明，如表 2-10 所示。

表 2-10 Bash 中的其他特殊符号

特殊符号	作用
''	单引号。在单引号中所有的特殊符号，如 "$" 和 "``"（反引号）都没有特殊含义
""	双引号。在双引号中特殊符号都没有特殊含义，但是 "$"、"`" 和 "\" 例外，分别拥有 "调用变量的值"、"引用命令" 和 "转义符" 的特殊含义
``	反引号。反引号括起来的内容是系统命令，在 Bash 中会先执行它。其与$()的作用一样，不过推荐使用$()，因为反引号非常容易与单引号混淆
$()	与反引号的作用一样，用来引用系统命令
()	用于一串命令执行时，()中的命令会在子 shell 中执行
{}	用于一串命令执行时，{}中的命令会在当前 shell 中执行。也可以用于变量变形与替换
#	在 shell 脚本中，以#开头的行代表注释
$	用于调用变量的值。若需调用变量 name 的值，则需要用$name 的方式得到变量的值
\	转义符，跟在 "\" 之后的特殊符号将失去特殊含义，变为普通字符，如 "\$" 将输出 "$" 符号，而不作为变量引用
[]	用于变量测试
[[]]	用于变量测试，相比 "[]" 拥有支持使用 "&&" 和 "||" 等特点

我们举几个例子来解释比较常用的和难以理解的符号。

2.5.1 单引号和双引号

单引号和双引号应用于在变量赋值过程，如果变量的值出现空格，就必须用引号括起来，否则赋值不成功。不过引号有单引号和双引号之分，二者的主要区别在于，被单引号括起来的字符都是普通字符，就算特殊字符也不再具有特殊含义；而在被双引号括起来的字符中，"$"、"\" 和反引号是拥有特殊含义的，"$" 代表引用变量的值，反引号代表引用命令。

还是来看例子：

[root@localhost ~]# name=hb

#定义变量 name 的值是 hb
[root@localhost ~]# echo '$name'
$name
#如果输出时使用单引号，$name 就原封不动地输出
[root@localhost ~]# echo "$name"
hb
#如果输出时使用双引号，就会输出变量 name 的值 hb
[root@localhost ~]# echo `date`
Thu Dec 26 5:20:00 CST 2023
#反引号括起来的命令会正常执行
[root@localhost ~]# echo "`date`"
Thu Dec 26 5:21:00 CST 2023
#如果被双引号括起来，那么这条命令正常执行
[root@localhost ~]# echo '`date`'
`date`
#但是如果反引号括起来的命令又被单引号括起来，这条命令就不会执行，`date`会被当成普通字符输出

通常，我们在要将某字符串表示为整体时使用双引号（""），双引号可以在不影响特殊字符的特殊含义的情况下，将字符串表示为整体。如果在字符串中出现的某个字符需要取消特殊含义，就可以使用转义符（\）。如果在某个字符串中出现了多个拥有特殊含义的字符，而我们需要将字符串中出现的所有特殊含义字符全部取消特殊含义，就可以使用单引号（''）将字符串包含。

2.5.2 反引号

反引号包含的字符串会被当作命令执行，在脚本中我们可能需要将某命令执行结果赋值给变量。在这种情况下，就会发现一些问题，变量赋值的格式为"name=value"，如果直接将命令写在 value 部分，就会将命令本身进行赋值，而不是用命令执行结果进行赋值，执行结果如下：

[root@localhost ~]# bootlist=ls /boot/
-bash: /boot/: 是一个目录
#赋值失败，如果值带有空格，就应该用双引号表示为整体
[root@localhost ~]# bootlist="ls /boot/"
#添加双引号后赋值成功
[root@localhost ~]# echo $bootlist
ls /boot/
#变量赋值时只是将命令当作字符串赋值给 bootlist
[root@localhost ~]# bootlist='ls /boot/'
[root@localhost ~]# echo $bootlist
ls /boot/
#使用单引号的结果和双引号相同
[root@localhost ~]# bootlist=`ls /boot/`
#使用反引号将命令包含
[root@localhost ~]# echo $bootlist
System.map-5.14.0-70.13.1.el9_0.x86_64 config-5.14.0-70.13.1.el9_0.x86_64 efi grub2 initramfs-0-rescue-be6b16e074b440e7b127d1ce60c69ec5.img initramfs-5.14.0-70.13.1.el9_0.x86_64.img loader symvers-5.14.0-

```
70.13.1.el9_0.x86_64.gz
vmlinuz-0-rescue-be6b16e074b440e7b127d1ce60c69ec5 vmlinuz-5.14.0-70.13.1.el9_0.x86_64
#boot 变量的值为 ls /boot/命令的执行结果
```

无论是在命令行中还是在脚本中，当我们想要执行命令时，命令总是出现在当前行开头的位置，然后才是命令的选项。但是，在脚本执行过程中就会出现某些命令需要执行，但命令本身并没有在开头位置出现的情况，在这种情况下可以使用反引号将想要执行的命令包含在内，表示将字符串以命令的方式执行。

反引号的作用和$(命令)是一样的，但是反引号非常容易和单引号混淆，因此推荐大家使用$(命令)的方式引用命令的输出，具体如下：

```
[root@localhost ~]# echo ls
ls
#如果命令不用反引号包含，那么命令不会执行，而是直接输出
[root@localhost ~]# echo `ls`
anaconda-ks.cfg   sh   test   testfile
#只有使用反引号包含命令，这条命令才会执行
[root@localhost ~]# echo $(ls)
anaconda-ks.cfg   sh   test   testfile
#使用$(命令)的方式也是可以的
```

无论是从容易混淆的角度，还是从 POSIX 规范的角度来说，应尽量使用$(命令)的方式来引用命令的输出，不要使用反引号。

2.5.3 小括号和大括号

在介绍小括号和大括号的区别之前，我们先来回顾父 shell 和子 shell 的概念。我们在 2.4.2 节中见到的是用户自定义变量与环境变量对于父子 shell 的差别。接下来，我们将会从执行脚本和变量赋值的角度来考虑父子 shell 带来的影响。

用户在登录系统时，系统会根据用户的 shell 类型运行一个 shell，以便用户执行命令，root 用户和普通用户在默认情况下的 shell 类型都是 bash。因此，通常在查看进程或查看进程树的时候都能看到 bash 进程的存在，例如：

```
[root@localhost ~]# pstree | grep bash
        |-sshd---sshd---sshd---bash-+-grep
#通过 pstree 命令查看 bash 进程
#我们使用 ssh 远程连接，在建立连接后系统根据用户 shell 类型开启了一个 bash 进程
```

我们之前使用 bash 命令执行脚本，这也相当于开启一个 bash 进程并在进程内执行脚本中的语句，执行效果如下：

```
[root@localhost ~]# cat /root/bash1.sh
#!/bin/bash
echo "$$" > /root/bash.pid
sleep 300
#脚本运行后会输出当前进程 PID 到/root/bash.pid 文件中
#脚本会执行 sleep 睡眠 300 秒，在这 300 秒内我们切换终端查看进程
[root@localhost ~]# bash /root/bash1.sh
```

#使用 bash 的方式执行 bash1.sh 脚本
　　切换终端查看：
[root@localhost ~]#pstree -p | grep bash |-sshd(895)-+-sshd(1047)---sshd(1051)---**bash(1052)**---**bash(1159)**---sleep(1160)
　　　　　　　　　|　　　　　　　　`-sshd(1081)---sshd(1085)---bash(1086)-+-grep(1162)
#在另一终端中执行 pstree 命令，查找包含 bash 关键字的行
#会在命令结果中看到 bash 进程及进程 PID
[root@localhost ~]# cat /root/bash.pid
1159
#查看 bash.pid 文件会得到/root/bash1.sh 脚本的进程 PID
[root@localhost ~]# ps -ef | grep 1159
root　　　　　1159　　1052　0 14:50 pts/1　　00:00:00 **bash /root/bash1.sh**
root　　　　　1160　　1159　0 14:50 pts/1　　00:00:00 sleep 300
...省略部分内容...
#使用 ps –ef 命令查找 PID 为 1159 的进程及父子进程
#在 ps –ef 命令返回结果中，第二列为当前进程 PID，第三列为父进程 PID，出现在最后一列的是当前进程执行的指令

　　我们在 ps -ef 命令返回结果中会看到，PID 为 1159 的是我们执行/root/bash1.sh 脚本的进程，它的父进程 PID 为 1052。这样一来，我们便可以将当前在 ps-ef 命令中看到的父子进程关系和 pstree 命令中的进程关系对应起来了。

　　我们可以说 PID 为 1159 的进程是 PID 为 1052 的进程的子进程，反过来也可以说 PID 为 1052 的进程是 PID 为 1159 的进程的父进程。又因为这两个进程都是 bash 进程（通过 pstree 命令可以得知），所以可以说两个进程不仅可以被称为父子进程，还可以被称为父子 shell。

　　在父子 shell 的基础上，接着解释小括号和大括号的区别。如果用于一串命令的执行，那么小括号和大括号的主要区别在于：

- ()在执行一串命令时，需要重新开启一个子 shell 来执行。
- {}在执行一串命令时，在当前 shell 中执行。
- ()和{}都是把一串命令放在括号里面，并且命令之间用分号（;）隔开。
- ()的最后一条命令可以不用分号。
- {}的最后一条命令要用分号。
- {}的第一条命令和左括号之间必须有一个空格。
- ()中的各命令不必和括号之间有空格。
- 在()和{}中，括号里面的某条命令的重定向只影响该命令，但括号外的重定向会影响括号里的所有命令。

　　接下来逐一解释说明上述区别：

[root@localhost ~]# name=hb
#在命令行中定义变量 name 的值为 hb
[root@localhost ~]# (name=rs; echo $name)
rs
#在小括号中定义 name 的值并进行输出

```
[root@localhost ~]# echo $name
hb
#在当前 shell 中查看变量 name 的值
```

在上面的命令中,我们分别在当前命令行中和小括号中对变量 name 进行了两次赋值。但因为小括号中的赋值是在子 shell 中完成的,所以不会影响当前命令行中赋值的 name=hb,不会出现变量覆盖的情况。

其实,日常在使用绝对路径(包括相对路径)和 bash 执行脚本时,就是开启子 shell 来运行的,这样一来在脚本中定义的值不会影响当前 shell。

```
[root@localhost ~]# name=hb
#在命令行中定义变量 name 的值为 hb
[root@localhost ~]# { name=rs;echo $name; }
rs
#在大括号中定义变量 name 的值并进行输出
[root@localhost ~]# echo $name
rs
#在当前 shell 中查看变量 name 的值
```

同样是对变量 name 进行了两次赋值,但是使用大括号进行第二次赋值时会发现,赋值最终会覆盖在当前 shell 中对变量 name 的赋值。

其实,在执行变量赋值时,如果使用的是小括号,那么变量赋值只在子 shell 中生效,一旦命令执行结束,回到父 shell 中,变量赋值就会消失;而如果使用的是大括号,那么变量赋值在当前 shell 中执行,在命令执行结束后,修改依然会生效。

2.6　Bash 中的运算符

2.6.1　数值运算

shell 编程和其他语言还是有很多不一样的地方,其中需要注意的是,在 shell 中所有的变量默认都是"字符串型"。也就是说,如果不手工指定变量的类型,那么所有的数值都不能进行运算。例如:

```
[root@localhost ~]# aa=11
[root@localhost ~]# bb=22
#给变量 aa 和 bb 赋值
[root@localhost ~]# cc=$aa+$bb
#我想让变量 cc 的值是变量 aa 与 bb 的和
[root@localhost ~]# echo $cc
11+22
#但是变量 cc 的值却是"11+22"这个字符串,并没有进行数值运算
```

如果需要进行数值运算,那么可以采用以下三种方法中的任意一种。

1. 使用 declare 声明变量类型

既然所有变量的默认类型是字符串型,那么只要把变量声明为整数型,不就可以参与运算了吗?使用 declare 命令就可以声明变量的类型,具体格式如下:

```
[root@localhost ~]# declare [+/-][选项] 变量名
选项：
    -：    给变量设定类型属性
    +：    取消变量的类型属性
    -a：   将变量声明为数组型
    -i：   将变量声明为整数型（integer）
    -r：   将变量声明为只读变量。注意，一旦设置为只读变量，就既不能修改变量的值，
           也不能删除变量，甚至不能通过+r取消只读属性
    -x：   将变量声明为环境变量
    -p：   显示指定变量的被声明的类型
```

例1：数值运算

只要把变量声明为整数型，就可以参与运算了吗？现在进行尝试：

```
[root@localhost ~]# aa=11
[root@localhost ~]# bb=22
#给变量 aa 和 bb 赋值
[root@localhost ~]# declare -i cc=$aa+$bb
#声明变量 cc 的类型是整数型，它的值是 aa 与 bb 的和
[root@localhost ~]# echo $cc
33
#这下终于可以相加了
```

例2：数组变量类型

什么是数组呢？所谓数组，就是相同数据类型的元素按一定顺序排列的集合，也就是把有限个类型相同的变量用一个名字命名，然后用编号区分它们的变量的集合，我们把这个名字称为数组名，把编号称为下标。组成数组的各个变量被称为数组的分量，又被称为数组的元素、下标变量。

看到定义会一头雾水，更加不明白数组是什么了。那么，换一种说法，变量和数组都是用来保存数据的，只是变量只能被赋予一个数据值，一旦重复赋值，后一个值就会覆盖前一个值；而数组可以被赋予一组相同类型的数据值。

大家可以把变量想象成一间小办公室，这间办公室只能容纳一个人办公，办公室名就是变量名；而数组是一间大办公室，可以容纳很多人同时办公，在这间大办公室里办公的每个人是通过不同的座位号来区分的，这个座位号就是数组的下标，而大办公室名就是数组名。

还是举个例子来说明：

```
[root@localhost ~]# name[0]="panigale"
#数组中第一个变量是 panigale
[root@localhost ~]# name[1]="rocket"
#数组中第二个变量是 rocket
[root@localhost ~]# name[2]="rally"
#数组中第三个变量是 rally
[root@localhost ~]# echo ${name}
panigale
#输出数组的内容。如果只写数组名，那么只会输出第一个下标变量
[root@localhost ~]# echo ${name[*]}
```

```
panigale rocket rally
#输出数组所有的内容
```

注意：数组的下标是从 0 开始的，在调用数组的元素时，需要使用"${数组[下标]}"的方式来读取。

不过，在刚刚的例子中，我们并没有把变量 name 声明为数组型。其实只要我们在定义变量时采用了"变量名[下标]"的格式，这个变量就会被系统认为是数组型，不用强制声明。

例 3：环境变量

其实也可以使用 declare 命令把变量声明为环境变量，它和 export 命令的作用相同，命令如下：

```
[root@localhost ~]# declare -x test=123
#把变量 test 声明为环境变量
[root@localhost ~]# declare –x
#查询环境变量，这样也可以查询环境变量
```

例 4：只读属性

一旦给变量设定了只读属性，那么这个变量既不能修改值，也不能被删除，甚至不能使用"+r"选项取消只读属性，具体如下：

```
[root@localhost ~]# declare -r test
#给 test 变量赋予只读属性
[root@localhost ~]# test=456
-bash: test: readonly variable
#test 变量的值就不能修改了
[root@localhost ~]# declare +r test
-bash: declare: test: readonly variable
#也不能取消只读属性
[root@localhost ~]# unset test
-bash: unset: test: cannot unset: readonly variable
#也不能删除变量
```

不过，还好这个变量只是命令行声明的，只要重新登录或重启，这个变量就会消失。通常在脚本中，当我们需要通过某种方式先取一个不固定值，之后又需要在取到值后保证取值不会被覆盖时，就可以选择将变量设定为只读。

例 5：查询变量属性和取消变量属性

变量属性的查询使用"-p"选项，变量属性的取消使用"+"选项，具体如下：

```
[root@localhost ~]# declare -p cc
declare -i cc="33"
#变量 cc 是 int 型
[root@localhost ~]# declare -p name
declare -a name='([0]="panigale" [1]="rocket" [2]="rally")'
#变量 name 是数组型
[root@localhost ~]# declare -p test
declare -rx test="123"
#变量 test 是环境变量和只读变量
```

```
[root@localhost ~]# declare +x test
#取消变量 test 的环境变量属性
[root@localhost ~]# declare -p test
declare -r test="123"
#注意：只读变量属性是不能被取消的
```

2. 使用 expr 或 let 数值运算工具

进行数值运算的第二种方法是使用 expr 命令，这个命令没有 declare 命令那么复杂，具体如下：

```
[root@localhost ~]# aa=11
[root@localhost ~]# bb=22
#给变量 aa 和 bb 赋值
[root@localhost ~]# dd=$(expr $aa + $bb)
#变量 dd 的值是变量 aa 与 bb 的和。注意，"+"的左右两侧必须有空格
[root@localhost ~]# echo $dd
33
```

在使用 expr 命令进行运算时，要注意"+"的左右两侧必须有空格，否则运算不会执行。

至于 let 命令，和 expr 命令基本类似，都是 Linux 中的运算命令，具体如下：

```
[root@localhost ~]# aa=11
[root@localhost ~]# bb=22
#给变量 aa 和 bb 赋值
[root@localhost ~]# let ee=$aa+$bb
[root@localhost ~]# echo $ee
33
#变量 ee 的值是变量 aa 与 bb 的和

[root@localhost ~]# n=20
#定义变量 n
[root@localhost ~]# let n++
#变量 n 的值等于变量本身再加 1
[root@localhost ~]# echo $n
21
```

对于 expr 命令和 let 命令，大家可以按照习惯使用，不过 let 命令比 expr 命令对格式的要求更加宽松，因此推荐使用 let 命令进行数值运算。

3. 使用 "$((运算式))" 或 "$[运算式]" 的方式运算

"$(())" 和 "$[]" 其实这是一种方式，这两种括号按照个人习惯使用即可，具体如下：

```
[root@localhost ~]# aa=11
[root@localhost ~]# bb=22
[root@localhost ~]# ff=$(( $aa+$bb ))
[root@localhost ~]# echo $ff
33
#变量 ff 的值是变量 aa 与 bb 的和
[root@localhost ~]# gg=$[ $aa+$bb ]
[root@localhost ~]# echo $gg
33
```

#变量 gg 的值是变量 aa 与 bb 的和

上述三种数值运算方式，大家可以按照自己的习惯来选择使用。不过，我们推荐使用 "$((运算式))"，这种方式较简单，也较常用。

2.6.2 shell 中常用的运算符

我们通过表 2-11 来说明 shell 中常用的运算符。

表 2-11 shell 中常用的运算符

优先级	运算符	说明
13	-、+	单目负、单目正
12	!、~	逻辑非、按位取反或补码
11	*、/、%	乘、除、取模
10	+、v	加、减
9	<<、>>	按位左移、按位右移
8	<=、>=、<、>	小于或等于、大于或等于、小于、大于
7	==、!=	等于、不等于
6	&	按位与
5	^	按位异或
4	|	按位或
3	&&	逻辑与
2	||	逻辑或
1	=、+=、-=、*=、/=、%=、&=、^=、|=、<<=、>>=	赋值、运算且赋值

运算符优先级表明，在每个表达式或子表达式中哪个运算对象先被求值，数值越大，优先级越高，具有较高优先级的运算符先于具有较低优先级的运算符进行求值运算。

还是举几个例子来说明。

例 1：加减乘除

```
[root@localhost ~]# aa=$(( (11+3)*3/2 ))
#虽然乘和除的优先级高于加，但是通过小括号可以调整运算优先级
[root@localhost ~]# echo $aa
21
```

例 2：取模运算

```
[root@localhost ~]# bb=$(( 14%3 ))
[root@localhost ~]# echo $bb
2
#14 不能被 3 整除，余数是 2
```

例 3：逻辑与

```
[root@localhost ~]# cc=$(( 1 && 0 ))
[root@localhost ~]# echo $cc
0
#逻辑与运算只有相与的两边都是 1，与的结果才是 1；否则与的结果是 0
```

2.7 环境变量配置文件

经过前面的学习可知，环境变量可以在当前 shell 及其子 shell 中生效。但是，这仍然逃不过变量的最基本特点，那就是在退出登录后或重启系统后，变量赋值会失效。

要想解决这个问题，就需要将变量赋值写入某些文件进行永久保存，等到用户再次登录（或非登录）系统后调用这些文件，让文件中对于变量的赋值再次生效于当前 shell。在学习修改环境变量配置文件前，先来看看 source 命令。

2.7.1 source 命令

我们在修改一些环境变量配置文件时，会将一些变量值写入指定文件。在将变量值写入环境变量配置文件后，执行 source 命令可以让写入环境变量配置文件中的语句立即生效，因为 source 命令会在当前 shell 中执行环境变量配置文件的全部命令，并且执行过程会忽略环境变量配置文件的权限（文件没有可执行权限也能执行 source 命令），例如：

```
[root@localhost ~]# source ~/.bashrc
或
[root@localhost ~]# . ~/.bashrc
#让~/.bashrc 文件中修改过的内容立即在当前 shell 中生效
```

原本在修改环境变量配置文件时，如果想让其生效，就必须注销或重启系统，而现在只要使用 source 命令就可以省略注销或重启的过程，更加方便。"."等同于 source 命令，使用哪种方法都可以。

需要注意的是，我们会发现 source 命令也可以用于执行脚本，并且无论脚本文件是否有可执行权限，都可以被 source 命令运行起来。但被 source 命令执行的脚本是在当前 shell 中运行的，如果脚本中存在对变量值的定义，那么这些对变量值的定义会在脚本执行后仍然存在于当前 shell 中（除非在变量调用完成后删除变量）。因此，通常在执行脚本时会选择使用 bash 或路径执行，当需要让某个环境变量配置文件立即生效时才会用 source 命令。

2.7.2 环境变量配置文件分类

我们可以使用环境变量配置文件，它们用于永久保存某些变量值、某些系统环境相关设置配置，系统中多个环境变量配置文件也会在用户登录（或非登录）系统的过程中被依次调用。

在环境变量配置文件中主要定义了对系统的操作环境生效的系统默认环境变量，如 PATH、HISTSIZE、HOSTNAME 等。假设我们在命令行中修改了这些环境变量，而没有保存到环境变量配置文件中，那么一旦注销或重启系统，这些修改就会消失。

另外，我们自己定义的别名虽然不是系统的默认环境变量，但也可以保存到环境变量配置文件中，使之永久生效。

注意：我们会发现在系统中，如果某些操作执行后没有被文件记录（或创建文件），那么这个操作就是临时生效的（重启系统后失效）；如果某些操作改变了某些文件中的内容或创建出了某些文件，那么这个操作是永久生效的（重启系统仍然生效）。

1. 登录时生效的环境变量配置文件

在 Linux 系统登录时，主要生效的环境变量配置文件有以下五个。

- /etc/profile。
- /etc/profile.d/*.sh。
- ~/.bash_profile。
- ~/.bashrc。
- /etc/bashrc。

这五个环境变量配置文件（/etc/profile.d/*.sh 是一系列配置文件）在用户登录过程中会依次生效，其中/etc/profile、/etc/profile.d/*.sh 和/etc/bashrc 这三个环境变量配置文件会对所有的登录用户生效；而~/.bash_profile 和~/.bashrc 这两个环境变量配置文件只会对当前用户生效（因为每个用户的家目录中都有这两个文件）。这些环境变量配置文件是依靠如图 2-21 所示的顺序被调用的。~/.bashrc、/etc/bashrc、/etc/profile.d/*.sh 文件对非登录用户生效，其余主要环境变量配置文件不生效。

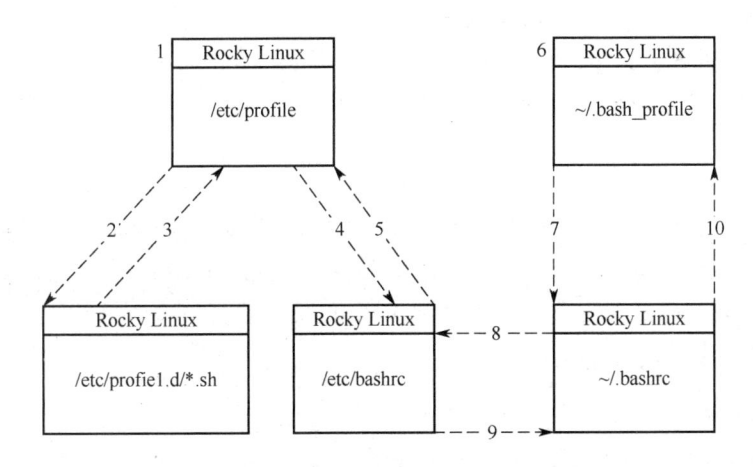

图 2-21　用户登录环境变量配置文件调用流程

（1）用户登录环境变量配置文件。

图 2-21 展示了在用户登录系统（login shell）后，环境变量配置文件的一次调用过程，数字表示调用顺序。

调用/etc/profile 文件，在/etc/profile 文件中调用/etc/profile.d/*.sh 中的文件。在/etc/profile.d/*.sh 文件调用执行完成后，继续执行/etc/profile 文件中的代码。

在/etc/profile 文件的代码中判断并检测/etc/bashrc 文件是否存在，如果存在就调用

/etc/bashrc 文件。在运行/etc/bashrc 文件后，继续执行/etc/profile 文件中的剩余代码。

调用~/.bash_profile 文件。在~/.bash_profile 文件中判断是否存在~/.bashrc 文件，如果~/.bashrc 文件存在就调用~/.bashrc 文件。

在~/.bashrc 文件中会先对 MOTD_SHOWN 进行变量赋值，之后判断是否存在/etc/bashrc 文件，如果/etc/bashrc 文件存在，就调用/etc/bashrc 文件。

在/etc/bashrc 文件代码执行结束后，继续执行~/.bashrc 文件内容。

在~/.bashrc 文件代码执行结束后，继续执行~/.bash_profile 文件内容。

（2）没有用户登录环境变量配置文件。

登录过程分为"有用户登录过程 shell（login shell）"和"没有用户登录过程 shell（non-login shell）"两种。"有用户登录过程 shell"主要是指登录过程需要输入用户和密码，这时取得的 shell 就是 login shell，绝大多数的 shell 取得的都是 login shell。"没有用户登录过程 shell"是指用户登录时不需要输入用户名与密码，如在当前 shell 中开启子 shell，这种情况比较少见，而且在非登录用户登录后，环境变量配置文件的调用也和正常登录用户的文件调用不同，非登录用户环境变量调用如图 2-22 所示。

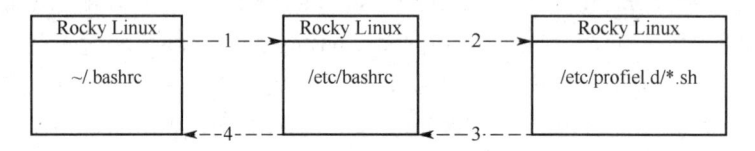

图 2-22 非登录用户环境变量调用

非登录用户环境变量调用相对简单，具体如下。

- 调用~/.bashrc 文件，在/.bashrc 文件中会先对 MOTD_SHOWN 进行变量赋值，之后判断是否存在/etc/bashrc 文件，如果/etc/bashrc 文件存在，就调用/etc/bashrc 文件。
- 在执行/etc/bashrc 文件过程中，会执行/etc/profile.d/*.sh 中的文件。
- 在/etc/profile.d/*.sh 文件代码执行结束后，继续执行/etc/bashrc 文件中的内容。
- 在/etc/bashrc 文件代码执行后，继续执行~/.bashrc 文件中的内容。

在了解了环境变量配置文件的生效顺序后，如果需要将某些变量赋值永久写入文件，就要注意是否会发生变量覆盖等情况。

2．环境变量配置文件详解

在/etc/profile 环境变量配置文件中，会定义如下默认环境变量。

- USER 变量：根据登录的用户进行变量赋值。
- LOGNAME 变量：根据 USER 变量的值进行变量赋值。
- PATH 变量：定义基本的 PATH 变量中的值。
- HOSTNAME 变量：根据主机名进行变量赋值。
- HISTSIZE 变量：定义历史命令的保存条数。

调用/etc/profile.d/*.sh 文件，也就是调用/etc/profile.d/目录中所有以 .sh 结尾的文件。

由/etc/profile 文件调用/etc/profile.d/*.sh 文件。在/etc/profile.d/目录中，所有以.sh 结

尾的文件都会被/etc/profile 文件调用，这里最常用的就是 lang.sh 文件，而这个文件又会调用/etc/locale.conf（在 CentOS 6.x 中，这个默认语系文件是/etc/sysconfig/i18n）文件。对/etc/locale.conf 文件感到眼熟吗？它就是前面讲解过的默认语系配置文件。

由/etc/profile 文件接着调用~/.bash_profile 文件。~/.bash_profile 文件就没有那么复杂了，这个文件主要实现了以下两个功能。

- 调用了~/.bashrc 文件。
- 在 PATH 变量后面加入了:$HOME/bin 目录。也就是说，如果我们在用户自己的家目录中建立 bin 目录，然后把自己的脚本放入~/bin 目录，就可以直接执行脚本，而不用通过绝对路径来执行脚本了。

由~/.bash_profile 文件调用~/.bashrc 文件。在~/.bashrc 文件中主要实现以下两个功能。

- 定义默认别名。
- 调用/etc/bashrc 文件。

由~/.bashrc 文件调用/etc/bashrc 文件。在/etc/bashrc 文件中主要定义了如下内容：PS1 变量，即用户的提示符。如果想要永久修改提示符，就要在/etc/bashrc 文件中进行修改。

如果误删除了这些环境变量，如删除了/etc/bashrc 文件或~/.bashrc 文件，那么这些文件中的配置就会失效（~/.bashrc 文件会调用/etc/bashrc 文件），提示符就会变成下面这样：

```
-bash-5.1#
```

因为在/etc/bashrc 文件中会设定 PS1 命令提示符，如果这个文件不存在或没有被调用，那么提示符就会使用 Bash 版本号作为命令提示符中显示的信息。

3．注销时生效的环境变量配置文件

在用户退出登录时，会执行~/.bash_logout 文件中的命令。系统中此文件默认为空，如果希望在退出登录时执行一些操作，如备份某些数据，就可以把命令写入~/.bash_logout 文件。

4．其他环境变量配置文件

还有一些环境变量配置文件，如/etc/environment 文件，可以通过将某些变量的赋值写入此文件，让变量永久生效。/etc/environment 文件和前面见到的/etc/profile 文件、/etc/bashrc 文件等不同，如果将命令（如 echo）写入/etc/environment 文件，其就不会运行。

2.7.3 shell 登录信息

1．/etc/issue

在登录 tty1 至 tty6 这六个本地终端时，会显示具有几行信息的欢迎界面。这些欢迎信息保存在哪里呢？可以修改吗？当然可以修改，这些欢迎信息保存在/etc/issue 文件中，我们来查看这个文件：

```
[root@localhost ~]# cat /etc/issue
\S
Kernel \r on an \m
```

系统在每次登录时，会依赖这个文件的配置显示欢迎界面。在/etc/issue 文件中允许使用转义符调用相应信息，如表 2-12 所示。

表 2-12 /etc/issue 文件支持的转义符

转义符	作用
\d	显示当前系统日期
\S	显示操作系统名称
\m	显示硬件体系结构，如 i386、i686 等
\n	显示主机名（若不设置则主机名则显示 IP）
\o	显示域名
\r	显示内核版本
\t	显示当前系统时间
\u	显示当前登录用户的序列号

2. /etc/issue.net

配置/etc/issue 文件会在本地终端登录时显示欢迎信息，如果远程登录（如 ssh 远程登录，或 Telnet 远程登录）需要显示欢迎信息，就要配置/etc/issue.net 文件。在使用这个文件时有以下两点需要注意。

- 在/etc/issue 文件中支持的转义符在/etc/issue.net 文件中不能使用。
- ssh 远程登录是否显示/etc/issue.net 文件中的欢迎信息，是由 ssh 的配置文件决定的。

如果需要在 ssh 远程登录时可以查看/etc/issue.net 文件中的欢迎信息，那么要先修改 ssh 的配置文件/etc/ssh/sshd_config，加入如下内容：

```
[root@localhost ~]# cat /etc/ssh/sshd_config
…省略部分输出…
# no default banner path
#Banner none
Banner /etc/issue.net
…省略部分输出…
```

这样，在 ssh 远程登录时也可以显示欢迎信息，只是不能再识别 "\d" 和 "\s" 等信息了。

3. /etc/motd

在/etc/motd 文件中也存在欢迎信息，这个文件与/etc/issue 文件及/etc/issue.net 文件的区别是：/etc/issue 文件及/etc/issue.net 文件是在用户登录之前显示欢迎信息的；而/etc/motd 文件是在用户输入用户名和密码，正确登录之后显示欢迎信息的。/etc/motd 文件中的欢迎信息，不论是本地登录还是远程登录，都可以显示。

大家需要注意，国外曾经有黑客入侵服务器，因为服务器上显示的欢迎信息是 "welcome…" 而免于处罚的案例，因此虽然我们一直按照 "欢迎信息" 进行讲解，但是这里其实应该写入一些"警告信息",例如,禁止非法用户登录之类的信息。

2.7.4 Bash 快捷键

还记得在 shell 中有很多快捷键吗?我们先来查看一下:

```
[root@localhost ~]# stty -a
#查询所有的快捷键
speed 38400 baud; rows 41; columns 243; line = 0;
intr = ^C; quit = ^\; erase = ^?; kill = ^U; eof = ^D; eol = <undef>; eol2 = <undef>; swtch = <undef>; start = ^Q; stop = ^S; susp = ^Z; rprnt = ^R; werase = ^W; lnext = ^V; discard = ^O; min = 1; time = 0;
-parenb -parodd -cmspar cs8 -hupcl -cstopb cread -clocal -crtscts
-ignbrk -brkint -ignpar -parmrk -inpck -istrip -inlcr -igncr icrnl ixon -ixoff -iuclc -ixany -imaxbel -iutf8
opost -olcuc -ocrnl onlcr -onocr -onlret -ofill -ofdel nl0 cr0 tab0 bs0 vt0 ff0
isig icanon iexten echo echoe echok -echonl -noflsh -xcase -tostop -echoprt echoctl echoke -flusho -extproc
```

"-a"选项用于查询系统中所有可用的快捷键,可以看到,"Ctrl+C"快捷键用于强制终止,"Ctrl+D"快捷键用于终止输入。那么,这些快捷键可以更改吗?当然可以,只需执行以下命令:

```
[root@localhost ~]# stty 关键字 快捷键
例如:
[root@localhost ~]# stty intr ^p
#定义"Ctrl+P"快捷键为强制终止,"^"字符只需手工输入即可
[root@localhost ~]# stty -a
speed 38400 baud; rows 21; columns 104; line = 0;
intr = ^P; quit = ^\; erase = ^?; kill = ^U; eof = ^D; eol = <undef>; eol2 = <undef>; swtch = <undef>;
start = ^Q; stop = ^S; susp = ^Z; rprnt = ^R; werase = ^W; lnext = ^V; flush = ^O; min = 1; time = 0;
#强制终止的快捷键变成了"Ctrl+P"
```

2.8 本章小结

本章重点

本章重点讲解了 shell 的基本功能,Bash 变量的定义、调用、查询和删除,Bash 的运算符、环境变量配置文件。

本章难点

本章难点在于对 shell 中变量概念的理解和对变量赋值的实际应用。读者需要在初学阶段将理论与实际结合,并通过练习加深对于变量概念的理解。

第 3 章 管理员的"九阳神功"：shell 编程

学前导读

在本章中，我们主要介绍正则表达式、字符截取和替换命令、字符处理命令、条件判断、流程控制等知识。在学习本章内容后，我们可以编写一些更加贴近工作需求的，可以完成批量化、重复性工作的脚本。

3.1 正则表达式

3.1.1 什么是正则表达式

正则表达式（也称作正规表示法）是一种用于描述字符排列和匹配模式的语法规则。它主要用于字符串的模式分割、匹配、查找及替换操作。这样枯燥的概念很难理解，其实，正则表达式是用来匹配文件中的字符串的方法。它会先把整个文本分成一行行字符串，然后从每行字符串中搜索是否有符合正则表达式规则的字符串，如果有就匹配成功，如果没有就匹配失败。

例如，我们需要在学员手册中找出拥有"Linux31"班级号的学员，这个班级号的首字母是大写字母，最后两个字符是数字，使用正则表达式就可以非常轻松地找出含有这个关键字的学员。因此，要牢牢记住正则表达式是一种模糊匹配字符串的方法。

还记得我们曾经讲过正则表达式和通配符的区别（正则表达式用来在文件中匹配符合条件的字符串，通配符用来匹配符合条件的文件名）吗？其实这种区别只在 shell 中适用，因为用来在文件中搜索字符串的命令，如 grep、awk、sed 等可以支持正则表达式；而在系统中搜索文件的命令，如 ls、find、cp 等默认不支持正则表达式，所以只能使用 shell 自己的通配符来进行匹配了。

shell 语言是一种简化语言，主要用于帮助管理员提升管理效率，很难独立完成大型项目。基于这种目的，shell 对很多内容都做了简化，在正则表达式中也不例外。只有 shell 语言把正则表达式的元字符分为基础正则和扩展正则，其他语言的正则表达式没有这样的区分，我们分别进行学习。

请大家注意，在默认情况下正则表达式属于包含匹配，也就是说，在搜索"root"字符串时，只要含有"root"关键字的行，都会被认为符合条件。

3.1.2 基础正则表达式

在正则表达式中，我们把用于匹配的特殊符号称作元字符。在 shell 中，元字符又分为基础元字符和扩展元字符。先来学习使用基础元字符，如表 3-1 所示。

表 3-1 基础元字符

元字符	作用
*	前一个字符匹配 0 次或任意多次
.	匹配除换行符外的任意一个字符
^	匹配行首。例如，^hello 会匹配以 hello 开头的行
$	匹配行尾。例如，hello$会匹配以 hello 结尾的行
[]	匹配中括号中指定的任意一个字符，而且只匹配一个字符。例如，[aoeiu]匹配任意一个元音字母，[0-9]匹配任意一位数字，[a-z][0-9]匹配由小写字母和一位数字构成的两位字符
[^]	匹配除中括号中字符外的任意一个字符。例如，[^0-9]匹配任意一位非数字字符，[^a-z]匹配任意一位非小写字母
\	转义符，用于取消特殊符号的含义
\{n\}	表示其前面的字符恰好出现 n 次。例如，[0-9]\{4\}匹配 4 位数字，[1][3-8][0-9]\{9\}匹配手机号码
\{n,\}	表示其前面的字符出现不少于 n 次。例如，[0-9]\{2,\}匹配两位及以上的数字
\{n,m\}	表示其前面的字符至少出现 n 次，最多出现 m 次。例如，[a-z]\{6,8\}匹配 6 至 8 位的小写字母

我们还是举一些例子来看这些基础元字符的作用吧。

在当前的 Rocky Linux 9.x 系统中，grep--color=auto 的别名默认永久生效，在 grep 命令结果中，--color=auto 会把找到的关键字以红色的字体显示出来，我们查看一下：

```
[root@localhost ~]# alias | grep grep
alias egrep='egrep --color=auto'
#egrep 命令用于扩展正则表达式搜索
alias fgrep='fgrep --color=auto'
#fgrep 命令搜索会把所有特殊符号变成普通字符搜索，也就是说在 fgrep 中正则表达式不起作用
alias grep='grep --color=auto'
#每当我们执行 grep 命令时，实际上执行的是 grep --color=auto
alias xzgrep='xzegrep --color=auto'
#xzgrep 命令，能够对压缩文件进行正则表达式搜索
```

1. 建立练习文件

既然正则表达式是用来在文件中匹配字符串的，那么我们必须建立一个测试用的文件，才可以进行后续的实验，文件如下：

```
[root@localhost ~]# vim /root/test_rule.txt
Mr. Li Ming said:
he was the most honest man.
123despise him.

But since Mr. shen Chao came,
he never saaaid those words.
5555nice!


why not saaid
because,actuaaaally,
```

Mr. Shen Chao is the good man

Later,Mr. Li ming soid his hot body.

在这篇文档中加入了一些数字和故意写错的英文单词，是为了开展接下来的实验，语句不一定通顺。

2. "*"表示前一个字符匹配 0 次或任意多次

注意："*"和通配符中的"*"含义不同，它代表前一个字符重复 0 次或任意多次。例如，"a*"并不是匹配"a"后面的任意字符，而是用于匹配 0 个 a 或无数个 a。

（1）例 1。

如果在"a*"的左右没有限制符号，而是单写"a*"，那么是没有意义的，这样会匹配所有内容，包括空白行，下面尝试一下：

```
[root@localhost ~]# grep "a*" /root/test_rule.txt
#会匹配所有内容，包括空白行
Mr. Li Ming said:
he was the most honest man.
123despise him.

But since Mr. shen Chao came,
he never saaaid those words.
5555nice!

why not saaid
because,actuaaaally,
Mr. Shen Chao is the good man

Later,Mr. Li ming soid his hot body.
```

为什么会这样呢？"a*"代表匹配 0 个 a 或无数个 a，如果是匹配 0 个 a，那么每个字符都会匹配，即匹配所有内容，包括空白行。因此，"a*"这样的正则表达式是没有任何意义的。不但"a*"没有意义，而且其他任意单一符号后面添加"*"都是同样的结果。

但是，如果在"a*"的左右加限制符号，如"sa*i"，这样就有意义了，下面尝试一下：

```
[root@localhost ~]# grep "sa*i" /root/test_rule.txt
#匹配"sa*i"之间，没有 a 或有无数个 a 的行
Mr. Li Ming said:
But since Mr. shen Chao came,
he never saaaid those words.
why not saaid
```

搜索"sa*i"关键字，会在字母 s 和字母 i 之间进行匹配，没有 a 或有无数个 a 都可以匹配上。

（2）例 2。

如果将正则表达式写为"aa*"，就代表这行字符串一定要有一个 a，但是后面有没有 a 都可以。也就是说，会匹配最少包含一个 a 的行，案例如下：

```
[root@localhost ~]# grep "aa*" /root/test_rule.txt
```

```
#匹配最少含有一个 a 的行
Mr. Li Ming said:
he was the most honest man.
But since Mr. shen Chao came,
he never saaaid those words.
why not saaid
because,actuaaaally,
Mr. Shen Chao is the good man
Later,Mr. Li ming soid his hot body.
#需要记住，正则表达式默认是包含匹配的
```

如果只是为了搜索最少含有一个 a 的行，那么也可以这样写：

```
[root@localhost ~]# grep "a" /root/test_rule.txt
#匹配最少含有一个 a 的行
Mr. Li Ming said:
he was the most honest man.
But since Mr. shen Chao came,
he never saaaid those words.
why not saaid
because,actuaaaally,
Mr. Shen Chao is the good man
Later,Mr. Li ming soid his hot body.
```

这两种写法的作用相同，当然，搜索"a"比"aa*"更合理。

（3）例 3。

如果正则表达式是"aaa*"，那么会匹配最少包含两个连续的 a 的行，例如：

```
[root@localhost ~]# grep "aaa*" /root/test_rule.txt
#匹配最少有两个连续的 a 的行
he never saaaid those words.
why not saaid
because,actuaaaally,
```

如果正则表达式是"aaaaa*"，那么会匹配最少包含四个连续的 a 的行，例如：

```
[root@localhost ~]# grep "aaaaa*" /root/test_rule.txt
because,actuaaaally,
```

当然，如果再多写一个 a，如"aaaaaa*"，就不能从这篇文档中匹配到任何内容了，因为这篇文档中 a 最多的单词"actuaaaally"只有四个连续的 a，而"aaaaaa*"会匹配最少五个连续的 a。

3. "."匹配除换行符外的任意一个字符

正则表达式"."只能匹配一个字符，这个字符可以是任意字符，但不能为空或回车符，举个例子：

```
[root@localhost ~]# grep   "s..d" /root/test_rule.txt
#匹配 s 和 d 之间有任意两个字符的行
Mr. Li Ming said:
Later,Mr. Li ming soid his hot body.
#"s..d"会匹配在 s 和 d 这两个字母之间一定有两个字符的单词
```

如果想要匹配在 s 和 d 这两字母之间有任意字符的单词，那么该怎么写呢？不能使用"s*d"这个正则表达式，因为它会匹配包含"d"字符的行，"s*"可以匹配 0 个或无数个 s。正确的写法应该是"s.*d"，例如：

[root@localhost ~]# grep "s.*d" /root/test_rule.txt
#匹配 s 和 d 之间有任意字符的行
Mr. Li Ming **said**:
he never **saaaid** those words.
why not **saaid**
Mr. Shen Chao is **the good** man　　　　←s 和 d 之间有任意字符都可以，当然包括空格
Later,Mr. Li ming **soid his hot bod**y.

那么，是否只写".*"就会匹配所有的内容呢？当然是的，这才是标准的匹配任意内容的方法，不要用"a*"来代表任意内容了，例如：

[root@localhost ~]# grep ".*" /root/test_rule.txt
#匹配任意内容，包括空白行
Mr. Li Ming said:
he was the most honest man.
123despise him.

But since Mr. shen Chao came,
he never saaaid those words.
5555nice!

why not saaid
because,actuaaaally,
Mr. Shen Chao is the good man

Later,Mr. Li ming soid his hot body.

4. "^"表示匹配行首，"$"表示匹配行尾

"^"代表匹配行首，如"^M"会匹配以大写"M"开头的行。

[root@localhost ~]# grep "^M" /root/test_rule.txt
#匹配以大写 M 开头的行
Mr. Li Ming said:
Mr. Shen Chao is the most honest man

"$"代表匹配行尾，如"n$"会匹配以小写"n"结尾的行。

[root@localhost ~]# grep "n$" /root/test_rule.txt
#匹配以小写 n 结尾的行
Mr. Shen Chao is the good man

注意：如果文档是在 Windows 中写入的，那么"n$"不能正确执行，因为在 Windows 中换行符是"^M$"，而在 Linux 中换行符是"$"，换行符不同，所以不能正确判断行结尾字符串。那么解决方法是什么呢？方法也很简单，执行命令"dos2unix 文件名"把文档格式转换为 Linux 格式即可。如果没有这个命令，那么只需安装 dos2unix 这个 RPM 包即可。

而"^$"则会匹配空白行。

[root@localhost ~]# grep -n "^$" /root/test_rule.txt

```
#匹配空白行
4:
8:
12:
14:
```

如果不加 "-n" 选项，那么空白行是没有任何显示的，加入 "-n" 选项后就能看到行号了。

5. "[]" 表示匹配中括号中指定的任意一个字符

"[]" 会匹配中括号中指定的任意一个字符，注意，只能匹配一个字符，如[ao]要么匹配一个 a 字符，要么匹配一个 o 字符。

```
[root@localhost ~]# grep "s[ao]id" /root/test_rule.txt
#匹配发生在 s 和 i 之间，要么是 a 所在的行，要么是 o 所在的行
Mr. Li Ming said:
Later,Mr. Li ming soid his hot body.
```

而 "[0-9]" 会匹配任意一个数字，例如：

```
[root@localhost ~]# grep "[0-9]" /root/test_rule.txt
#匹配含有数字的行
123despise him.
5555nice!
#列出包含有数字的行
```

而 "[A-Z]" 则会匹配任意一个大写字母，例如：

```
[root@localhost ~]# grep "[A-Z]" /root/test_rule.txt
#匹配含有大写字母的行
Mr. Li Ming said:
But since Mr. shen Chao came,
Mr. Shen Chao is the good man
Later,Mr. Li ming soid his hot body.
#列出包含大写字母的行
```

如果正则表达式是 "^[a-z]"，就代表匹配以小写字母开头的行，例如：

```
[root@localhost ~]# grep "^[a-z]" /root/test_rule.txt
#匹配以小写字母开头的行
he was the most honest man.
he never saaaid those words.
why not saaid
because,actuaaaally,
```

6. "[^]" 表示匹配除中括号的字符外的任意一个字符

这里需要注意，如果 "^" 在[]外，就代表是行首；如果在[]内，就代表是取反。例如，"^[a-z]" 会匹配以小写字母开头的行，"^[^a-z]" 则会匹配不以小写字母开头的行。

```
[root@localhost ~]# grep "^[^a-z]" /root/test_rule.txt
#匹配不以小写字母开头的行
Mr. Li Ming said:
123despise him.
```

But since Mr. shen Chao came,
5555nice!
Mr. Shen Chao is the good man
Later,Mr. Li ming soid his hot body.

而"^[^A-Za-z]"则会匹配不以字母开头的行。

[root@localhost ~]# grep "^[^A-Za-z]" /root/test_rule.txt
#匹配不以字母开头的行
123despise him.
5555nice!

7."\"转义符

"\"转义符会取消特殊符号的含义。如果想要匹配使用"."结尾的行，那么使用正则表达式是".$"是不行的，因为"."在正则表达式中具有特殊含义，代表任意一个字符，所以需要在"."前面加入转义符，如"\.$"。

[root@localhost ~]# grep "\.$" /root/test_rule.txt
#匹配以"."结尾的行
he was the most honest man in LampBrother.
123despise him.
he never saaaid those words.
Later,Mr. Li ming soid his hot body.

8."\{n\}"表示其前面的字符恰好出现 n 次

"\{n\}"中的 n 代表数字,这个正则表达式会匹配前一个字符恰好出现 n 次的字符串，例如，"zo\{3\}m"只能匹配"zooom"这个字符串，而"a\{3\}"就会匹配字母 a 连续出现三次的字符串。

[root@localhost ~]# grep "a\{3\}" /root/test_rule.txt
#匹配含有 aaa 的行
he never saaaid those words.
because,actuaaaally,   ←四个 a 也会匹配，因为其中含有三个 a

上面的两行都包含三个连续的 a，因此都会匹配。但是，如果想要只显示三个连续的 a，就需要再在前后添加限制符号，例如：

[root@localhost ~]# grep "[su]a\{3\}[il]" /root/test_rule.txt
he never saaaid those words.
#只匹配三个连续的 a
[root@localhost ~]# grep "[su]a\{4\}[il]" /root/test_rule.txt
because,actuaaaally,
#只匹配四个连续的 a

如果正则表达式是"[0-9]\{3\}"，就会匹配包含三个连续数字的行。

[root@localhost ~]# grep "[0-9]\{3\}" /root/test_rule.txt
#匹配包含三个连续数字的行
123despise him.
5555nice!

虽然"5555"有四个连续的数字，但是也包含三个连续的数字，因此也可以列出。不过，这样不能体现出"[0-9]\{3\}"只能匹配三个连续的数字，而不能匹配四个连续的数字的效果。正则表达式就应该这样来写：^[0-9]\{3\}[a-z]（前后添加限制符号）。

```
[root@localhost ~]# grep "^[0-9]\{3\}[a-z]" /root/test_rule.txt
#只匹配以连续三个数字开头的行
123despise him.

[root@localhost ~]# grep "^[0-9]\{4\}[a-z]" /root/test_rule.txt
#只匹配以连续四个数字开头的行
5555nice!
```

这样就只能匹配包含三个连续数字的行，包含四个连续数字的行就不能匹配了。

9. "\{n,\}"表示其前面的字符出现不少于 n 次

"\{n,\}"会匹配其前面的字符出现最少 n 次的字符串。例如，"zo\{3,\}m"这个正则表达式就会匹配在字母 z 和 m 之间最少有三个 o 的字符串。那么，"^[0-9]\{3,\}[a-z]"这个正则表达式就能匹配最少以连续三个数字开头的字符串。

```
[root@localhost ~]# grep "^[0-9]\{3,\}[a-z]" /root/test_rule.txt
#匹配最少以连续三个数字开头的字符串
123despise him.
5555nice!
```

而"[su]a\{3,\}[il]"会匹配在字母 s 或 u 和 i 或 l 之间最少出现三个连续的 a 的字符串。

```
[root@localhost ~]# grep "[su]a\{3,\}[il]" /root/test_rule.txt
he never saaaid those words.
because,actuaaaally,
#匹配在字母 s 或 u 和 i 或 l 之间最少出现三个连续的 a 的字符串
```

10. "\{n,m\}"表示其前面的字符至少出现 n 次，最多出现 m 次

"\{n,m\}"会匹配其前一个字符最少出现 n 次、最多出现 m 次的字符串，例如，"\{1,3\}"能够匹配字符串 "zom"、"zoom" 和 "zooom"，继续使用案例文件进行验证：

```
[root@localhost ~]# grep "sa\{1,3\}i" /root/test_rule.txt
Mr. Li Ming said:
he never saaaid those words.
#匹配在字母 s 和 i 之间最少有一个 a、最多有三个 a 的字符串
[root@localhost ~]# grep "sa\{2,3\}i" test_rule.txt
he never saaaid those words.
#匹配在字母 s 和 i 之间最少有两个 a、最多有三个 a 的字符串
```

3.1.3 扩展正则表达式

通常在正则表达式中还会支持一些元字符，如 "+" "?" "|" "()"。其实，Linux 是支持这些元字符的，只是 grep 命令默认不支持。如果想要支持这些元字符，就必须使用 egrep 或 grep -E 命令，因此我们又把这些元字符称作扩展元字符。

如果查询 grep 命令的帮助，就会发现其中对 egrep 命令的说明是，grep 命令和 grep-E 命令是一样的命令，我们可以把这两个命令当作别名来对待。通过表 3-2 来看看 shell 中支持的扩展元字符。

表 3-2　shell 中支持的扩展元字符

扩展元字符	作用
+	前一个字符匹配一次或任意多次。 如 "go+gle" 会匹配 "gogle"、"google" 或 "gooogle"。当然，如果 "o" 有更多个，那么也能匹配
?	前一个字符匹配 0 次或 1 次。 如 "colou?r" 可以匹配 "colour" 或 "color"
|	匹配两个或多个分支选择。 如 "was|his" 既会匹配包含 "was" 的行，又会匹配包含 "his" 的行
()	将其整体作为一个字符匹配，即模式单元。可以理解为由多个单个字符组成的大字符。 如 "(dog)+" 会匹配 "dog" "dogdog" "dogdogdog" 等，因为被()包含的字符会被当成一个整体。但 "hello (world|earth)" 会匹配 "hello world" 及 "hello earth"

3.2　字符截取和替换命令

在脚本执行过程中，通常会在某个文件中查找一些关键字符串。对于查找字符串来说，使用 grep 命令或 egrep 命令可以查找包含关键字的行。但是，当我们需要查找某个文件的某列内容时，grep 命令就无能为力了。因此，对于列级查询，要学习使用 cut、awk 等列截取命令。

此外，在编辑脚本过程中，我们面临的一大难题就是交互式命令。之所以要使用 shell 脚本，是为了能够自动地执行某些操作。但是，如果我们写在脚本中的命令需要交互式（键盘输入）执行，那么脚本执行的效率会大打折扣。因此，关于在命令行中的交互式命令，我们通常会在脚本中以非交互的方式执行。例如，使用 vim 修改文件就是典型的交互式命令，在脚本中如果想要非交互修改某个文件的内容，就需要使用 sed 命令对文件内容进行替换、增加、删除等操作。

3.2.1　cut 列提取命令

grep 命令用来在文件中提取符合条件的行，也就是分析一行的信息，如果行中包含需要的信息，就把该行提取出来。而如果要进行列提取，就要使用 cut 命令。不过要小心，虽然 cut 命令可用于提取符合条件的列，但是也要一行行地进行数据读取。也就是说，要先读取文本的第 1 行数据，在此行中判断是否有符合条件的列，再处理第 2 行数据。我们也可以把 cut 命令称为列提取命令，具体格式如下：

```
[root@localhost ~]# cut [选项] 文件名
选项：
    -f 列号：        截取指定列
    -d 分隔符：      按照指定分隔符分割列
    -c 字符范围：    不依赖分隔符来区分列，而是通过字符范围（行首为 0）来进行列提取。
                    "n-" 表示从第 n 个字符到行尾；"n-m" 表示从第 n 个字符到第 m
                    个字符；"-m" 表示从第 1 个字符到第 m 个字符
```

cut 命令的默认分隔符是制表符，也就是 Tab 键，对空格符支持得不太好。我们先建立一个测试文件，然后看看 cut 命令的作用：

```
[root@localhost ~]# vim /root/student.txt
ID      Name    gender  Mark
1       Liming  M       86
2       Sc      M       90
3       HuBo    M       83
```

建立学员成绩表，注意，这张表中所有的分隔符都使用的是制表符（Tab 键），不能使用空格，否则会影响后续的实验。先看看 cut 命令该如何使用，命令如下：

```
[root@localhost ~]# cut -f 2 /root/student.txt
#截取第 2 列的内容
Name
Liming
Sc
HuBo
```

如果想要截取多列呢？可以将列号直接用","隔开，命令如下：

```
[root@localhost ~]# cut -f 2,3 /root/student.txt
#截取第 2 列和第 3 列的内容
Name    gender
Liming  M
Sc      M
HuBo    M
```

使用 cut 命令可以按照字符进行截取。需要注意的是，"8-"代表截取所有行从第 8 个字符到行尾的所有字符，而"10-20"代表截取所有行第 10 个字符至第 20 个字符，而"-8"代表截取所有行从行首到第 8 个字符的所有字符，命令如下：

```
[root@localhost ~]# cut -c 8- /root/student.txt
#截取每行从第 8 个字符到行尾的所有字符，但截取结果以列的角度来看并不标准，这是因为每行的字符个数不相等
        gender  Mark
g       M       86
90
M       83
```

当然，使用 cut 命令也可以手工指定分隔符。例如，需要查看当前 Linux 服务器中的用户名和 UID，就可以这样操作：

```
[root@localhost ~]# cut -d ":" -f 1,3 /etc/passwd
#以":"作为分隔符，截取/etc/passwd 文件的第 1 列和第 3 列
root:0
bin:1
daemon:2
adm:3
lp:4
…省略部分输出…
```

cut 命令很方便，但缺点在于不能识别某些连续出现的分隔符，如 df 命令结果：

```
[root@localhost ~]# df
#统计分区使用状况
```

Filesystem	Size	Size	Avail	Use%	Mounted on
/dev/sda3	19923216	1848936	17062212	10%	/
tmpfs	312672	0	312672	0%	/dev/shm
/dev/sda1	198337	26359	161738	15%	/boot
/dev/sr0	3626176	3626176	0	100%	/mnt/cdrom

在 df 命令执行结果中，我们会看到 6 列内容，并且列与列之间使用空格隔开，但列与列之间的空格数量并不相同。此时，如果想用 cut 命令截取第 1 列和第 3 列，就会出现这样的情况：

```
[root@localhost ~]# df -h | cut -d " " -f 1,3
#使用 cut 命令指定分隔符为空格，截取第 1 列和第 3 列
Filesystem
/dev/sda3
devtmpfs
/dev/sda3
tmpfs
/dev/sda1
/dev/sr0
```

怎么只有第 1 列，第 3 列去哪里了呢？其实，因为 df 命令输出的分隔符不是制表符，而是多个空格符，所以 cut 命令会忠实地将每个空格符当作 1 个分隔符，而这样数，第 3 列刚好也是空格，输出就会是上面这种情况。当遇到连续空格分隔符时，cut 命令并不能按照我们的需求进行截取，在这种情况下我们就需要使用 awk 来进行列截取了。相对来说，cut 命令格式简单，但无法胜任复杂格式的截取；awk 格式复杂，功能丰富，能够在复杂格式中进行准确地截取。

3.2.2 awk 编程

1. 概述

本节我们讲解 awk 编程，从标题就能感受到 awk 的功能非常丰富，其已经不能被看成一条命令了，而是一种语言。awk 编程用于在 Linux/UNIX 下对文本和数据进行处理，数据可以采自标准输入、一个或多个文件，或者其他命令的输出。它支持用户自定义函数和动态正则表达式等功能，是 Linux/UNIX 下的一个强大的编程工具。它用在命令行中，但更多的是作为脚本来使用的。awk 处理文本和数据的方式是这样的：逐行扫描文件，从第一行到最后一行，寻找匹配的特定模式的行，并在这些行上进行指定的操作。如果没有指定处理动作，就把匹配的行显示到标准输出（屏幕）上；如果没有指定模式，那么所有被操作所指定的行都将被处理。awk 分别代表其作者姓氏的第一个字母，因为它的作者是三个人，分别是 Alfred Aho、Peter Weinberger、Brian Kernighan。gawk 是 awk 的 GNU 版本，它提供了贝尔实验室和 GNU 的一些扩展。下面介绍的 awk 是以 GNU 版本的 gawk 为例的，在 Linux 系统中已把 awk 链接到 gawk，下面全部以 gawk 为例进行介绍。

awk 有许多用途，包括从文件中提取数据、统计在文件内出现的次数及生成报告。由于 awk 的基本语法与 C 语言相似，所以假如你已经熟悉 C 语言，就会了解 awk 的大部分用法。在许多方面，可以说 awk 是 C 语言的一种简易版本。如果你还不熟悉 C 语言，

那么学习 awk 要比学习 C 语言容易一些。awk 对于 Linux 环境是易适应的，其含有预定义的变量，可自动实现许多编程任务，提供常规变量，支持 C 语言格式化输出。awk 可以把 shell 脚本和 C 语言编程的精华结合在一起。在 awk 内执行同一任务通常有许多不同的方法，应判断哪种方法最适合应用。awk 会自动读取每个记录，把记录分成字段，并在需要时进行类型转换。对变量使用的方式决定了应使用的变量类型，用户不必对变量的类型进行声明。

2. printf 格式化输出

printf 是 awk 的重要格式化输出命令，我们需要先介绍 printf 命令如何使用。需要注意，在 awk 中可以识别 print 输出动作和 printf 输出动作（区别是：print 会在每个输出之后自动加入一个换行符；而 printf 是标准格式输出命令，并不会自动加入换行符，如果需要换行，就需要手工加入换行符），但是在 Bash 中只能识别标准格式化输出命令 printf。因此，我们在本节中介绍的是标准格式化输出命令 printf，其格式如下：

```
[root@localhost ~]# printf '输出类型输出格式' 输出内容
```

输出类型：
- %ns： 输出字符串。n 是数字，指代输出几个字符
- %ni： 输出整数。n 是数字，指代输出几个数字
- %m.nf： 输出浮点数。m 和 n 是数字，指代输出的整数位数和小数位数，如%8.2f 代表共输出 8 位数，其中 2 位是小数，6 位是整数

输出格式：
- \a： 输出警告声音
- \b： 输出退格键，也就是 Backspace 键
- \f： 清除屏幕
- \n： 换行
- \r： 回车，也就是 Enter 键
- \t： 水平输出退格键，也就是 Tab 键
- \v： 垂直输出退格键，也就是 Tab 键

为了演示 printf 命令，我们需要修改刚刚 cut 命令使用的 student.txt 文件。文件内容如下：

```
[root@localhost ~]# vim /root/student.txt
ID      Name    PHP     Linux   MySQL   Average
1       Liming  82      95      86      87.66
2       Sc      74      96      87      85.66
3       HuBo    99      83      93      91.66
```

我们使用 printf 命令输出这个文件的内容，如下：

```
[root@localhost ~]# printf '%s' $(cat /root/student.txt )
IDNamePHPLinuxMySQLAverage1LiMing82958687.662Sc74968785.663HuBo99839391.66[root@localhost ~]#
```

输出结果十分混乱。这就是 printf 命令，如果不指定输出格式，就会不带任何格式（换行、空格、Tab）地输出所有字符串。那么，为了在使用 printf 命令输出时带有格式，应该这样做：

```
[root@localhost ~]# printf '%s\t %s\t %s\t %s\t %s\t %s\n' $(cat student.txt)
#注意：在 printf 命令的单引号中只能识别格式输出符号，手工输入的空格是无效的
```

ID	Name	PHP	Linux	MySQL	Average
1	Liming	82	95	86	87.66
2	Sc	74	96	87	85.66
3	HuBo	99	83	93	91.66

再强调一下：在 printf 命令的单引号中输入的任何空格都不会反映在格式输出中，只有格式输出符号才能影响 printf 命令的输出结果。

解释一下命令：因为我们的文档有六列，所以使用六个"%s"代表这六列字符串，每个字符串之间用"\t"分隔；最后还要加入"\n"使每行输出都换行，否则这些数据还是会连成一行。

如果不想把成绩当成字符串输出，而是按照整型和浮点型输出，就要这样做：

[root@localhost ~]# printf '%i\t %s\t %i\t %i\t %i\t **%8.2f**\t \n' \
$(cat student.txt | grep -v Name)
1	Liming	82	95	86	87.66
2	Sc	74	96	87	85.66
3	HuBo	99	83	93	91.66

先解释"cat student.txt | grep -v Name"这条命令。这条命令会把第一行标题取消，剩余的内容才使用 printf 格式化并以浮点型输出。在剩余的内容中，第一列、第三列、第四列、第五列为整型，因此用"%i"输出；第二列是字符串，因此用"%s"输出；第六列是小数，因此用"%8.2f"输出。"%8.2f"代表可以输出八位数，其中两位是小数，有六位是整数，我们可以通过修改数字来调整小数输出位数，但是整数位输出不受数字调整影响。

printf 命令是 awk 中重要的输出动作，不过 awk 也能识别 print 动作，区别刚刚已经介绍了，稍后我们还会举例来说明一下这两个动作的区别。注意，在 Bash 中只有 printf 命令。另外，因为 printf 命令只能格式化输出具体数据，不能直接输出文件内容或使用管道符，所以 printf 命令的格式还是比较特殊的。

3．awk 基本使用

awk 命令的基本格式如下：

[root@localhost ~]# awk '条件1{动作1} 条件2{动作2}...' 文件名

条件（Pattern）：

一般使用关系表达式作为条件。这些关系表达式非常多，具体参考后面的表 3-3。例如：

  x > 10   判断变量 x 是否大于 10
  x == y   判断变量 x 是否等于变量 y
  A ~ B   判断字符串 A 中是否包含能匹配表达式 B 的子字符串
  A !~ B   判断字符串 A 中是否不包含能匹配表达式 B 的子字符串

动作（Action）：

  格式化输出
  流程控制语句

我们先来学习 awk 的基本用法，也就是看看格式化输出动作的作用。至于条件类型和流程控制语句，我们在后面再详细介绍。看看这个例子：

[root@localhost ~]# awk '{printf $2 "\t" $6 "\n"}' /root/student.txt
#输出第二列和第六列的内容
Name Average
Liming 87.66

```
Sc      85.66
HuBo    91.66
```

在这个案例中没有设定任何条件类型，因此这个文件中的所有内容都符合条件，动作会无条件执行。动作是格式化输出 printf，"\$2" 和 "\$6" 分别代表第二列和第六列，因此这条 awk 命令会列出 student.tx 文件的第二列和第六列。

虽然都是截取列的命令，但是 awk 命令在识别分隔列之间的分隔符时，会默认将连续的"空格"或连续的"Tab"识别为分隔符，而不是像 cut 命令一样把"空格"当作内容输出出来。例如，刚刚在截取 df 命令的结果时，cut 命令已经"力不从心"了，我们来看看 awk 命令，命令如下：

```
[root@localhost ~]# df -h | awk '{print $1 "\t" $3}'
Filesystem  Used
/dev/sda3   1.2G
devtmpfs    0
tmpfs       0
tmpfs       5.3M
tmpfs       0
/dev/sda1   130M
tmpfs       0
```

在这两个例子中，我们分别使用了 printf 动作和 print 动作对截取字符串进行输入。发现了吗？如果使用 printf 动作，就必须指定截取字符串的输出格式，例如，如果我们不使用"\n"，它就不会换行。而 print 动作则会在截取后按照字符串的默认格式进行输出，因此不用在最后加入"\n"。通常我们在使用 awk 对字符串进行截取时，如果截取的默认格式满足我们的需求，就可以使用 print 动作对字符串进行输出；如果截取后的输出格式不能满足我们的需求，就可以选择使用 printf 动作进行输出并自定义输出格式（换行、Tab、列间距等）。

4．awk 的条件

我们来看看 awk 可以支持哪些条件类型吧，awk 支持的主要条件类型如表 3-3 所示。

表 3-3　awk 支持的主要条件类型

条件类型	条件	说明
awk 保留字	BEGIN	在 awk 程序一开始，尚未读取任何数据之前执行。BEGIN 后的动作只在程序开始时执行一次
awk 保留字	END	在 awk 程序处理完所有数据，即将结束时执行。END 后的动作只在程序结束时执行一次
关系运算符	>	大于
关系运算符	<	小于
关系运算符	>=	大于等于
关系运算符	<=	小于等于
关系运算符	==	等于。用于判断两个值是否相等。如果是给变量赋值，就使用"="
关系运算符	!=	不等于
关系运算符	A~B	判断字符串 A 中是否包含能匹配表达式 B 的子字符串
关系运算符	A!~B	判断字符串 A 中是否不包含能匹配表达式 B 的子字符串
正则表达式	/正则/	如果在"//"中可以写入字符，就可以支持正则表达式

（1）BEGIN。

BEGIN 是 awk 的保留字，是一种特殊的条件类型。BEGIN 的执行时机是"在 awk 程序一开始，尚未读取任何数据之前"。一旦 BEGIN 后的动作执行一次，当 awk 开始从文件中读入数据时，BEGIN 的条件就不再成立，因此 BEGIN 定义的动作只能被执行一次，例如：

```
[root@localhost ~]# awk 'BEGIN{printf "This is a transcript \n" }
{printf $2 "\t" $6 "\n"}' /root/student.txt
#awk 命令只要检测不到完整的单引号就不会执行，因此这条命令的换行不用加入"\"，就是一行命令
#这里定义了两个动作
#第一个动作使用 BEGIN 条件，因此会在读入文件数据前打印"这是一张成绩单"（只会执行一次）
#第二个动作会打印文件的第二个字段和第六个字段
This is a transcript
Name      Average
Liming    87.66
Sc        85.66
HuBo      91.66
```

（2）END。

END 也是 awk 的保留字，不过刚好和 BEGIN 相反。END 是在 awk 程序处理完所有数据，即将结束时执行的。END 后的动作只在程序结束时执行一次，例如：

```
[root@localhost ~]# awk 'END{printf "The End \n" }
{printf $2 "\t" $6 "\n"}' /root/student.txt
#在输出结尾输入"The End"，这并不是文档本身的内容，而且只会执行一次
Name      Average
Liming    87.66
Sc        85.66
HuBo      91.66
The End
```

（3）关系运算符。

举几个例子来看看关系运算符。假设现在要查找平均成绩大于等于 87 分的学员是谁，就可以输入命令：

```
例 1：
[root@localhost ~]# grep -v "Name" /root/student.txt    | \
 awk '$6 >= 87 {printf $2 "\n" }'
#使用 cat 命令输出文件内容，用 grep 命令取反并包含"Name"的行
#判断第六个字段（平均成绩）大于等于 87 分的行，如果判断式成立，就打印第六列（学员名）
Liming
HuBo
```

在加入了条件之后，只有条件成立，动作才会执行；如果条件不满足，动作就不执行。通过这个实验大家可以发现，虽然 awk 是列截取命令，但是也要按行来读入。这条命令的执行过程是这样的：

- 如果有 BEGIN 条件，就先执行 BEGIN 定义的动作。
- 如果没有 BEGIN 条件，就读入第一行，把第一行的数据依次赋予$0、$1、$2 等变量。其中，$0 代表此行的整体数据，$1 代表第一个字段，$2 代表第二个字段。

- 依据条件类型判断动作是否执行。如果条件符合,就执行动作;否则读入下一行数据。如果没有条件,那么每行都执行动作。
- 读入下一行数据,重复执行以上步骤。

如果我想看看 Sc 用户的平均成绩呢?

例 2:
[root@localhost ~]#　awk '$2 ~ /Sc/ {print $6}' /root/student.txt
#如果第二列中包含"Sc"字符,就打印第六列
85.66

这里要注意,在 awk 中,只有使用"//"包含的字符串,awk 命令才会查找。也就是说,字符串必须用"//"包含,awk 命令才能正确识别。按照当前 student.txt 文件内容来看,Sc 字符串在文件中只出现了一次,因此在表示条件时可以不限制列,只用 Sc 作为关键字进行查找。

例 3:
[root@localhost ~]#　awk '/Sc/ {print $6}' student.txt
#文件中含有"Sc"字符的行,输出第六个字段
85.66

(4)正则表达式。

如果想让 awk 识别字符串,就必须使用"//"包含,例如:
[root@localhost ~]# awk '/Liming/ {print}' student.txt
#打印 Liming 的成绩
1   Liming   82   95   86   87.66
#如果在 print 输出时不指定输出第几列,那么会进行整行输出

当使用 df 命令查看分区的使用情况时,如果只想查看第一块硬盘分区的使用情况,而不想查看光盘和临时分区的使用情况,就可以这样做:
[root@localhost ~]# df -h | awk '/sda[0-9]/ {printf $1 "\t" $5 "\n"} '
#查询包含"sda 数字"的行,并打印第一个字段和第五个字段
/dev/sda3   8%
/dev/sda1   13%

5. awk 内置变量

我们已经知道,在 awk 中,"$1"代表第一个字段(列),"$2"代表第二个字段。而"$n"(n 为数字)就是 awk 的内置变量,下面介绍 awk 中常见的内置变量,如表 3-4 所示。

表 3-4　awk 中常见的内置变量

awk 内置变量	作用
$0	目前 awk 所读入的整行数据。我们已知 awk 是一行行读入数据的,$0 就代表当前读入行的整行数据
$n	目前读入行的第 n 个字段
NF	当前行拥有的字段(列)总数
NR	当前 awk 所处理的行是总数据的第几行

续表

awk 内置变量	作用
FS	用户定义分隔符。awk 的默认分隔符是任意空格。如果想要使用其他分隔符（如":"），就需要使用 FS 变量定义
ARGC	命令行参数个数
ARGV	命令行参数数组
FNR	当前文件中的当前记录编号
OFMT	数值的输出格式（默认为%.6g）
OFS	输出字段的分隔符（默认为空格）
ORS	输出记录分隔符（默认为换行符）
RS	输入记录分隔符（默认为换行符）

刚刚我们在使用 awk 命令时，都是使用制表符或空格作为分隔符的，如果我们要截取的数据不使用空格（或制表符）作为分隔符，该怎么办呢？这时 FS 变量就该出场了，命令如下：

```
[root@localhost ~]# grep "/bin/bash$" /etc/passwd | \
 awk '{FS=":"} {printf $1 "\t" $3 "\n"}'
#查询可以登录的用户的用户名和 UID
root:x:0:0:root:/root:/bin/bash
user1    1000
```

这时":"分隔符生效了，但是对第一行却没有生效，原因是我们忘记了添加 BEGIN 条件。再来试试：

```
[root@localhost ~]# grep "/bin/bash$" /etc/passwd | \
awk 'BEGIN {FS=":"} {printf $1 "\t" $3 "\n"}'
root    0
user1    1000
```

在加入 BEGIN 条件后，输出就没有任何问题了。此时，我们会发现 awk 对于识别默认列与列之间的"Tab"和"空格"，与连续的"Tab"和连续的"空格"比较准确。但当我们想要指定列分隔符时就比较烦琐，又是指定条件又是指定动作。其实，awk 本身提供了-F 选项，可以用来指定列分隔符，例如：

```
[root@localhost ~]# grep "/bin/bash$" /etc/passwd | \
awk -F ":" '{print $1 "\t" $3}'
root    0
user1    1000
```

通常，当我们需要将截取规则写入文件，以调用 awk 文件中规则的方式进行 awk 截取时，我们会选择使用 FS 定义分隔符。但如果我们只是在命令行中需要定义 awk 命令截取分隔符，那么使用-F 指定分隔符更加简便。

再来看看内置变量 NF 和 NR 的作用，命令如下：

```
[root@localhost ~]# grep "/bin/bash$" /etc/passwd | \
awk -F ":" '{print $1 "\t" $3 "\t"    NR "\t" NF}'
root    0         1    7
user1   1000      2    7
#指定分隔符":"输出第一个字段和第三个字段 输出行号（NR 值） 字段数（NF 值）
```

有点奇怪，root 行确实是第一行，而 user1 行应该是/etc/passwd 文件的最后一行，怎么能是第二行呢？这是因为 grep 命令把所有的伪用户都过滤了，传入 awk 命令的只有两行数据。

如果只想查看 sshd 用户的相关信息，就可以这样使用：

```
[root@localhost ~]# awk -F ":" '$1=="sshd" {print $1 "\t" $3 "\t" NR "\t" NF}' /etc/passwd
sshd    74    18    7
#可以看到 sshd 伪用户的 UID 是 74，是/etc/passwd 文件的第 18 行，此行有 7 个字段
```

6. awk 流程控制

之所以称为 awk 编程，是因为在 awk 中允许定义变量，允许使用运算符，允许使用流程控制语句和定义函数，这样就使 awk 编程成为一门完整的程序语言，当然使用难度也比普通的命令要大得多。所有语言的流程控制都非常类似，稍后我们会详细地讲解 Bash 的流程控制。在这里只举一些例子，用来演示 awk 流程控制的作用。如果你现在看不懂这些例子，那么可以等学习完 Bash 流程控制之后，再回过头来学习。

我们再利用 student.txt 文件进行练习，后面的使用比较复杂，我们再看看这个文件的内容，如下：

```
[root@localhost ~]# cat /root/student.txt
ID    Name     PHP    Linux    MySQL    Average
1     Liming   82     95       86       87.66
2     Sc       74     96       87       85.66
3     HuBo     99     83       93       91.66
```

先来看看如何在 awk 中定义变量与调用变量的值。假设想统计 PHP 成绩的总分，就应该这样做：

```
[root@localhost ~]# awk 'NR==2{php1=$3}
NR==3{php2=$3}
NR==4{php3=$3;totle=php1+php2+php3;print "totle php is " totle}' /root/student.txt
#统计 PHP 成绩的总分
totle php is 255
```

因为涉及 awk 变量赋值和变量调用，所以我们逐行解释一下。NR==2{php1=$3}（条件是 NR==2，动作是 php1=$3）是指如果输入数据是第 2 行（第 1 行是标题行），就把第 2 行的第 3 个字段的值赋予变量 php1。NR==3{php2=$3}是指如果输入数据是第 3 行，就把第 3 行的第 3 个字段的值赋予变量 php2。NR==4{php3=$3;totle=php1+php2+php3;print "totle php is " totle}（NR==4 是条件，后面{}中的都是动作）是指如果输入数据是第 4 行，就把第 4 行的第 3 个字段的值赋予变量 php3；然后定义变量 totle 的值为 php1+php2+php3；最后输出 totle php is 关键字，后面添加变量 totle 的值。

在 awk 编程中，因为命令语句非常长，所以在输入格式时需要注意以下内容。

- 多个条件{动作}可以用空格分隔，也可以用 Enter 键，通过换行分隔。
- 在一个动作中，如果需要执行多条命令，就需要用";"分隔，或用 Enter 键，通过换行分隔。
- 在 awk 中，变量的赋值与调用都不需要加入"$"符号。
- 在条件中判断两个值是否相同，请使用"=="，以便与变量赋值进行区分。

再看看如何实现流程控制。假设 Linux 成绩大于 90 分，就是一个好男人，命令如下：
```
[root@localhost ~]# awk '{if (NR>=2)
{if ($4>90) printf $2 " is a good man!\n"}}' /root/student.txt
#程序中有2个if判断，第1个判断行号大于2，第2个判断Linux成绩大于90分
Liming is a good man!
Sc is a good man!
```

其实在 awk 中，awk 自带的条件完全可以直接取代 if 判断语句，刚刚的脚本可以改写成这样：
```
[root@localhost ~]# awk ' NR>=2 {test=$4}
test>90 {printf $2 " is a good man!\n"}' /root/student.txt
#先判断行号，如果大于2，就把第4个字段的值赋予变量test
#再判断成绩，如果test的值大于90分，就打印好男人
Liming is a good man!
Sc is a good man!
```

7．awk 函数

awk 编程也允许在编程时使用函数，awk 函数的定义方法如下：
```
function 函数名（参数列表）{
函数体
}
```

我们定义1个简单的函数，使用该函数来打印 student.txt 的学员姓名和平均成绩。命令如下：
```
[root@localhost ~]# awk 'function test(a,b) { printf a "\t" b "\n" }
#定义函数test，包含2个参数，函数体的内容是输出这2个参数的值
{ test($2,$6) } ' /root/student.txt
#调用函数test，并向2个参数传递值
Name    Average
Liming  87.66
Sc      85.66
HuBo    91.66
```

8．awk 中的脚本调用

对于单行程序来说，将脚本作为命令行自变量传递给 awk 是非常简单的；而对于多行程序来说，就比较难处理了。当程序是多行的时候，使用外部脚本非常合适。先在外部文件中写好脚本，然后可以使用 awk 命令的-f 选项，使其读入脚本并且执行。

例如，我们可以先编写1个 awk 脚本。
```
[root@localhost ~]# vi /root/pass.awk
BEGIN   {FS=":"}
{ print  $1   "\t"   $3 }
```

然后使用-f 选项来调用这个脚本。
```
[root@localhost ~]# awk -f /root/pass.awk /etc/passwd
root    0
bin     1
daemon  2
…省略部分输出…
```

如果是一些较为复杂的 awk 语句，而且需要重复调用，那么把它放入脚本文件中是最为经济和方便的方法。

3.2.3 sed 命令

sed 是一种几乎可以应用在所有 UNIX 平台（包括 Linux）上的轻量级流编辑器，sed 具有许多很好的特性。首先，它相当小巧，通常要比你所喜爱的脚本语言小很多倍。其次，因为 sed 是一种流编辑器，所以它可以对从管道这样的标准输入中接收的数据进行编辑。因此，无须将要编辑的数据存储在磁盘上的文件中，我们可以轻易将数据管道输出到 sed 上。将 sed 用作强大的 shell 脚本中长而复杂的管道是十分容易的。

sed 主要是用来将数据进行选取、替换、删除、新增的命令。我们看看命令的语法：

```
[root@localhost ~]# sed [选项] '[动作]' 文件名
```
选项：
- -n: 一般 sed 命令会把所有数据都输出到屏幕上。如果加入此选项，就只会把经过 sed 命令处理的行输出到屏幕上
- -e: 允许对输入数据应用多条 sed 命令编辑
- -f 脚本文件名: 从 sed 脚本中读入 sed 操作。和 awk 命令的 "-f" 选项非常类似
- -r: 在 sed 中支持扩展正则表达式
- -i: 用 sed 的修改结果直接修改读取数据的文件，而不是由屏幕输出

动作：
- a \: 追加，在当前行后添加一行或多行。当添加多行时，除最后一行外，每行末尾需要用 "\" 代表数据未完结
- c \: 行替换，用 c 后面的字符串替换原数据行。当替换多行时，除最后一行外，每行末尾需用 "\" 代表数据未完结
- i \: 插入，在当前行前插入一行或多行。当插入多行时，除最后一行外，每行末尾需要用 "\" 代表数据未完结
- d: 删除，删除指定的行
- p: 打印，输出指定的行
- s: 字符串替换，用一个字符串替换另一个字符串。格式为 "行范围 s/旧字串/新字串/g"（和 vim 中的替换格式类似）

大家需要注意，sed 所做的修改并不会直接改变文件的内容（如果是用管道符接收的命令的输出，就连文件都没有），而是把修改结果只显示到屏幕上，除非使用 "-i" 选项，才会直接修改文件。

1. 行数据操作

闲话少叙，直奔主题，我们举几个例子来看看 sed 命令的作用。假设想要查看 student.txt 文件的第二行，就可以使用 "p" 动作。

```
[root@localhost ~]# sed '2p' /root/student.txt
```
ID	Name	PHP	Linux	MySQL	Average
1	Liming	82	95	86	87.66
1	Liming	82	95	86	87.66
2	Sc	74	96	87	85.66
3	HuBo	99	83	93	91.66

在命令执行结果中，"p" 动作确实输出了第二行数据，但是 sed 命令还会把所有数据都输出一次，这时就会看到这个比较奇怪的结果。如果想要指定输出某行数据，就需

要借助"-n"选项的帮助了。

```
[root@localhost ~]# sed -n '2p' /root/student.txt
1       Liming    82      95      86      87.66
```

这样才可以输出指定的行。大家可以这样记忆：当我们需要输出指定的行时，需要将"-n"选项和"p"动作一起使用。

再来看看如何删除文件中的数据。

```
[root@localhost ~]# sed '2,4d' /root/student.txt
#删除从第二行到第四行的数据
ID      Name      PHP     Linux   MySQL   Average

[root@localhost ~]# cat /root/student.txt
#文件本身并没有被修改
ID      Name      PHP     Linux   MySQL   Average
1       Liming    82      95      86      87.66
2       Sc        74      96      87      85.66
3       HuBo      99      83      93      91.66
```

执行 sed 命令时需要注意，在动作中可以使用数字代表行号，逗号代表连续的行范围。还可以使用"$"代表最后一行，如果动作是"2,$d"，就代表从第二行删除到最后一行。

再来看看如何追加和插入行数据。

```
[root@localhost ~]# sed '2a hello' /root/student.txt
#在第二行后加入 hello
ID      Name      PHP     Linux   MySQL   Average
1       Liming    82      95      86      87.66
hello
2       Sc        74      96      87      85.66
3       HuBo      99      83      93      91.66
```

"a"动作会在指定行后追加数据。如果想要在指定行前插入数据，就需要使用"i"动作。

```
[root@localhost ~]# sed '2i hello \
> world' /root/student.txt
#在第二行前插入两行数据
ID      Name      PHP     Linux   MySQL   Average
hello
world
1       Liming    82      95      86      87.66
2       Sc        74      96      87      85.66
3       HuBo      99      83      93      91.66
```

如果想追加或插入多行数据，那么除最后一行外，每行的末尾都要加入"\"，代表数据未完结。

再来看看"-n"选项的作用，命令如下：

```
[root@localhost ~]# sed -n '2i hello \
#只查看 sed 命令操作的数据
world' /root/student.txt
hello
world
```

从中可发现,"-n"只用于查看 sed 命令操作的数据,而并非查看所有的数据。

再来看看如何实现行数据替换。假设李明老师的成绩太好了,我实在是不想看到他的成绩,就可以这样做:

```
[root@localhost ~]# cat /root/student.txt | sed '2c No such person'
ID    Name    PHP    Linux    MySQL    Average
No such person
2     Sc      74     96       87       85.66
3     HuBo    99     83       93       91.66
```

第二行数据变成了"查无此人",通过这个例子我们看到,sed 也可以接收和处理管道符传输的数据。

sed 命令在默认情况是不会修改文件内容的。如果需要将修改写入文件,就可以使用"-i"选项,即可实现非交互式修改文件,这非常适用于执行脚本修改文件内容:

```
[root@localhost ~]# sed -i '2c No such person' /root/student.txt
```

2. 字符串替换

"c"动作是用来进行整行替换的,如果仅想替换行中的部分数据,就要使用"s"动作。"s"动作的格式如下:

```
[root@localhost ~]# sed 's/旧字符串/新字符串/g' 文件名
```

替换的格式和 vim 非常类似。假设我觉得 Sc 的 PHP 成绩太低了,想通过"作弊"改高一点,就可以这样做:

```
[root@localhost ~]# sed -i '3s/74/96/g' /root/student.txt
#在第三行中,永久性地把 74 换成 96
ID    Name     PHP    Linux    MySQL    Average
1     Liming   82     95       86       87.66
2     Sc       96     96       87       85.66
3     Zhang    99     83       93       91.66
```

现在 Sc 的成绩分别是:PHP 96、Linux 96、MySQL 87。如果我们想要将 Sc 的 Linux 成绩改为 90,该怎么做呢?很明显文件中第三行有两个 96。

```
[root@localhost ~]# sed '3s/96/90/g' /root/student.txt
ID   Name    PHP  Linux   MySQL  Average
1    LiMing  82   95      86     87.66
2    Sc      90   90      87     85.66
3    HuBo    99   83      93     91.66
#我们会看到,第三行的两个 96 都会换成 90
```

替换了两个 96 的原因在于,我们指定在替换结束时加入了字母 g,它表示某行出现的多个符合条件的字符串将全部进行替换。

```
[root@localhost ~]# sed '3s/96/90/' /root/student.txt
ID   Name    PHP  Linux   MySQL  Average
1    LiMing  82   95      86     87.66
2    Sc      90   96      87     85.66
3    HuBo    99   83      93     91.66
#将第三行中第一个 96 替换为 90
```

如果在进行替换时不加入结尾的 g,就表示默认替换某行中第一个符合条件的字符串,我们也可以指定替换某行第几个符合条件的字符串。

```
[root@localhost ~]# sed '3s/96/90/2' /root/student.txt
ID   NAME     PHP  LINUX   MYSQL    AVERAGE
1    LIMING   82   95      86       87.66
2    SC       96   90      87       85.66
3    HUBO     99   83      93       91.66
#将第三行中第二个 96 替换为 90
```

这样看起来就比较舒服了。如果我想把 Sc 的成绩注释掉，让它不再生效，就可以这样做：

```
[root@localhost ~]# sed '3s/^/#/g' /root/student.txt
#这里使用正则表达式，"^"代表行首
ID   Name     PHP   Linux   MySQL   Average
1    Liming   82    95      86      87.66
#2   Sc       74    96      87      85.66
3    Zhang    99    83      93      91.66
```

在 sed 中只能指定行范围，因此如果出现不连续的多行操作，我们就要分别指定动作才能完成。例如，可以这样操做：

```
[root@localhost ~]# sed -e 's/Liming//g ; s/HuBo//g' /root/student.txt
#同时把"Liming"和"HuBo"替换为空
ID   Name     PHP   Linux   MySQL   Average
1             82    95      86      87.66
2    Sc       74    96      87      85.66
3             99    83      93      91.66
```

"-e"选项可以同时执行多个 sed 动作，当然，如果只执行一个动作，那么也可以使用"-e"选项，但是这时没有什么意义。还要注意，多个动作之间要用";"或按 Enter 键换行分隔，例如，上一条命令也可以这样写：

```
[root@localhost ~]# sed -e 's/Liming//g
> s/HuBo//g' /root/student.txt
ID   Name     PHP   Linux   MySQL   Average
1             82    95      86      87.66
2    Sc       74    96      87      85.66
3             99    83      93      91.66
```

如果我们想要通过脚本中的 sed 来修改系统配置文件或服务配置文件，能不能实现呢？接下来我们尝试使用 sed 修改 SELinux 配置文件，看看能否实现，以及是否会遇到问题。

```
[root@localhost ~]# cat -n /etc/selinux/config
     1
     2   # This file controls the state of SELinux on the system.
     3   # SELINUX= can take one of these three values:
     4   #     enforcing - SELinux security policy is enforced.
     5   #     permissive - SELinux prints warnings instead of enforcing.
     6   #     disabled - No SELinux policy is loaded.
…省略部分内容…
    22   SELINUX=enforcing
    23   # SELINUXTYPE= can take one of these three values:
    24   #     targeted - Targeted processes are protected,
    25   #     minimum - Modification of targeted policy. Only selected processes are protected.
```

```
26      #       mls - Multi Level Security protection.
27      SELINUXTYPE=targeted
```

在当前文件中，第 22 行表示 SELinux 的运行状态，可选择状态为 enforcing、permissive、disabled。我们现在尝试通过 sed 命令，将 enforcing 修改为 disabled。

```
[root@localhost ~]# sed -i '22s/enforcing/disabled/' /etc/selinux/config
#将修改直接写入配置文件
[root@localhost ~]# cat -n /etc/selinux/config
     1
     2   # This file controls the state of SELinux on the system.
     3   # SELINUX= can take one of these three values:
     4   #     enforcing - SELinux security policy is enforced.
     5   #     permissive - SELinux prints warnings instead of enforcing.
     6   #     disabled - No SELinux policy is loaded.
…省略部分内容…
    22   SELINUX=disabled
…省略部分内容…
```

可以看到，第 22 行中的 enforcing 被替换为 disabled。但是仔细想想就会发现，替换配置文件中固定的某行中的某个字符串其实并不合理，因为我们在工作中经常会对配置文件进行修改，在修改过程中既可能在配置文件的原有基础上增加几行内容，也有可能在文件原有基础上删除几行内容，所以如果文件进行过修改后仍然使用固定行号进行替换，那么大概率是不成功的。

以/etc/selinux/config 文件为例，假设在第 22 行之前进行了任何添加行或删除行的行为，后续就都无法继续指定对第 22 行进行修改。为了解决此类问题，我们可以在替换字符串时指定字符串行中含有哪些字符，例如：

```
[root@localhost ~]# sed -i '/SELINUX/ s/disabled/enforcing/' \
/etc/selinux/config
```

在/etc/selinux/config 文件中将 SELINUX 行中的 disabled 替换为 enforcing。可以看到，我们现在不需要行号即可完成替换。现在只要将命令写到文件中，就可以得到一个永久开启或永久关闭 SELinux 的脚本。

使用 SELinux 配置文件作为 sed 命令的练习还是比较容易的，因为需要修改的内容只有一行，即便是出现问题也很好解决。接下来我们增加一些难度，尝试用 sed 命令修改网卡配置文件：

```
[root@localhost ~]# cat \
/etc/NetworkManager/system-connections/ens33.nmconnection
[connection]
id=ens33
uuid=6bad2313-aa03-30e2-99b2-0f7a806f004a
type=ethernet
autoconnect-priority=-999
interface-name=ens33
timestamp=1686413648
[ethernet]
[ipv4]
method=auto
```

```
[ipv6]
addr-gen-mode=eui64
method=auto
…省略部分内容…
[root@localhost ~]# sed -i '/method/ s/auto/manual/' \
/etc/NetworkManager/system-connections/ens33.nmconnection
#首先，通过替换的方式将 IP 获取方式修改为静态 IP
[connection]
id=ens33
uuid=6bad2313-aa03-30e2-99b2-0f7a806f004a
type=ethernet
autoconnect-priority=-999
interface-name=ens33
timestamp=1686413648

[ethernet]

[ipv4]
method=manual
[ipv6]
addr-gen-mode=eui64
method=manual
…省略部分内容…
```

在使用关键字进行替换时仍然会面临一些问题，如在默认情况下，ipv4 区域和 ipv6 区域都存在 method 选项，会在替换时全部进行替换，这就需要我们更加精确地指定替换范围，例如：

```
[root@localhost ~]# sed '/ipv4/,/ipv6/ s/auto/manual/' \
/etc/NetworkManager/system-connections/ens33.nmconnection
#指定将在 ipv4 和 ipv6 之间出现的 auto 替换为 manual
[connection]
id=ens33
uuid=6bad2313-aa03-30e2-99b2-0f7a806f004a
type=ethernet
autoconnect-priority=-999
interface-name=ens33
timestamp=1686413648
[ethernet]
[ipv4]
method=manual
[ipv6]
addr-gen-mode=eui64
method=auto
…省略部分内容…
```

我们可以指定要进行替换的字符串出现的位置，当前案例中表示我们要将字符串 ipv4 和 ipv6 之间的 auto 替换为 manual。

接下来就是将 IP 地址和 DNS 等信息写入文件，通常我们习惯将 IP 地址等信息写在 "method" 选项的下一行中，这就需要我们通过行级过滤和列级截取来确定要写入的行号，再将截取到的行号以变量的形式来表示要写入文件的位置。
```
[root@localhost ~]# grep -n "method" \
/etc/NetworkManager/system-connections/ens33.nmconnection | head -n 1 |\
cut -d ":" -f 1
12
#确定要写入的行号
```

在网卡配置文件中查找关键字 method 并列出行号，通常执行结果会找到 ipv4 和 ipv6 的 method 选项，在默认情况下 ipv4 选项出现在 grep 结果的第一行中，使用 cut 截取行号。

在取到行号后可以使用行号进行变量赋值，在 sed 过程调用行号的值：
```
[root@localhost ~]# lr=$(grep -n "method" /etc/NetworkManager/system-connections/ens33.nmconnection | head -n 1 | cut -d ":" -f 1 )
#将截取到的行号赋值给变量 lr
[root@localhost ~]# sed "${lr}a address1=192.168.1.100/24,192.168.1.1" /etc/NetworkManager/system-connections/ens33.nmconnection
#调用变量 lr 的值确定追加的行
```

因为需要调用变量的值，所以在 sed 命令执行过程中，使用双引号表示要执行的动作（若将变量写入单引号则变量的值调用失败，使用双引号就可以正常调用变量的值），在变量名外侧加入大括号，以此表示变量名。

接下来我们使用 shell 脚本，结合变量、read 等知识点编辑一个可用于修改固定 IP 的脚本：
```
[root@localhost ~]# cat /root/ip.sh
#!/bin/bash
lr=$(cat -n /etc/NetworkManager/system-connections/ens33.nmconnection | sed -n '/ipv4/,/ipv6/p' | grep method | awk '{print $1}' )
#确定写入的行号
read -p "请输入 IP 地址:" ip_1
#使用 read 对 IP 地址进行赋值
read -p "请输入网关:" gw_1
#使用 read 对网关进行赋值
read -p "请输入子网掩码:" nm_1
#使用 read 对掩码进行赋值
read -p "请输入 DNS:" dns_1
#使用 read 对 DNS 进行赋值
sed -i '/ipv4/,/ipv6/ s/auto/manual/' /etc/NetworkManager/system-connections/ens33.nmconnection
#将配置文件中的自动获取 IP 替换为静态 IP
sed -i "${lr}a dns=${dns_1};" /etc/NetworkManager/system-connections/ens33.nmconnection
#根据行号将想要配置的 DNS 写入网卡配置文件
sed -i "${lr}a address1=${ip_1}/${nm_1},${gw_1}" /etc/NetworkManager/system-connections/ens33.nmconnection
#根据行号将 IP、掩码、网关写入配置文件
nmcli connection load /etc/NetworkManager/system-connections/ens33.nmconnection
#载入修改后的网卡配置文件
nmcli connection up ens33
#启动网卡
```

在脚本执行后，可使用 nmcli 命令来查询网卡的详细信息：
[root@localhost ~]# nmcli device show ens33
#查看 ens33 网卡 IP、掩码、DNS 等详细信息

3.3 字符处理命令

在 3.2 节我们学习了如何对命令结果或文件内容进行过滤和截取，在过滤或截取后，如果得到的是一些重复性内容，就需要想办法取消重复或统计某行重复出现的次数。因此，我们还要学习排序（sort）、取消重复（uniq）等命令。

3.3.1 排序命令 sort

sort 是 Linux 的排序命令，并且可以根据不同的数据类型来进行排序。sort 命令将文件中的每一行作为一个单位，相互比较。比较原则是从首字符向后，依次按 ASCII 码值进行比较，最后将它们按照升序输出，其格式如下：

[root@localhost ~]# sort [选项] 文件名
选项：
  -f： 忽略大小写
  -b： 忽略每行前面的空白部分
  -n： 以数值型进行排序，默认使用字符串型排序
  -r： 反向排序
  -u： 删除重复行。就是 uniq 命令
  -t： 指定分隔符，默认分隔符是制表符
  -k n[,m]： 按照指定的字段范围排序。从第 n 个字段开始，到第 m 个字段结束（默认到行尾）

sort 命令默认使用每行开头的第一个字符来进行排序，例如：
[root@localhost ~]# sort /etc/passwd
#排序用户信息文件
abrt:x:173:173::/etc/abrt:/sbin/nologin
adm:x:3:4:adm:/var/adm:/sbin/nologin
bin:x:1:1:bin:/bin:/sbin/nologin
chrony:x:997:995::/var/lib/chrony:/sbin/nologin
…省略部分输出…

如果想要反向排序，就使用"-r"选项，例如：
[root@localhost ~]# sort -r /etc/passwd
#反向排序
user1:x:1000:1000::/home/user1:/bin/bash
tcpdump:x:72:72::/:/sbin/nologin
systemd-network:x:192:192:systemd Network Management:/:/sbin/nologin
sync:x:5:0:sync:/sbin:/bin/sync
…省略部分输出…

如果想要指定排序的字段，就需要使用"-t"选项指定分隔符，并且使用"-k"选项指定字段号。假如想要按照 UID 字段排序/etc/passwd 文件，命令如下：
[root@localhost ~]# sort -t ":" -k 3,3 /etc/passwd
#指定分隔符是"："，以第三个字段开头，以第三个字段结尾排序，也就是只用第三个字段排序

```
root:x:0:0:root:/root:/bin/bash
bin:x:1:1:bin:/bin:/sbin/nologin
user1:x:1000:1000::/home/user1:/bin/bash
operator:x:11:0:operator:/root:/sbin/nologin
games:x:12:100:games:/usr/games:/sbin/nologin
ftp:x:14:50:FTP User:/var/ftp:/sbin/nologin
abrt:x:173:173::/etc/abrt:/sbin/nologin
systemd-network:x:192:192:systemd Network Management:/:/sbin/nologin
daemon:x:2:2:daemon:/sbin:/sbin/nologin
…省略部分输出…
```

如果仔细看看，就会发现怎么 daemon 用户的 UID 是 2，反而排在了下面？这是因为 sort 默认是按照字符排序的，不是按照数字排序的，前面用户的 UID 的第一个字符都是 1。要想按照数字排序，请使用 "-n" 选项，例如：

```
[root@localhost ~]# sort -n -t ":" -k 3,3 /etc/passwd
root:x:0:0:root:/root:/bin/bash
bin:x:1:1:bin:/bin:/sbin/nologin
daemon:x:2:2:daemon:/sbin:/sbin/nologin
adm:x:3:4:adm:/var/adm:/sbin/nologin
lp:x:4:7:lp:/var/spool/lpd:/sbin/nologin
sync:x:5:0:sync:/sbin:/bin/sync
…省略部分输出…
```

当然，在使用 "-k" 选项时可以直接使用 "-k 3"，代表从第三个字段到行尾都进行排序（第一个字段先排序，如果一致，就从第二个字段再排序，直到行尾）。

3.3.2 uniq 命令

uniq 是用来取消重复行的命令，其和 "sort -u" 选项类似，但是可以统计重复行出现的次数，命令格式如下：

```
[root@localhost ~]# uniq [选项] 文件名
```

选项：
- -c：统计重复行出现的次数
- -i：忽略大小写

假设在系统中出现了大量错误登录的日志记录，我们就可以使用 grep 命令找到错误登录的日志记录，然后使用 sort 命令对所找到的错误登录记录进行排序，再可以使用 uniq 命令加入 "-c" 选项取消重复出现的行，并统计重复行出现的次数。

例：
```
[root@localhost ~]# grep "Failed password" /var/log/secure
Feb 19 15:35:44 localhost sshd[1098]: Failed password for user1 from 192.168.5.1 port 61933 ssh2
Feb 19 15:35:44 localhost sshd[1098]: Failed password for user1 from 192.168.5.1 port 61933 ssh2
Feb 19 15:35:52 localhost sshd[1100]: Failed password for root from 192.168.5.1 port 61934 ssh2
Feb 19 15:35:52 localhost sshd[1100]: Failed password for root from 192.168.5.1 port 61934 ssh2
Feb 19 15:35:52 localhost sshd[1100]: Failed password for root from 192.168.5.1 port 61934 ssh2
Feb 19 15:35:53 localhost sshd[1100]: Failed password for root from 192.168.5.1 port 61934 ssh2
Feb 19 15:36:13 localhost sshd[1109]: Failed password for rc from 192.168.5.1 port 61935 ssh2
Feb 19 15:36:20 localhost sshd[1111]: Failed password for user1 from 192.168.5.1 port 61936 ssh2
Feb 19 15:36:20 localhost sshd[1111]: Failed password for user1 from 192.168.5.1 port 61936 ssh2
Feb 19 15:36:21 localhost sshd[1111]: Failed password for user1 from 192.168.5.1 port 61936 ssh2
```

```
Feb 19 15:36:22 localhost sshd[1111]: Failed password for user1 from 192.168.5.1 port 61936 ssh2
Feb 19 15:36:27 localhost sshd[1113]: Failed password for rc from 192.168.5.1 port 61938 ssh2
Feb 19 15:36:27 localhost sshd[1113]: Failed password for rc from 192.168.5.1 port 61938 ssh2
Feb 19 15:36:27 localhost sshd[1113]: Failed password for rc from 192.168.5.1 port 61938 ssh2
Feb 19 15:36:36 localhost sshd[1115]: Failed password for root from 192.168.5.1 port 61940 ssh2
Feb 19 15:36:37 localhost sshd[1115]: Failed password for root from 192.168.5.1 port 61940 ssh2
Feb 19 15:36:37 localhost sshd[1115]: Failed password for root from 192.168.5.1 port 61940 ssh2
Feb 19 15:36:37 localhost sshd[1115]: Failed password for root from 192.168.5.1 port 61940 ssh2
Feb 19 15:36:37 localhost sshd[1115]: Failed password for root from 192.168.5.1 port 61940 ssh2
#grep 命令在日志文件中以"Failed password"为关键字查找错误登录的记录
[root@localhost ~]# grep "Failed password" /var/log/secure | \
awk '{print $9 "\t" $11}'
user1       192.168.5.1
user1       192.168.5.1
root        192.168.5.1
root        192.168.5.1
root        192.168.5.1
rc          192.168.5.1
user1       192.168.5.1
user1       192.168.5.1
user1       192.168.5.1
rc          192.168.5.1
rc          192.168.5.1
root        192.168.5.1
root        192.168.5.1
root        192.168.5.1
root        192.168.5.1
root        192.168.5.1
#使用 awk 截取第九列为错误登录用户名，截取第十一列为错误登录 IP 地址
```

如果只是需要取消重复，那么执行 sort -u 即可。但如果想要取消重复并统计重复出现的次数，就需要先对命令执行结果进行排序，再对排序的结果取消重复，因为对于 uniq 命令来说，不连续的重复是不会取消的。

```
[root@localhost ~]# grep "Failed password" /var/log/secure | awk '{print $9 "\t" $11}' | sort |uniq -c
    4 rc      192.168.5.1
    9 root 192.168.5.1
    6 user1       192.168.5.1
#排序后取消重复并统计重复出现的次数
```

3.3.3 统计命令 wc

wc 命令在前面已经使用了，这里详细讲解一下这个统计命令，其格式如下：
```
[root@localhost ~]# wc [选项] 文件名
选项：
   -l:    只统计行数
   -w:    只统计单词数
   -m:    只统计字符数
```

使用 wc 命令统计/etc/passwd 文件中到底有多少行、多少个单词、多少个字符，具体如下：

[root@localhost ~]# wc /etc/passwd
　32　　55 1537 /etc/passwd

还记得我们用 wc 命令统计服务器上有多少个正常连接吗？

[root@localhost ~]# netstat -an | grep　ESTABLISHED | wc -l
4

笔者的实验服务器只是一台虚拟机，故只有四个连接。

3.4　条件判断

test 命令是 Bash 中重要的判断命令，也是 shell 脚本中条件判断的重要辅助工具。当我们需要让程序自动判断哪些事情是成立的时，test 命令就派上用场了。

3.4.1　按照文件类型进行判断

根据表 3-5，我们先来看看 test 命令可以进行哪些文件类型的判断。

表 3-5　文件类型判断

测试选项	作用
-b 文件	判断该文件是否存在，并且是否为块设备文件（块设备文件为真）
-c 文件	判断该文件是否存在，并且是否为字符设备文件（字符设备文件为真）
-d 文件	判断该文件是否存在，并且是否为目录文件（目录文件为真）
-e 文件	判断该文件是否存在（存在为真）
-f 文件	判断该文件是否存在，并且是否为普通文件（普通文件为真）
-L 文件	判断该文件是否存在，并且是否为符号链接文件（符号链接文件为真）
-p 文件	判断该文件是否存在，并且是否为管道文件（管道文件为真）
-s 文件	判断该文件是否存在，并且是否为非空（非空为真）
-S 文件	判断该文件是否存在，并且是否为套接字文件（套接字文件为真）

举个例子来说明表 3-5 中判断式的含义，先来判断一下我们的 root 用户家目录/root/是否存在，命令如下：

[root@localhost ~]# test -e /root/

这条命令也可以这样写：

[root@localhost ~]# [-e /root/]

它们的作用是一样的，推荐使用"[]"方式，因为在脚本的条件语句中主要应用"[]"方式。不过需要注意，如果使用"[]"方式，那么在"[]"的内部和数据之间必须使用空格，否则判断式会报错。

其实 test 命令就是这样的，但是应该如何判断这条命令的执行是否正确呢？还记得"$?"预定义变量吗？可以根据"$?"的值来确认条件判断是否成立，如果变量值为 0，就代表 test 判断为真；如果变量值为非 0，就代表 test 判断为假。

例如：

```
[root@localhost ~]# [ -e /root/sh/ ]
[root@localhost ~]# echo $?
0
#如果判断结果为 0，就证明/root/sh/目录存在
[root@localhost ~]# [ -e /root/test ]
[root@localhost ~]# echo $?
1
#如果在/root/中没有 test 文件或目录，那么 "$?" 的返回值为非 0
```

不过，这样来查看命令的结果的方式非常烦琐，也不直观。还记得多命令顺序执行符 "&&" 和 "||" 吗？我们可以再判断一下/root/sh/是不是目录，命令如下：

```
[root@localhost ~]# [ -d /root/sh ] && echo "yes" || echo "no"
#第一条判断命令如果正确执行，就打印 "yes"，否则打印 "no"
yes
```

这样就直观多了，不过也并不方便。等学习完条件判断，就会知道 test 判断的具体应用场景了。

3.4.2 按照文件权限进行判断

test 是非常完善的判断命令，可以用来判断文件的权限，如表 3-6 所示。

表 3-6 文件权限判断

测试选项	作用
-r 文件	判断该文件是否存在，并且是否拥有读权限（有读权限为真）
-w 文件	判断该文件是否存在，并且是否拥有写权限（有写权限为真）
-x 文件	判断该文件是否存在，并且是否拥有执行权限（有执行权限为真）
-u 文件	判断该文件是否存在，并且是否拥有 SUID 权限（有 SUID 权限为真）
-g 文件	判断该文件是否存在，并且是否拥有 SGID 权限（有 SGID 权限为真）
-k 文件	判断该文件是否存在，并且是否拥有 SBIT 权限（有 SBIT 权限为真）

在使用 test 命令判断权限时，是以当前用户身份进行判断的，因此建议使用普通用户进行权限判断练习，root 用户的权限过大。

例如：

```
[user1@localhost ~]$ ls -ld /etc/
drwxr-xr-x. 78 root root 8192 Feb 19 17:45 /etc/
#user1 用户登录，查看/etc/目录权限
[user1@localhost ~]$ ls -ld /root/
dr-xr-x---. 2 root root 4096 Feb 19 17:15 /root/
#查看/root/目录权限
[user1@localhost ~]$ id
uid=1000(user1) gid=1000(user1) groups=1000(user1)
...省略部分内容...
#查看 user1 用户身份、所属组情况
[user1@localhost ~]$ [ -r /etc/ ]
```

```
[user1@localhost ~]$ echo $?
0
#user1 用户属于/etc/目录的其他人，拥有读权限，判断结果为真
[user1@localhost ~]$ [ -r /root/ ]
[user1@localhost ~]$ echo $?
1
#user1 用户属于/root/目录其他人，没有读权限，判断结果不为真
```

3.4.3 对两个文件进行比较

通过表 3-7 来看看如何在两个文件之间进行比较。

表 3-7 对两个文件进行比较

测试选项	作用
文件 1 -nt 文件 2	判断文件 1 的修改时间是否比文件 2 的新（如果新就为真）
文件 1 -ot 文件 2	判断文件 1 的修改时间是否比文件 2 的旧（如果旧就为真）
文件 1 -ef 文件 2	判断文件 1 是否和文件 2 的 inode 号一致，可以理解为判断两个文件是否为同一个文件。这是用于判断硬链接的好方法

我们一直很苦恼，到底该如何判断两个文件之间是不是硬链接关系呢？这时 -ef 就派上用场了，命令如下：

```
[root@localhost ~]# ln /root/student.txt /tmp/stu.txt
#创建一个硬链接
[root@localhost ~]#[ /root/student.txt -ef /tmp/stu.txt ]&&echo "yes"||echo "no"
yes
#使用 test 测试一下，输出为 yes，证明两个文件之间是硬链接关系
```

3.4.4 对两个整数进行比较

通过表 3-8 来学习一下如何在两个整数之间进行比较。

表 3-8 对两个整数进行比较

测试选项	作用
整数 1 -eq 整数 2	判断整数 1 是否和整数 2 相等（相等为真）
整数 1 -ne 整数 2	判断整数 1 是否和整数 2 不相等（不相等为真）
整数 1 -gt 整数 2	判断整数 1 是否大于整数 2（大于为真）
整数 1 -lt 整数 2	判断整数 1 是否小于整数 2（小于为真）
整数 1 -ge 整数 2	判断整数 1 是否大于等于整数 2（大于等于为真）
整数 1 -le 整数 2	判断整数 1 是否小于等于整数 2（小于等于为真）

例如：

```
[root@localhost ~]# [ 24 -ge 23 ] && echo "yes" || echo "no"
yes
#判断 24 是否大于等于 23，判断成立
```

```
[root@localhost ~]# [ 23 -le 22 ] && echo "yes" || echo "no"
no
#判断 23 是否小于等于 22，判断不成立
```

3.4.5 字符串判断

通过表 3-9 来学习一下字符串判断。

表 3-9 字符串判断

测试选项	作用
-z 字符串	判断字符串是否为空（为空返回真）
-n 字符串	判断字符串是否为非空（非空返回真）
字串 1 == 字串 2	判断字符串 1 是否和字符串 2 相等（相等返回真）
字串 1 != 字串 2	判断字符串 1 是否和字符串 2 不相等（不相等返回真）

例如：

```
[root@localhost ~]# var1=rs
#给 var1 变量赋值
[root@localhost ~]# [ -z "$var1" ] && echo "yes" || echo "no"
no
#判断 var1 变量是否为空，因为不为空，所以返回 no
```

再来看看如何判断两个字符串相等，命令如下：

```
[root@localhost ~]# var2=rc
[root@localhost ~]# var3=dl
#给变量 var2 和变量 var3 赋值
[root@localhost ~]# [ "$var2" == "$var3" ] && echo "yes" || echo "no"
no
#判断两个变量的值是否相等（按照字符串判断），明显不相等，因此返回 no
```

3.4.6 多重条件判断

通过表 3-10 来学习使用多重条件判断式的结构。

表 3-10 多重条件判断

测试选项	作用
判断 1 -a 判断 2	逻辑与，判断 1 和判断 2 都成立，最终的结果才为真
判断 1 -o 判断 2	逻辑或，判断 1 和判断 2 有一个成立，最终的结果就为真
! 判断	逻辑非，使原始的判断式取反

例如：

```
[root@localhost ~]# aa=11
#给变量 aa 赋值
[root@localhost ~]# [ -n "$aa"   -a "$aa" -gt 23 ] && echo "yes" || echo "no"
no
#判断变量 aa 是否有值，同时判断变量 aa 的值是否大于 23
```

#因为变量 aa 的值不大于 23，所以虽然第一个判断值为真，但是返回的结果为假

若想让刚刚的判断式返回真，则需要给变量 aa 重新赋一个大于 23 的值，命令如下：

```
[root@localhost ~]# aa=24
[root@localhost ~]# [ -n "$aa"  -a "$aa" -gt 23 ] && echo "yes" || echo "no"
yes
```

再来看看逻辑非是什么样的，命令如下：

```
[root@localhost ~]# [ ! -n "$aa" ] && echo "yes" || echo "no"
no
```
#本来 "-n" 选项是变量 aa 不为空，返回值就为真
#在加入 "!" 之后，判断值就会取反，因此当变量 aa 有值时，返回值为假

注意："!"和"-n"之间必须加入空格，否则会报错。

3.4.7 [[]]判断

在当前 Rocky Linux 9.x 中，还可以使用[[]]来进行判断，相较于[]，除基础的判断能力外，其可以使用 "&&" 和 "||"，代替-a 逻辑与，以及-o 逻辑或进行多重条件判断，可以判断带空格的变量值，可以在判断过程中使用通配符或正则表达式进行判断。

接下来举例说明。

1. 逻辑与和逻辑或

```
[root@localhost ~]# x=24
#将变量 x 赋值为 24
[root@localhost ~]# [[ "$x" -gt "3" && "$x" -lt "100" ]]
[root@localhost ~]# echo $?
0
#对 x 变量值进行多重条件判断，多重条件之间使用 "&&" 作为逻辑与判断
[root@localhost ~]# [[ "$x" -gt "3" || "$x" -lt "1" ]]
[root@localhost ~]# echo $?
0
#对 x 变量值进行多重条件判断，多重条件之间使用 "&&" 作为逻辑或判断
```

2. 含有空格的字符串判断

```
[root@localhost ~]# sys="rocky linux"
#对 sys 进行赋值
[root@localhost ~]# [ $sys == "rocky linux" ]
-bash: [: too many arguments
#如果使用[]进行判断，那么在调用$sys 的值时，若外侧没有双引号，则会出现报错的情况
[root@localhost ~]# [[ $sys == "rocky linux" ]]
#使用[[]]进行判断，同样不加双引号，调用$sys 的值不会出现报错
[root@localhost ~]# echo $?
0
#判断成立
```

如果使用[]对含有空格的字符串进行判断，那么通常需要先进行列截取，再逐列进

行判断。如果使用[[]]对调用包含空格的值进行判断，就省去了列截取的过程。

注意：变量名是可以不加双引号的，但在判断含有空格的字符串时，判断式等号右边的字符串本身要使用双引号来表示为整体。

3. 匹配字符串或正则

在进行字符串匹配（或正则）时需要将变量名写在等号左边，包含通配（或正则）的判断条件写在等号右边。需要注意的是，等号右边的字符串不要使用双引号（或单引号）包含，因为在双引号（或单引号）中的通配或正则不生效。

```
[root@localhost ~]# sys=RockyLinux
#sys 变量赋值
[root@localhost ~]# [[ $sys == R* ]]
#调用 sys 的值与 R*进行比较
[root@localhost ~]# echo $?
0
#判断成立
```

当想要判断某字符串的行首字符或行尾字符时，可以选择使用"=~"作为判断符号，因为在使用"=~"作为判断符号时可以进行正则匹配。

```
[root@localhost ~]# sys=RockyLinux
#sys 变量赋值
[root@localhost ~]# [[ $sys =~ ^R ]]
#匹配以 R 开头的字符串
[root@localhost ~]# echo $?
0
#判断成功
[root@localhost ~]# [[ $sys =~ x$ ]]
[root@localhost ~]# echo $?
0
#判断 sys 变量值是否以 x 为结尾
```

还可以同时判断字符串开头的字符：

```
[root@localhost ~]# [[ $sys =~ ^R.*x$ ]]
[root@localhost ~]# echo $?
0
#判断式中^R 表示判断 R 开头
#判断式中.*表示出现在 R 和 x 之间的所有字符串
#判断式中 x$表示判断 x 结尾
```

3.5 流程控制

流程控制语句是编程语言的灵魂,也是判断程序语言是不是编程语言的重要标志(一门语言是不是编程语言的判断标志是：是否支持变量、是否支持流程控制、是否支持运算符,是否支持函数）。例如，大家非常熟悉的 HTML 语言就不是真正的编程语言。程序语言的流程控制主要包含以下三大类。

- 条件判断控制（if、case）。

- 循环控制（for、while、until）。
- 特殊流程控制语句（exit、break、continue）。

请大家注意，shell 语句是顺序执行的，而且可以直接使用 Linux 的命令，因此更加利于系统管理和维护。

3.5.1 if 条件判断

if 条件判断以在 3.4 节学习的条件判断式为基础，能够在判断成立或不成立之后执行不同的操作。我们可以在脚本中定义，当某些条件成立时执行对应的 A 程序，当条件未成立时执行 B 程序，我们还可以在脚本中给出多种条件，只要满足了其中的某个条件，就执行相应的某些程序。

1. 单分支 if 条件语句

单分支 if 条件语句的格式相对简单，只有一个判断条件，只有判断条件成立时才执行相应程序，否则结束判断。

单分支 if 条件语句的执行过程如图 3-1 所示。

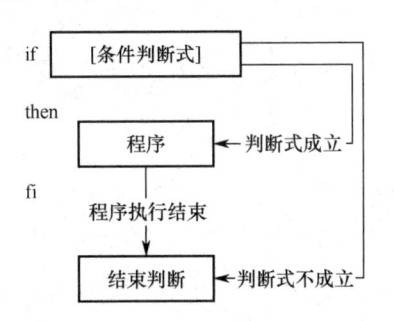

图 3-1 单分支 if 条件语句的执行过程

单分支 if 条件语句的语法如下：

```
if [ 条件判断式 ];then
    程序
fi
```

在使用单分支 if 条件语句时需要注意以下几点。
- 除[条件判断式]判断外，还可以根据需求选择[[条件判断式]]进行判断。
- then 后面为符合条件之后执行的程序，可以放在[]之后，用";"分隔；也可以换行写入，这样就不需要写";"了，例如，单分支 if 条件语句还可以这样写：

```
if [ 条件判断式 ]
  then
      程序
fi
```

单分支 if 条件语句非常简单，但是千万不要小看它，这是流程控制语句最基本的语法。而且在实现 Linux 管理时，我们的管理脚本一般都不复杂，使用单分支 if 条件语句的概率还是很高的。例如，~/.bashrc 文件中就存在单分支 if 条件语句：

```
[root@localhost ~]# cat ~/.bashrc
...忽略部分文件内容...
if [ -f /etc/bashrc ]; then
    . /etc/bashrc
fi
...忽略部分文件内容...
```

在 .bashrc 文件中使用单分支 if 条件语句判断是否存在 /etc/bashrc 文件，如果 /etc/bashrc 文件存在，就使用"."让 /etc/bashrc 文件在当前 shell 中生效。

接下来使用单分支 if 条件语句编辑一个 shell 脚本，例如，我想通过脚本判断根分区的使用率是否超过 80%，如果超过 80% 就向管理员报警，请他注意，那么脚本可以这样写：

```
[root@localhost ~]# df -h
#查看服务器的分区状况
文件系统        容量      已用     可用      已用%%    挂载点
/dev/sda3       20G       1.8G     17G       10%       /
tmpfs           306M      0        306M      0%        /dev/shm
/dev/sda1       194M      26M      158M      15%       /boot
/dev/sr0        3.5G      3.5G     0         100%      /mnt/cdrom

[root@localhost ~]# vim /root/if1.sh
#!/bin/bash
#统计根分区的使用率

rate=$(df -h | grep "/dev/sda3" | awk '{print $5}' | cut -d "%" -f1)
#把根分区使用率作为变量值赋予变量 rate
if [ $rate -ge 80 ]
#判断变量 rate 的值，如果大于等于 80，就执行 then 程序
    then
        echo "Warning! /dev/sda3 is full!!"
        #打印警告信息。在实际工作中，也可以向管理员发送邮件
fi
```

其实，这个脚本最重要的地方是"rate=$(df -h | grep "/dev/sda3" | awk '{print $5}' | cut -d "%" -f1)"，我们来分析一下这条命令：首先使用"df -h"列出系统中的分区情况；其次使用"grep"命令提取出根分区行；再次使用"awk"命令列出第五列，也就是根分区使用率这一列（不过使用率是 10%，不好比较，还要提取 10 这个数字）；最后使用 cut 命令（cut 命令比 awk 命令简单），以"%"作为分隔符，提取出第一列。这条命令的执行结果如下：

```
[root@localhost ~]# df -h | grep "/dev/sda3" | awk '{print $5}' | cut -d "%" -f1
10
```

提取出根分区的使用率后，判断这个数字是否大于等于 80，如果大于等于 80 就报警。至于报警信息，我们可以通过脚本直接输出到屏幕上。在实际工作中，因为服务器屏幕并不是 24 小时都有人值守的，所以也可以给管理员发送邮件，用于报警。

在脚本写好之后，就可以利用将在第 6 章讲解的系统定时任务，让这个脚本每天或每几天执行一次，实现自动检测硬盘剩余空间。后续系统管理的脚本，如果需要重复执行，那么也可以使用系统定时任务来实现。

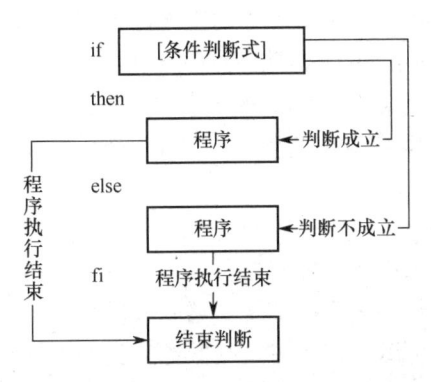

2. 双分支 if 条件语句

在双分支 if 条件语句中,当条件判断式成立时,就执行某个程序;当条件判断式不成立时,就执行另一个程序。

与单分支 if 条件语句相比,双分支 if 条件语句同样只有一个条件判断式。不同于单分支 if 条件语句,在执行双分支 if 条件语句之后,无论条件判断式成立或不成立,都有对应的执行程序,如图 3-2 所示。

图 3-2 双分支 if 条件语句的执行过程

语法如下:

```
if [ 条件判断式 ]
   then
        当条件判断式成立时,执行的程序
   else
        当条件判断式不成立时,执行的另一个程序
fi
```

例 1:

还记得在进行条件测试时,是怎么显示测试结果的吗?

```
[root@localhost ~]# [ -d /root/sh ] && echo "yes" || echo "no"
#第一条判断命令如果正确执行,就打印"yes",否则打印"no"
yes
```

当时因为还没有学习 if 条件语句,所以只能用逻辑与和逻辑或来显示测试结果。相对单分支 if 条件语句来说,虽然逻辑与和逻辑或也能在判断成立或不成立时运行对应的程序,但是逻辑与和逻辑或之间只能执行某一条命令。而双分支 if 条件语句在判断成立或失败时,可以将所有想要执行的命令写到"程序"的位置上,所有命令都会执行。

因此,通常如果经过判断只需要执行某一条命令,就可以使用判断式结合逻辑与、逻辑或的方式执行。但是,如果判断后有多条命令需要执行,或者考虑代码后期扩展的可能性,就建议使用双分支 if 条件语句。

接下来,使用双分支 if 条件语句来进行目录判断:

```
#!/bin/bash
read -t 30 -p "Please input a directory: " dir
#通过 read 语句接收键盘的输入,并存入变量 dir
if [ -d $dir ]
```

```
#测试$dir 中的内容是否是一个目录
    then
        echo "yes"
            #如果是一个目录, 就输出 yes
    else
        echo "no"
            #如果不是一个目录, 就输出 no
fi
```

解释一下脚本思路：首先通过 read 语句接收键盘输入。read 输出提示 "Please input a directory："，将键盘输入的字符串赋值给变量 dir。

接下来，使用双分支 if 条件语句判断变量 dir 的值是否为目录。假设判断成立，就执行 then 之后的程序，也就是 echo "yes"。假设判断不成立，就执行 else 之后的程序，也就是 echo "no"。

例 2：

在工作中，服务器上的服务可能会宕机。如果对服务器的监控不力，就会造成服务器上的服务宕机而管理员却不知道的情况。这时可以编写一个脚本来监听本机的服务，如果服务停止或宕机，就可以自动重启这些服务。我们拿 Apache 服务来举例：

```
[root@localhost ~]# vim /root/autostart.sh
#!/bin/bash
#判断 Apache 服务是否运行，如果没有运行就启动服务并记录启动服务时间，如果服务正常运行就只
进行记录

port=$(nmap -sT 192.168.4.210 | grep tcp | grep http | awk '{print $2}')
#使用 nmap 命令扫描服务器，并截取 Apache 服务的状态，赋予变量 port
if [ "$port" == "open" ]
#如果变量 port 的值是 "open"
    then
        echo "$(date) httpd is ok!" >> /tmp/autostart-acc.log
            #就证明 Apache 服务正常运行，在正确日志中写入一句话即可
    else
        systemctl start httpd.service &>/dev/null
            #否则证明 Apache 服务没有启动，启动 Apache 服务
        echo "$(date) restart httpd !!" >> /tmp/autostart-err.log
            #并在错误日志中记录自动启动 Apache 服务的时间
fi
```

解释一下脚本思路：在这个例子中，关键点是如何判断 Apache 服务是否启动了。如果使用 netstat -tlun 命令或 ps aux 命令，就只能判断本机的 Apache 服务是否启动，而不能判断远程服务器是否启动了 Apache 服务。而如果使用 telnet 命令，那么虽然可以探测远程服务器的 80 端口是否启动，但是要想退出探测界面，还需要执行人机交互，非常麻烦。

因此，我们使用 nmap 端口扫描命令，如果系统中默认没有 nmap 端口，那么可以通过 dnf 安装，包名为 nmap。nmap 命令的格式如下：

```
[root@localhost ~]# nmap -sT 域名或 IP
```

选项：
    -s: 扫描
    -T: 扫描所有开启的 TCP 端口

第3章 管理员的"九阳神功"：shell编程

这条命令的执行结果如下：

```
[root@localhost ~]# nmap -sT 192.168.4.210
#可以看到，这台服务器开启了如下服务
Starting Nmap 7.92 ( http://nmap.org ) at 2024-03-26 16:12 CST
Nmap scan report for 192.168.4.210
Host is up (0.0010s latency).
Not shown: 994 closed ports
PORT       STATE SERVICE
22/tcp     open  ssh
80/tcp     open  http              ←Apache 服务的状态是 open
111/tcp    open  rpcbind
139/tcp    open  netbios-ssn
445/tcp    open  microsoft-ds
3306/tcp   open  mysql

Nmap done: 1 IP address (1 host up) scanned in 0.49 seconds
```

了解了 nmap 命令的用法后，我们在脚本中使用的命令就是为了截取 HTTP 的状态，只要状态是"open"就证明 Apache 服务启动正常，否则证明 Apache 服务启动错误。来看看脚本中命令的执行结果：

```
[root@localhost ~]# nmap -sT 192.168.4.210 | grep tcp | grep http | awk '{print $2}'
#扫描指定计算机，先提取包含 tcp 的行，再提取包含 httpd 的行，截取第二列
open
#把截取的值赋予变量 port
```

3. 多分支 if 条件语句

在多分支 if 条件语句中，可以使用多个条件判断式，多个条件判断式会逐一进行判断。若判断成立则执行对应程序，对应程序执行完成后结束当前整体 if 判断；若判断不成立则继续逐个使用执行条件判断式进行判断，如果所有条件判断式均未判断成立，就执行 else 后的语句，else 语句执行后，整体 if 判断结束。多分支 if 条件语句的执行过程如图 3-3 所示。

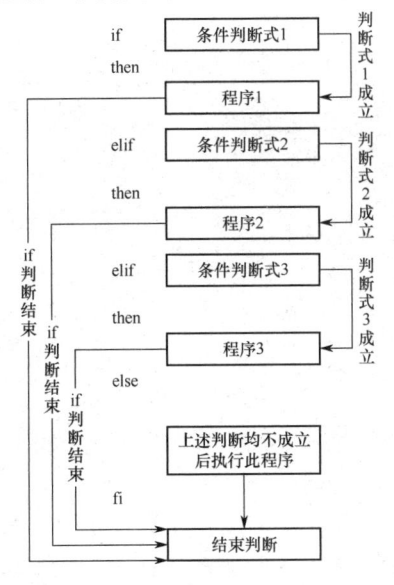

图 3-3　多分支 if 条件语句的执行过程

语法如下：
```
if [ 条件判断式 1 ]
    then
        程序 1
elif [ 条件判断式 2 ]
    then
        程序 2
…省略更多条件…
else
    上述所有条件均未成立执行此程序
fi
```

例 3：

使用多分支 if 条件语句来判断用户输入的是一个文件还是一个目录，具体如下：

```
[root@localhost ~]# cat /root/if-elif.sh
#!/bin/bash
read -p "Please input a filename:" file
#接收键盘输入，赋值给变量 file
if [ -z "$file" ]
#判断 file 变量值是否为空
then
    echo "error,Please input a file name!"
#如果 file 变量值为空就输出错误提示信息
elif [ -f "$file" ]
#判断 file 变量值是否为普通文件
then
    echo "$file is a regular file!"
#如果 file 变量值为普通文件就输出提示
elif [ -d "$file" ]
#判断 file 变量值是否为目录
then
    echo "$file is a directory!"
#如果 file 变量值为目录就输出提示
elif [ -e "$file" ]
#判断 file 变量值是否存在
then
    echo "$file not regular file or directory!"
#file 变量值为存在的文件，说明文件存在，但文件类型既不是普通文件也不是目录文件
else
    echo "$file file does not exist!"
#如果以上所有判断不成立，就执行 else 后代码
fi
```

解释一下脚本思路：在脚本执行后，再通过执行 read 语句输出提示信息，并将用户键盘输入的字符串赋值给变量 file。

在多分支 if 条件语句中，首先，进行多分支 if 判断。先判断$file 取值是否为空，如果输入为空就输出 error 错误提示信息，结束 if 判断；如果输入不为空，那么判断不成立，

继续执行下一个条件判断式。

其次，判断$file 取值是不是普通文件。如果判断成立，就输出 regular file 提示，结束 if 判断；如果输入的字符串不是普通文件，就继续执行下一个条件判断式。

再次，判断$file 取值是不是目录。如果判断成立，就输出 directory 提示，结束 if 判断；如果输入的字符串不是目录，就继续执行下一个条件判断式。

经过上面三个条件判断式，我们已经可以确定$file 是非空字符串，并且既不是普通文件也不是目录文件。然后，判断$file 字符串是否存在，假设存在，就意味着$file 的值是除普通文件和目录外的其他类型的文件。

最后，如果以上判断全部不成立，就执行 else 后的提示。

注意：在编辑多分支 if 条件语句时，我们使用的多个条件判断式会按照编辑顺序从上到下进行判断，哪个判断成立就执行相对应的 then 中的程序，程序执行后就结束整体 if 判断。因此，在例 3 的多分支 if 条件语句中，假设我们把文件是否存在的判断写在普通文件和目录判断之前，就永远不可能执行普通文件和目录的判断，因为在判断文件存在成立后就会执行相应程序，程序执行后就会退出 if 判断，并不会进行后续条件判断。

例 4：

在之前的位置参数变量和 read 语句中，我们曾经多次编辑过四则运算的计算器，现在把 if 判断加入计算，就可以用于判断 read 语句的值是否为空，还可以判断要用来计算的运算符号。

```
[root@localhost ~]# vim /root/sum.sh
#!/bin/bash
#字符界面加减乘除计算器
read -t 30 -p "Please input num1: " num1
read -t 30 -p "Please input num2: " num2
#通过 read 语句接收要计算的数值，并赋予变量 num1 和 num2
read -t 30 -p "Please input a operator: " ope
#通过 read 语句接收要计算的符号，并赋予变量 ope

if [ -n "$num1"  -a -n "$num2" -a -n "$ope"   ]
#第一层判断，用来保证变量 num1、num2 和 ope 中都有值
        then
        test1=$(echo $num1 | sed 's/[0-9]//g')
        test2=$(echo $num2 | sed 's/[0-9]//g')
            #定义变量 test1 和 test2 的值为$(命令)的结果
            #后续命令的作用是把变量 test1 的值替换为空。如果能替换为空，就证明变量 num1 的值为数字
            #如果不能替换为空，就证明变量 num1 的值为非数字。我们使用这种方法判断得出变量 num1 的值为数字
            #用同样的方法测试变量 test2

            if [ -z "$test1" -a -z "$test2" ]
            #第二层判断，用来保证变量 num1 和 num2 的值为数字
            #如果变量 test1 和 test2 的值为空，就证明变量 num1 和 num2 的值为数字
                then
```

```
                        #如果变量test1和test2的值为数字,就执行以下命令
                    if [ "$ope" == '+' ]
                        #第三层判断,用来确认运算符
                        #测试变量$ope中是什么运算符
                            then
                                sum=$(( $num1 + $num2 ))
                                    #如果是加号,就执行加法运算
                    elif [ "$ope" == '-' ]
                            then
                                sum=$(( $num1 - $num2 ))
                                    #如果是减号,就执行减法运算
                    elif [ "$ope"   == '*' ]
                            then
                                sum=$(( $num1 * $num2   ))
                    elif [ "$ope" == '/' ]
                            then
                                sum=$(( $num1 / $num2 ))
                    else
                            echo "Please enter a valid symbol"
                            #如果运算符不匹配,就提示输入有效的符号

                    fi
            else
                #如果变量test1和test2的值不为数字
                echo "Please enter a valid value"
                #就提示输入有效的数值

        fi
else
#如果变量num1、num2和ope中没有内容
     echo " Please input variables num1、num2、ope"
     #就提示给三个变量输入内容
fi

echo " $num1 $ope $num2 : $sum"
#输出数值运算的结果
```

分析一下脚本:这个脚本的逻辑比较复杂,出现了三层判断。因为我们很难控制用户到底输入了什么内容,所以必须加入必要的判断,以此保证程序正确运行。第一层判断用来保证三个变量中都有值;第二层判断用来保证变量num1和num2的值是数字;第三层判断用来确认运算符。通过第三层判断运算符我们可以看到,对于if条件判断式来说,其可以进行类型判断,如文件类型的判断、文件权限的判断及数字大小的判断,也可以对某些具体的指定字符串进行判断。

执行一下这个脚本:

```
[root@localhost ~]# /root/sum.sh
Please input num1: y
Please input num2: u
```

```
#如果没有输入数字
Please input a operator: +
Please enter a valid value
#就报错，请输入正确的数值
[root@localhost ~]# ./sh/sum.sh
Please input num1: 6
Please input num2: 9
Please input a operator: k
#如果运算符输入错误
Please enter a valid symbol
#就报错，请输入有效的符号
[root@localhost ~]# ./sh/sum.sh
Please input num1: 6
Please input num2: 9
Please input a operator: *
 6 * 9 : 54
#如果输入都正确，脚本就可以正确地进行运算
```

3.5.2 多分支 case 条件语句

多分支 case 条件语句和 if...elif...else（多分支 if）条件语句相同点在于，它们都属于是多分支判断语句；不同点在于，多分支 if 条件语句拥有多个条件判断式，是对条件进行判断，如判断文件类型、判断文件权限等。多分支 case 条件语句是对字符串进行判断，只要输入的字符串和 case 中的值相同，就认为判断成立。因此，通常我们对类型进行判断时需要使用 if 判断，如果只是对字符串本身进行判断，就使用多分支 case 条件语句。

多分支 case 条件语句的语法如下：

```
case $变量名  in
    值 1)
        如果变量的值等于值 1，就执行程序 1
        ;;
    值 2)
        如果变量的值等于值 2，就执行程序 2
        ;;
    ...省略其他分支...
    *)
        如果变量的值都不是以上的值，就执行此程序
        ;;
esac
```

这条语句需要注意以下内容。

- 多分支 case 条件语句会提取变量中的值，然后与语句体中的值逐一比较。如果数值符合，就执行对应的程序，在程序执行后结束多分支 case 条件语句；如果数值不符，就依次比较下一个值；如果所有的值都不符合，就执行 "*)" 后的程序。
- 多分支 case 条件语句以 "case" 开头，以 "esac" 结尾。

- 每个分支程序之后都要以";;"（双分号）结尾，代表该程序段结束了（千万不要忘记）。

注意：多分支 case 条件语句只能判断变量的值到底是什么，而不能像多分支 if 条件语句那样，可以判断多个条件，因此多分支 case 条件语句更加适合单条件多分支的情况。例如，我们在系统中经常看到请选择"yes/no"，或者在命令的输出中选择是执行第一个选项还是执行第二个选项（fdisk 命令）。在这些情况下，使用多分支 case 条件语句最为合适。下面写一个选择"yes/no"的例子，命令如下：

```
[root@localhost ~]# vim /root/case1.sh
#!/bin/bash
#判断用户的输入

read -t 30 -p "Please choose yes/no: "    cho
#在屏幕上输出"请选择 yes/no"，然后把用户的选择赋予变量 cho
case $cho in
#判断变量 cho 的值
        "yes")
            #如果是 yes
                echo "Your choose is yes!"
                    #就执行程序 1
                ;;
        "no")
            #如果是 no
                echo "Your choose is no!"
                    #就执行程序 2
                ;;
        *)
            #如果既不是 yes 也不是 no
                echo "Your choose is error!"
                    #就执行此程序
                ;;
esac
```

解释一下脚本思路：请用户输入 yes 或 no，如果输入的是 yes，就输出"Your choose is yes!"，然后结束 case 判断；如果输入的是 no，就输出"Your choose is no!"，然后结束 case 判断；如果输入的是其他字符，就输出"Your choose is error!"，然后结束 case 判断。

在学习了多分支 case 条件语句的使用方式后，我们可以结合之前的 sed 语句等，编辑一些能够用于修改配置文件的脚本，如永久修改 SELinux 配置文件：

```
#!/bin/bash
lnb=$(grep -n "^SELINUX=" /etc/selinux/config | cut -d ":" -f 1)
#变量名为 lnb，通过行级过滤和列级截取的方式来确认 SELinux 选项在当前文件的第几行
st=$(grep "^SELINUX=" /etc/selinux/config | cut -d "=" -f 2)
#变量名为 st，通过行级过滤和列级截取的方式来确认当前 SELinux 的状态

echo -e "当前 SELinux 状态是\e[1;31m${st}\e[0m"
#使用较为醒目的红色输出当前 SELinux 的状态
```

```
read -t 30 -p "是否需要永久修改 SELinux 开启状态（yes|no）:" rd_1
#通过 read 语句询问用户是否需要修改 SELinux 的状态，赋值给变量 rd_1


case $rd_1 in
#使用 case 语句对用户输入的字符串进行判断
    yes|y)
    #用户输入 yes 或 y 都能够表示进行修改
        echo "需要修改 SELinux"
        read -t 30 -p "您需要将 SELinux 修改为（enforcing|permissive|disabled）:" rd_2
        #通过 read 语句询问用户需要修改的 SELinux 状态，并将状态赋值给变量 rd_2
        case $rd_2 in
        #使用 case 语句判断变量 rd_2 的值
            enforcing|e)
            #当 rd_2 的值是 enforcing 或 e 的时候，表示开启 SELinux。
                sed -i "${lnb}s/$st/enforcing/" /etc/selinux/config && echo "success"
                #使用$lnb 确认行号，将当前配置文件中 SELinux 状态替换为 enforcing，并在成
                功替换后输出 success
                ;;
            permissive|p)
            #当 rd_2 的值是 permissive 或 p 的时候，表示 SELinux 只输出提示，不影响用户操作
                sed -i "${lnb}s/$st/permissive/" /etc/selinux/config && echo "success"
                #使用$lnb 确认行号，将当前配置文件中 SELinux 状态替换为 permissive，并在替
                换成功后输出 success
                ;;
            disabled|d)
            #当 rd_2 的值是 disabled 或 d 的时候，表示关闭 SELinux
                sed -i "${lnb}s/$st/disabled/" /etc/selinux/config && echo "success"
                #使用$lnb 确认行号，将当前配置文件中 SELinux 状态替换为 disabled，并在替换
                成功后输出 success
                ;;
            *)
                echo "输入有误，请在（enforcing|permissive|disabled）中做出选择"
                #若变量 rd_2 的值不是 enforcing、permissive 或 disabled，则输出错误提示并退出
                ;;
        esac
        ;;
    no|n)
        echo "不修改 SELinux"
        #如果变量 rd_1 的值是 no 或 n，就表示不修改 SELinux 配置文件
        ;;
    *)
        echo "请在 yes 和 no 之间做出选择"
        #如果变量 rd_1 的取值既不是 yes 也不是 no，就输出错误提示并退出
        ;;
esac
```

下面分析一下这个脚本。

首先，通过对 SELinux 配置文件的过滤和截取，得到 SELinux 选项所在的行和当前 SELinux 配置文件中 SELinux 的状态。

其次，使用 echo 的方式输出 SELinux 当前的状态，再使用 read 语句询问用户是否需要修改 SELinux 状态，使用变量 rd_1 接收用户输入。

接下来，使用 case 语句对于变量 rd_1 的值进行判断，当值为 yes 或 y 的时候，表示需要修改 SELinux。在 case 语句中，可用 "|" 来分隔多个相同分支中的多个相同含义值。但注意，在使用 "|" 分隔多个值时，不要使用双引号将所有值包含在内，否则它们会被认为是一个整体。

假设用户需要修改 SELinux，使用 read 语句接收要修改的 SELinux 状态，并将其赋值给变量 rd_2。接下来，在当前第一层 case 语句中嵌套另一个用于判断变量 rd_2 的 case 语句。SELinux 中有三个选项，即 enforcing、permissive、disabled，它们在进行 case 判断时可用 e、p、d 来进行简要表示。根据用户输入的不同字符串来确定如何进行替换。在替换过程中，因为 SELinux 选项所在行保存在 lnb 变量值中，所以需要调用 lnb 变量值进行替换，在 sed 替换需要调用变量值的情况下，我们可以选择使用双引号包含替换动作，$st 同理。如果用户输入的不是 enforcing、permissive、disabled、e、p、d 中的任意一个，那么输出错误提示。

最后，我们再回到第一层 case 语句中，如果 rd_1 变量值为 no 或 n，就表示不需要修改 SELinux，输出 "不修改 SELinux" 提示并退出当前脚本。如果 rd_1 变量值的取值不是 yes、y、no、n，那么输出错误提示并退出脚本。

3.5.3 变量的测试与变量置换

变量的测试与变量置换，是指通过某些公式判断某个变量的值之后，对其他值进行赋值的过程。通常，如果只想测试某个变量是否有值，那么使用 if 判断即可。我们通常使用变量置换为流程控制语句加入默认选项，例如，在某些脚本中，当用户没有进行任何输入时，经过判断我们会认为字符串取值为空或字符串没有设置值，按照我们之前的操作就会认为判断不成立，退出脚本，但在使用变量置换之后，我们可以在字符串取值为空时按照某个默认选项来执行，如表 3-11 所示。

表 3-11 变量测试与变量置换

变量置换方式	变量 y 没有进行设置	变量 y 为空值	变量 y 设置值
x=${y-new}	x=new	x 为空	x=$y
x=${y:-new}	x=new	x=new	x=$y

例如：

```
[root@localhost ~]# unset y
#删除变量 y，使 y 变为没有进行设置的状态
[root@localhost ~]# x=${y-new}
#进行变量置换
[root@localhost ~]# echo $x
```

```
new
#因为 y 没有设置，所有 x 等于 new
[root@localhost ~]# y=""
#将变量 y 的值设置为空
[root@localhost ~]# x=${y-new}
#进行变量置换
[root@localhost ~]# echo $x

#输出 x 的值，x 值为空
[root@localhost ~]# y=aa
#给变量 y 设置值
[root@localhost ~]# x=${y-new}
#进行变量置换
[root@localhost ~]# echo $x
aa
#此时 x 等于 y 的值
```

接下来我们将变量置换与位置参数变量结合应用，具体如下：

```
[root@localhost ~]# cat /root/case3.sh
#!/bin/bash
x=${1-start}
#对位置参数变量 1 进行变量置换，如果变量 1 有值，那么 x=1；如果变量 1 没有设置，那么 x=start
case "$x" in
    start)
        echo "正在启动服务..."
        ;;
    stop)
        echo "正在停止服务..."
        ;;
    *)
        echo "输入错误，请在 start|stop 之间做出选择"
        ;;
esac
[root@localhost ~]# /root/case3.sh
正在启动服务...
#执行 case3.sh 脚本，当前并未给位置参数变量$1 设置任何值，在经过变量置换之后默认按照 "start"
进行 case 判断
```

选择哪种变量置换来进行默认选项的选择，其判断标准在于，当用户没有进行键盘输入时，变量取值为空还是变量未设置值。例如，在使用位置参数变量进行赋值时，如果用户没有进行任何输入，变量就会被认为没有设置值。但是，当我们使用 read 语句进行取值时，如果用户没有进行任何输入，此时变量就被认为取值为空。因此，在使用 read 语句进行取值时，不能使用 x=${y-new} 的方式进行变量置换，而是要使用 x=${y:-new} 的方式进行变量置换。

例：变量置换与 read 语句结合使用

```
[root@localhost ~]# cat /root/case4.sh
#!/bin/bash
```

```
read -p "请输入服务状态（start|stop）:" y
#使用 read 接收键盘输入，将输入字符串赋值给变量 y
x=${y:-start}
#进行变量置换
case "$x" in
    start)
        echo "正在启动服务..."
        ;;
    stop)
        echo "正在停止服务..."
        ;;
    *)
        echo "输入错误，请在 start|stop 之间做出选择:"
        ;;
esac
[root@localhost ~]# /root/case4.sh
请输入服务状态（start|stop）：
#不进行任何键盘输入，直接按 Enter 键确认
正在启动服务...
#当用户没有进行任何输入时，经过变量置换后仍然按照 start 执行
```

3.5.4 for 循环

for 循环是固定循环，也就是在循环时已经知道需要进行几次循环。有时也把 for 循环称为计数循环。

for 循环的语法有如下两种：

语法一：带列表的 for 循环
for 变量 in 值1 值2 值3…
　　do
　　　　程序
　　done

在语法一当中，for 循环的次数取决于 in 后面值的个数（以空格分隔），有几个值就循环几次，并且每次循环都把值赋予变量。也就是说，假设 in 后面有三个值，for 就会循环三次，第一次循环会把值 1 赋予变量，第二次循环会把值 2 赋予变量，以此类推，如图 3-4 所示。

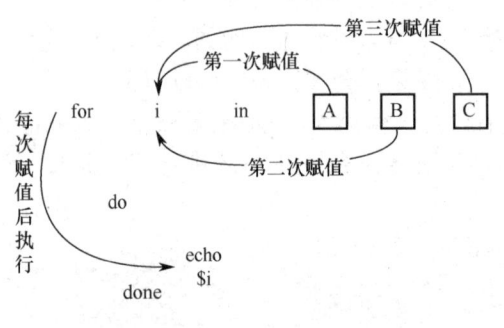

图 3-4　带列表的 for 循环

语法二：类 C 的 fro 循环

```
for (( 初始值;循环控制条件;变量变化 ))
    do
        程序
    done
```

在语法二中，for 循环的次数可以在循环开始前指定，因此，通常在执行未知次数循环时使用语法一，如果已知需要循环的次数就使用语法二。在语法二中，可以通过指定初始值、循环控制条件、变量变化来确定循环执行次数，如图 3-5 所示。

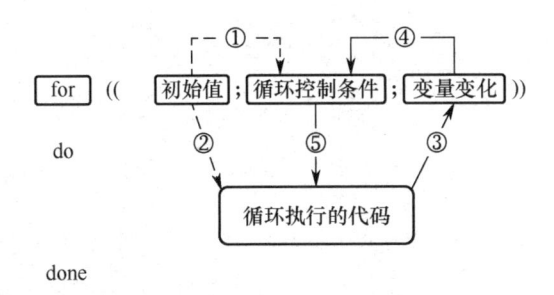

图 3-5 类 C 的 for 循环

在语法二中需要注意以下几点。

- 初始值：在循环开始时，需要给初始值进行赋值，通常变量名为 i，如 i=1。
- 循环控制条件：用于指定变量循环的次数，如 i<=100，则只要变量 i 的值小于等于 100，循环就会继续。
- 变量变化：每次循环之后变量该如何变化，如 i=i+1，代表每次循环之后，变量 i 的值都加 1。

1．语法一举例

for 循环语法一案例如下：

```
例 1：打印时间
[root@localhost ~]# vim /root/for1.sh
#!/bin/bash

for time in morning noon afternoon evening
    do
        echo "This time is $time!"
    done
```

解释一下脚本思路：因为 in 值后面有四个字符串，并且这些字符串外侧并未使用双引号将其表示为整体，所以 for 会循环四次。每次循环会依次把字符串赋予变量 time，因此这个脚本会循环四次，并依次输出 morning、noon、afternoon、evening 全部四个字符串。脚本执行之后，结果如下：

```
[root@localhost ~]# /root/for1.sh
This time is morning!        ←循环四次，第一次循环把 morning 赋予变量 time
```

This time is noon!　　　　　　←第二次循环把 noon 赋予变量 time
This time is afternoon!　　　　←第三次循环把 afternoon 赋予变量 time
This time is evening!　　　　　←第四次循环把 evening 赋予变量 time，循环结束

上一个例子非常简单，但是没有什么实际应用价值，下面来写一个批量解压缩脚本。批量解压缩脚本会在今后的学习中用到，这里先讲解这个例子。如果我们有很多压缩文件，那么手工逐一解压缩是非常烦琐的，此时可以通过脚本来实现所有文件的解压缩。假设我们把所有的压缩包复制到/lamp/目录中，那么批量解压缩脚本就应该这样写：

例 2：批量解压缩
[root@localhost ~]# vim /root/auto-tar.sh
#!/bin/bash
#批量解压缩脚本

cd /lamp
#进入压缩包目录
ls /lamp/*.tar.* > ls.log
#把所有文件名包含 tar 的文件以覆盖的方式写入 ls.log 临时文件
for i in $(cat ls.log)
#读取 ls.log 文件的内容，文件中有多少个值，就会循环多少次，每次循环把文件名赋予变量 i
　　　　do
　　　　　　　　tar -zxf $i &>/dev/null
　　　　　　　　#解压缩，并丢弃所有输出
　　　　done
rm -rf /lamp/ls.log
#删除临时文件 ls.log

解释一下脚本思路：for…in…循环更加贴近于系统管理，如在批量解压缩这个脚本中，如果是固定循环，就要先数有多少个压缩文件，再决定循环多少次。一旦压缩文件的个数发生变化，整个脚本就都需要修改。而使用 for…in…的方式，压缩文件的个数可以随意变化，不用修改脚本。另外，如果存在.zip 格式的压缩文件，那么还可以再进行一次 ls /lamp/*.zip 查询，然后继续执行脚本 for 循环进行解压缩。

2. 语法二举例

语法二是事先决定循环次数的固定循环，先举一个简单的例子，具体如下：

例 3：循环五次
#!/bin/bash
for ((i=1;i<=5;i=i+1))
do
    echo "$i"
done

例 3 是一个循环五次的示例，如图 3-6 所示。

```
              ┌──①──┐    ┌──④──┐
              ↓      ↓   ↓      │
      for  ((  i=1  ;  i<=5  ;  i=i+1  ))
      do         ↓         ↓        ↑
                 ②         ⑤        ③
                 ↓         ↓        │
                ┌─────────────────────┐
                │     echo " $i "     │
                └─────────────────────┘
      done
```

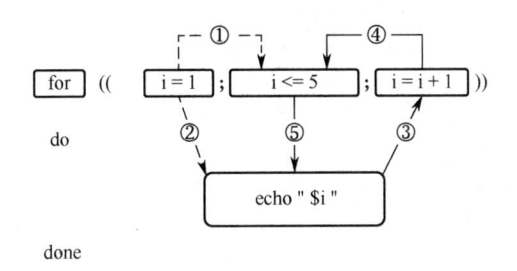

图 3-6　循环五次实例

解释一下脚本思路。

类 C 的 for 循环先执行步骤①，使用初始值和控制条件做对比，判断是否执行成立。如果不成立，就不执行 do 和 done 之间语句；如果成立，就执行 do 和 done 之间的 echo 语句（步骤②）。

在执行完 do 和 done 之间的语句后，执行变量变化，也就是 i=i+1，（步骤③）。在执行完变量变化之后，使用经过变化的 i 和控制条件做比较（步骤④）。如果判断成立，就执行 do 和 done 之间的语句（步骤⑤）；如果不成立，就退出 for 循环。

由于步骤①和步骤②只在第一次循环时使用，因此使用虚线来表示。

例 4：从 1 加到 100
```
#!/bin/bash
#从 1 加到 100

s=0
for (( i=1;i<=100;i=i+1 ))
#定义循环 100 次
        do
                s=$(( $s+$i ))
                        #每次循环都给变量 s 赋值
        done
echo "The sum of 1+2+...+100 is : $s"
#输出从 1 加到 100 的和
```

解释一下脚本思路：在这个例子中，请注意"(())"是 Bash 的数字运算格式，必须这样写，才能进行数值运算。

不过，上面的例子仍然和实际工作相距甚远，我们利用 for 固定循环来写一个批量添加用户的脚本。如果需要使用脚本批量添加普通用户，那么这些用户的用户名一定要遵守同一个规则，并且顺序添加，而且用户的初始密码也是一致的，脚本如下：

例 5：批量添加指定数量的用户
```
[root@localhost ~]# vim /root/useradd.sh
#!/bin/bash
#批量添加指定数量的用户
read -t 30 -p "请输入要创建用户数量： " num_1
#通过 read 语句接收创建用户数量
read -t 30 -p "请输入要创建用户名： " name_1
#通过 read 语句接收创建用户名
```

```
read -t 30 -s -p "请输入要创建用户的默认密码：" pass_1 && echo " "
#通过 read 语句接收创建用户默认密码
#在使用了-s 隐藏用户输入后，通常存在不能正确换行的问题。利用 echo 默认换行的特点为其换行

if [[ $num_1 =~ ^[0-9]+$ && $num_1 != 0 && -n $name_1 && -n $pass_1 ]]
#使用[[]]分别对用户数量、用户名、用户密码进行判断
then
        echo "各参数取值正常，准备创建用户"
        for ((i=1;i<=$num_1;i=i+1))
#使用类 C 的 for 循环，循环次数通过变量$num_1 来确定
        do
                useradd ${name_1}${i}
#用户名称为"名称"+"数字编号"的组合
                echo "$pass_1" | passwd --stdin ${name_1}${i} &> /dev/null
#在创建用户结束后，将用户输入的默认密码以非交互的方式为新用户设置密码
        done
else
        echo -e "\e[1;31m 存在异常参数，请正确输入用户数量、用户名\e[0m"
#经过 if 判断，如果不成立，就说明用户输入的用户数量、用户名或用户密码存在问题，不创建用户
fi
```

解释一下脚本思路。

脚本执行后，让用户自己来决定添加的用户数量、用户名及用户的初始密码。通过使用 read 命令输出提示信息来引导用户进行用户数量、用户名、用户密码的赋值，并把输入分别赋予 num_1、name_1、pass_1。接下来，使用 if 语句对用户的输入进行判断。先判断"创建用户数量"是否赋值，赋值字符串是不是纯数字。可以使用"=~"的判断方式，因为在"[[]]"中的"=~"可以进行正则判断，随后我们使用"^[0-9]"表示开头为数字，使用"+"表示数字出现一次或任意多次，使用"$"表示用户输入要以数字为结尾。同时，为了避免在执行脚本时"用户数量"输入为"0"，我们判断在"$num_1"的值为 0 时判断不成立。接下来对"$name_1"进行判断，判断其是否成功取值。然后对"$pass_1"进行判断，判断其取值是否成功。在多个判断式之间使用"&&"作为连接符号，表示逻辑与。当所有判断都成立后，进行循环创建指定数量用户。假设判断不成立，那么执行 else 后的语句，提示输入错误，退出脚本。

在循环创建用户时，使用类 C 的 for 循环。依靠创建用户数量来对循环次数进行限制，每循环一次，就创建一个用户。每创建一个用户，就为相应的用户设置一次初始密码。

这个脚本的执行结果如下：

```
[root@localhost ~]# chmod +x /root/useradd.sh
#赋予执行权限
[root@localhost ~]# /root/useradd.sh
请输入要创建用户数量：100              ←输入添加用户的个数
请输入要创建用户名：ls                 ←输入用户名
请输入要创建用户的默认密码：           ←输入初始密码
```

各参数取值正常，准备创建用户
[root@localhost ~]# tail -n 100 /etc/shadow
#查看用户密码文件，ls1~ls100 共 100 个用户添加完成，默认拥有密码

ls1:6sxYINs1/1BpdnXkB$p7HNU1m8A06ZXEgb8vhDdoi/MCGwN5zeXwYERIjEeVOS5mBKSCgzDOP
s0LNul2vqm6rlb9/clq0LDoXneOT.l.:19794:0:99999:7:::
ls2:6oGfN7.1YB6j6WSa1$rtsWmcEmI0v6Bq2.98r/CjBfahtEARKpZriWUfg/oaxCXIpREZiIB3LBUVHiC
UeO32osZxLu/57LGvZDPx9qI/:19794:0:99999:7:::
ls3:6bOzbOPZxouyZkafN$Ad7o6kNMEzq/8gCIMrvwM6nZOjCmgt7GtmtutCEBUoUmt.YCQt2ns9qePm
Ngtyrg2fSQ22snX4WtpN7LwhR5X.:19794:0:99999:7:::
...省略部分命令执行结果...

既然可以批量添加用户，当然也可以批量删除用户。不过这里做一些改变，我们不仅想批量删除刚刚用脚本添加的 ls1~ls100 这 100 个用户，还想批量删除所有的普通用户。

例 6：批量删除用户
[root@localhost ~]# vim /root/userdel.sh
#!/bin/bash
#批量删除用户
grep "/bin/bash$" /etc/passwd | awk -F ":" '$3>=1000{print $1}' > /root/user_del

for i in `cat /root/user_del`
do
    userdel -r "$i"
done

rm -rf /root/user_del

解释一下脚本思路。

脚本执行成功的关键在于，提取所有普通用户名，通过/etc/passwd 文件来查看所有用户信息。在/etc/passwd 文件中，root 用户和所有普通用户的 shell 类型都是/bin/bash，并且用户 shell 类型都出现在/etc/passwd 文件的最后一列，因此使用 grep 过滤所有以/bin/bash 结尾的行。然后使用 awk 命令，在命令中指定分割符为":"，过滤的条件是第三列大于 1000 的行并输出对应的第一列。/etc/passwd 文件中第三列为用户 UID，在默认情况下 root 用户 UID 是 0，普通用户的 UID 为 1000~60000（/etc/login.defs 中记录）。/etc/passwd 文件中第一列为用户名，也就是说，列出所有 UID 大于等于 1000 的用户名。列出名后，将所有用户名写入文件/root/user_del。随后，使用带列表的 for 循环，使用/root/user_del 作为循环执行的列表，循环按照/root/user_del 文件中的用户名对用户进行删除。在删除用户后，删除/root/user_del 文件。

在创建用户和删除用户时，分别使用了类 C 的 for 循环和带列表的 for 循环，这也恰好显示了它们各自的特点。类 C 的 for 循环在执行时能够很方便地通过循环控制条件来限制循环执行的次数，通常当需要执行指定次数的循环时，会使用类 C 的 for 循环。带列表的 for 循环更加适用于不确定即将循环的次数的情况，例如，删除所有普通用户，我们也不确定到底系统中存在多少个普通用户，但好在带列表的 for 循环并不需要指定循环次数，循环的次数完全是根据得到的用户数量来决定的，因此通常如果不确定循环的次数，就可以选择使用带列表的 for 循环。

3. 提取合法的 IP 地址

我们来写一个比较极端的案例，即提取合法的 IP 地址，如 "[0-9]\{1,3\}\.[0-9]\{1,3\}\.[0-9]\{1,3\}\.[0-9]\{1,3\}"。如果仔细分析一下 IP 地址的特点，就会发现这个正则表达式的缺陷。

IP 地址的范围是 1.0.0.0～255.255.255.255。也就是说，如果 IP 地址的百位数的范围是 0～1，那么十位数和个位数的范围就是 0～9；而如果百位数是 2，并且十位数的范围是 0～4，那么个位数的范围就是 0～9；而如果百位数是 2，并且十位数是 5，那么个位数的范围就是 0～5。

这样就能发现上述正则表达式存在的缺陷了吧？其会匹配 0.0.0.0～999.999.999.999，超出了合法 IP 地址的范围。如果想要完全匹配合法的 IP 地址，那么笔者的第一感觉是正则表达式太过笼统，不能实现，必须通过脚本来实现（事实证明笔者是错的，因为有学员写出了使用正则表达式匹配合法 IP 地址的例子，稍后介绍）。

这个提取合法 IP 地址的脚本，笔者会用两种 for 循环来实现，读者就能感受到为什么 for 循环的语法一更适合系统管理，而语法二更加"笨拙"。先来看看"笨拙"的语法二是如何实现提取合法 IP 地址的吧，脚本如下：

```bash
[root@localhost ~]# vim /root/ip_test1.sh
#!/bin/bash
#提取合法 IP 地址，使用语法二的示例
grep "^[0-9]\{1,3\}\.[0-9]\{1,3\}\.[0-9]\{1,3\}\.[0-9]\{1,3\}$" /root/ip.txt > /root/ip_test1.txt
#把需要判断的 IP 地址放入 ip.txt 临时文件
#通过正则表达式把明显不符合规则的 IP 地址过滤掉，把结果保存在 ip_test1.txt 临时文件中
line=$(wc -l ip_test1.txt  | awk '{print $1}')
#统计 ip_test1.txt 文件中有几行 IP 数值

for (( i=1;i<=$line;i=i+1 ))
#有几行 IP 数值，就循环几次
do
        cat /root/ip_test1.txt | awk 'NR=='$i'{print}' > /root/ip_test2.txt
        #第几次循环，就把第几行读入 ip_test2.txt 文件（此文件中只有一行 IP 数值）
        a=$(cat   /root/ip_test2.txt | cut -d '.' -f 1)
        b=$(cat   /root/ip_test2.txt | cut -d '.' -f 2)
        c=$(cat   /root/ip_test2.txt | cut -d '.' -f 3)
        d=$(cat   /root/ip_test2.txt | cut -d '.' -f 4)
        #分别把 IP 地址的四个数值读入变量 a,b,c,d

        if [ "$a" -lt 1 -o "$a" -gt 255 ]
        #如果第一个数值小于 1 或大于等于 255
                then
                        continue
                        #就退出本次循环
        fi

        if [ "$b" -lt 0 -o "$b" -gt 255 ]
```

```
				then
						continue
			fi

			if [ "$c" -lt 0 -o "$c" -gt 255 ]
				then
						continue
			fi
			if [ "$d" -lt 0 -o "$d" -gt 255 ]
				then
						continue
			fi
			#依次判断四个 IP 数值是否超出范围，如果超出，就退出本次循环

			cat /root/ip_test2.txt >> /root/ip_test.txt
			#如果四个 IP 数值都符合要求，就把合法的 IP 地址记录在文件中
done
rm -rf /root/sh/ip_test1.txt
rm -rf /root/sh/ip_test2.txt
#删除临时文件
```

这个脚本为什么会"笨拙"呢？因为在使用语法二时，需要先统计 IP 地址共有多少行，并且需要使用非常复杂的 awk 命令中的 NR 变量提取出每行 IP，才可以进行循环判断。而如果使用语法一呢？我们来看看这个脚本：

```
[root@localhost ~]# vim /root/ip_test2.sh
#!/bin/bash
#提取合法的 IP 地址，使用语法一的案例

grep "^[0-9]\{1,3\}\.[0-9]\{1,3\}\.[0-9]\{1,3\}\.[0-9]\{1,3\}$" /root/ip.txt > /root/ip_test1.txt
#通过正则表达式把明显不符合规则的 IP 地址过滤掉，把结果保存到临时文件中
for i in $(cat /root/ip_test1.txt)
do
	a=$(echo "$i" | cut -d "." -f 1 )
	b=$(echo "$i" | cut -d "." -f 2 )
	c=$(echo "$i" | cut -d "." -f 3 )
	d=$(echo "$i" | cut -d "." -f 4 )
	#分别把 IP 地址的四个数值读入变量 a,b,c,d
	if [ "$a" -lt 1 -o "$a" -gt 255 ]
	#如果第一个数值大于 1 或大于等于 255
		then
			continue
			#就退出本次循环
	fi

	if [ "$b" -lt 0 -o "$b" -gt 255 ]
		then
			continue
	fi
```

```
	if [ "$c" -lt 0 -o "$c" -gt 255 ]
		then
			continue
	fi

	if [ "$d" -lt 0 -o "$d" -gt 255 ]
		then
			continue
	fi

	echo "$i" >> /root/ip_valid.txt
	#把合法的 IP 地址写入/root/ip_valid.txt 文件
done
rm -rf /root/sh/ip_test1.txt
#删除临时文件
```

看到了吗？如果使用语法一，那么脚本明显变得更加简单。通过这个例子，我们应该能感觉到语法一和语法二的优缺点了。在合适的时候使用合适的循环，会让我们的脚本变得更加简单。

那么，难道使用正则表达式真的不能提取合法 IP 地址吗？其实可以，只是非常麻烦。现在来看学员写的提取合法 IP 地址的正则表达式吧。

"^((([0-9]\.)|([1-9][0-9]\.)|(1[0-9][0-9]\.)|(2[0-4][0-9]\.)|(25[0-5]\.)){3}(([0-9])|([1-9][0-9])|(1[0-9][0-9])|(2[0-4][0-9])|(25[0-5]))$"

经过测试，这个正则表达式确实可以匹配合法的 IP 地址。

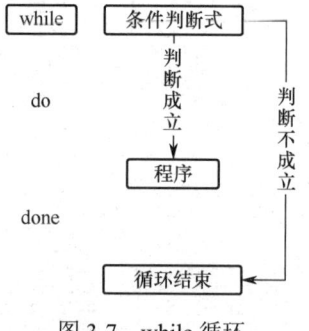

3.5.5 while 循环

while 循环和后面将要介绍的 until 循环都是不定循环，也称作条件循环，主要是指循环可以一直进行，直到用户设定的条件达成为止，语法如下：

```
while [ 条件判断式 ]
	do
		程序
	done
```

对 while 循环来说，只要条件判断式成立，循环就会一直进行，直到条件判断式不成立，循环才会停止，如图 3-7 所示。

图 3-7 while 循环

第 3 章 管理员的"九阳神功": shell 编程

我们再写一个从 1 加到 100 的例子,这种例子虽然对系统管理帮助不大,但是对理解循环非常有帮助。

例:使用 while 循环从 1 加到 100

```
#!/bin/bash
i=1
s=0
#给变量 i 和变量 s 赋值
while [ $i -le 100 ]
#如果变量 i 的值小于等于 100,就执行循环
        do
                s=$(( $s+$i ))
                i=$(( $i+1 ))
        done
echo "The sum is: $s"
```

解释一下脚本思路:对于 while 循环来讲,只要条件判断式成立,循环就会执行。因此,只要变量 i 的值小于等于 100,循环就会继续。每次循环给变量 s 加入变量 i 的值,再给变量 i 加 1,直到变量 i 的值大于 100,循环才会停止。然后输出变量 s 的值,也就是从 1 加到 100 的总和。

在 while 循环中,可以使用 true 代替条件判断式,true 表示判断为真,这样 while 就可以无限循环下去了。但即便无限循环执行的只是一条简单的 echo 命令,也会因为持续不断地执行 echo 最终占用过多的系统资源。因此,在执行 while 无限循环期间,我们需要通过某些方式让循环停下来,例如,read 语句就能够让无限循环暂停来等待键盘输入,避免占用过多的系统资源。接下来举例说明:

```
[root@localhost ~]# cat /root/while2.sh
#!/bin/bash
while true
do
cat << EOF
1.SELinux ON:
2.SELinux OFF:
3.IP DHCP:
4.IP Static:
EOF
        read -p "请输入您的选择(1-4): " slct
        case "$slct" in
            1)
                    echo "SELinux ON..."
                    ;;
            2)
                    echo "SELinux OFF..."
                    ;;
            3)
                    echo "DHCP IP..."
                    ;;
```

```
                4)
                        echo "Static IP..."
                        ;;
                *)
                        echo "Error,Please input 1|2|3|4"
                        ;;
        esac
done
```

在 while2.sh 脚本执行后，就会进入无限循环，在执行脚本期间，我们可以反复多次修改 SELinux 状态或修改 IP 地址的获取方式，如果想要退出脚本，那么可以使用 Ctrl+C 快捷键实现。在 case 语句中，在修改每个配置文件的修改时，均可将其替换为此前学过的 sed 等命令。

3.5.6 until 循环

再来看看 until 循环。和 while 循环相反，只要条件判断式不成立，其就进行循环，并执行循环程序；一旦条件判断式成立，就停止循环。

语法如下：

```
until [ 条件判断式 ]
    do
        程序
    done
```

until 循环如图 3-8 所示。

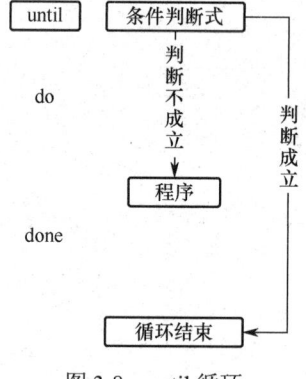

图 3-8 until 循环

还是使用从 1 加到 100 这个例子，注意 until 循环和 while 循环的区别。

例：使用 until 循环从 1 加到 100

```
[root@localhost ~]# vim /root/until.sh
#!/bin/bash
i=1
s=0
#给变量 i 和变量 s 赋值
until [ $i -gt 100 ]
#循环，直到变量 i 的值大于 100，就停止循环
```

```
        do
                s=$(( $s+$i ))
                i=$(( $i+1 ))
        done
echo "The sum is: $s"
```

解释一下脚本思路：对于 until 循环来说，只要条件判断式不成立，循环就会继续；一旦条件判断式成立，循环就会停止。因此，我们需要判断变量 i 的值是否大于 100，一旦变量 i 的值大于 100，循环就会停止。与 while 循环类似，unit 循环的判断条件为 false，表示无限循环。

3.5.7 函数

在编辑脚本过程中，难免会遇到一些需要重复执行多次的代码段，为了更方便地执行重复代码段，我们可以将其声明成函数并设置一个函数名。在声明函数之后，每当我们需要执行这段重复的代码时，只要表明函数名即表示执行函数中的全部代码。使用函数可以让我们的脚本程序更加简洁，函数语法如下：

```
function 函数名 () {
    程序
}
```

接下来，我们简单地进行一次函数声明和函数调用：

```
[root@localhost ~]# cat /root/fun1.sh
#!/bin/bash
function fun_test () {
#声明函数，表明函数名为"fun_test"
    echo "function test!"
#函数体中只有一个 echo 命令，输出 function test!字符串
}
# "}" 表示函数声明结束，我们可以将所有重复执行的代码写到{}之间
fun_test
#调用函数
[root@localhost ~]# /root/fun1.sh
function test!
#fun_test 运行后执行了函数体中的 echo 命令
```

解释一下脚本思路：在/root/fun1.sh 脚本中我们声明了函数，表明函数名为 fun_test，函数名之前的 function 可以省略。函数体中只有一行 echo 命令，在实际声明函数的过程中，我们可以将 echo 命令替换为重复出现的代码段。函数如果只进行声明，那么函数体并不会被执行，在声明函数后每出现一次函数名，就表示要执行一次该函数中的代码段。因此，在声明函数结束后，fun_test 即为要执行的函数。

我们将重复出现的代码段定义成函数，并在需要执行该代码段的时候使用函数名来表示执行重复的代码段。那么在这种情况下，是否说明我们定义成函数的代码段就会一直一成不变地执行了呢？答案是否定的，我们仍然可以用类似于位置参数变量的方式将变量值传递到函数中。

接下来，我们编辑一个能够将变量值传递进脚本，并且能够将脚本中的值传递到函数中的脚本案例。还记得从 1 加到 100 这个循环吗？这次我们用函数来实现它，不过不再是从 1 加到 100 了，我们让用户自己来决定加到多少。

例：
[root@localhost ~]# vim /root/function.sh
#!/bin/bash
#接收用户输入的数字，然后从 1 加到这个数字

function sum () {
#定义函数名 sum
    s=0
    for ((i=0;i<=**$1**;i=i+1))
      #循环，直到变量 i 大于$1 为止。$1 是函数 sum 的第一个参数
      #在函数中也可以使用位置参数变量，不过这里的$1 指的是函数后的第一个参数
      do
        s=$(($i+$s))
      done
    echo "The sum of 1+2+3...+$1 is :　　$s"
    #输出从 1 加到$1 的和
}

read -p "Please input a number: " -t 30 num
#接收用户输入的数字，并把值赋予变量 num
y=$(echo $num | sed 's/[0-9]//g')
#把变量 num 的值替换为空，并赋予变量 y
if [-z "$y"]
#判断变量 y 是否为空，以确定变量 num 中是否为数字
    then
      sum $num
        #调用 sum 函数，并把变量 num 的值作为第一个参数传递给 sum 函数
    else
      echo "Error!! Please input a number!"
      #如果变量 num 的值不是数字，就输出报错信息
fi

根据上述案例可以发现，函数也有自己的位置参数变量，$0 代表函数名，$1 代表函数的第一个参数，$2 代表函数的第二个参数，以此类推。

当函数写好之后，在使用时只要写入函数名即可调用，非常方便。如果在程序中需要多次调用同一项功能，那么定义函数可以优化程序代码。

3.5.8　特殊流程控制语句

1. exit 语句

在系统中是有 exit 命令的，用于退出当前登录的用户、退出切换用户身份、退出切换组身份。但是在 shell 脚本中，exit 语句是用来退出当前脚本的。也就是说，在 shell 脚本中，只要碰到 exit 语句，后续的程序就不再执行，而是直接退出脚本。exit 语句的语法如下：

exit [返回值]

在使用 exit 定义了返回值之后,可以通过查询"$?"这个变量来查看返回值。如果 exit 之后没有定义返回值,那么脚本执行之后的返回值是执行 exit 语句之前最后执行的一条命令的返回值。exit 返回值为 0~255,通常默认正常退出后的返回值为 0,其余数字可以通过自定义来表示不同情况的异常退出。我们可以在 case 语句、for 循环、while 循环等语句中使用 exit 表示退出脚本。

例如,我们在 while 循环中写过一个能够无限循环的脚本,现在可以使用 exit 表示退出 while 循环。在 while 无限循环的基础上进行修改:

```
[root@localhost ~]# cat /root/while2.sh
#!/bin/bash
while true
do
cat << EOF
1.SELinux ON:
2.SELinux OFF:
3.IP DHCP:
4.IP Static:
5.EXIT                              ←在输出提示信息中加入退出选项

EOF
    read -p "请输入您的选择(1-5):" slct
    case "$slct" in
        1)
            echo "SELinux ON..."
            ;;
        2)
            echo "SELinux OFF..."
            ;;
        3)
            echo "DHCP IP..."
            ;;
        4)
            echo "Static IP..."
            ;;
        5)
            echo "Exiting..."
            exit 50
#case 语句中加入退出选项,输出退出提示并执行 exit,指定 exit 退出返回值为 50
            ;;
        *)
            echo "Error,Please input 1|2|3|4"
            ;;
    esac
done
```

exit 一旦执行,while 循环就会停止。脚本运行结果如下:

```
[root@localhost ~]# /root/while2.sh
1.SELinux ON：
2.SELinux OFF：
3.IP DHCP：
4.IP Static：
5.EXIT
请输入您的选择（1-5）：5              ←使用键盘输入 5
Exiting...                           ←输出退出提示
[root@localhost ~]#                  ←退出脚本
[root@localhost ~]# echo $?
50                                   ←退出返回值为 50
```

完整脚本的内容过多，无法突出 exit 的作用，因此当前脚本只用来简要表明 exit 的作用。完整修改 SELinux 状态和 IP 见脚本实际案例。

2．break 语句

再来看看特殊流程控制语句 break 的作用。当程序执行到 break 语句时，会结束整个当前循环（可用于 for 循环、while 循环、until 循环）。而 continue 语句也是结束循环的语句，不过 continue 语句只会结束单次当前循环，下次循环会继续执行。我们画一张示意图来解释 break 语句，如图 3-9 所示。

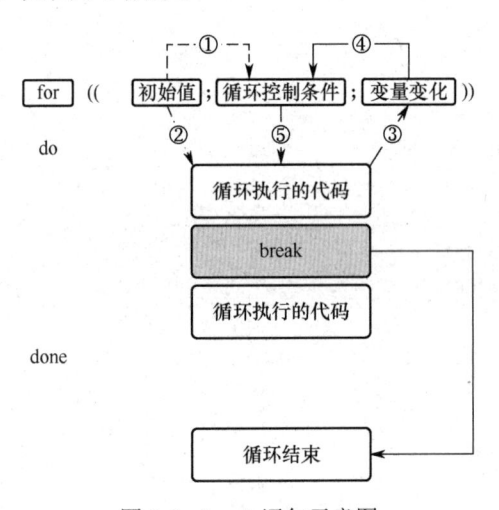

图 3-9　break 语句示意图

举个例子：

```
[root@localhost ~]# vim /root/break.sh
#!/bin/bash
#演示使用 break 语句跳出循环

for (( i=1;i<=10;i=i+1 ))
#循环十次
        do
                if [ "$i" -eq 4 ]
                        #如果变量 i 的值等于 4
```

```
                then
                    break
                    #就退出整个循环
            fi
            echo $i
            #输出变量 i 的值
    done
```

运行一下这个脚本,一旦变量 i 的值等于 4,整个循环就会跳出,因此应该只能循环三次。

```
[root@localhost ~]# /root/break.sh
1
2
3
```

3. continue 语句

再来看看 continue 语句,它也是结束循环(可用于 for 循环、while 循环、until 循环)的语句,但它只会结束单次当前循环,忽略当前循环中的剩余代码,继续进行下次循环。我们也画一张示意图来说明 continue 语句,如图 3-10 所示。

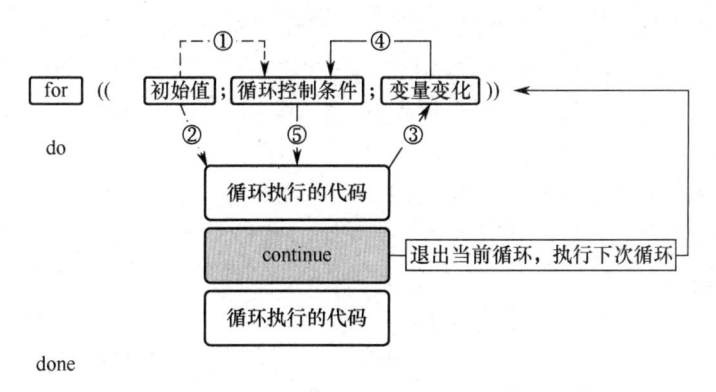

图 3-10 continue 语句示意图

还是使用刚刚的脚本,不过退出语句换成 continue 语句,看看会发生什么情况。

```
[root@localhost ~]# vim /root/continue.sh
#!/bin/bash
for (( i=1;i<=10;i=i+1 ))
    do
        if [ "$i" -eq 4 ]
            then
                continue
                #退出语句换成 continue 语句
        fi
        echo $i
    done
```

运行一下这个脚本。

```
[root@localhost ~]# /root/continue.sh
1
```

Linux 9 系统管理全面解析

```
2
3
5                              ←continue 语句生效，缺少数字 4 输出
6
7
8
9
10
```

continue 语句只会退出单次当前循环，并不会影响后续的循环，因此只会缺少数字 4 输出。

4.trap 信号捕获

trap 可以捕获信号并作出相应的"动作"，而捕获信号之后的"动作"是可以自定义或使用函数进行定义的，常用于在脚本执行过程被中断时完成清理工作。

举例说明：例如，我们之前编辑的批量删除用户脚本，在脚本运行时可以使用重定向的方式，将查找到的符合条件的用户保存到某文件中，然后对文件中的用户进行删除，并在脚本执行完成后对记录用户的文件进行删除。

但在脚本执行过程中存在一些意外情况，例如，删除用户过程太过缓慢，脚本执行者使用 Ctrl+C 快捷键退出脚本执行。也就是说，在得到了 /root/user_del 文件后，在删除 /root/user_del 文件之前，脚本进程被终止执行，在这种情况下 /root/user_del 文件没有进行正常的删除（清理）工作。

使用 trap 就可以很好地解决此类问题，trap 可以在脚本进程执行期间接收到某些信号，然后完成对应的"动作"。而接收什么信号、完成什么动作，都是可以自定义的，"动作"可以使用函数定义。

我们可以执行 trap -l 来查看系统中的信号：

```
[root@localhost ~]# trap -l
 1) SIGHUP       2) SIGINT      3) SIGQUIT      4) SIGILL       5) SIGTRAP
 6) SIGABRT      7) SIGBUS      8) SIGFPE       9) SIGKILL     10) SIGUSR1
11) SIGSEGV     12) SIGUSR2    13) SIGPIPE     14) SIGALRM     15) SIGTERM
16) SIGSTKFLT   17) SIGCHLD    18) SIGCONT     19) SIGSTOP     20) SIGTSTP
21) SIGTTIN     22) SIGTTOU    23) SIGURG      24) SIGXCPU     25) SIGXFSZ
26) SIGVTALRM   27) SIGPROF    28) SIGWINCH    29) SIGIO       30) SIGPWR
31) SIGSYS      34) SIGRTMIN   35) SIGRTMIN+1  36) SIGRTMIN+2  37) SIGRTMIN+3
38) SIGRTMIN+4  39) SIGRTMIN+5 40) SIGRTMIN+6  41) SIGRTMIN+7  42) SIGRTMIN+8
43) SIGRTMIN+9  44) SIGRTMIN+10 45) SIGRTMIN+11 46) SIGRTMIN+12 47) SIGRTMIN+13
48) SIGRTMIN+14 49) SIGRTMIN+15 50) SIGRTMAX-14 51) SIGRTMAX-13 52) SIGRTMAX-12
53) SIGRTMAX-11 54) SIGRTMAX-10 55) SIGRTMAX-9  56) SIGRTMAX-8  57) SIGRTMAX-7
58) SIGRTMAX-6  59) SIGRTMAX-5  60) SIGRTMAX-4  61) SIGRTMAX-3  62) SIGRTMAX-2
```

63) SIGRTMAX-1   64) SIGRTMAX
#查看 trap 能够接收的信号

接下来使用一个实际案例来查看 trap 捕获信号的效果：
```
[root@localhost ~]# vim /root/trap1.sh
#!/bin/bash
trap 'mytrap' SIGINT            ←定义脚本接收到 SIGINT 信号后执行 mytrap 动作
mytrap() {                      ←声明 mytrap 函数都执行哪些动作
    echo "Exiting and cleaning files!"   ←首先输出退出提示
    rm -rf /root/user_del       ←删除文件，完成清理工作
    exit 1                      ←定义退出返回值为 1
}

grep "/bin/bash$" /etc/passwd | awk -F ":" '$3>=1000{print $1}' > /root/user_del
#确定过滤和截取规则
for i in `cat /root/user_del`   ←进行 for 循环，循环删除符合条件的用户
do
    userdel -r "$i"

done

sleep 100                       ←为了脚本能够长时间执行，sleep 睡眠 100 秒

rm -rf /root/user_del
```

脚本解析：相比之前的批量删除，我们在脚本中添加了使用 trap 接收 SIGINT 信号并执行 mytrap 动作，而 mytrap 动作是我们在脚本中以函数的方式自定义的。在函数中我们定义了要输出提示信息、要删除 user_del 文件、要退出脚本并定义退出返回值。但是，为了让脚本能够长时间执行（长时间执行才能有机会发出 SIGINT 信号），还需要在脚本中写入 sleep 睡眠，以此延长脚本执行时间。

脚本执行结果如下：
```
[root@localhost ~]# /root/trap1.sh
```
#在脚本执行后，因为存在 sleep 睡眠，所以脚本执行时间较长且当前屏幕没有任何输出
#现在我们切换其他终端查看/root/user_del 文件是否存在

切换到另一终端执行：
```
[root@localhost ~]# ls -l /root/user_del
-rw-r--r--. 1 root root 5 Mar 22 09:50 /root/user_del
```
#文件存在

现在，我们切换为执行脚本的终端，通过使用 Ctrl+C 快捷键的方式发出 SIGINT 信号：
```
[root@localhost ~]# /root/trap1.sh
^CExiting and cleaning files!
```
#使用 Ctrl+C 快捷键向脚本发出 SIGINT 信号
```
[root@localhost ~]#
```
#脚本执行结束

```
[root@localhost ~]# echo $?
1
#查看退出返回值
[root@localhost ~]# ls -l /root/user_del
ls: cannot access '/root/user_del': No such file or directory
#查看/root/user_del 文件是否存在
```

在设置了 trap 捕获信号和对应的执行动作之后，我们在脚本执行期间再次执行发出 SIGINT 信号，就会发现 trap 捕获信号后执行了 mytrap 函数中的动作。

3.6 脚本实例

我们在本节举几个常用的脚本实例，希望可以抛砖引玉，给大家一些启发。这些实例都是日常教学工作中的常用脚本，其中的自动判卷脚本较为有用，当然我们也对脚本进行了一定的简化，方便初学者理解。最有效的学习编程的方法就是自己来写，大家可以在我们的脚本中逐步加入功能，变成自己的常用脚本。

3.6.1 自定义回收站

在初学 Linux 命令时，难免会进行一些误操作，不小心删除一些系统中的重要文件。Linux 中又没有"回收站"这个概念，文件一经删除就无法再次还原到系统中。为了避免误删除的发生，我们可以编译一个脚本实现类似于"回收站"的概念，代码如下：

```
#!/bin/bash
for i in $@
do
    echo $i >> ~/.del
done
#使用$@位置参数变量将命令行中即将删除的文件名传进脚本，保存在用户家目录的.del 文件中
grep -v "^-" ~/.del >> ~/.move
#在日常执行命令过程中，我们可能会加入一些选项，如-r 或-f 等，使用 grep 命令过滤.del 文件中以"-"
开头的行，并将过滤的结果写入.move 文件
for a in $(cat ~/.move)
do
    mv "$a" /rm.d
done
#使用带列表的 for 循环依次将.move 文件中出现的文件剪切到 rm.d 目录中
/usr/bin/rm ~/.del ~/.move
#在剪切完成后，删除.del 文件和.move 文件
```

在脚本编辑完成后，还需要进行一些准备工作，例如：

```
[root@localhost ~]# chmod +x /root/rmv
#给脚本文件赋予执行权限
[root@localhost ~]# mv /root/rmv /usr/bin/
```

#将脚本保存到/usr/bin/目录中，方便普通用户执行
[root@localhost ~]# mkdir /rm.d
#事先创建出/rm.d/目录
[root@localhost ~]# chmod 1777 /rm.d/
#将/rm.d/目录权限设置为1777，可以在确保所有用户有权限在/rm.d/目录下写入数据的同时，不会出现互相删除文件的情况
[root@localhost ~]# vim /etc/bashrc
alias rm='/usr/bin/rmv'
#将别名永久写入/etc/bashrc 文件

现在，无论是普通用户还是 root 用户，在执行 rm 命令时，实际上都是在执行 rmv 脚本，都会将想要删除的文件保存到/rm.d/目录中，如果有还原文件的需求，就可以再次将文件剪切至某目录中；如果不需要还原文件，就可以周期性地删除/rm.d/目录中的文件。

3.6.2 自动判卷脚本

在 Linux 培训的日常工作中经常会遇到一些需要考试的情况，其中机试题的评分工作非常费时费力，尤其在学生数量增多后，对每名学生的机试题进行评分都要 5～10 分钟时间。在这种情况下，我们可以使用脚本来对学生的机试题进行判断并得出成绩，脚本评分所需时间在 5 秒左右，极大地提高了评分效率。但是请注意，不同的题目需要使用不同的判断方式和评分脚本。

题目如下。

（1）进入系统。

（2）修改家目录模板，使新用户拥有.xxhf 文件。

（3）创建 hf01 用户，设置附加组 bin，设置 hf01 组管理员。

（4）锁定 user1 用户，使之不能登录系统。

（5）使用 root 用户创建/test.d 目录，普通用户对目录拥有其他人身份，要求目录所有者对目录拥有最大权限、对目录所属组拥有最大权限，普通用户其他人身份用最低目录权限将文件保存到/test.d 目录中。

（6）将/var/log/messages 文件以 200KB 为最大单位进行分割，分割后的文件保存在/root/test.d 目录中（/root/test.d 目录只保存分割后的文件）。

（7）创建分区并命名为/dev/myvg/lv01，空间为 30GB，挂载点为/disk1，需要加入用户磁盘配额挂载选项。

（8）设置用户磁盘配额，hf01 用户在/dev/myvg/lv01 分区写入文件的最大数量提示值为 10，最大值为 20。

（9）对/dev/sda1 设备文件进行分区备份，备份文件保存在/disk1 目录中，名为/disk1/sda1.bak，将备份过的 sda1.bak 挂载到/disk2 目录上。

（10）运行 ping 命令 ping 127.100.100.100，将其放入后台并以脱离终端的方式运行。在 ping 进程运行后，将其优先级调整为最低。

评分脚本代码如下：

```
[root@localhost ~]# vim /usr/bin/boo.sh
#!/bin/bash
pc[0]=10
#在机试题当中使用数组的方式保存每题的成绩，方便查看成绩
#机试题总共10道题，每题10分，第一题是破解密码进入系统，只要能够进入系统就能得到10分

ls -l /etc/skel/.xxhf &> /root/file1.txt
#执行 ls 命令查看文件，无论命令执行成功与否，都将命令执行结果保存到/root/file1.txt 文件中
file_1=$(awk '{print $NF}' /root/file1.txt )
#使用 awk 截取/root/file1.txt 文件中的最后一个字段
if [[ $file_1 == /etc/skel/.xxhf ]]
then
    echo "skel OK!"
    pc[1]=10
    echo ${pc[1]}
else
    echo "skel Err!"
    pc[1]=0
fi
#对使用 awk 截取到的最后一个字段进行判断，在 ls -l 命令执行结果中的最后一个字段为文件名。判断成立表示文件存在
#主要用来判断文件是否存在


cut -d ":" -f 1 /etc/passwd | grep hf01 > /root/user.test
#使用 cut 命令指定分隔符为 "："，截取/etc/passwd 文件中的第一列，得到系统中所有的用户名
#在得到用户名后，通过管道符交给 grep 命令过滤是否存在 hf01 关键字，在过滤后保存到/root/user.test 文件中
user_1=$(cat /root/user.test)
if [[ $user_1 == hf01 ]]
then
    echo "hf01 OK!"
    pc[2]=3
    echo ${pc[2]}
else
    echo "hf01 Err!"
    pc[2]=0
fi
#因为 grep 命令包含匹配，所以要再次使用 if 判断确保用户名为 hf01
#判断成立表示用户存在
#主要用来判断用户是否存在

grep "^bin" /etc/group > /root/group.test
#在/etc/group 文件中查找以 bin 开头的行，并将其写入/root/group.test 文件
group_1=$(awk -F ":" '{print $1}' /root/group.test)
#使用 awk 指定 "：" 为分隔符，截取/root/group.test 文件中的第一列，目的在于截取组名
```

```
gu_1=$(cat /root/group.test)
#将/root/group.test 文件内容赋值给变量 gu_1
if [[ $group_1 == bin && $gu_1 =~ ^bin.*hf01.* ]]
then
    echo "bin group OK!"
    pc[3]=3
    echo ${pc[3]}
else
    echo "bin group Err!"
    pc[3]=0
fi
#使用[[]]的方式进行判断，在判断过程中可以执行匹配或正则
#首先判断截取的组名是否是 bin，因为 grep 命令中的 "^bin" 表示以 bin 开头，所以可能会找到包含
bin 的组名
#继续判断变量 gu_1 的值是否以 bin 开头并且其中包含 hf01，因为在 bin 组中可能包含其他组内成员
#只有在两个判断式为真的情况下，最终判断结果才成立
#主要用户判断某用户是否在某组中


gp=$(grep "^hf01.*hf01.*" /etc/gshadow)
#在组密码文件中查看以 hf01 开头并且包含 hf01 的行
if [[ $gp == hf01* ]]
then
    echo "group admin OK!"
    pc[4]=4
    echo ${pc[4]}
else
    echo "group admin Err!"
    pc[4]=0
fi
#对 grep 结果进行判断，判断成立表示 hf01 用户是 hf01 组管理员
#主要用来判断组管理员


grep "^user1" /etc/shadow > /root/u1.test
#查找密码文件中 user1 用户密码信息，通过重定向的方式写入/root/u1.test 文件
pass=$(awk -F ":" '{print $2}' /root/u1.test)
#以 ":" 为分隔符截取/root/u1.test 文件第二列（加密密码）
if [[ $pass == \** || $pass == \!* ]]
then
    echo "pht user1 OK!"
    pc[5]=10
    echo ${pc[5]}
else
    echo "pht user1 Err!"
    pc[5]=0
fi
#判断用户经过加密的密码是否以 "*" 或以 "!" 开头
```

#主要用于判断用户是否被锁定密码

ls -ld /test.d/ &> /root/dir.txt
#查看目录/test.d/的详细信息并将其重定向保存到/root/dir.txt 文件中
dir_1=$(awk '{print $1}' /root/dir.txt)
#截取文件中第一列的内容，通常第一列为文件类型和文件权限
if [[$dir_1 =~ drwxrwx-wx.*]]
then
    echo "dir OK!"
    pc[6]=10
    echo ${pc[6]}
else
    echo "dir Err!"
    pc[6]=0
fi
#判断目录是否为指定权限
#主要用于判断文件或目录权限

ls -l /root/test.d/* &> /root/log.test
#查看/root/test.d/目录的所有子文件子目录并将其重定向保存在/root/log.test 文件中
awk '{print $5}' /root/log.test > /root/log2.test
#截取/root/log.test 文件的第五列并将其重定向保存到/root/log2.test 文件中，通常文件详细信息中的第五列是文件大小
log_1=$(cat /root/log2.test)
#将所有截取后的文件大小赋值给 log_1
for i in $log_1
do
    if ["$i" -le "204800"]
    then
        echo "yes" >> /root/if.txt
    else
        echo "no" >> /root/if.txt
    fi
done
#使用带列表的 for 循环，判断文件是否小于等于 204800B
#若判断成立，则输出 yes 并保存在/root/if.txt 文件中
#若判断不成立，则输入 no 并保存在/root/if.txt 文件中

uniq /root/if.txt &> /root/if2.txt #xxx
#取消/root/if.txt 文件中的重复行，如果所有文件大小均在 2048000B 以下，那么/root/if.txt 文件中应该存在多行"yes"，在使用 uniq 命令之后会变为一行"yes"

yes_1=$(cat /root/if2.txt)
#将取消重复后的 if2.txt 文件内容赋值给 yes_1
if [[$yes_1 == yes]]
then

```
        echo "split OK!"
        pc[7]=10
        echo ${pc[7]}
else
        echo "split Err!"
        pc[7]=0
fi
#对 yes_1 的值进行判断
#主要用来判断某目录中的文件大小


d1=$(mount | grep /disk1)
#查看/disk1/目录的挂载情况并将其赋值给 d1
if [[ $d1 == *myvg*lv01*usrquota* ]]
then
        echo "lv OK!"
        echo "quota OK!"
        pc[8]=10
        echo ${pc[8]}
else
        echo "lv Err!"
        echo "quota Err!"
        pc[8]=0
fi
#在使用 mount 命令查看挂载信息时，会显示分区的特殊挂载选项
#在赋值之后使用 if 进行判断，因为不排除/disk1/中存在其他特殊挂载选项的可能，所以使用[[]]进行判断
#主要用来判断某分区是否存在某个特殊挂载选项

xfs_quota -x -c "report -ui" /disk1/ &> /root/uquota.test
#查看 xfs 磁盘配额中用户 inode 配额配置情况，将查询结果保存到/root/uquota.test 文件中
grep hf01 /root/uquota.test &> /root/uquota2.test
#在/root/uqota.test 文件中以 hf01 为关键字进行过滤，将过滤结果保存到/root/uqota2.test 文件中
uis=$(awk '{print $3}' /root/uquota2.test)
uih=$(awk '{print $4}' /root/uquota2.test)
#截取/root/uqota2.test 文件中的第三列和第四列，在文件中第三列和第四列为 hf01 用户 inode 号的软限制和硬限制

if [ "$uis" == "10" -a "$uih" == "20" ]
then
        echo "user inode limit OK!"
        pc[9]=10
        echo ${pc[9]}
else
        echo "user inode limit Err!"
        pc[9]=0
fi
#使用 if 对截取到的字符串进行判断
```

#如果使用-eq进行数字判断,那么当uis和uih为空值的时候,if条件判断式报错
#主要用于判断用户inode号的软限制和硬限制

boot_1=$(lsblk -f | grep sda1 | awk '{print $3}')
#截取sda1分区UUID
disk2_1=$(lsblk -f | grep /disk2 | awk '{print $3}')
#截取/disk2/分区UUID
if [[$boot_1 == $disk2_1]]
then
    echo "sda1 bak OK!"
    pc[10]=10
    echo ${pc[10]}
else
    echo "sda1 bak Err!"
    pc[10]=0
fi
#对比分区UUID是否相等
#主要用于检查分区文件系统备份

pid_1=$(ps aux | grep 127.100.100.100 | grep -v grep | awk '{print $2}')
#通过grep过滤和awk截取得到ping进程的进程PID
ps -l ${pid_1} > /root/pid.test
#使用ps -l查看进程的详细信息,并将详细信息保存到/root/pid.test文件中
ni_1=$(grep -v PID /root/pid.test | awk '{print $8}')
tty_1=$(grep -v PID /root/pid.test | awk '{print $12}')
#在进程信息中截取第八列,会得到进程nice值的设置情况
#在进程信息中截取第十二列,会得到进程是否依赖终端的结果

if [[$ni_1 == 19 && $tty_1 == \?]]
then
    echo "nice&tty OK!"
    pc[11]=10
    echo ${pc[11]}
else
    echo "nice&tty Err!"
    pc[11]=0
fi
#对进程nice值进行判断,同时判断进程是否依赖终端
#主要可用于判断进程优先级和进程是否依赖终端

echo   "TS   == $((${pc[0]}+${pc[1]}+${pc[2]}+${pc[3]}+${pc[4]}+${pc[5]}+${pc[6]}+${pc[7]}+${pc[8]}+${pc[9]}+${pc[10]}+${pc[11]}))"
#将以上所有判断的分数进行相加,并将相加结果输出到命令行中
#主要目的在于显示总成绩

rm -rf /root/dir.txt /root/file1.txt /root/group.test /root/if.txt /root/if2.txt /root/log2.test /root/log.test /root/pid.test /root/u1.test /root/uquota2.test /root/uquota.test /root/user.test
#删除脚本执行过程中创建的文件

3.7 本章小结

本章重点

本章重点包括正则表达式、字符截取命令、条件判断、流程控制语句。

本章难点

本章难点首先是正则表达式中多个正则表达式符号的组合用法，其次是 awk 命令的语句格式、条件动作等组合用法，最后是流程控制语句的判断方式与特点。没有编程基础的同学需要分别练习一个个知识点，待完全掌握知识点后，再逐步应用到脚本中。

第4章 庖丁解牛，悬丝诊脉：Linux 系统启动管理

学前导读

Linux 系统的启动是不需要人为参与和控制的，只要按下电源，系统就会按照设定好的方式启动。不过，了解系统的启动有助于我们在系统出现问题时快速地修复 Linux 系统。

Rocky Linux 9.x 的启动过程和 CentOS 7.x 与 CentOS 8.x 相比变化不大，依然以采用 systemd 启动服务为主，当然和 CentOS 6.x 中的 Upstart 相比变化较大。

systemd 已经使所有的程序并行运行启动，如果碰到依赖程序，那么被依赖的程序会发送成功运行的欺骗信号，实际上自己依然在启动过程中；而 Upstart 是半并行启动方式，程序并行启动，但如果有依赖关系，就依然是线性启动。这导致 Rocky Linux 9.x 比旧系统的启动速度更快。

同时，systemd 取代了 init 作为 Linux 第一个启动的程序，服务也都被 systemd 接管，服务的管理也和 CentOS 6.x 以前的版本产生了巨大的不同。

笔者在这里解释一下，因为我们都是先接触旧版本的系统，再学习和使用新版本的系统的，所以在版本更新的时候，难免会进行新旧版本的对比讲解，这样可以让老手学员快速上手；如果你是新手学员，从来没有接触过旧版的 Linux 系统，那么只要开始新的学习即可，没必要去理解新旧版本的对比。

4.1 Rocky Linux 9.x 启动过程详解

我们学习 Linux 系统的启动过程，有助于了解 Linux 系统的结构，对于系统的排错也有很大的帮助。而且，部分修复实验也和启动过程相关，学习系统启动过程可以加深对 Linux 系统的熟悉度。

4.1.1 Rocky Linux 9.x 基本启动流程

Rockey Linux 9.x 的启动过程比较复杂，我们先整理一下基本的启动过程，有一个整体的印象，然后再进一步说明。

目前，Rocky Linux 9.x 的基本启动流程如下。

（1）服务器加电，加载 BIOS 信息，BIOS 进行系统检测。依照 BIOS 设定找到第一

个可以启动的设备（一般是硬盘）。

（2）读取第一个启动设备的 MBR（主引导记录），加载 MBR 中的 Boot Loader（启动引导程序，最为常见的是 grub 程序，在 Rocky Linux 9.x 中最新版本为 grub2）。

（3）根据 grub2 配置文件的设置加载内核，内核会再进行一遍系统检测。系统一般会采用内核检测硬件的信息，而不一定采用 BIOS 的自检信息。grub2 的配置文件是/boot/grub2/grub.cfg，但是此配置文件语法复杂，官方也不建议直接修改此配置文件。如果需要修改，那么建议修改/etc/default/grub，再通过 grub2-mkconfig 命令生成/boot/grub2/grub.cfg 配置文件。具体修改 grub2 配置的方法，我们在 4.2.2 节中详细学习。

（4）由 grub2 加载 inintamfs 虚拟文件系统，在内存中加载虚拟文件系统/boot/initramfs。

（5）内核初始化，以加载动态模块的形式加载部分硬件的驱动，并且调用 initrd.target，挂载/etc/fstab 中的文件系统。这时就可以由虚拟文件系统模拟出的根文件，切换回硬盘根目录。

（6）内核启动系统的第一个进程，也就是 systemd（由 systemd 取代了之前的 init 进程）。由 systemd 接管启动过程，并行启动后续的程序。

（7）systemd 开始调用默认单元组（default.target），并按照默认单元组开始运行子单元组。systemd 把所有的启动程序都变成单元（unit），多个单元合成单元组（target）。并且，也把 CentOS 6.x 以前版本中的运行级别映射成单元组，这里的默认单元组就可以看成是旧版系统中的默认运行级别。按照默认单元组中定义的 target，开始分别加载启动单元组。

- systemd 调用 sysinit.target 单元组，初始化系统。检测硬件，加载剩余硬件的驱动模块等。
- systemd 调用 basic.target 单元组，准备操作系统。加载外围硬件的驱动模块，加载防火墙，加载 SELinux 安全上下文等。
- systemd 调用 multi-user.target 单元组，启动字符界面所需程序。
- systemd 调用 multi-user.target 单元组中的/etc/rc.d/rc.local 文件，执行文件中的命令。
- systemd 调用 multi-user.target 单元组中的 getty.target 单元组，初始化本地终端（tty）及登录界面，若是字符界面启动，则到此启动完成。
- 如果图形界面启动，systemd 就会接着调用 graphical.target 单元组，启动图形界面所需的单元。

简单来看启动过程就是这样的，这里需要注意的是 systemd 的并发启动，也就是所有的程序同时运行，我们可以通过 systemd-analyze plot 命令来查看并发启动的过程。这个命令的输出内容是网页格式的，因此我们把命令结果保存在网页中，命令如下：

```
[root@localhost ~]# systemd-analyze plot > boot.svg
#把命令结果保存在网页中
```

然后把 boot.svg 文件导入浏览器进行查看，如图 4-1 所示。

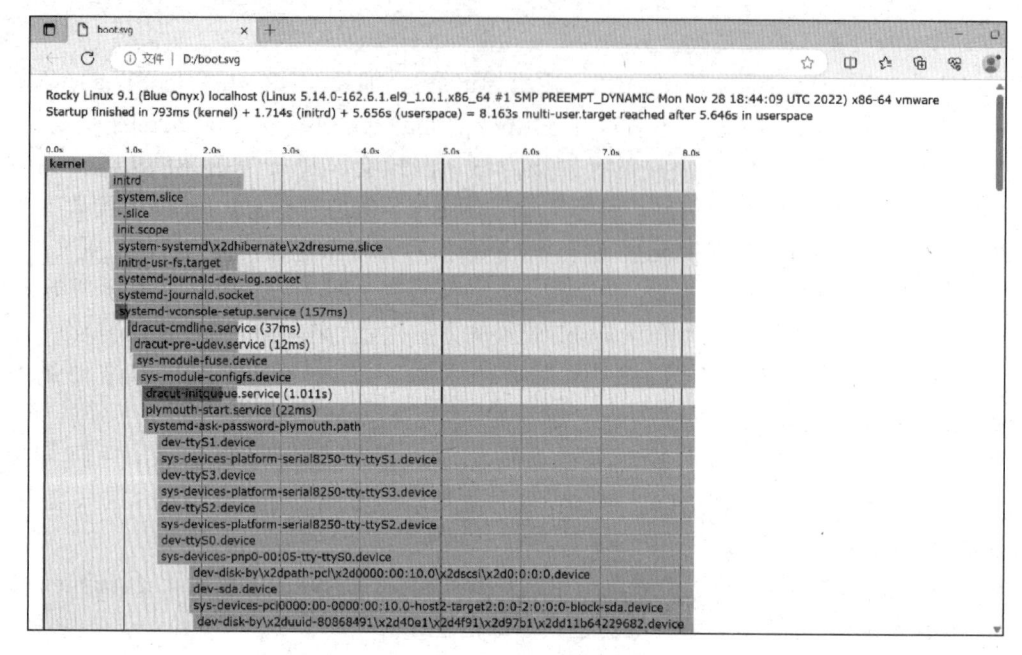

图 4-1　systemd 并发启动

接下来，分别介绍每步启动过程。

4.1.2　具体启动过程

1．BIOS 自检

BIOS（Basic Input Output System，基本输入/输出系统）是固化在主板上一个 ROM（只读存储器）芯片上的程序，主要保存计算机的基本输入/输出信息、系统设置信息、开机自检程序和系统自启动程序，用来为计算机提供最底层和最直接的硬件设置与控制。

BIOS 在系统的启动过程中会加载这些主机信息，并完成第一次系统自检（第二次自检由内核完成），我们把 BIOS 的自检过程称作 POST（Power On Self Test，加电自检）。自检完成之后，开始执行硬件的初始化，之后定义可以启动的设备的顺序，然后从第一个可以启动的设备的 MBR（Main Boot Record，主引导记录）中读取 Boot Loader（启动引导程序）。Linux 中最常见的 Boot Loader 就是 grub 程序。

2．MBR 的结构

MBR 也就是主引导记录，位于硬盘的 0 磁道、0 柱面、1 扇区中，主要记录了启动引导程序和磁盘的分区表。我们通过图 4-2 来看 MBR 的结构。

MBR 共占用了 1 个扇区，也就是 512 Byte。其中 446 Byte 用来安装启动引导程序，64 Byte 用来描述分区表，最后的 2 Byte 是结束标记。我们已经知道，每块硬盘只能划分 4 个主分区，原因是在 MBR 中描述分区表的空间只有 64 Byte。其中每个分区必须占用 16 Byte，那么 64 Byte 就只能划分成 4 个主分区。每个分区的 16 Byte 的规划，如表 4-1 所示。

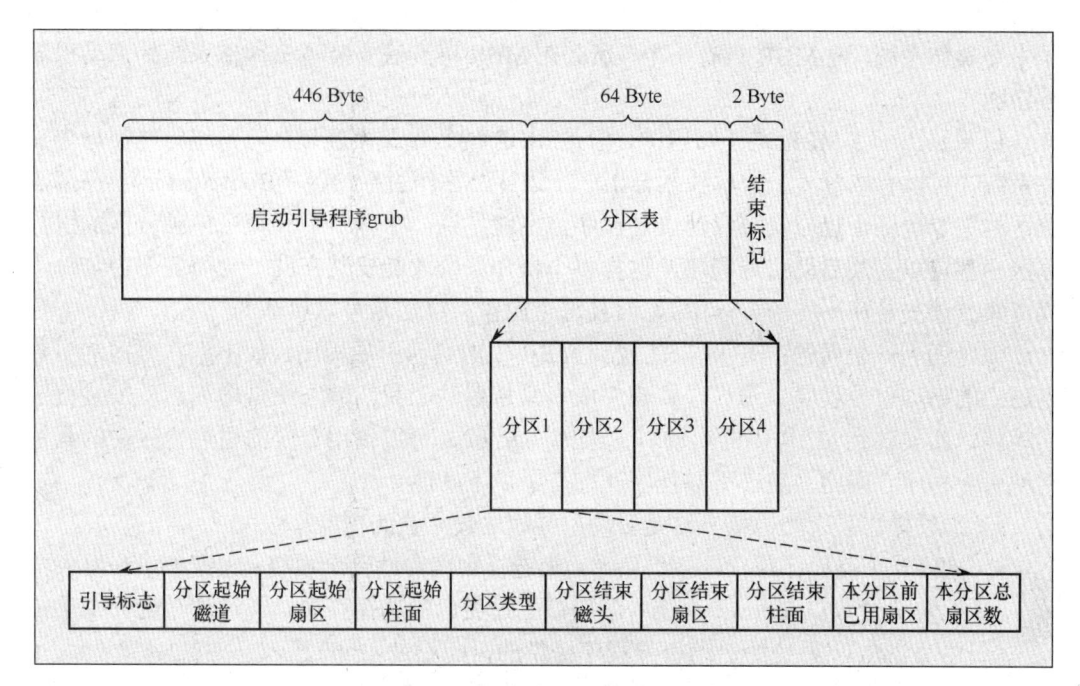

第 4 章　庖丁解牛，悬丝诊脉：Linux 系统启动管理

图 4-2　MBR 的结构

表 4-1　分区表内容

存储字节	数据内容及含义
第 1 个 Byte	引导标志
第 2 个 Byte	本分区的起始磁道号
第 3 个 Byte	本分区的起始扇区号
第 4 个 Byte	本分区的起始柱面号
第 5 个 Byte	分区类型，可以识别主分区和扩展分区
第 6 个 Byte	本分区的结束磁道号
第 7 个 Byte	本分区的结束扇区号
第 8 个 Byte	本分区的结束柱面号
第 9 个至第 12 个 Byte	本分区之前已经占用的扇区数
第 13 个至第 16 个 Byte	本分区的总扇区数

大家注意到了吧，MBR 中最主要的功能就是存储启动引导程序。

3．启动引导程序的作用

BIOS 的作用就是自检，然后从 MBR 中读取出启动引导程序。那么，启动引导程序最主要的作用就是加载操作系统的内核。

每种操作系统的文件格式不同，因此，每种操作系统的启动引导程序也不一样，不同的操作系统只有使用自己的启动引导程序，才能加载自己的内核。如果服务器上只安装了一个操作系统，那么这个操作系统的启动引导程序就会安装在 MBR 中。BIOS 在调用 MBR 时读取出启动引导程序，就可以加载内核了。但是，有些时候，服务器中安装

• 199 •

了多个操作系统，而 MBR 只有一个，那么在 MBR 中到底安装哪个操作系统的启动引导程序呢？

很明显，一个 MBR 是不够用的，但是 MBR 的数量又不能增加，系统只能在每个文件系统（可以看成分区）中单独划分出一个扇区，称作引导扇区（Boot Sector）。在每个分区的引导扇区中也能安装启动引导程序，也就是说，在 MBR 和每个单独分区的引导扇区中都可以安装启动引导程序，这样多个操作系统才能安装在同一台服务器中（每个操作系统要安装在不同的分区中），而且每个操作系统都是可以启动的。

但是还有一个问题：BIOS 只能找到 MBR 中的启动引导程序，找不到在分区的引导扇区中的启动引导程序。那么，要想完成多系统启动，我们的方法是增加启动引导程序的功能，让安装到 MBR 中的启动引导程序（grub2）可以调用分区的引导扇区中的其他启动引导程序。因此，启动引导程序就拥有了以下功能。

- 加载操作系统的内核。这是启动引导程序最主要的功能。
- 拥有一个可以让用户选择的菜单，来选择到底启动哪个系统。大家如果在服务器上安装过双 Windows 系统，就应该见过类似的选择菜单，不过这个选择菜单是由 Windows 系统的启动引导程序提供的，而不是 grub2。
- 可以调用其他的启动引导程序，这是多系统启动的关键。不过需要注意的是，Windows 系统的启动引导程序不能调用 Linux 系统的启动引导程序，因此我们一般建议先安装 Windows 系统，后安装 Linux 系统，这是为了将 Linux 系统的启动引导程序安装到 MBR 中，覆盖 Windows 系统的启动引导程序。当然，这个安装顺序不是绝对的，就算最后安装了 Windows 系统，我们也可以手工再安装一遍 grub2，以此保证 MBR 中安装的还是 Linux 系统的启动引导程序。
- 启动 initramfs 虚拟文件系统，关于这个虚拟文件系统的作用，我们在 4.2 节再进行详述。

我们通过一张示意图来查看启动引导程序 grub2 的作用，如图 4-3 所示。

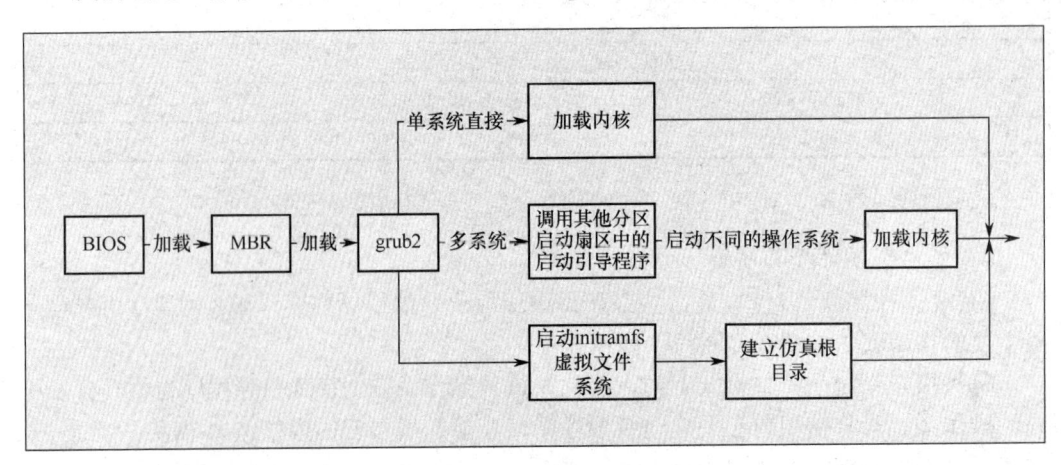

图 4-3　grub2 的作用

4．grub2 加载内核与 initramfs 虚拟文件系统

（1）grub2 加载内核。

grub2 在加载了内核之后，内核首先会再进行一次系统自检，而不一定使用 BIOS 检测的硬件信息。这时内核终于开始替代 BIOS 接管 Linux 系统的启动过程。内核完成再次系统自检之后，开始采用动态的方式加载每个硬件的模块，这个动态模块大家可以想象成硬件的驱动（默认 Linux 硬件的驱动是不需要手工安装的，如果是重要的功能，就会直接编译到内核当中；如果是非重要的功能，如硬件驱动会编译为模块，那么会在需要时由内核调用。不过，如果是没有被内核识别的硬件，要想驱动，就需要手工安装这个硬件的模块了。具体的安装方法在 4.3 节中介绍）。

那么，Linux 系统的内核到底放在了哪里呢？当然是/boot 的启动目录中了，我们来看看这个目录下的内容吧。

```
[root@localhost ~]# ls /boot/
config-5.14.0-162.6.1.el9_1.0.1.x86_64
#内核的配置文件，在内核编译时选择的功能与模块
efi
#可扩展固件接口，是英特尔为全新 PC 固件的体系结构、接口和服务提出的建议标准
grub2
#启动引导程序 grub2 的数据目录
initramfs-0-rescue-73845eb5973f4da895fa24c70667e945.img
#虚拟文件系统，这是安全模式使用的
initramfs-5.14.0-162.6.1.el9_1.0.1.x86_64.img
#虚拟文件系统，这是系统启动时使用的
symvers-5.14.0-162.6.1.el9_1.0.1.x86_64.gz
#模块符号信息
System.map-5.14.0-162.6.1.el9_1.0.1.x86_64
#内核功能和内存地址的对应列表
vmlinuz-0-rescue-73845eb5973f4da895fa24c70667e945
#处于安全模式时，使用的内核镜像
vmlinuz-5.14.0-162.6.1.el9_1.0.1.x86_64
#用于正常启动的 Linux 内核。这个文件是一个压缩的内核镜像
```

我们已经知道，Linux 系统会把不重要的功能编译成内核模块，在需要时再调用，从而保证了内核不会过大。在多数 Linux 系统中，都会把硬件的驱动编译为模块，这些模块保存在/lib/modules/5.14.0-162.6.1.el9_1.0.1.x86_64/kernel 目录中。常见的 USB、SATA 和 SCSI 等硬盘设备的驱动，还有一些特殊的文件系统（如 LVM、RAID 等）的驱动，都是以模块的方式来保存的。

如果 Linux 系统安装在 IDE 硬盘之上，并且采用的是默认的 ext3/4 文件系统，那么内核启动后加载根分区和加载模块都没有什么问题，系统会顺利启动。但是，如果 Linux 系统安装在 SCSI 硬盘之上，或者采用的是 LVM 文件系统，那么内核（内核加载是由内存启动引导程序 grub 调用，用来加载进程内存的并不存在硬盘驱动不识别的问题）在加载根目录之前需要加载 SCSI 硬盘或 LVM 文件系统的驱动。而 SCSI 硬盘和 LVM 文件系统的驱动都放在硬盘的/lib/modules/目录中，既然内核没有办法识别 SCSI 硬盘或 LVM 文

件系统，怎么可能读取/lib/modules/目录中的驱动呢？Linux 系统给出的解决办法是使用 initramfs 虚拟文件系统来处理这个问题。

（2）grub2 加载 initramfs 虚拟文件系统。

在 Rocky Linux 9.x 中使用 initramfs 虚拟文件系统取代了旧版本中的 initrd RAM Disk，它们的作用类似，可以通过启动引导程序加载到内存中，然后会解压缩并在内存中仿真成一个根目录，并且这个仿真的文件系统能够提供一个可执行程序，通过该程序来加载启动过程中所需的内核模块，如 USB、SATA、SCSI 硬盘的驱动，以及 LVM、RAID 文件系统的驱动。也就是说，通过 initramfs 虚拟文件系统在内存中模拟出一个根目录，然后在这个模拟根目录中加载 SCSI 等硬件的驱动，就可以加载真正的根目录了，之后才能调用 Linux 系统的第一个进程 systemd。

initramfs 虚拟文件系统主要有以下优点。

- initramfs 虚拟文件系统随着其中数据的增减自动增减容量。
- 在 initramfs 虚拟文件系统和页面缓存之间没有重复数据。
- initramfs 虚拟文件系统重复利用了 Linux caching 的代码，因此几乎没有增加内核尺寸，而 caching 的代码已经经过良好测试，因此 initramfs 虚拟文件系统的代码质量也有保证。
- 不需要额外的文件系统驱动。

其实，大家只需要知道 initramfs 虚拟文件系统是为了在内核中建立一个模拟根目录就可以了，建立这个模拟根目录是为了可以调用 USB、SATA、SCSI 硬盘和 LVM、RAID 文件系统的驱动，加载了驱动后才可以加载真正的系统根目录。

（3）内核初始化，并开始加载 initrd.target 单元组。

之后，内核开始在内存中解压初始化，并加载必要的驱动。再之后，开始执行 initrd.target 单元组，initrd.target 单元组会进行初始化设定，主要进行硬件检测、部分内核功能的启动等。这时系统终于可以从虚拟根目录切换回实际硬盘下的根目录了。我们可以通过图 4-4 来展示这个过程。

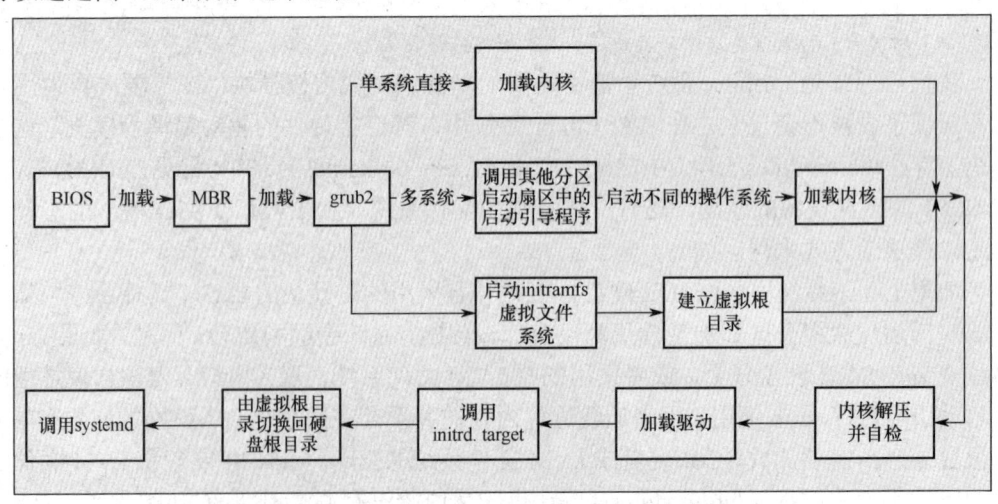

图 4-4　grub2 加载内核和虚拟文件系统

5．由内核调用第一个进程 systemd，并加载默认单元组

内核初始化完成之后，开始加载系统的第一个进程 systemd，systemd 的 PID（进程 PID）号是 1。Systemd 与之前的 initd 进程类似，是系统启动的第一个进程，后续进程的启动都依赖 systemd 的调用。

```
[root@localhost drivers]# ps  aux
USER   PID %CPU %MEM   VSZ   RSS TTY      STAT START   TIME COMMAND
root   1   0.0 1.8 171664 17716 ?        Ss   12:46   0:00 /usr/lib/systemd/systemd rhgb --switched-root --system --deserialize 31
#使用 ps 命令，可以看到 systemd 的 PID 为 1
```

systemd 的主要功能是初始化系统的基本环境，如设定主机名、定义网络参数、定义语言环境、定义文件系统、启动系统服务等。systemd 首先会调用系统的默认单元组。

（1）systemd 加载默认单元组（default.target）。

从 Rocky Linux 9.x 开始，系统不再使用运行级别（runlevel）的概念，而是使用单元组的概念。这里 systemd 开始加载默认单元组，可以理解为之前的默认运行级别。默认单元组保存在/etc/systemd/system/default.target 文件中，也可以通过以下命令来查看与设定默认单元组。

例 1：查看默认单元组
```
[root@localhost ~]# systemctl get-default
multi-user.target
#当前默认单元组是 multi-user.target，也就是字符界面
```

例 2：修改默认单元组
```
[root@localhost ~]# systemctl set-default graphical.target
#将默认单元组修改为 graphical.target，也就是图形界面（注意：需要安装图形界面）
```

笔者的系统没有安装图形界面，因此默认单元组是 multi-user.target，也就是字符界面。确定了默认单元组后，就需要加载此单元组中的单元了，单元放在如下位置。

- /etc/systemd/system/multi-user.target.wants/：这里保存用户设置开机加载的单元，可以理解为用户设定开机自启动的服务。
- /usr/lib/systemd/system/multi-user.target.wants/：这里保存系统默认开机加载的单元，可以理解为系统开机加载的服务。

这里其实完全可以理解为，在/etc/systemd/system/multi-user.target.wants/和/usr/lib/systemd/system/multi-user.target.wants/这两个目录中，保存的就是系统开机需要启动的服务，这些服务全部都启动完成，系统就启动完成了。

当然，系统启动到这里，只是读取了默认单元组，确定了需要启动的单元组，还没有开始启动单元。

（2）默认单元组兼容之前的运行级别。

在 CentOS 6.x 以前的系统中是通过运行级别来确定需要启动的服务的，在 Rocky Linux 9.x 中，其被默认单元组取代了。为了兼容之前版本的运行级别，系统通过一系列软链接来进行兼容，我们可以查看一下：

```
[root@localhost ~]# ll /usr/lib/systemd/system/runlevel*.target
lrwxrwxrwx. 1 root root 15 11 月 15  2022 /usr/lib/systemd/system/runlevel0.target -> poweroff.target
lrwxrwxrwx. 1 root root 13 11 月 15  2022 /usr/lib/systemd/system/runlevel1.target -> rescue.target
lrwxrwxrwx. 1 root root 17 11 月 15  2022 /usr/lib/systemd/system/runlevel2.target -> multi-user. target
lrwxrwxrwx. 1 root root 17 11 月 15  2022 /usr/lib/systemd/system/runlevel3.target -> multi-user. target
lrwxrwxrwx. 1 root root 17 11 月 15  2022 /usr/lib/systemd/system/runlevel4.target -> multi-user. target
lrwxrwxrwx. 1 root root 16 11 月 15  2022 /usr/lib/systemd/system/runlevel5.target -> graphical.target
lrwxrwxrwx. 1 root root 13 11 月 15  2022 /usr/lib/systemd/system/runlevel6.target -> reboot.target
```

在之前的版本中是通过"init 运行级别"命令来进行运行级别切换的，例如，init 0 是关机，init 6 是重启。现在这些命令都需要用 systemctl 命令来进行调用，单元组与运行级别对应表如表 4-2 所示。

表 4-2 单元组与运行级别对应表

运行级别（旧版）	systemd（新版）	含义
init 0	systemctl poweroff	关机
init 1	systemctl rescue	单用户模式，主要用于系统修复
init 2	systemctl isolate multi-user.target	不完全的命令行模式，不含 NFS 服务
init 3		完全的命令行模式，就是标志字符界面
init 4		系统保留
init 5	systemctl isolate graphical.target	图形界面（需要安装）
init 6	systemctl reboot	重启

在 Rocky Linux 9 中，依然可以使用"init [0-6]"命令，但执行的时候，已经是在执行 systemctl 命令了，保留 init 命令只是为了照顾老管理员的使用习惯。

6. 由 systemd 进程开始并发启动单元组

在定义好默认单元组之后，系统还需要启动一系列单元组，用于初始化系统，之后才能按照默认单元组加载其中的单元，依次启动服务。这里的启动都是并发式启动，我们来看看主要的启动流程。

（1）systemd 调用 sysinit.target 单元组初始化系统。

Systemd 会先调用 sysinit.target 单元组，来进行系统的初始化。我们可以通过以下命令来查看 sysinit.target 单元组依赖的服务，通过这些服务可以了解 sysinit.target 单元组具体初始化了哪些服务，命令如下：

```
[root@localhost ~]# systemctl list-dependencies sysinit.target
sysinit.target
● ├─dev-hugepages.mount
● ├─dev-mqueue.mount
● ├─dracut-shutdown.service
○ ├─iscsi-onboot.service
● ├─kmod-static-nodes.service
● ├─ldconfig.service
● ├─lvm2-lvmpolld.socket
```

```
● ├─lvm2-monitor.service
○ ├─multipathd.service
● ├─nis-domainname.service
● ├─plymouth-read-write.service
● ├─plymouth-start.service
● ├─proc-sys-fs-binfmt_misc.automount
○ ├─selinux-autorelabel-mark.service
● ├─sys-fs-fuse-connections.mount
● ├─sys-kernel-config.mount
● ├─sys-kernel-debug.mount
● ├─sys-kernel-tracing.mount
○ ├─systemd-ask-password-console.path
○ ├─systemd-binfmt.service
○ ├─systemd-firstboot.service
● ├─systemd-hwdb-update.service
● ├─systemd-journal-catalog-update.service
● ├─systemd-journal-flush.service
● ├─systemd-journald.service
○ ├─systemd-machine-id-commit.service
● ├─systemd-modules-load.service
● ├─systemd-network-generator.service
● ├─systemd-random-seed.service
○ ├─systemd-repart.service
● ├─systemd-sysctl.service
● ├─systemd-sysusers.service
● ├─systemd-tmpfiles-setup-dev.service
● ├─systemd-tmpfiles-setup.service
● ├─systemd-udev-trigger.service
● ├─systemd-udevd.service
● ├─systemd-update-done.service
● ├─systemd-update-utmp.service
● ├─cryptsetup.target
● ├─integritysetup.target
● ├─local-fs.target
● │ ├─-.mount
● │ ├─boot.mount
● │ └─systemd-remount-fs.service
● ├─swap.target
● │ └─dev-disk-by\x2duuid-0f6d0ad4\x2db8f1\x2d459c\x2d83f1\x2dc3023c836f75.swap
● └─veritysetup.targe
```

我们可以看到，sysinit.target 单元组主要初始化了以下一些服务。

- 调用了 local-fs.target 单元组，挂载了/etc/fstab 中规定的文件系统。
- 调用了 swap.target 单元组，挂载了/etc/fstab 中规定的交换分区。
- 挂载了特殊文件系统，主要包括磁盘阵列、ISCSI 网络磁盘、LVM 逻辑卷管理、内存分页（dev-hugepages.mount）、消息队列等功能（dev-mqueue.mount）。
- 加载了日志式日志文件，主要通过 systemd-journald.service 服务实现。
- 加载了额外的内核，加载了额外的内核设置参数等。
- 启动了动态设备管理器 systemd-udevd.service，主要用于实际设备读写与设备文件之间的对应。

（2）systemd 调用 basic.target 单元组准备操作系统。

在执行完 sysinit.target 单元组之后，systemd 会加载 basic.target 单元组，这个单元组加载的服务可以通过以下命令查询：

[root@localhost ~]# systemctl list-dependencies basic.target

这个单元组主要的功能如下。
- 加载声音驱动，通过 alsa 服务加载。
- 加载防火墙设置。
- 加载 SELinux 增加安全组件。
- 将启动产生的日志写入/var/log/dmesg。
- 加载管理员指定的模块等功能。

通过加载 sysinit.target 与 basic.target 两个单元组，系统的基本功能已经启动完毕，这时就需要启动对应的默认单元组（笔者的是 multi-user.target）中的各种服务了。

（3）systemd 调用 multi-user.target 单元组，启动字符界面所需程序。

之前我们在讲解默认单元组的时候已经介绍过，一旦默认单元组被确定，就需要从以下两个目录中加载启动的服务。
- /etc/systemd/system/multi-user.target.wants/：这里保存用户设置的服务，可以理解为用户设定开机自启动的服务。
- /usr/lib/systemd/system/multi-user.target.wants/：这里保存系统默认加载的服务，可以理解为系统开机加载的服务。

这两个目录中所定义的服务都会并发进行启动，这是 systemd 的多任务启动的体现。这些服务都启动完成之后，Linux 系统就基本启动完成了。

注意：这里设定的服务都是系统开机之后会自动运行的服务，笔者也把这种由系统开机自动启动服务的方法叫作"服务的自启动"。后续章节再来详细探讨服务的启动与自启动方法。

（4）systemd 调用 multi-user.target 单元组中的/etc/rc.d/rc.local 文件。

在 CentOS 6.x 以前的系统中，系统在启动完成之后会调用/etc/rc.d/rc.local 文件中可以执行的命令，让这些命令在开机之后自动运行，这也是在旧版系统中让服务开机自启动的一种方法。

在 Rocky Linux 9.x 中，标准自启动服务的方法是通过 systemctl 来进行服务管理（我们在第 5 章再来详细介绍），也就是把服务的启动脚本放入/etc/systemd/system/multi-user.target.wants/中，然后通过"systemctl enable 服务名"的方式来自动启动。

那么在 Rocky Linux 9.x 中，/etc/rc.d/rc.local 文件还可以使用吗？答案是肯定的，这是为了让老管理员可以更顺利地使用新系统。

不过在默认情况下，/etc/rc.d/rc.local 文件没有执行权限，因此这个文件不生效。在 Rocky Linux 9.x 中，调用/etc/rc.d/rc.local 文件需要依赖 rc-local.service 服务，我们查询一下服务的状态：

```
[root@localhost ~]# systemctl status rc-local.service
○ rc-local.service - /etc/rc.d/rc.local Compatibility
    Loaded: loaded (/usr/lib/systemd/system/rc-local.service; static)
    Active: inactive (dead)
#服务是未激活状态（inactive）

[root@localhost ~]# systemctl list-dependencies multi-user.target | grep rc-local
#在 multi-user.target 字符界面启动单元组中，也找不到这个服务
```

如果需要让/etc/rc.d/rc.local 文件生效，只需要给这个文件赋予执行权限即可，而不需要再手工把 rc-local.service 服务设置为启动与自启动，系统会自动调用这个文件。我们重启系统（/etc/rc.d/rc.local 文件是启动时才加载的，为了查看是否会自动加载，因此重启系统）之后，再查看一下 rc-local.service 服务的状态：

```
[root@localhost ~]# chmod 755 /etc/rc.d/rc.local
#给文件赋予执行权限
[root@localhost ~]# reboot
#重启系统

[root@localhost ~]# systemctl status rc-local.service
● rc-local.service - /etc/rc.d/rc.local Compatibility
    Loaded: loaded (/usr/lib/systemd/system/rc-local.service; enabled-runtime; vendor preset: disabled)
    Active: active (exited) since Wed 2023-08-09 16:58:50 CST; 29s ago
#重启后，rc-local.service 服务已经启动
      Docs: man:systemd-rc-local-generator(8)
   Process: 881 ExecStart=/etc/rc.d/rc.local start (code=exited, status=0/SUCCESS)
       CPU: 3ms

[root@localhost ~]# systemctl list-dependencies multi-user.target | grep rc-local
● ├─rc-local.service
# 在 multi-user.target 启动单元组中，rc-local.service 服务也被启动
```

也就是说，只要给/etc/rc.d/rc.local 文件赋予执行权限，这个文件就会生效，把命令写入这个文件中，系统启动时就会执行了。

（5）systemd 调用 multi-user.target 单元组中的 getty.target 单元组。

调用 getty.target 单元组，启动本地登录终端。默认可以启动 6 个本地字符终端，也就是 tty1～tty6，这时用户就可以登录了，字符界面的启动过程就结束了。我们通过图 4-5 来看这个 Linux 系统启动流程。

如果是启动字符界面的 Linux 系统，启动过程到这里就结束了。如果需要启动图形界面，就需要加载 graphical.target 单元组，启动图形界面对应的服务。

这里还需要注意一下，默认的字符终端是 tty1～tty6，总共 6 个，可以通过 /etc/systemd/logind.conf 文件中的"NAutoVTs=6"选项来进行控制，修改终端个数。

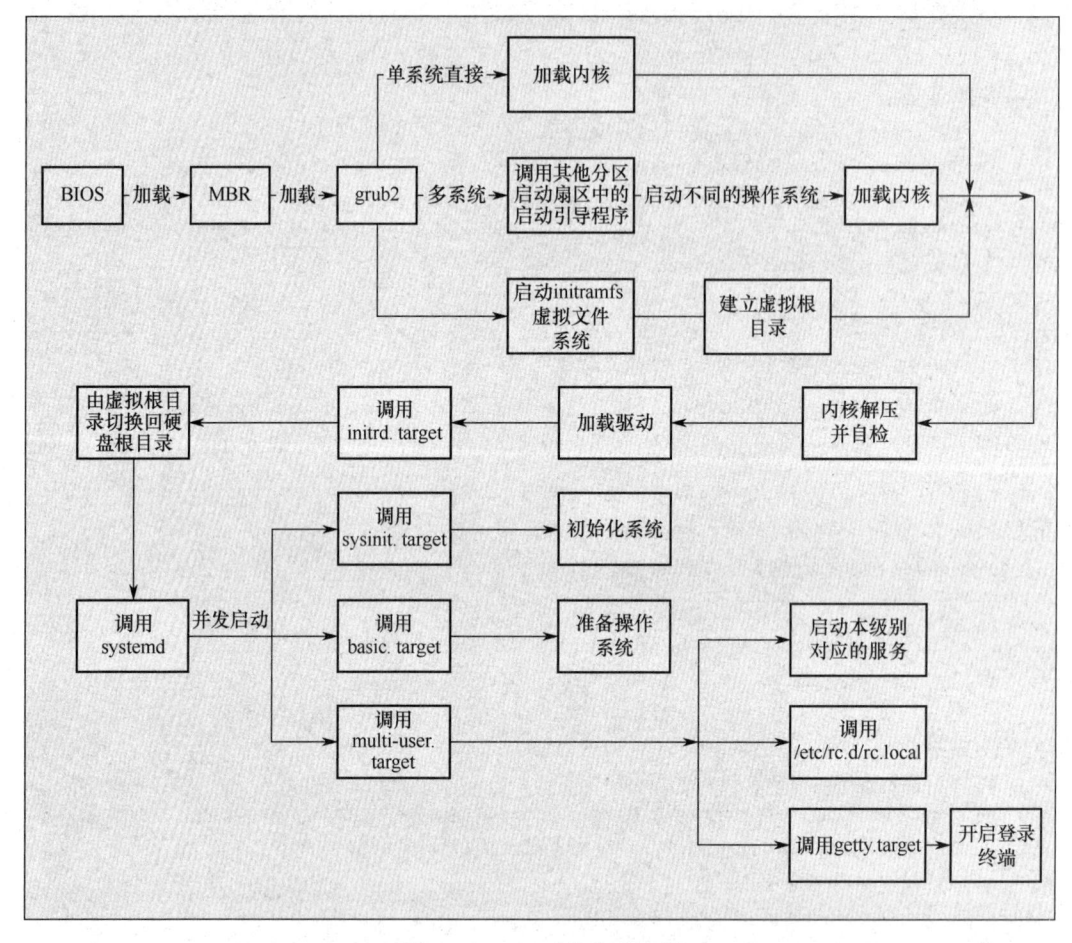

图 4-5　Linux 系统启动流程

Rocky Linux 9.x 的启动过程还是比较复杂的，而且与旧版系统相比变化比较大。作为初学者，学习启动过程会对 Linux 系统的结构有更好的理解，但是并不需要彻底掌握，了解一下即可。

4.2　启动引导程序（Boot Loader）

在刚刚的启动过程中，我们已经知道启动引导程序（Boot Loader，也就是 grub2）会在启动过程中加载内核，之后内核才能取代 BIOS 接管启动过程。如果没有启动引导程序，那么内核是不能被加载的。接下来就来看看启动引导程序加载内核的过程，当然 initramfs 这个虚拟文件系统也要靠启动引导程序调用。

在 Rocky Linux 9.x 中，启动引导程序也从 grub 升级为 grub2，虽然启动引导程序的本质没有发生太大变化，但是配置文件与配置的方法都发生了较大的变化，需要重新学习。

4.2.1 grub2 加载内核和虚拟文件系统

我们已知道 grub2 的作用有以下几个：第一，加载操作系统的内核和虚拟文件系统；第二，拥有一个可以让用户选择的菜单，来选择到底启动哪个系统；第三，可以调用其他启动引导程序，来实现多系统引导。按照启动流程，BIOS 在自检完成后，会到第一个启动设备的 MBR（主引导记录）中读取 grub2。但是，在 MBR 中用来放置启动引导程序的空间只有 446 Byte，这是由硬盘分区结构决定的，那么 grub2 可以放到这里吗？答案是空间不够，grub2 的功能非常强大，MBR 的空间远不够其使用。Linux 系统的解决办法是把 grub2 的程序分成两个阶段来执行。

（1）Stage 1：执行 grub2 主程序。

Stage 1 阶段用来执行 grub2 主程序，这个主程序必须放在启动区中（也就是 MBR 或引导扇区中）。但是 MBR 太小了，因此只能安装 grub2 的最小主程序，而不能安装 grub2 的相关配置文件。这个主程序主要是用来启动 Stage 2 阶段的。

（2）Stage 2：主程序加载 grub2 的配置文件。

Stage 2 阶段主要加载 grub2 的配置文件/boot/grub2/grub.cfg，然后根据配置文件中的定义，加载系统内核和虚拟文件系统。接下来内核就可以接管启动过程，继续自检与加载硬件模块。

在 grub2 的 State 2 阶段，需要加载 grub2 的配置文件，而配置文件和其他 grub2 相关文件保存在/boot/grub2/目录中，我们来看看这个目录中有什么：

```
[root@localhost ~]# ll /boot/grub2/
总用量 32
-rw-r--r--. 1 root root    64  6月  30 17:03 device.map
#grub2 中硬盘的设备文件名与系统的设备文件名对应
drwxr-xr-x. 2 root root    25  6月  30 17:03 fonts
#启动过程中会使用到的字体文件
-rw-------. 1 root root  7004  6月  30 17:03 grub.cfg
#grub2 的主配置文件
-rw-------. 1 root root  1024  7月  14 15:43 grubenv
#环境变量
drwxr-xr-x. 2 root root  8192  6月  30 17:03 i386-pc
#x86 系统需要的 grub2 相关模块（驱动）
drwxr-xr-x. 2 root root  4096  6月  30 17:03 locale
#语系相关文件
```

4.2.2 grub2 的配置文件

1．在 grub2 中分区的表示方法

我们已经知道 Linux 系统分区的设备文件名命名是有严格规范的，类似于/dev/sda1 代表第一块 SCSI 硬盘的第一个主分区。在 grub2 中分区也有自己独立的命名方式，并不

与系统分区的硬件设备名一致。而且在 grub2 中分区的命名方式也和在 grub 中稍有不同，其类似于（hd0,msdos1）这种方式，我们来解释一下。
- hd 代表硬盘，不管分区是 SCSI 接口硬盘，还是 IDE 接口硬盘，都用 hd 表示。
- 第一个 0 代表 Linux 系统查找到的第一块硬盘，第二块硬盘为 1，以此类推。
- msdos 代表分区表为传统的 MBR 分区表，如果是 GTP 分区表就写为（hd0, gpt1）。
- msdos1 中的 1 代表系统第一个分区，第二个分区为 2，以此类推。

硬盘的代号以 0 代表第一块硬盘，而分区以 1 代表第一个分区，这与 grub 也有所差别，请大家注意。下面来说明一下 Linux 系统对分区的描述和 grub 中对硬盘的描述，如表 4-3 所示。

表 4-3 分区表示

硬盘	分区	Linux 系统中的设备文件名	grub 中的设备文件名
第一块 SCSI 硬盘（modos）	第一个主分区	/dev/sda1	hd(0,msdos1)
	第二个主分区	/dev/sda2	hd(0,msdos2)
	扩展分区	/dev/sda3	hd(0,msdos3)
	第一个逻辑分区	/dev/sda5	hd(0,msdos5)
第二块 SCSI 硬盘（gpt）	第一个分区	/dev/sdb1	hd(1,gpt1)
	第二个分区	/dev/sdb2	hd(1,gpt2)
	第三个分区	/dev/sdb3	hd(1,gpt3)
	第四个分区	/dev/sdb4	hd(1,gpt4)

这里要注意的是，如果是 GPT 分区表，分区不再区分为主分区、扩展分区和逻辑分区，所有的分区都是主分区，默认支持 128 个主分区。在 Linux 系统中，分区的设备文件名会从/dev/sdb1、/dev/sdb2 开始依次排列，而在 grub2 中，分区代号也会为 gpt1、gpt2，依次排列。

还要注意的是，grub2 中的分区表示方式只在 grub2 的配置文件中生效，一旦离开了 grub2 的配置文件，就要使用 Linux 系统中的设备文件名来表示分区了。

2．grub2 配置文件

grub2 的配置文件是/boot/grub2/grub.cfg，这个文件和之前的 grub 相比变化巨大。如果我们打开文件，就会发现文件开头写着"# DO NOT EDIT THIS FILE（不要编辑此文件）"这样的官方提示。这是因为这个文件语法复杂，而且不够友好，不建议用户手工编辑修改此配置文件。既然官方都不建议修改，那么读者尽量不要碰这个文件。

既然不建议直接修改配置文件/boot/grub2/grub.cfg，若想要修改 grub2 的启动配置该怎么办呢？官方的建议是修改/etc/default/grub 文件与/etc/grub.d/目录中相关子文件，之后利用 grub2-mkconfig 命令再生成/boot/grub2/grub.cfg 配置文件，这样修改会简单明了很多。也就是说，我们需要学习的是/etc/default/grub 文件与/etc/grub.d/目录中相关子文件的使用方法。

3. /etc/default/grub 配置文件

既然我们需要通过/etc/default/grub 文件来配置 grub2，就要详细学习这个文件。先打开这个文件看看：

```
[root@localhost ~]# vi /etc/default/grub
GRUB_TIMEOUT=5
GRUB_DISTRIBUTOR="$(sed 's, release .*$,,g' /etc/system-release)"
GRUB_DEFAULT=saved
GRUB_DISABLE_SUBMENU=true
GRUB_TERMINAL_OUTPUT="console"
GRUB_CMDLINE_LINUX="resume=UUID=0f6d0ad4-b8f1-459c-83f1-c3023c836f75 rhgb quiet"
GRUB_DISABLE_RECOVERY="true"
GRUB_ENABLE_BLSCFG=true
```

这是/etc/default/grub 文件的默认值，我们分别来看看它们的作用。

（1）GRUB_TIMEOUT：设置进入默认启动项的倒数秒数，想要倒数多少秒直接设置数字即可。如果设置为 0，就代表不等待，直接进入默认启动项；如果设置为-1，就代表一直等待，直到用户选择为止。

（2）GRUB_DISTRIBUTOR：这个选项的内容"$(sed 's, release .*$,,g' /etc/system-release)"是一条 Linux 命令，这个命令的结果会导入在启动项上。那么，这条命令的作用是什么呢？我们执行一下试试：

```
[root@localhost ~]# sed 's, release .*$,,g' /etc/system-release
Rocky Linux
#只是提取了文件中发行版"Rocky Linux"的字样，然后显示在启动选项中
```

（3）GRUB_DEFAULT：设置默认启动项。这里既可以设置为数字，如 0 代表默认启动第一个系统，1 代表默认启动第二个系统，以此类推；也可以使用分区 ID 作为默认启动项，当然需要给每个分区指定 ID。我们这里在配置文件中写的是"saved"，代表使用 grub2-set-default 命令设定的默认启动项，这个命令的值一般是 0，也就是默认启动第一个操作系统。

（4）GRUB_DISABLE_SUBMENU：隐藏子选项，一般使用默认值 true，隐藏起来就可以了。

（5）GRUB_TERMINAL_OUTPUT：选择数据输出终端格式，一般使用"console"终端输出即可。

（6）GRUB_CMDLINE_LINUX：在加载内核时，给内核传递的参数。这些参数不需要手工修改，了解即可。

- resume=UUID=0f6d0ad4-b8f1-459c-83f1-c3023c836f75：指定的是内核的UUID（唯一识别码）。
- rhgb：（redhat graphics boot）用图片来代替启动过程中的文字信息。启动完成之后，可以使用 dmesg 命令来查看这些文字信息。
- quiet：隐藏启动信息，只显示重要信息。

（7）GRUB_DISABLE_RECOVERY：是否显示修复模式选项，"true"为禁用，"false"为启用。

（8）GRUB_ENABLE_BLSCFG：是否开启 blscfg 功能，"true"为启用，"false"为禁用。当前 Linux 系统的 gurb 是依据 blscfg 配置的，建议开启此功能。

这些默认选项还是可以修改的，不过，在修改之后还需要使用 grub2-mkconfig 命令来更新真正的配置文件 /boot/grub2/grub.cfg，这样才能生效。举个例子，修改 GRUB_TIMEOUT 选项和 GRUB_DEFAULT 选项，查看修复模式：

```
[root@localhost ~]# vi /etc/default/grub
GRUB_TIMEOUT=10
#启动等待时间改为 10 秒
GRUB_DEFAULT=1
#默认启动第二个系统

[root@localhost ~]# grub2-mkconfig -o /boot/grub2/grub.cfg
#更新 /boot/grub2/grub.cfg 配置文件
```

修改完成，重启系统，可以看到等待时间修改为 10 秒，并且默认启动的系统是第二个系统。

4. /etc/grub.d/ 目录

在执行 grub2-mkconfig 生产 /boot/grub2/grub.cfg 配置文件的时候，也会读取 /etc/grub.d/ 目录中所有的执行文件。这些文件都是以数字开头的，数字越小越优先执行。此外，这个目录中的文件必须有执行权限，才能被 grub2-mkconfig 命令执行，并把配置合并进 /boot/grub2/grub.cfg 配置文件。此目录中的文件如下：

```
[root@localhost ~]# ls /etc/grub.d/
00_header      01_users     10_linux        12_menu_auto_hide    20_linux_xen   30_os-prober
40_custom      README
00_tuned       08_fallback_counting          10_reset_boot_success   14_menu_show_once
20_ppc_terminfo          30_uefi-firmware          41_custom
```

此目录中也可以由用户手工建立文件，只要符合格式并拥有执行权限，就能在启动时生效。该目录中主要文件的作用如下。

- 00_header：配置初始的显示项目，如默认选项、屏幕终端格式、倒数秒数、选项是否隐藏等。在 /etc/default/grub 配置文件中设置的内容都会导入这个脚本，再由这个脚本生产 /boot/grub2/grub.cfg 配置文件。
- 01_users：如果需要 grub2 的加密功能，就可以把加密的用户名和密码信息写入这个文件。
- 10_linux：配置内核相关的系统模块与参数，包括系统头、内核等信息，不要随便修改。
- 30_os-prober：用于在系统上寻找可能含有的操作系统，然后生成该系统的启动选项。
- 40_custom：用户如果需要自己修改启动项，就可以写入此文件。

这些文件主要用于定义 /boot/grub2/grub.cfg 配置文件中加载的模块、定义的选项、终端的格式等参数，一般不需要用户手工修改。如果用户有自己修改启动项的需求，就可以写入 40_custom 文件，这个文件就是预留给用户来修改启动选项的。

5. 多系统启动

grub2 还有一个功能，就是可以把系统启动权交给另外一个启动引导程序，也就是可以通过 grub2 启动多个系统，这是多系统并存的根本。

现在假设我的计算机有两个系统，一个是 Linux 系统，启动分区是/dev/sda1；另一个是 Windows 系统，启动分区是/dev/sda2。我们看看 grub2 应该如何设置，才能正常启动 Windows 系统。

要注意的是，一般建议先安装 Windows 系统，后安装 Linux 系统。原因是 Windows 系统的启动引导程序无法把启动过程转交到 Linux 系统的 grub 中，自然就不能启动 Linux 系统了。如果后安装 Linux 系统，grub 就会安装到 MBR 中，覆盖 Windows 系统的启动引导程序。而 grub 是可以把启动过程转交到 Windows 系统的启动引导程序中的，因此 Windows 系统和 Linux 系统都可以顺利启动。

```
[root@localhost ~]# vi /etc/grub.d/40_custom
#通过修改 40_custom 文件来添加特殊启动选项，不要直接修改/boot/grub2/grub.cfg 配置文件
menuentry 'windows' {
        insmod chain              ←加载启动引导程序跳转模块
        insmod ntfs               ←加载 Windows 文件系统模块
        set root='hd0,msdos2'     ←指定 Windows 启动分区
        chainloader +1            ←把启动过程交给此分区的第一个扇区
}

[root@localhost ~]# grub2-mkconfig -o /boot/grub2/grub.cfg
#更新 grub2 配置文件
```

关于双系统并存，笔者还想多解释一句：在生产服务器上，很难想象存在一台服务器上既安装 Linux 系统又安装 Windows 系统这样的情况，这没有必要，还浪费了资源。因此，双系统并存常见于实验环境，但是随着虚拟机功能越来越完善，双系统并存的情况也越来越少见了。

4.2.3 手工安装 grub2

在 Rocky Linux 9.x 中，由于已经从 grub 升级成 grub2，grub2 的安装命令也已经变成 grub2-install 命令，如果系统的 grub2 出现问题，就需要使用这个命令重新安装。我们先来看看这个命令的格式：

```
[root@localhost ~]# grub2-install [选项] 硬盘或分区
选项：
    --boot-directory=DIR：      指定 grub2 的实际安装目录
```

要想正确地重新安装 grub2，就需要进入光盘修复模式，而目前我们还不知道如何进入光盘修复模式，因此手工安装 grub2 的实验，我们放在 4.3.3 节中再进行学习。

4.2.4 grub2 加密

在系统启动的时候，可以在倒数秒数的界面中通过按"e"键进入编辑模式，修改系

统的启动选项，如图 4-6 所示。

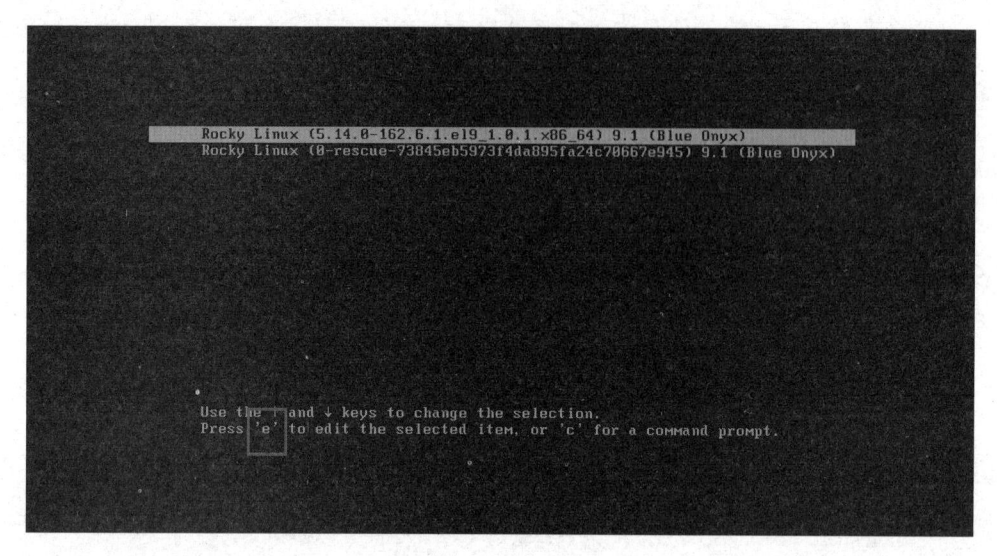

图 4-6　grub2 编辑选项

在编辑模式中，用户可以修改内核的启动选项，既能进入单用户模式，也能修改 root 的密码，但这些操作都比较危险，是否可以给 grub2 设置一个密码，保护 grub2 的编辑模式呢？当然可以，我们来看看具体怎么操作。

我们已经知道/etc/grub.d/01_users 文件是系统默认用于 grub2 加密的配置文件，查看一下这个文件的内容。我们会发现，这个文件是一个 shell 脚本文件，脚本是通过向 cat 命令输入数据来执行的。我们来解释一下此脚本的内容：

```
[root@localhost ~]# cat /etc/grub.d/01_users
#!/usr/bin/sh -e
cat << EOF
#输入重定向，EOF 作为输入重定向的限制符
if [ -f \${prefix}/user.cfg ]; then
#如果/boot/grub2/user.cfg 文件存在，那么
  source \${prefix}/user.cfg
  #执行 user.cfg 文件
  if [ -n "\${GRUB2_PASSWORD}" ]; then
  #如果 GRUB2_PASSWORD 变量不为空，那么
    set superusers="root"
    #设置用户名为：root。如果愿意，那么可以修改成自己喜欢的用户名
    export superusers
    password_pbkdf2 root \${GRUB2_PASSWORD}
    #密码为 GRUB2_PASSWORD 变量中的值
  fi
fi
EOF
#EOF 标志输入结束
```

我们检测一下/boot/grub2/目录，会发现 user.cfg 文件不存在，也就是说，只要建立

这个文件并在文件中定义 GRUB2_PASSWORD 变量，就可以给 grub2 加密了。这个文件并不需要手工建立，grub2 准备了对应的命令，我们只要使用 gurb2-setpassword 命令就可以，比旧版的 grub 加密更加简单。执行此命令：

```
[root@localhost ~]# grub2-setpassword
Enter password:
Confirm password:
#输入两遍密码，密码没有提示
```

这时，grub2 的加密就完成了。重启一下系统，验证一下加密的效果，如图 4-7 所示。

图 4-7　grub2 加密效果

我们会发现，本来按"e"键就能进入 grub2 编辑模式，现在则需要输入用户名与密码。此用户名和密码就是我们在/etc/grub.d/01_users 中设置的，默认用户名是"root"，密码是通过 gurb2-setpassword 设置的。

4.3　系统修复模式

在操作系统的使用过程中，人为的误操作或系统非正常关机，都有可能造成系统错误，从而导致系统不能正常启动。Linux 系统为我们准备了完善的修复手段。本节主要学习如何进入单用户修复模式，如何破解系统密码，以及如何进入光盘修复模式。

4.3.1　单用户模式

Linux 系统的单用户模式与 Windows 系统的安全模式有些类似，只启动最少的程序用于系统修复。在单用户模式（运行级别为 1）中，Linux 系统引导我们进入根 shell，网络被禁用，只有少数进程运行。单用户模式可以用来修改文件系统损坏、还原配置文件、移动用户数据等。

不过，现在单用户模式的用途比较少，之前单用户模式的主要用途就是进行系统的简单修改，如遗忘密码之后的密码破解。现在要想在启动时进入单用户模式，必须要输入密码（之前的版本不需要），这样单用户模式就不能用来破解系统密码，其作用大幅下降。

如何进入单用户模式？肯定不是在系统中执行"systemctl rescue"命令，因为系统修复一定是出了问题无法正常进入，所以才需要重新启动系统，在 grub2 的读秒界面（见图 4-7）中按"e"键进入编辑模式，如图 4-8 所示。

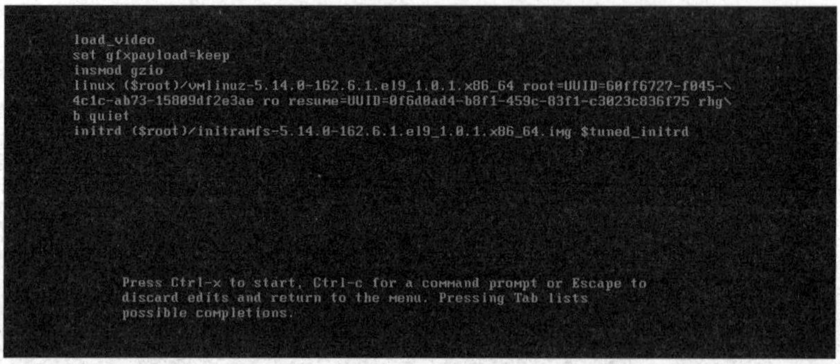

图 4-8　grub2 编辑界面

在 grub2 编辑界面中，向下移动光标，找到"linux ($root)"这一行（就是内核参数行），在行尾加入"systemd.unit=rescue.target"，注意前面要有空格，如图 4-9 所示。

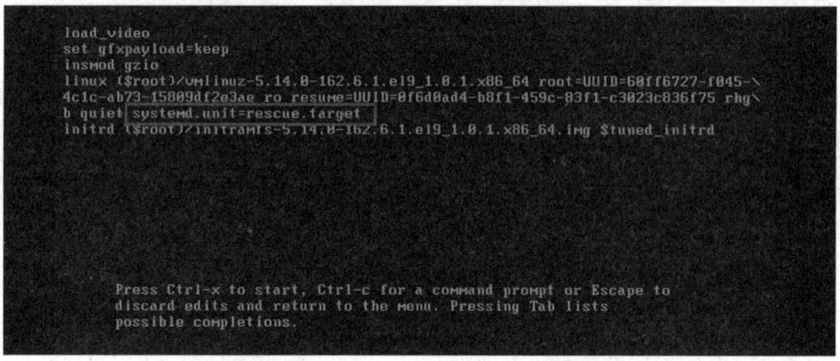

图 4-9　修改内核启动参数

修改之后，按 Ctrl+X 快捷键继续启动，不要直接重启系统，因为这种修改是临时生效的，强制重启系统，修改会使内容消失。登录后，进入单用户模式界面，如图 4-10 所示。

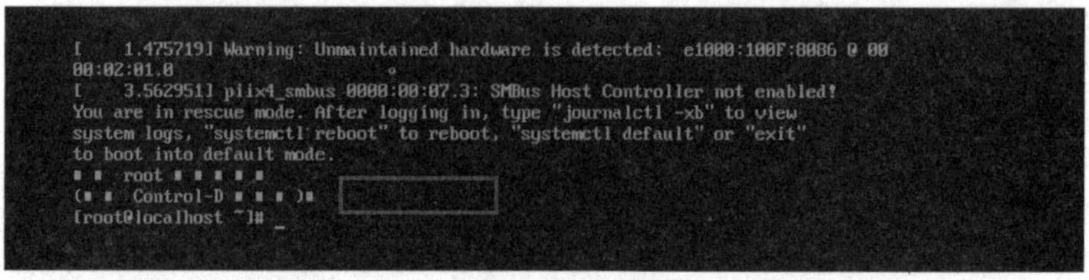

图 4-10　进入单用户模式界面

在方框位置需要输入 root 用户的密码（Linux 命令模式，密码并不显示。方框前面出现乱码是由于字符界面不能正确显示中文提示，不影响密码的输入与重置，在正确的位置输入密码即可。如果有"强迫症"，那么在 grub2 编辑模式中多添加一条命令"LANG=en_US.FTF-8"指定英文编码，就可以显示正常英文字母了），才能进入单用户模式。单用户模式之前主要用于破解 root 用户密码，现在明显不能用于此，如果真的需要破解 root 用户密码该怎么办？接下来学习破解 root 用户密码的方法。

4.3.2 破解 root 用户密码

在 Rocky Linux 9.x 中，破解密码有两种常用的方法，原理类似，下面分别介绍。

1. 第一种方法

在系统启动时，按"e"键进入 grub2 的编辑模式，找到 linux 开头的行（这行内容比较多，占了三行空间），把启动权限从"ro"改为"rw"，这样就不需要在破解时重新以"rw"权限挂载分区了。然后，在行尾加入"init=/sysroot/bin/bash"，这样系统在启动之后，会提供一个 bash 操作界面，不需要输入密码而具有 root 权限，接下来就可以重新设置 root 密码了，如图 4-11 所示。

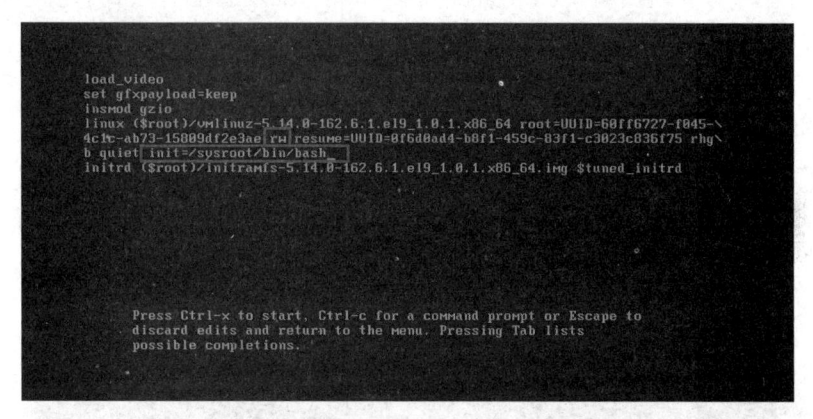

图 4-11　启动时直接调用 bash 界面

接下来按 Ctrl+X 快捷键继续启动 Linux 系统，就不再需要密码，而是直接进入 Linux 系统并得到 root 权限，如图 4-12 所示。

图 4-12　直接进入 Linux 系统

可以看到，我们已经进入了 Linux 系统，但是提示符是":/#"，这是由于定义提示符

Linux 9 系统管理全面解析

的环境变量没有正确加载，但是并不影响系统命令的执行。接下来需要执行：
:/# chroot /sysroot
#因为系统根目录挂载在/sysroot/目录中，所以需要通过 chroot 命令来切换系统根目录
:/# LANG=en_US.UTF-8
#将系统语言环境修改为英文，passwd 命令的提示信息就不会出现乱码了（此命令不是必须执行）
:/# passwd
#设置新的 root 密码
:/# touch /.autorelabel
#更新/.autorelabel 文件，让系统在启动时自动更新 SELinux 安全上下文
:/# exit
#退出 chroot 环境
:/# reboot
#重启。重启之后，就可以使用新的 root 密码登录了

重启 Linux 服务器，密码就可以修改了。

需要解释一下 chroot 命令，此命令的作用是改变系统根目录，也就是可以把根目录暂时移动到某个目录当中。我们是通过 "init=/sysroot/bin/bash" 直接获取的 bash 进入系统的，因此现在所在的根目录并不是真正的系统根目录，而是一个模拟根目录，真正的系统根目录被当成外来设备放在了/sysroot/目录中，需要通过 chroot 命令进行切换。

还需要解释一下 "touch /.autorelabel" 命令，在 Rocky Linux 9.x 中，SELinux 被更全面地应用，而我们在修改密码时会修改/etc/shadow 文件，这时需要更新 SELinux，否则系统将会产生无法登录的错误。"touch /.autorelabel" 命令会让 SELinux 在启动时重新扫描系统文件，这条命令必须执行，否则密码破解会失败。

2. 第二种方法

第二种方法同样需要重启系统，按 "e" 键进入 grub 编辑模式。找到 linux 开头的内核参数行，在行尾加入 "rd.break_" 内核参数，注意和前面的内容以空格隔开，如图 4-13 所示。

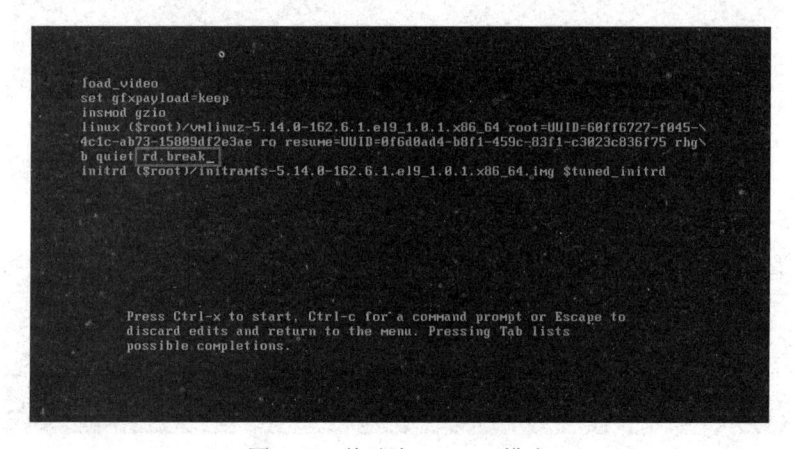

图 4-13　修改为 rd.break 模式

接下来按 Ctrl+X 快捷键继续启动 Linux 系统，就不需要密码了，而是直接进入 Linux 系统并得到 root 权限，如图 4-14 所示。

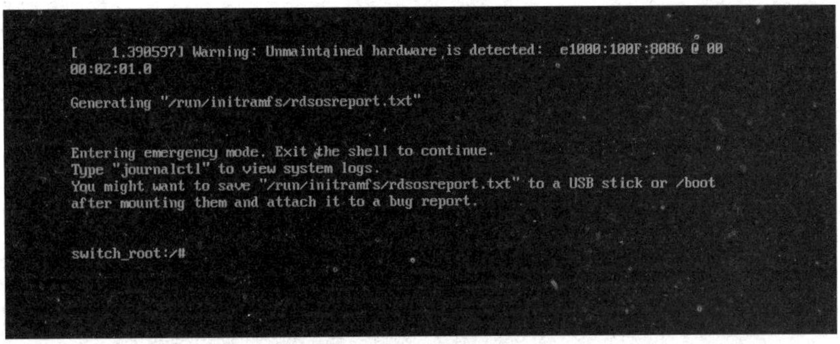

第 4 章 庖丁解牛，悬丝诊脉：Linux 系统启动管理

图 4-14 通过 rd.break 模式进入 Linux 系统

然后可以执行以下命令：

switch_root:/# mount –o remount,rw /sysroot/
#以读写权限重新挂载/sysroot 目录。使用第一种方法时我们处于 grub2 编辑模式，修改了 "rw" 权限，因此不需要重新挂载
switch_root:/# chroot /sysroot/
#把/sysroot/目录重新挂载为根目录
sh-4.2# LANG=en_US.UTF-8
#修改系统语言环境为英文。passwd 命令的提示信息就不会出现乱码了（此命令不是必须执行）
sh-4.2# passwd
#设置新的 root 密码
sh-4.2# touch /.autorelabel
#更新/.autorelabel 文件，让系统启动时自动更新 SELinux 安全上下文
sh-4.2# exit
#退出 chroot 环境
switch_root:/# reboot
#重启。重启之后，就可以使用新的 root 用户密码登录了

两种方法都可以破解 root 用户的密码，虽然原理不相同，但是作用与操作方式均类似，笔者建议掌握其中一种即可。

4.3.3 光盘修复模式

在新版本的 Linux 系统中，单用户模式能够修改的错误极其有限，若系统故障，则是否只能重新安装 Linux 系统呢？Linux 系统准备了更强大的修复模式，即光盘修复模式，下面来学习一下此模式的使用方法。

这种模式的原理是：不再使用硬盘中的文件系统启动 Linux 系统，而是使用光盘中的文件系统启动 Linux 系统。这样，就算硬盘中的 Linux 系统已经不能登录了（单用户也不能登录），光盘修复模式还是可以使用的。当然，光盘修复模式也不是万能的，如果出现连光盘修复模式都无法修复的错误，就只能重新安装 Linux 系统了。

1．进入光盘修复模式

首先我们需要有一张安装 Rocky Linux 9.x 的光盘，然后重启系统，按 F2 键进入 BIOS 设置界面，选择使用光驱优先启动，如图 4-15 所示。

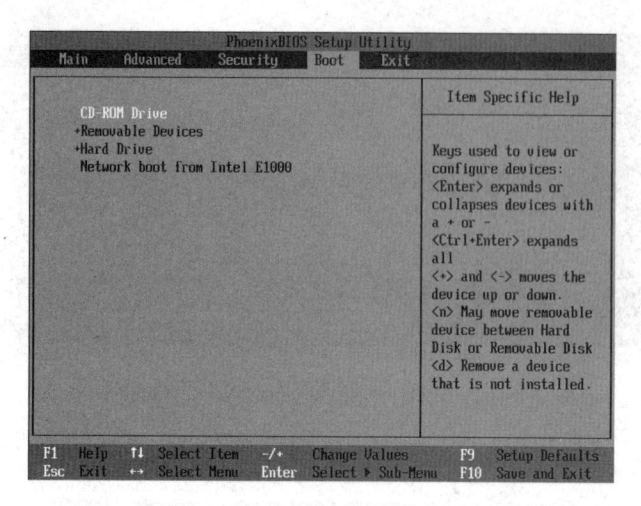

图 4-15　修改 BIOS 启动顺序

在 BIOS 界面中，通过按 "+" 键，把光盘设置为第一优先级启动，然后保存退出。系统重启之后，会进入光盘启动界面，如图 4-16 所示。

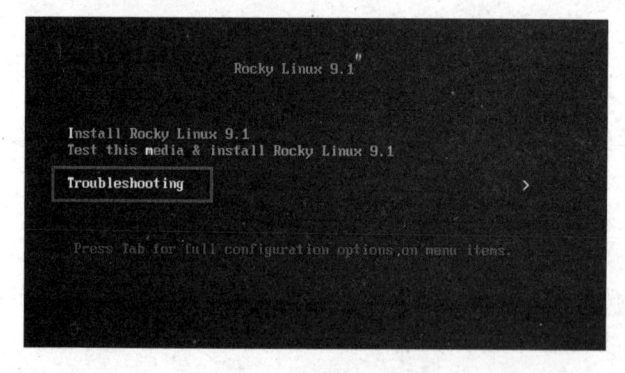

图 4-16　光盘启动界面

这个界面我们在安装 Rocky Linux 9.x 时见到过，不过这里需要选择 "Troubleshooting"（故障排除）选项，进入之后会看到故障排除界面，如图 4-17 所示。

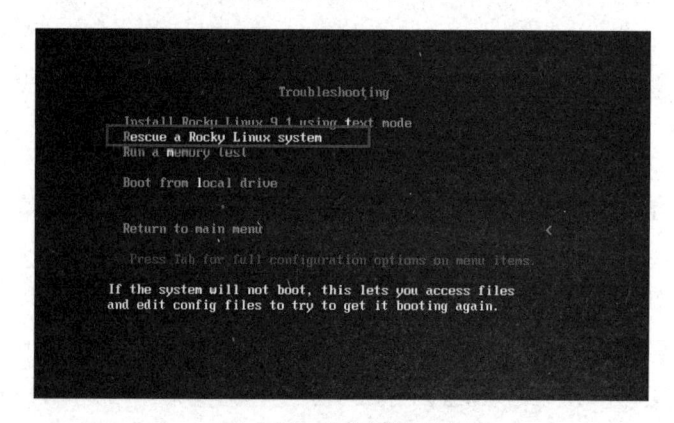

图 4-17　故障排除界面

我们需要选择"Rescue a CentOS system"（CentOS 安全修复系统）启动光盘修复模式。光盘修复模式界面（也可理解为 Linux 系统的安全模式），如图 4-18 所示。

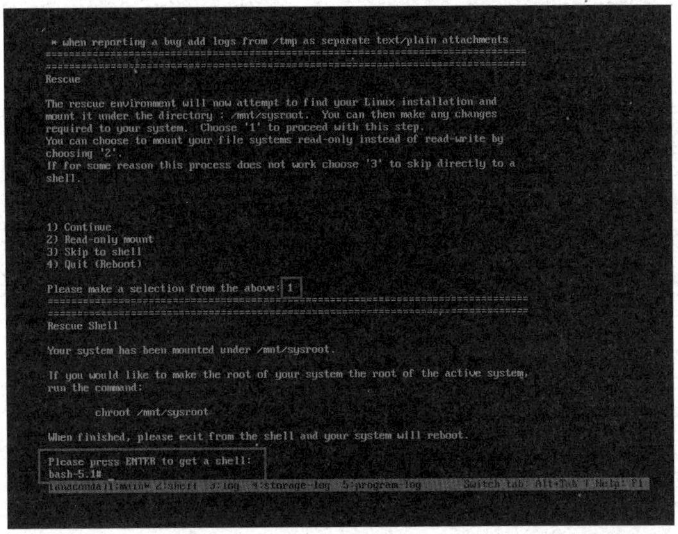

图 4-18 光盘修复模式界面

这里会让我们进行安全模式的选择，输入"1"，也就是"Continue"选项，继续进入光盘修复模式。接着在"Please press ENTER to get a shell"位置按 Enter 键，就会看到提示符"bash-5.1#"（见图 4-18），这时系统已经进入光盘修复模式。

不过，现在使用的是光盘模拟的根目录，并不是真正的系统根目录，真正的系统根目录被当成外部设备放在/mnt/sysimage/目录中。这时就需要使用 chroot 命令把现在所在的根目录修改成真正的系统根目录，命令如下：

```
sh-4.2# chroot /mnt/sysimage
```

执行完 chroot 命令之后，就从光盘切换到了真正的系统根目录中，如果存在什么错误，现在就可以进行修复，例如，可以破解密码（直接 passwd 命令重新设置），可以重新安装 grub2，也可以提取修复系统的重要文件。

2. 重新安装 grub2

之前在学习重新安装 grub2 的时候只讲了命令，并没有进行实验，这是因为重新安装 grub2 需要进入光盘修复模式，我们现在来做一下这个实验。

```
[root@localhost ~]# rm -rf /boot/grub2/
#删除/boot/grub2/目录，模拟 grub2 数据丢失
```

笔者这里只是删除了/boot/grub2/目录，如果想把整个分区删除，那么记得要备份除/boot/grub2/目录外的其他数据。因为重新安装 grub2 只能安装 grub2 的相关数据，不能安装其他内容，内核与虚拟文件系统等文件都需要手工备份与恢复。

这时如果重启系统，就会报错，如图 4-19 所示。

grub2 都已经被删除了，当然会启动失败了。解决办法是进入光盘修复模式来进行修复，只需在光盘修复模式下执行以下命令即可，如图 4-20 所示。

figure 4-19 系统启动失败

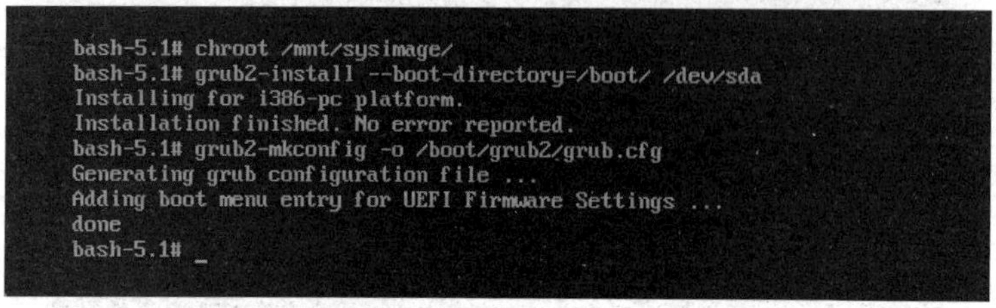

图 4-20 重新安装 grub2

我们分别来解释一下这里执行的命令：
bash-5.1# chroot /mnt/sysimage
#从光盘模拟根目录切换到真正系统根目录中
bash-5.1# grub2-install –boot-directory=/boot/ /dev/sda
#重新安装 grub2，指定安装位置
#此命令执行之后，会看到提示"error"。别紧张，"no error reported"是没有错误报告的意思
bash-5.1# grub2-mkconfig –o /boot/grub2/grub.cfg
#重新生成 grub.cfg 配置文件

这里注意，在使用 grub2-install 命令重装 grub2 的时候，是不会建立 grub.cfg 配置文件的，这个配置文件需要利用 grub2-mkconfig 命令手工生成，否则系统无法正常启动。

grub2 安装完成之后，需要退出根目录，并重启系统。
bash-5.1# exit
#退出/mnt/sysimage 目录
bash-5.1# reboot
#重启系统

在系统重启时，会自动重启两次，用于 grub2 的重新构建。注意，要改回使用硬盘启动，不要一直使用光盘启动。重启之后，系统就可以正常使用了。

4.4 本章小结

本章重点

本章我们学习了 Rocky Linux 9.x 的系统启动过程，其中详细讲解了 Rocky Linux 9.x 基本启动流程、启动引导程序，以及如何进入系统修复模式，并且举例讲解了各种修复模式常见的故障修复，例如，如何破解 root 用户密码。

本章难点

本章的难点是理解系统启动过程，并通过理解系统启动过程的原理来处理 Linux 系统的常见启动故障。grub2 启动引导程序的使用也是本章难点。

第 5 章　掌柜先生敲算盘：服务管理

学前导读

系统服务可以给 Linux 系统提供各种复杂的功能，让 Linux 系统变得更加强大。那么，Linux 系统中常见的服务有哪些？这些服务怎么分类？服务如何启动？服务如何自启动？服务如何查看？这些是本章需要解决的主要问题。

从 Linux 7.x 开始，就使用 systemd 取代了传统的 init 服务管理，服务管理发生了较大的变化。但是服务管理的升级使管理命令得到了整合，管理效率提升，学习难度降低，是有效升级。Rocky Linux 9.x 延续了 systemd 的服务管理方式。

5.1　服务的简介与分类

我们知道，系统服务是在后台运行的应用程序，并且可以提供一些本地系统或网络的功能。我们把这些应用程序称作服务，即 Service。不过，我们有时也会看到 Daemon 的叫法，Daemon 的英文原意是守护神，在这里是守护进程的意思。那么，什么是守护进程？它和服务又有什么关系呢？守护进程就是为了实现服务功能的进程，例如，我们的 Apache 服务就是服务（Service），它是用来实现 Web 服务的。那么，启动 Apache 服务的进程是哪个进程呢？就是 httpd 这个守护进程（Daemon）。也就是说，守护进程就是服务在后台运行的真实进程。

如果分不清服务和守护进程，那么也没有关系，可以把服务与守护进程等同起来。在 Linux 系统中就是通过启动 httpd 进程来启动 Apache 服务的，可以把 httpd 进程当作 Apache 服务的别名来理解。

5.1.1　服务和端口

1. 端口简介

服务是给系统提供功能的，在系统中除了系统服务，还有网络服务。而每个网络服务都有自己的端口，一般端口号都是固定的。那么，什么是端口呢？

我们知道，IP 地址是计算机在互联网上的地址编号，每台联网的计算机都必须有自己的 IP 地址，而且必须是唯一的，这样才能正常通信。也就是说，在互联网上是通过 IP 地址来确定不同计算机的位置的。大家可以把 IP 地址想象成家庭的门牌号码，不管你住的是大杂院、公寓楼还是别墅，都有自己的门牌号码，而且门牌号码是唯一的。

如果知道了一台服务器的 IP 地址，我们就可以找到这台服务器。但是这台服务器上有可能搭建了多个网络服务，如 WWW 服务、FTP 服务、mail 服务，那么到底需要服务器为我们提供哪个网络服务呢？这时就要靠端口（Port）来区分了，因为每个网络服务对应的端口都是固定的，例如，WWW 服务对应的端口是 80，FTP 服务对应的端口是 20 和 21，mail 服务对应的端口是 25 和 110（或 143）。也就是说，IP 地址可以想象成门牌号码，而端口可以想象成家庭成员，找到了 IP 地址只能找到你家，只有找到了端口，在寄信时才能找到真正的收件人。

为了统一整个互联网的端口和网络服务的对应关系，以便让所有的主机都能使用相同的机制来请求或提供服务，同一个服务应使用相同的端口，这就是协议。计算机中的协议主要分为两大类：一类是面向连接的可靠的 TCP 协议（Transmission Control Protocol，传输控制协议）；另一类是面向无连接的不可靠的 UDP 协议（User Datagram Protocol，用户数据报协议）。这两种协议都支持 2^{16} 个端口，也就是 65535 个端口。这么多端口怎么记忆呢？系统给提供了服务与端口的对应文件 /etc/services，查看一下：

```
[root@localhost ~]# vi /etc/services
…省略部分输出…
ftp-data        20/tcp
ftp-data        20/udp
# 21 is registered to ftp, but also used by fsp
ftp             21/tcp
ftp             21/udp          fsp fspd
#FTP 服务的端口
…省略部分输出…
smtp            25/tcp          mail
smtp            25/udp          mail
#邮件发送信件的端口
…省略部分输出…
http            80/tcp          www www-http    # WorldWideWeb HTTP
http            80/udp          www www-http    # HyperText Transfer Protocol
#WWW 服务的端口
…省略部分输出…
pop3            110/tcp         pop-3           # POP version 3
pop3            110/udp         pop-3
#邮箱接收信件的端口
…省略部分输出…
```

网络服务的默认端口能够修改吗？当然是可以的，不过一旦修改了端口，就只有修改了端口的管理员知道被改后的端口是什么，客户机无法得知，也就不能正确地获取服务了。因此，除非能确认此服务不需要被普通用户访问，只给内部人员使用，否则不推荐修改服务的默认端口。

2. 查询系统中已经启动的服务

既然每个网络服务对应的端口是固定的，那么是否可以通过查询服务器中开启的端口，来判断当前服务器开启了哪些服务呢？当然是可以的。虽然判断服务器中开启的服务还有其他方法（如通过 ps 命令），但是通过端口来查看最为准确。

第 5 章 掌柜先生敲算盘：服务管理

我们在《Linux 9 基础知识全面解析》一书的第 4 章中，已经详细解释了 nestat 和 ss 两个命令，这两个命令都可以查看本机网络状态，当然也可以看到本机已经启动的端口。此处不再详细介绍此命令，只查看命令的结果：

```
[root@localhost ~]# netstat –tlunp
#列出系统中所有已经启动的服务（已经监听的端口），但不包含已经连接的网络服务
Proto Recv-Q Send-Q Local Address      Foreign Address      State       PID/Program name
tcp     0      0    0.0.0.0:22          0.0.0.0:*            LISTEN      724/sshd: /usr/sbin
tcp6    0      0    :::22               :::*                 LISTEN      724/sshd: /usr/sbin
udp     0      0    127.0.0.1:323       0.0.0.0:*                        652/chronyd
udp6    0      0    ::1:323             :::*                             652/chronyd
```

由于我们安装的 Linux 系统版本相对简洁，所以本机默认只开启了 22（SSH 远程连接服务）和 323（chrony 时间同步服务）两个端口。

通过查询本机端口可以确定本机开启的服务，判断网络连接状态，进行网络故障诊断等，这是常用的网络命令。

5.1.2 服务的启动与自启动

在学习服务管理时，首先要能区分什么是服务的启动管理，以及什么是服务的自启动管理，这两个名词比较相近，但是含义完全不同。而且不论是 Windows 系统，还是 Linux 系统；不论是旧版系统，还是新版系统，都需要区分这两个概念。既然 Windows 系统也有服务的启动管理和自启动管理，而图形工具更好理解，我们看看 Windows 系统的服务管理工具。在 Windows 系统的桌面上，右击"计算机"图标，选择"管理"工具，会看到"计算机管理"这个工具，如图 5-1 所示。

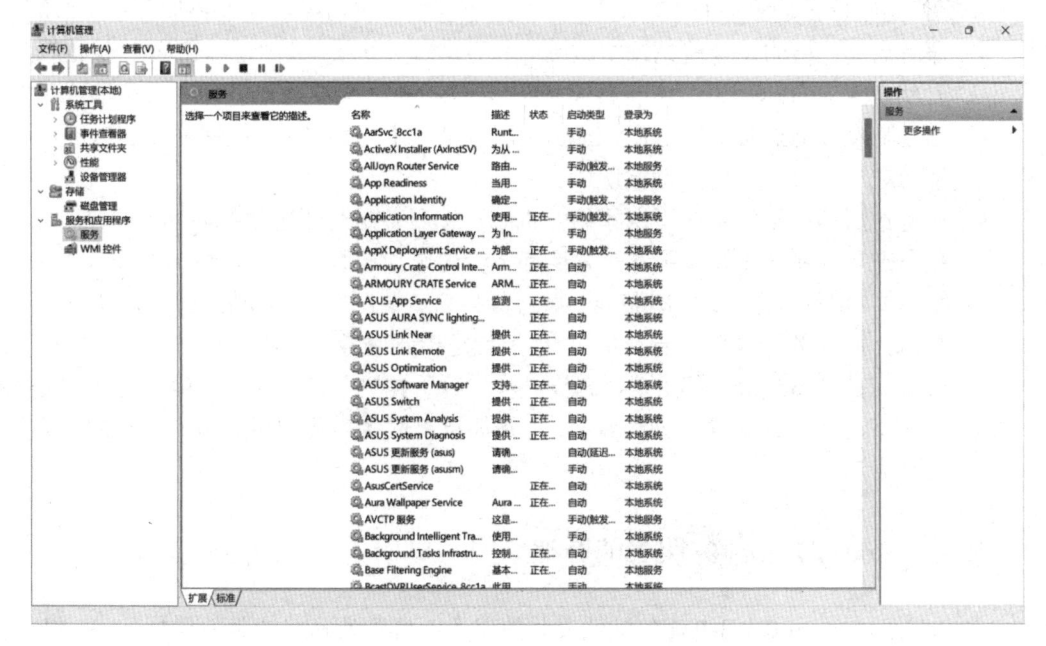

图 5-1　Windows 服务管理

• 225 •

在"计算机管理"工具中，选择"服务"工具，可以看到 Windows 系统中所有的系统服务。可以发现，每个系统服务都有"状态"和"启动类型"两种服务器状态，如果双击任意一个服务，打开这个服务的子选项卡，就会看到如图 5-2 所示的界面。

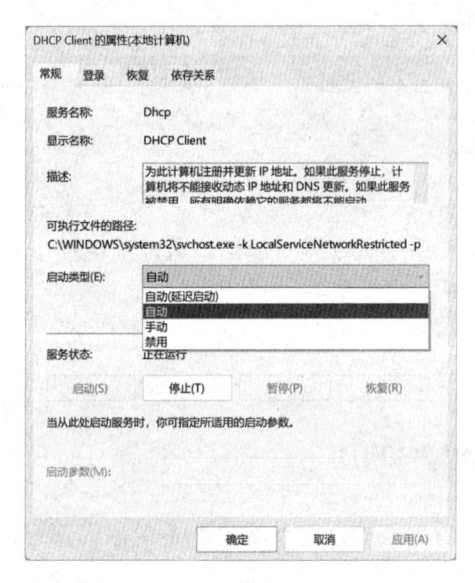

图 5-2 服务的启动状态

在 Windows 服务工具中，"启动类型"指的是下次开机之后，此服务是否会随着系统的启动而自动启动，不需要用户参与，笔者把这种启动称作"自启动"；而"服务状态"指的是此服务是否在当前系统中启动，笔者称作"启动"。

那么，到底什么是服务的"启动"，什么是服务的"自启动"呢？我们分别来讲解。

- 服务启动：指的是当前系统中该服务是否运行，一般就是"启动"与"停止"两种状态（Windows 系统中有暂停状态）。但是在下次系统开机时，服务是否开机自动启动和此选项无关。在 Windows 服务工具中，"服务状态"就是管理 Windows 服务在当前系统下的启动情况的。
- 服务自启动：指的是在下次系统开机时，该服务是否随着系统启动而自动运行。但是在当前系统下，该服务是否启动不受此选项控制。在 Windows 服务工具中，"启动类型"就是管理 Windows 服务的自启动情况的。"自动"就是指在下次开机时，此服务开机自动启动；"禁用"就是指此服务在下次开机时不自动启动。注意，在 Windows 系统的服务管理中，"启动类型"有一个"手动"选项，指的是在下次开机时服务不直接启动，但是如果有服务需要调用此服务，该服务就会自动启动。

5.1.3 Rocky Linux 9 服务的分类

在 Rocky Linux 9 中，RPM 包默认安装的服务不再分为独立的服务与基于 xinetd 的服务，而是全部作为单元被 systemd 管理，而单元又被细分为多种不同的类型。

一组单元（unit）又组成了单元组（target），这个单元组有些类似于旧版系统的运行级别，也就是只要启动了这个单元组，就会启动组中所有的单元，然后就可以启动对应的服务环境。

除了 RPM 包默认安装的服务是一个大类别，笔者认为源码包安装的服务应该是一个独立的类型。我们来看看在 Rocky Linux 9 中服务的分类：

（1）RPM 包默认安装的服务（单元）。

- .service：也就是系统服务单元（service unit），这是系统中最主要的服务，包括本地服务与网络服务等。
- .target：单元组（target），也就是一组单元的集合。常见的单元组如 multi-user.target 就是字符界面环境，graphical.target 就是图形界面。
- .socket：套接字单元（socket unit），这类服务主要用于进程间通信。
- .mount/.automout：文件系统挂载相关服务，主要用于挂载和自动挂载，如 NFS 服务的自动挂载。
- .path：检测文件或路径的服务（path unit），用于队列服务，如打印服务。
- .timer：定时执行程序的服务（timer unit），有点类似系统定时任务。
- 除了以上常见的单元类型，systemd 管理的单元还有 ".device"（硬件设备）、".scope"（外部进程）、".slice"（进程组）、".snapshot"（快照）、".swap"（swap 文件）等单元类型，共 12 种。

（2）源码包安装的服务。

RPM 包默认安装的服务，如果通过 systemd 进行管理，就都会被识别为单元。虽然单元的分类比较多，但是常用的一般常用的只有两种：一种是服务单元，也就是系统服务，手工启动和自启动的就是这种服务；另一种就是单元组，它与旧版系统的运行级别非常类似，只要启动单元组中包含的单元，就会进入该单元组，常见的单元组就是 multi-user.target 字符界面环境和 graphical.target 图形界面环境。

源码包安装的服务，服务一般都保存在用户指定的安装位置，一般建议安装在 /usr/local/ 目录中，如使用源码包安装的 Apache 服务会把服务文件安装在 /usr/local/apache2/ 目录中。那么，使用 RPM 包安装的服务单元会保存在哪里呢？我们来学习一下这些单元的保存位置。

- /usr/lib/systemd/system/：服务的启动脚本保存位置，只要是系统已经安装的系统服务（RPM 包安装的服务）就都保存在这里，不论这个服务是否开机自启动。这个目录与旧版系统的/etc/rc.d/init.d/目录的作用类似。
- /etc/systemd/system/：管理员决定的真正需要在开机时执行的服务。这个目录中的文件全部都是软链接，指向/usr/lib/systemd/system/，也就是说，服务是否开机启动，由/etc/systemd/system/目录中的软链接决定。这个目录与旧版系统的/etc/rc.d/rc[0-6].d/目录的作用类似。

5.2 RPM 包默认安装的系统服务管理

5.2.1 通过 systemctl 启动与自启动系统服务

从 Linux 7 版本开始（Rocky Linux 9 当然也使用了 systemctl），服务管理命令被统一成 systemctl 命令，这样做的优点是功能强大、管理方便，但是导致 systemctl 体系庞大、非常复杂。

这导致很多人非常反对使用 systemd，其中就包括 Linux 系统的内核开发者李纳斯·托瓦兹。反对者认为 systemd 不遵守 UNIX 原则；不考虑 Linux 系统之外的系统，如 BSD 系统；接管了过多服务，如 crond 可以被 systemd 的 timer 单元取代（目前 crond 依然可以使用），syslogd 被 systemd-journal 取代；systemd 的可靠程度也备受质疑。

但是这些都无法阻挡 RedHat 使用 systemd 的决心，我们要想使用最新版本的 RedHat 系列 Linux（Rocky Linux 也是 RedHat 系列的），就不得不学习 systemd。

这里做一个说明：使用 RPM 包安装的服务，笔者也会将其叫作系统服务，因为 Rocky Linux 系统就是通过 RPM 包安装的。

1. 通过 systemctl 启动系统服务

服务命令统一为 systemctl，也就是说，不论是启动服务、自启动服务、查询服务、启动字符界面，还是图形界面，都使用 systemctl 这个命令。那么，我们的启动服务的命令也是 systemctl，主要是根据选项来区分：

```
[root@localhost ~]# systemctl [选项] 单元名
选项：
    start：      启动单元
    stop：       停止单元
    restart：    重启动单元，就是先 stop，再 start
    reload：     平滑重启，就是在不关闭单元的情况下，重新加载配置文件，让配置文件生效
```

举个例子，尝试启动 RPM 包默认安装的 Apache 服务：

```
[root@localhost ~]# yum -y install httpd
#安装 RPM 包的 Apache（注意 yum 源要正常）服务

[root@localhost ~]# systemctl start httpd.service
#启动 RPM 包默认安装的 Apache 服务，没有提示，证明启动正常
#在当前 Linux 的版本中，httpd.service 可以简写为 httpd
```

单元名在低版本的 Linux 7.x 中（如 Linux 7.1）需要写全，也就是写为 httpd.service。但是从 Linux 7.5 版本开始，单元名可以简写成 httpd。

在旧版本中，只有系统命令可以使用 Tab 键补全。在新版本系统中，我们惊喜地发现不但系统命令可以使用 Tab 键补全，而且系统的选项和参数都可以使用 Tab 键补全，不过需要确认 bash-completion 这个包是否安装了。

启动命令如果正常，通常是没有提示的，那么，其真的启动了吗？我们确认一下：

```
[root@localhost ~]# netstat –tulnp
…省略部分内容…
tcp6       0      0 :::80               :::*                    LISTEN      28278/httpd
…省略部分内容…
#可以看到 80 端口已经开启
```

通过查看网络端口，可以确认 80 端口已经开启，开启该端口的是 httpd 服务。但是通过查看端口，我们无法确认启动的是 RPM 包安装的 Apache 服务，还是源码包安装的 Apache 服务。这时，就需要通过查看进程来进一步确认：

```
[root@localhost ~]# ps aux | grep httpd
root     28278  0.0  1.2  20116 11476 ?       Ss   10:09   0:00 /usr/sbin/httpd -DFOREGROUND
apache   28279  0.0  0.7  21588  7296 ?       S    10:09   0:00 /usr/sbin/httpd -DFOREGROUND
apache   28280  0.0  1.7 1079236 16972 ?      Sl   10:09   0:00 /usr/sbin/httpd -DFOREGROUND
apache   28281  0.0  1.7 1210372 16972 ?      Sl   10:09   0:00 /usr/sbin/httpd -DFOREGROUND
apache   28284  0.0  1.7 1079236 16964 ?      Sl   10:09   0:00 /usr/sbin/httpd -DFOREGROUND
root     28628  0.0  0.2   6636  2072 pts/2   S+   10:34   0:00 grep --color=auto httpd
#启动的是/usr/sbin/httpd，这是 RPM 包安装的 Apache 服务
```

2．通过 systemctl 自启动系统服务

服务的启动只会在当前系统中生效，下次服务器重启之后，这个服务还是需要手工开启，这很麻烦，而且容易遗忘，因此服务不光需要启动，也需要自启动管理。在 Rocky Linux 9 中，服务的自启动管理也被集成进 systemctl 命令中：

```
[root@localhost ~]# systemctl [选项] 单元名
选项：
    enable：  设置单元为开机自启动
    disable： 设置单元为禁止开机自启动
```

我们依然使用 RPM 包默认安装的 Apache 服务来进行开机自启动的举例：

```
[root@localhost ~]# systemctl enable httpd
Created symlink /etc/systemd/system/multi-user.target.wants/httpd.service → /usr/lib/systemd/system/httpd.service.
#把 RPM 包安装的 Apache 服务设置为自启动
```

注意看命令换行后出现的提示：建立符号链接（软链接），从/etc/systemd/system/multi-user.target.wants/httpd.service 到/usr/lib/systemd/system/httpd.service。这是表示，服务的启动命令都保存在/usr/lib/systemd/system/中，这个服务是否开机自启动，需要看这个服务启动脚本是否在/etc/systemd/system/multi-user.target.wants/目录中，这里已把 httpd 服务变成开机自启动，因此需要在/etc/systemd/system/multi- user.target.wants/目录中建立 httpd.service 的软链接。

如果不想让 Apache 服务开机自启动，那么可以这样操作：

```
[root@localhost ~]# systemctl disable httpd
Removed symlink /etc/systemd/system/multi-user.target.wants/httpd.service.
#禁止 RPM 包安装的 Apache 服务开机自启动。注意提示信息：取消了/etc/systemd/system/multi-user.target.wants/目录中的 httpd.service 软链接
```

5.2.2 通过 systemctl 查看系统服务

1. 查看服务状态

我们可以查询服务的启动与自启动状态，通过执行以下命令实现：

[root@localhost ~]# systemctl [选项] 单元名
选项：
  status：   查询单元的状态，可以看到启动装与自启动状态
  is-active： 查询单元是否启动
  is-enabled： 查询单元是否自启动

查询服务状态：
[root@localhost ~]# systemctl status httpd.service
● httpd.service - The Apache HTTP Server
  Loaded: loaded (/usr/lib/systemd/system/httpd.service; disabled; vendor preset: disabled)
  #服务的自启动状态   开机不自启动厂商预设值
  Active: active (running) since Wed 2023-10-11 10:09:07 CST; 23min ago
  #服务的启动状态
   Docs: man:httpd.service(8)
  #命令帮助
 Main PID: 28278 (httpd)
  Status: "Total requests: 0; Idle/Busy workers 100/0;Requests/sec: 0; Bytes served/sec: 0 B/sec"
  Tasks: 213 (limit: 5691)
  Memory: 39.3M
   CPU: 785ms
  CGroup: /system.slice/httpd.service
      ├─28278 /usr/sbin/httpd -DFOREGROUND
      ├─28279 /usr/sbin/httpd -DFOREGROUND
      ├─28280 /usr/sbin/httpd -DFOREGROUND
      ├─28281 /usr/sbin/httpd -DFOREGROUND
      └─28284 /usr/sbin/httpd -DFOREGROUND
  #服务单元的进程 PID 信息
10 月 11 10:09:07 localhost.localdomain systemd[1]: Starting The Apache HTTP Server...
10 月 11 10:09:07 localhost.localdomain httpd[28278]: AH00558: httpd: Could not reliably determine the server's fully qualified domain>
10 月 11 10:09:07 localhost.localdomain systemd[1]: Started The Apache HTTP Server.
10 月 11 10:09:07 localhost.localdomain httpd[28278]: Server configured, listening on: port 80
#服务的日志信息

  通过 status 选项得到的输出比较多，下面来解释一下。
  第二行"Loaded: loaded (/usr/lib/systemd/system/httpd.service; disabled; vendor preset: disabled)"显示的是服务的自启动状态。其中前半行，也就是"/usr/lib/systemd/system/httpd.service; disabled;"指的是当前服务的自启动状态，这里的"disabled"指的是服务开机不自启动；后半行"vendor preset: disabled"是厂商预设值，并不干扰服务的正常状态。
  自启动状态主要有以下几种。
- enabled：自启动，也就是服务在开机时会自动启动。

- disabled：禁止自启动，也就是服务在开机时不自动启动。
- static：静态状态，也就是服务在开机时不自动启动，但是可以被其他服务唤醒，类似于 Windows 服务中的手动状态。只有在服务的配置文件中没有定义[Install]区域时，服务才可以是 static 状态。
- mask：强制注销服务，在这种状态下的服务无法被启动，除非使用"systemctl unmask 单元"命令取消注销状态。

第三行"Active: active (running) since Wed 2023-10-11 10:09:07 CST; 29min ago"显示的是服务器的启动状态，这里的"active (running)"表示服务已经启动。

服务的启动状态主要分为以下几种。

- active（running）：服务正在运行，常见的服务的启动状态就是这种状态。
- active（exited）：只能执行一次就结束的服务。一般不需要一直常驻在内存中的服务，使用这种状态启动。
- active（waiting）：正在等待运行的服务，需要等待其他服务运行结束，才能继续运行。打印队列服务一般都是这种状态。
- inactive：不活动状态，服务没有运行。

接下来这两个选项就简单多了，我们先来看看查询是否启动的 is-active 选项：

```
[root@localhost ~]# systemctl stop httpd.service
#停止 Apache 服务
[root@localhost ~]# systemctl is-active httpd.service
inactive
#服务状态是未激活，也就是未启动


[root@localhost ~]# systemctl start httpd.service
#启动 Apache 服务
[root@localhost ~]# systemctl is-active httpd.service
active
#服务状态是激活，也就是已经启动
```

再来看看查询自启动状态的 is-enabled 选项：

```
[root@localhost ~]# systemctl enable httpd.service
#自启动 Apache 服务
[root@localhost ~]# systemctl is-enabled httpd.service
enabled
#服务自启动状态是 enabled，也就是开机自启动此服务

[root@localhost ~]# systemctl disable httpd.service
#禁止 Apache 服务自启动
[root@localhost ~]# systemctl is-enabled httpd.service
disabled
#服务自启动状态是 disabled，也就是开机不自启动此服务
```

其实，is-active 选项和 is-enabled 选项完全可以被 status 选项取代，大家可以按照自己的习惯来使用。

2. 查看系统中已经安装的服务单元

通过 status 选项查询服务状态，需要手工指定单元的名称，只能一个个地进行查询。那么，是否可以查询系统中所有已经安装的单元状态呢？当然可以，使用以下的选项即可：

```
[root@localhost ~]# systemctl [list-units | list-unit-files]
```
选项：

  list-units：列出已经启动的服务单元，没有启动的服务单元不会列出。可以使用-all 选项列出所有服务单元，包括没有启动的服务单元

  list-unit-files：按照/usr/lib/systemd/system/目录中的服务单元，列出所有服务单元的状态，包括启动与未启动的服务单元

  --type=TYPE：按照类型列出服务单元，常见服务单元类型如 service、socket、target 等

举几个例子。

我们可以查看已经启动的单元状态：

例 1：查看已经启动的服务单元状态
```
[root@localhost ~]# systemctl list-units
#列出已经启动的服务单元
UNIT                          LOAD    ACTIVE  SUB      DESCRIPTION
…省略部分内容…
httpd.service                 loaded  active  running  The Apache HTTP Server
…省略部分内容…
#服务单元名                    加载状态  启动状态          描述
```

如果 Apache 已经启动，那么使用 "systemctl list-units" 命令就可以查看 Apache 的状态。注意，"systemctl list-units" 命令看到的是服务的启动状态。

直接使用 "systemctl list-units" 会看到各种类型的单元状态，如果只关心 service 类型的状态，就可以进行如下操作：

例 2：按照服务单元类型进行查询
```
[root@localhost ~]# systemctl list-units --type=service
#只查看 service 类型的服务单元状态
```

我们也可以通过安装服务单元的分类来查看所有服务单元的状态，命令如下：

例 3：通过安装服务单元分类，查看所有服务单元的状态
```
[root@localhost ~]# systemctl list-units --all
```

通过 "systemctl list-units --all" 查询只能按照服务单元分类进行大致查询，要想查询系统中所有已经安装的服务单元的状态，还需要使用 list-unit-files 选项：

例 4：查询系统中已经安装的所有服务单元的状态
```
[root@localhost ~]# systemctl list-unit-files
UNIT FILE                              STATE
proc-sys-fs-binfmt_misc.automount      static
dev-hugepages.mount                    static
…省略部分内容…
tmp.mount                              disabled
brandbot.path                          disabled
…省略部分内容…
abrt-ccpp.service                      enabled
```

```
abrt-oops.service                                  enabled
…省略部分内容…
#单元名                                             自启动状态
```

通过"systemctl list-unit-files"命令查询到的状态，就是之前我们说的自启动状态，主要有 enabled、disabled、static、mask 等。

3．查看系统服务依赖性

服务单元之前是存在依赖关系的，也就是说，如果服务单元 A 依赖服务单元 B，那么在启动服务单元 A 之前需要先启动服务单元 B。而我们也可以追踪这种依赖关系，例如，目前使用的是字符界面 multi-user.target 单元组，现在看看要想启动 multi-user.target 单元组，必须先启动哪些服务单元：

```
[root@localhost ~]# systemctl list-dependencies multi-user.target
multi-user.target
● ├─abrt-ccpp.service
● ├─abrt-oops.service
● ├─abrt-vmcore.service
● ├─abrt-xorg.service
● ├─abrtd.service
● ├─atd.service
● ├─auditd.service
● ├─crond.service
…省略部分内容…
● ├─basic.target
● │ ├─microcode.service
● │ ├─rhel-dmesg.service
● │ ├─selinux-policy-migrate-local-changes@targeted.service
● │ ├─paths.target
● │ ├─slices.target
● │ │ ├─-.slice
● │ │ └─system.slice
● │ ├─sockets.target
● │ │ ├─dbus.socket
…省略部分内容…
● │ ├─sysinit.target
● │ │ ├─dev-hugepages.mount
● │ │ ├─dev-mqueue.mount
…省略部分内容…
● │ │ ├─local-fs.target
● │ │ │ ├─-.mount
● │ │ │ ├─boot.mount
● │ │ │ ├─rhel-readonly.service
● │ │ │ └─systemd-remount-fs.service
● │ │ ├─swap.target
● │ │ ├─timers.target
● │ │ │ └─systemd-tmpfiles-clean.timer
● ├─getty.target
● │ └─getty@tty1.service
● └─remote-fs.target
#这些依赖性对理解 Linux 的启动过程是很有帮助的
```

单元组的依赖性可以帮助我们理解服务单元之间的依赖关系，也有助于理解服务的启动过程。我们系统的默认单元组是 multi-user.target，可以看到，要想启动 multi-user.target 单元组，就需要先启动 basic.target 单元组、getty.target 单元组、remote-fs.target 单元组等。而要想启动 basic.target 单元组，又需要先启动 slices.target 单元组、sockets.target 单元组、sysinit.target 单元组、timers.target 单元组等，这些依赖关系和第 4 章讲解的启动过程相符合。

5.2.3 通过 systemctl 管理系统单元组（操作环境）

在系统启动的时候，需要启动大量的单元，如果每一次系统启动都需要一一启动对应的单元，那么肯定既不方便也不合理，而系统单元组就是解决这个问题的。系统单元组就是大量单元的集合，启动某一个单元组，systemd 就会启动这个单元组中的所有单元。

系统单元组与旧版本 Linux 系统运行级别（runlevel）类似，不同的是，多个系统单元组可以同时启动，而系统运行级别只能启动其中一个。

查询系统中所有的系统单元组，可以使用以下命令：

```
[root@localhost ~]# systemctl list-units --type=target –all
#查询系统中所有的单元组
```

系统中的单元组较多，常见的主要有以下几种，如表 5-1 所示。

表 5-1　常见系统单元组

常见系统单元组	说明
basic.target	基本系统单元组，包含系统初始化必备的单元
multi-user.target	多用户与基本命令单元组，就是命令行界面
graphical.target	图形界面单元组，就是命令行加密加上图形界面。这个单元组中包含 multi-user.target 单元组
rescue.target	系统救援模式，主要用于系统修复。可以通过 systemctl rescue 命令进入，但是需要使用 root 用户密码
emergency.target	紧急系统救援模式，当系统救援模式无法进入时，可以尝试使用 systemctl emergency 命令进入紧急救援模式修复系统
shutdown.target	关机模式
getty.target	定义本地操作终端的单元组

1．系统默认单元组

在系统启动时会调用默认单元组（default.target），即系统启动之后的默认操作界面。这个默认单元组是软链接，一般指向 /usr/lib/systemd/system/multi-user.targe 或 /usr/lib/systemd/system/graphical.target。也就是说，系统在启动时，要么进入纯字符界面，要么进入图形界面（图形界面需要安装）。我们可以查看一下：

```
[root@localhost ~]# ll -d /etc/systemd/system/default.target
lrwxrwxrwx. 1 root root 41 7 月    4 10:56 /etc/systemd/system/default.target -> /usr/lib/systemd/system/multi-user.target
#默认单元组（default.target），指向的是字符界面（multi-user.target）
```

默认单元组可以通过 systemctl 命令来直接进行查看与修改，命令如下：

```
[root@localhost ~]# systemctl get-default
multi-user.target
#查看系统默认单元组，当前默认单元组是 multi-user.target，也就是字符界面

[root@localhost ~]# systemctl set-default graphical.target
Removed symlink /etc/systemd/system/default.target.
Created symlink from /etc/systemd/system/default.target to /usr/lib/systemd/system/graphical.target.
#设置系统默认单元组为图形界面（graphical.target）
#注意命令提示：就是给默认单元组设置了软链接，指向/usr/lib/systemd/system/graphical.target
```

注意：这里设置的默认单元组是指下次开机之后，系统直接进入字符界面还是图形界面，并不影响当前系统环境。还要注意，要想开机进入图形界面，请提前安装好图形界面，否则会报错。

2. 切换系统单元组

如果想要不重启系统就直接切换系统单元组，需要使用以下命令：

```
[root@localhost ~]# systemctl isolate multi-user.target
#不重启，直接进入字符界面

[root@localhost ~]# systemctl isolate graphical.target
#不重启，直接进入图形界面（需要安装图形界面）
```

这里修改的是当前系统的操作界面，下次开机之后的默认界面是受默认单元组控制的。

除了可以控制进入图形界面和字符界面，systemctl 也可以切换其他的操作模式：

```
[root@localhost ~]# systemctl poweroff
#系统关机
[root@localhost ~]# systemctl reboot
#重启系统
[root@localhost ~]# systemctl rescue
#进入修复模式
[root@localhost ~]# systemctl emergency
#进入紧急修复模式
```

5.2.4 systemctl 服务的配置文件

已知通过 systemd 管理的服务，配置文件都保存在/usr/lib/systemd/system/中，这些配置文件是管理服务的重要文件，我们需要学习和使用此配置文件。依然用 RPM 包安装的 Apache 服务来举例，看看 httpd.service 的内容：

```
[root@localhost ~]# cat /usr/lib/systemd/system/httpd.service
#RPM 包安装好 Apache 服务之后，此配置文件会自动建立
[Unit]
#单元的说明部分
Description=The Apache HTTP Server
Wants=httpd-init.service
```

```
After=network.target remote-fs.target nss-lookup.target httpd-init.service
Documentation=man:httpd.service(8)

[Service]
#单元如何管理服务的部分
#不同的单元类型使用不同的字段，".service"单元才有[Service]字段,其他单元类型对应[Socket]、[Path]、
[Mount]和[Timer]等不同的字段
Type=notify
Environment=LANG=C

ExecStart=/usr/sbin/httpd $OPTIONS -DFOREGROUND
ExecReload=/usr/sbin/httpd $OPTIONS -k graceful
# Send SIGWINCH for graceful stop
KillSignal=SIGWINCH
KillMode=mixed
PrivateTmp=true
OOMPolicy=continue

[Install]
#定义单元属于哪个单元组
    WantedBy=multi-user.target
```

此配置文件对大小写敏感，需注意大小写的区分。此配置文件主要分为三个部分，分别进行介绍。

1. [Unit]

[Unit]：一般是配置文件的第一个字段，用于配置单元的说明、描述，以及与其他单元的关系等。常见字段如下。

- Description：简短描述。
- Documentation：说明文档的位置，可以进行进一步查询。
- After：定义单元的启动顺序，指当前的单元要在 After 字段定义的单元之后启动。在此配置文件中，要先启动 network.target、remote-fs.target、nss-lookup.target，后启动 httpd.service。
- Before：和 After 字段相反，指当前单元要在 Before 字段定义的单元之前启动。
- Requires：指当前单元依赖 Requires 字段定义的单元，一定要先启动 Requires 字段定义的单元，否则当前单元会启动失败。Requires 字段是强制的依赖，而 After 字段只是建议，After 字段定义的单元不提前启动，当前单元不一定失败。
- Wants：与 Requires 字段相反，指当前单元要在 Wants 字段定义的单元之前启动。
- Conflicts：冲突字段，指当前单元和 Conflicts 字段指定的单元冲突，不能同时启动。

2. [Service]

[Service]：用于定义服务的配置。只有".service"类型的单元才具有这个字段，其他类型的单元分别对应[Socket]、[Path]、[Mount]和[Timer]等不同的字段。

（1）Type：定义当前服务的启动方式，主要有以下几种类型。
- simple：这是默认值，用于指定 ExecStart 执行的命令，启动主进程。
- notify：与 simple 类似，也用于指定服务启动命令。不同之处在于，notify 会在服务启动之后先通知 systemd，再继续往下执行。
- forking：通过 fork 方式由父进程创建一个子进程，将子进程作为此守护进程的主服务，父进程启动完成之后就会终止。
- oneshot：一次性启动，在工作完毕后就会关闭，不会常驻内存。
- dbus：与 simple 类似，但是这个服务需要在获取一个 D-Bus 名称后，才能运行。需要定义"BusName="字段。
- idle：其他服务执行完毕之后，才会执行当前服务。设置此字段的服务，一般会在启动的最后阶段执行。

（2）EnvironmentFile：在服务启动时调用的环境变量配置文件。

（3）ExecStart：在定义服务启动时执行的命令与参数。注意，通过此方法执行命令，只能执行一个命令行，而且不能识别管道符、输入输出重定向等特殊字符。只有 Type=oneshot 时，才可以执行多条命令与识别特殊符号。因此，如果真要执行多条命令或复杂命令，那么建议写成脚本再执行。

（4）ExecReload：在定义服务重新加载配置文件时执行的命令与参数。

（5）ExecStop：在定义服务重启时执行的命令与参数。

（6）KillSignal：在设置杀死进程时指定的信号。信号可以使用 kill -l 命令查看。

（7）PrivateTmp：定义是否生成服务私有的临时目录。如果是 true，就会在/tmp/目录中生成类似 systemd-private-68ec579506234a3ba8ceaf420d699f99-httpd.service-a959es 的目录，用于存放服务的临时文件。如果设置为 false，就不会建立这个临时目录。

（8）Restart：定义在何种情况下 systemd 会自动重启当前服务，可能的值包括 always（总是重启）、on-success、on-failure、on-abnormal、on-abort、on-watchdog 等。

（9）TimeoutSec：定义 systemd 在启动或停止当前服务之前等待的秒数，也就是当前服务在启动或停止时，出现故障会等待的时间。

3. [Install]

[Install]：定义此单元属于哪个单元组。
- WantedBy：把此单元归属于哪个单元组。在我们的配置文件中，就是把 httpd.service 归属于 multi-user.target 单元组。
- Also：当前服务开机自启动（enable），或取消开机自启动（disable）时，把此服务也自启动或取消自启动。
- Alias：定义 unit 别名。当服务被 systemctl enable（单元自启动）时，会根据此字段创建软链接到此服务中。

单元配置文件的主要内容就是这些，在后续的内容中，我们会把源码包安装的 Apache 服务也加入 systemd 管理，到时候我们会自己写一个配置文件。

5.3 源码包安装的服务管理

5.3.1 源码包安装服务的启动与自启动

1. 源码包安装的服务启动方法

使用不同的源码包安装的服务，启动方法并不是一样的。因此，每个源码包安装的服务都需要先查询源码包的说明文件，然后才可以确认具体的启动命令。例如，来看看我们通过源码包安装的 Apache 服务的说明文件：

```
[root@localhost httpd-2.4.57]# vi INSTALL
#安装说明文件一般是大写的，记得进入源码包解压缩目录
…省略部分内容…
    $ ./configure --prefix=PREFIX
    $ make
    $ make install
        #上面三步是安装的具体命令
    $ PREFIX/bin/apachectl start
        #这就是启动命令，其中，PREFIX 是变量，就是安装 Apache 服务的位置
…省略部分内容…
```

在 Linux 系统中、所有的执行命令的标准执行方法，就是通过路径找到这个执行文件，然后按 Enter 键执行（系统命令之所以可以不输入绝对路径而直接执行，是由于 PATH 环境变量的作用）。这里源码包安装的 Apache 服务启动，其实就是通过绝对路径找到 Apache 服务的启动脚本 apachectl，然后执行它，例如：

```
[root@localhost ~]# /usr/local/apache2/bin/apachectl start
#/usr/local/apache2/就是安装 Apache 服务的位置，通过绝对路径找到启动脚本，启动 Apache 服务
AH00558: httpd: Could not reliably determine the server's fully qualified domain name, using localhost.localdomain. Set the 'ServerName' directive globally to suppress this message
#此行报错是因为主机名没有被 Apache 服务识别，但是并不影响 Apache 服务运行

[root@localhost ~]# netstat -tuln | grep 80
tcp6       0      0 :::80              :::*              LISTEN
#可以看到 80 端口已经打开，Apache 服务启动了

[root@localhost ~]# ps aux | grep httpd
root      85608  0.0  0.4    6908    3836 ?   Ss   09:42   0:00 /usr/local/apache2//bin/httpd -k start
daemon    85609  0.0  1.2  758824  12328 ?   Sl   09:42   0:00 /usr/local/apache2//bin/httpd -k start
daemon    85610  0.0  1.2  758824  12328 ?   Sl   09:42   0:00 /usr/local/apache2//bin/httpd -k start
daemon    85611  0.0  1.2  758824  12328 ?   Sl   09:42   0:00 /usr/local/apache2//bin/httpd -k start
root      85699  0.0  0.2    6636    2204 pts/3 S+  09:44   0:00 grep --color=auto httpd
#查看进程，可以确定是源码包 Apache 服务启动了
```

笔者经常会问学员一个问题：我们的系统中已经通过 RPM 包安装了 Apache 服务，还能再安装源码包的 Apache 服务吗？它们会冲突吗？能同时启动吗？

答案是：可以通过 RPM 包和源码包同时安装 Apache 服务，因为它们的安装位置不

一样，不会覆盖。但是不能同时启动，因为 80 端口只有一个，除非有一个 Apache 服务修改了启动端口（修改端口之后，只有管理员知道具体端口，普通用户无法知道修改之后的端口。所有网站相当于被隐藏了，只有管理员可以访问，普通用户无法访问）。

其实，之所以使用 RPM 包安装的服务，和使用源码包安装的服务的启动与自启动方法都不一致，就是因为安装位置不同。我们通过表 5-2 来总结一下使用 RPM 包安装的 Apache 服务和使用源码包安装的 Apache 服务之间的不同。

表 5-2　两种安装方法安装的 Apache 服务主要配置文件对比

项目	使用 RPM 包安装的 Apache 服务	使用源码包安装的 Apache 服务
配置文件位置	/etc/httpd/conf/httpd.conf	/usr/local/apache2/conf/httpd.conf
网页保存位置	/var/www/html/	/usr/local/apache2/htdocs/
日志保存位置	/var/log/httpd/	/usr/local/apache2/logs/
启动脚本位置	/usr/lib/systemd/system/httpd.service	/usr/local/apache2/bin/apachectl
启动命令	systemctl start httpd.service	/usr/local/apache2/bin/apachectl start

大家可以注意到，使用 RPM 包安装的 Apache 服务，相关配置文件保存在系统的习惯目录中；而使用源码包安装的 Apache 服务，相关配置文件全部都保存在/usr/local/apache2/目录中。

2. 源码包安装的服务自启动方法

源码包安装的服务的标准自启动方法非常简单，就是把服务的启动命令写入/etc/rc.d/rc.local 文件，这个文件中所有的命令都会在系统开机的时候加载，例如：

```
[root@localhost ~]# vi /etc/rc.d/rc.local
/usr/local/apache2/bin/apachectl start
#写入启动命令
[root@localhost ~]# chmod 755 /etc/rc.d/rc.local
#给文件赋予执行权限
```

在写入/etc/rc.d/rc.local 文件之后，记得给此文件赋予执行权限，否则此文件不生效。

5.3.2　把源码包安装的服务加入 systemd 管理

其实，笔者并不推荐把源码包安装的服务加入 systemd 管理，因为启动与自启动方法不同是区分源码包安装服务与 RPM 包安装服务的主要依据，如果把服务管理都改成通过 systemd 来进行管理，那么并不利于读者区分通过这两种方法安装的服务。

但是，虽然不推荐，我们总归还是要学会如何把源码包安装的服务加入 systemd 管理。至于学会之后是否真的使用 systemd 管理，就看读者自己的使用习惯了。

把源码包安装的服务加入 systemd 管理的关键，其实就是建立一个符合 systemd 标准的启动文件。我们给使用源码包安装的 Apache 服务建立一个 apache.service 文件，让它可以被 systemd 管理：

```
[root@localhost ~]# systemctl start apache.service
Failed to start apache.service: Unit not found.
```

#在系统中目前没有 apache.service 配置文件

[root@localhost ~]# vi /usr/lib/systemd/system/apache.service
#手工建立 apache.service 配置文件
#可以参考 RPM 包安装的 /usr/lib/systemd/system/httpd.service 配置文件

[Unit]
Description=The Apache of Source package
After=network.target

[Service]
Type=simple
#将服务类型改为 simple，否则后续启动会报错
EnvironmentFile=/usr/local/apache2/conf/httpd.conf
#指定 Apache 服务的配置文件位置
PIDFile=/usr/local/apache2/logs/httpd.pid
#指定 Apache 服务运行之后保存 PID 的文件位置
ExecStart=/usr/local/apache2/bin/httpd -k start -DFOREGROUND
#/usr/local/apache2/bin/apachectl 脚本调用的是 /usr/local/apache2/bin/httpd 命令
#这里就直接写原始命令
#--DFOREGROUND 表示进程不是直接运行在系统中，而是交由 systemd 管理
ExecStop=/bin/kill -WINCH ${MAINPID}
#通过 kill 命令终止进程。其中，MAINPID 为特殊变量，里面存储的就是服务的主进程

[Install]
WantedBy=multi-user.target
#加入 multi-user.target 级别

修改源码包的 apache.service 配置文件，可以参考 RPM 包的 httpd.service 配置文件。写好配置文件后，我们尝试启动与自启动一下：

[root@localhost ~]# systemctl daemon-reload
#重新加载一下 systemd，这是必备步骤
[root@localhost ~]# systemctl start apache.service
#启动源码包的 apache.service 配置文件，不再报错，使用源码包安装的 Apache 服务已经被加入 systemd 管理
[root@localhost ~]# systemctl enable apache.service
#自启动源码包的 apache.service 配置文件
[root@localhost ~]# systemctl status apache.service
#查看状态
- apache.service - The Apache of Source package
  Loaded: loaded (/usr/lib/systemd/system/apache.service; enabled; vendor preset: disabled)
  #自启动状态正常
  Active: active (running) since Thu 2023-10-12 09:59:41 CST; 1min 10s ago
  #启动状态也正常
 Main PID: 1515 (httpd)
    Tasks: 82 (limit: 5691)
   Memory: 13.3M
      CPU: 21ms

```
CGroup: /system.slice/apache.service
       ├─1515 /usr/local/apache2/bin/httpd -k start -DFOREGROUND
       ├─1516 /usr/local/apache2/bin/httpd -k start -DFOREGROUND
       ├─1517 /usr/local/apache2/bin/httpd -k start -DFOREGROUND
       └─1518 /usr/local/apache2/bin/httpd -k start -DFOREGROUND
```

综上，我们使用通过源码包安装的 Apache 服务来举例如何加入 systemd 管理，使用其他的源码包安装的服务加入 systemd 管理的方式与之大同小异。

5.4 本章小结

本章重点

本章重点是区分清楚 Linux 系统中的两种系统服务，分别是使用 RPM 包安装的服务和使用源码包安装的服务。两种服务的管理命令不同，不要混淆。

本章难点

本章难点还是区分两种系统服务的不同，并且熟练使用服务管理命令。

第 6 章　七剑下天山：系统管理

学前导读

系统管理章节内容的比较多，很多知识可以归入系统管理部分。其实，系统管理只是一个统称，软件管理、文件系统管理、启动管理和服务管理等都可以归入系统管理当中。

在本章中，我们主要学习进程管理、工作管理和系统定时任务。我们需要解决一些问题，如什么是进程、进程的管理方式是什么、工作管理的作用是什么，以及系统定时任务如何实现。

6.1　进程管理

进程管理在 Windows 系统中更加直观，它主要使用"任务管理器"来进行进程管理，如图 6-1 所示。

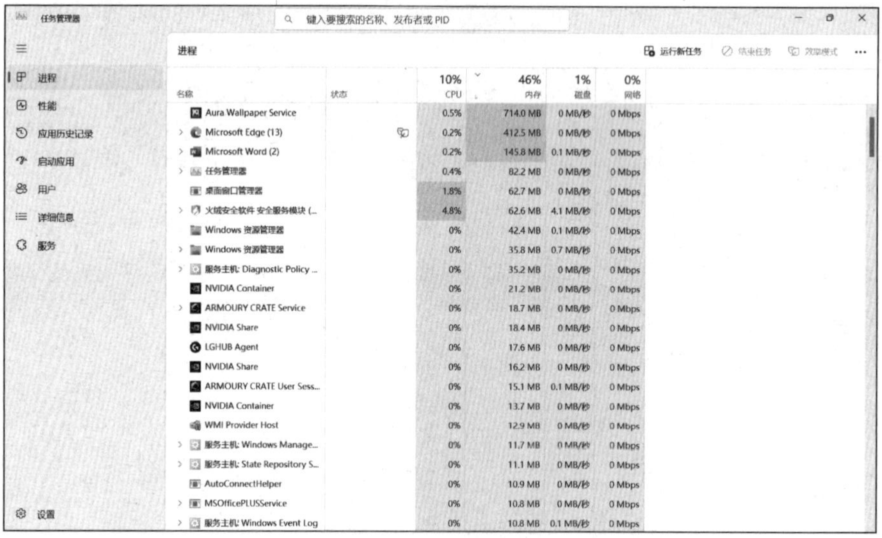

图 6-1　任务管理器

我们使用"任务管理器"主要有三个目的：第一，利用"进程"标签来查看系统中到底运行了哪些程序和进程；第二，利用"性能"标签来判断服务器的健康状态；第三，在"进程"标签中强制终止任务和进程。在新版 Windows 系统中，此工具多了一些功能，但主要功能依然是这里列举的这三个。

在 Linux 系统中，虽然使用命令进行进程管理，但是进行进程管理的主要目的与在 Windows 系统中是一样的，那就是查看系统中运行的程序和进程、判断服务器的健康状态和强制终止不需要的进程。

6.1.1 进程简介

1. 什么是进程和程序

进程是指正在执行的一个程序或命令，每个进程都是一个运行的实体，都有自己的地址空间，并占用一定的系统资源。程序是人使用计算机语言编写的可以实现特定目标或解决特定问题的代码集合。这么讲很难理解，我们换一种说法。

- 程序是人使用计算机语言编写的,可以实现一定功能,并且可以执行的代码集合。
- 进程是正在执行中的程序。当程序被执行时，执行人的权限和属性，以及程序的代码都会被加载进内存,操作系统给这个进程分配一个 ID，即为 PID（进程 PID）。

也就是说，在操作系统中，所有可以执行的程序与命令都会产生进程。只是有些程序和命令非常简单，如 ls 命令、touch 命令等，它们在执行完后就会结束，相应的进程也会终结，因此很难捕捉到这些进程。但是还有一些程序和命令，如 httpd 进程，启动之后就会一直驻留在系统当中，我们把这样的进程称作常驻内存进程（也称作守护进程，即 daemon）。

某些进程会产生一些新的进程，我们把这些新进程称作子进程，而把这个进程本身称作父进程。例如，我们必须正常登录到 shell 环境中才能执行系统命令，而 Linux 系统的标准 shell 是 Bash。我们在 Bash 当中执行了 ls 命令，那么 Bash 就是父进程，而 ls 命令是在 Bash 进程中产生的进程，因此 ls 进程是 Bash 进程的子进程。也就是说，子进程是依赖父进程产生的，如果父进程不存在，子进程也就不存在了。

2. 进程管理的作用

在上课时，只要一问学员"进程管理的作用是什么"，大家会不约而同地回答"杀死进程"，的确，这是很多使用进程管理工具或进程管理命令的人最常见的使用方法。不过，笔者在这里想说，"杀死进程"（强制终止进程）只是进程管理工作中最不常用的手段，因为每个进程都有自己正确的结束方法，而杀死进程是在正常方法已经失效的情况下的后备手段。那么，进程管理到底应该是做什么的呢？笔者认为，进程管理主要有以下三个作用。

（1）判断服务器的健康状态。

运维工程师最主要的工作就是保证服务器安全、稳定地运行。理想的状态是，在服务器出现问题但还没有造成服务器宕机或停止服务时，就人为干预解决了问题。进程管理最主要的工作就是判断服务器当前运行是否健康，是否需要人为干预。如果服务器的 CPU 占用率、内存占用率过高，就需要人为介入解决问题了（CPU 和内存占用率，我们给大家一个参考值，"70/90 原则"，也就是说，内存占用率超过 70%，CPU 占用率超过 90%，服务器就处于高压力状态，我们要尽量把服务器负载控制在这个占用率之下）。

这又出现了一个问题：我们发现服务器的 CPU 或内存占用率很高，该如何介入呢？是直接终止高负载的进程吗？当然不是，而是应该判断这个进程是不是正常进程，如果是正常进程，就说明你的服务器已经不能满足应用需求了，需要更好的硬件或搭建集群；如果是非法进程占用了系统资源，那么更不能直接终止进程，而是要判断非法进程的来源、作用和所在位置，从而把它彻底清除。当然，如果服务器数量很少，那么完全可以人为通过进程管理命令来进行监控与干预；但如果服务器数量较多，那么人为手工监控就变得非常困难了，这时就需要使用相应的监控服务，如 Zabbix 或 Prometheus（普罗米修斯）等。总之，进程管理工作中最重要的工作就是判断服务器的健康状态，最理想的状态是在服务器宕机之前就解决问题。

（2）查看系统中所有的进程。

我们需要查看系统中所有正在运行的进程，通过这些进程可以判断系统中运行了哪些服务、是否有非法服务在运行。

（3）"杀死进程"。

"杀死进程"是进程管理中最不常用的手段。当需要停止服务时，会通过正确的关闭命令来停止服务（如 RPM 包默认安装的 Apache 服务可以通过"systemctl stop httpd.service"命令来关闭）。只有在正确终止进程的手段失效的情况下，才会考虑使用 kill 命令"杀死进程"。

其实，进程管理和 Windows 系统中任务管理器的作用非常类似，不过大家在使用任务管理器时一般都是为了"杀死进程"，而不是为了判断服务器的健康状态。

6.1.2 进程的查看

我们先来学习进程查看命令，在 Linux 系统中运行的进程查看和服务器的健康状态判断都是依靠进程查看命令完成的，不过会分别采用不同的命令，其中，ps 命令侧重静态地查看系统中正在运行的进程，top 命令侧重动态地查看进程和服务器的健康状态，pstree 命令主要用于查看进程树。下面分别进行介绍。

1. ps 命令

ps 是用来静态地查看系统中正在运行的进程的命令。不过，这个命令有些特殊，它的部分选项不能加入"-"，如命令"ps aux"，其中"aux"是选项，但是这个选项不能加入"-"。这是因为 ps 命令的部分选项需要遵守 BSD 操作系统的格式，所以 ps 命令的常用选项的组合是固定的，其格式如下：

```
[root@localhost ~]# ps aux
#查看系统中所有的进程，遵守 BSD 操作系统的格式
[root@localhost ~]# ps -le
#查看系统中所有的进程，使用 Linux 标准命令的格式
选项：
    a:          显示一个终端的所有进程，除会话引线外
    u:          显示进程的归属用户及内存的使用情况
    x:          显示没有控制终端的进程
    -l:         长格式显示。显示更加详细的信息
    -e:         显示所有进程，和"-A"选项的作用一致
```

第6章 七剑下天山：系统管理

大家如果执行"man ps"命令查看 ps 命令的帮助，就会发现 ps 命令的选项为了适应不同种类的 UNIX 系统，可用格式非常多，不方便记忆。因此，建议大家记忆几个固定选项即可，例如，执行"ps aux"命令可以查看系统中所有的进程；执行"ps -le"命令可以查看系统中所有的进程，而且还能看到进程的父进程 PID 和进程优先级；执行"ps -l"命令只能看到当前 shell 产生的进程，有这三个命令就足够了，下面分别进行查看：

```
[root@localhost ~]# ps aux
#查看系统中所有的进程
USER    PID %CPU %MEM   VSZ RSS TTY   STAT START   TIME COMMAND
root      1  0.0  1.7 107192 16712 ?    Ss   13:15   0:01 /usr/lib/systemd/systemd
rhgb --switched-root --system --deserializ
root      2  0.0  0.0      0    0 ?    S    13:15   0:00 [kthreadd]
root      3  0.0  0.0      0    0 ?    I<   13:15   0:00 [rcu_gp]
root      4  0.0  0.0      0    0 ?    I<   13:15   0:00 [rcu_par_gp]
…省略部分输出…
```

这里解释一下"ps aux"命令的输出。

（1）USER：该进程是由哪个用户产生的。

（2）PID：进程的 ID。

（3）%CPU：该进程占用 CPU 资源的百分比，占用的百分比越高，进程越耗费资源。

（4）%MEM：该进程占用物理内存的百分比，占用的百分比越高，进程越耗费资源。

（5）VSZ：该进程占用虚拟内存的大小，单位为 KB。

（6）RSS：该进程占用实际物理内存的大小，单位为 KB。

（7）TTY：该进程是在哪个终端运行的。其中，tty1～tty7 代表本地控制台终端（可以通过 Alt+F1～F7 快捷键切换不同的终端），tty1～tty6 是本地的字符界面终端，tty7 是图形终端。pts/0～255 代表虚拟终端，一般是远程连接的终端，第一个远程连接占用 pts/0，第二个远程连接占用 pts/1，依次增长。"?"是系统进程，不依赖终端生成。

（8）STAT：进程状态。常见的状态有以下几种。

- D：不可被唤醒的睡眠状态，通常用于 I/O 情况。
- I：空闲内核进程。
- R：该进程正在运行。
- S：该进程处于睡眠状态，可被唤醒。
- T：停止状态，该进程可能是在后台暂停或处于除错状态。
- W：内存交互状态（从 2.6 内核开始无效）。
- X：死掉的进程（应该不会出现）。
- Z：僵尸进程。进程已经终止，但是部分程序还在内存当中。
- <：高优先级（以下状态在 BSD 操作系统格式中出现）。
- N：低优先级。
- L：被锁入内存。
- s：包含子进程。
- l：多线程（小写 L）。
- +：位于后台。

（9）START：该进程的启动时间。

（10）TIME：该进程占用 CPU 的运行时间，注意不是系统时间。

（11）COMMAND：产生该进程的命令名。

使用"ps aux"命令可以看到系统中所有的进程，使用"ps -le"命令也能看到系统中所有的进程。由于"-l"选项所具有的作用，所以"ps -le"命令能够看到更加详细的信息，如进程的父进程 PPID、优先级等。但是这两个命令的基本作用是一致的，掌握其中一个就足够了，命令如下：

```
[root@localhost ~]# ps -le
F S   UID   PID  PPID C PRI  NI ADDR SZ WCHAN  TTY        TIME CMD
4 S     0     1     0 0  80   0 - 26798 ep_pol ?      00:00:01 systemd
1 S     0     2     0 0  80   0 -     0 kthrea ?      00:00:00 kthreadd
1 I     0     3     2 0  60 -20 -     0 rescue ?      00:00:00 rcu_gp
1 I     0     4     2 0  60 -20 -     0 rescue ?      00:00:00 rcu_par_gp
…省略部分输出…
```

下面来解释一下这个命令的输出。

（1）F：进程标志，说明进程的权限，常见的标志有两个。
- 1：进程可以被复制，但是不能被执行。
- 4：进程使用超级用户权限。

（2）S：进程状态。具体的状态和"ps aux"命令中的 STAT 状态一致，但不显示"<"以后的状态信息。

（3）UID：运行此进程的用户 ID。

（4）PID：进程的 ID。

（5）PPID：父进程的 ID。

（6）C：该进程的 CPU 使用率，单位是百分比。

（7）PRI：进程的优先级，数值越小，该进程的优先级越高，越早被 CPU 执行。

（8）NI：进程的优先级，数值越小，该进程越早被执行。

（9）ADDR：该进程在内存中的哪个位置。

（10）SZ：该进程占用多大内存。

（11）WCHAN：进程正在休眠的内核函数名。如果进程正在运行，就显示"-"；如果进程是多线程，并且 ps 结果不显示线程，就显示"*"。

（12）TTY：该进程由哪个终端产生。

（13）TIME：该进程占用 CPU 的运算时间，注意不是系统时间。

（14）CMD：产生此进程的命令名。

不过，有时我们不想看到所有的进程，只想查看一下当前登录产生了哪些进程，那么只需使用"ps -l"命令就足够了，具体如下：

```
[root@localhost ~]# ps –l
#查看当前登录产生的进程
F S   UID   PID  PPID C PRI  NI ADDR SZ WCHAN  TTY        TIME CMD
0 S     0  2595  2594 0  80   0 -  2224 do_wai pts/4  00:00:00 bash
4 R     0  2720  2595 0  80   0 -  2579 -      pts/4  00:00:00 ps
```

可以看到，这次从 pts/4 虚拟终端登录，只产生了两个进程：一个是登录之后生成的 shell，也就是 Bash；另一个是正在执行的 ps 命令。

再来说说僵尸进程。僵尸进程的产生一般都是进程非正常停止或程序编写错误，导致子进程先于父进程结束，而父进程又没有正确地回收子进程，从而造成子进程一直存在于内存当中。僵尸进程会对主机的稳定性产生影响，因此在产生僵尸进程后，一定要对产生僵尸进程的软件进行优化，避免一直产生僵尸进程；对于已经产生的僵尸进程，可以在查找出来之后将其强制终止。

2. top 命令

ps 命令用于显示命令运行时这个时间节点的进程状态，top 命令则用于动态地持续监听进程的运行状态，而且可以查看系统的健康状态，其格式如下：

```
[root@localhost ~]# top [选项]
```

选项：
- -d 秒数： 指定 top 命令每隔几秒更新。默认为三秒
- -b：   使用批处理模式输出。一般和 "-n" 选项合用，用于把 top 命令重定向到文件中
- -n 次数： 指定 top 命令执行的次数。一般和 "-b" 选项合用
- -p：   指定 PID。只查看某个 PID 的进程
- -s：   使 top 命令在安全模式中运行，避免在交互模式中出现错误
- -u 用户名： 只监听某个用户的进程

在 top 命令的交互模式中可以执行的命令：
- ? 或 h： 显示交互模式的帮助
- P：   按照 CPU 的使用率排序，默认就是此选项
- M：   按照内存的使用率排序
- N：   按照 PID 排序
- T：   按照 CPU 的累积运算时间排序，也就是按照 TIME+项排序
- k：   按照 PID 给予某个进程一个信号。一般用于终止某个进程，信号 9 是强制终止的信号
- r：   按照 PID 给某个进程重设优先级（Nice）值
- q：   退出 top 命令

我们看看 top 命令的执行结果，具体如下：

```
[root@localhost ~]# top
top - 15:22:13 up  2:06,   7 users,   load average: 0.00, 0.00, 0.00
Tasks: 168 total,   1 running, 167 sleeping,   0 stopped,   0 zombie
%Cpu(s):  0.0 us,  0.0 sy,  0.0 ni, 93.8 id,  0.0 wa,  0.0 hi,  6.2 si,  0.0 st
MiB Mem :    929.2 total,    346.3 free,    512.1 used,    223.4 buff/cache
MiB Swap:    256.0 total,    256.0 free,      0.0 used.    417.1 avail Mem

  PID USER      PR  NI    VIRT    RES    SHR S  %CPU  %MEM     TIME+ COMMAND
    1 root      20   0  107192  16712  10180 S   0.0   1.8   0:01.07 systemd
    2 root      20   0       0      0      0 S   0.0   0.0   0:00.00 kthreadd
    3 root       0 -20       0      0      0 I   0.0   0.0   0:00.00 rcu_gp
    4 root       0 -20       0      0      0 I   0.0   0.0   0:00.00 rcu_par_gp
    5 root       0 -20       0      0      0 I   0.0   0.0   0:00.00 netns
…省略部分输出…
```

下面解释一下命令的输出。top 命令的输出内容是动态的，默认每隔三秒刷新一次。命令的输出主要分为两部分：第一部分是前五行，显示的是整个系统的资源使用状况，我们就是通过这些输出来判断服务器的健康状态的；第二部分从第六行开始，显示的是系统中进程的信息。

我们先来说明第一部分的作用。

第一行为任务队列信息，具体内容如表 6-1 所示。

表 6-1 任务队列信息

内容	说明
15:22:13	系统当前时间
up 2:06	系统的运行时间，本机已经运行 2 小时 6 分钟
7 users	当前登录了 7 个用户
load average: 0.00, 0.00, 0.00	系统在之前 1 分钟、5 分钟、15 分钟的平均负载。如果 CPU 是单核的，那么这个数值超过 1 就是高负载；如果 CPU 是四核的，那么这个数值超过 4 就是高负载（这个平均负载完全是依据经验来进行判断的，一般认为不应该超过服务器 CPU 的核数）

第二行为进程信息，具体内容如表 6-2 所示。

表 6-2 进程信息

内容	说明
Tasks: 168 total	系统中的进程总数
1 running	正在运行的进程数
167 sleeping	睡眠的进程数
0 stopped	正在停止的进程数
0 zombie	僵尸进程数。如果不是 0，就需要手工检查僵尸进程

第三行为 CPU 信息，具体内容如表 6-3 所示。

表 6-3 CPU 信息

内容	说明
Cpu(s): 0.0 us	用户模式占用的 CPU 百分比
0.0 sy	系统模式占用的 CPU 百分比
0.0 ni	改变过优先级的用户进程占用的 CPU 百分比
93.8 id	空闲 CPU 占用的 CPU 百分比
0.0 wa	等待输入/输出的进程占用的 CPU 百分比
0.0 hi	硬中断请求服务占用的 CPU 百分比
6.2 si	软中断请求服务占用的 CPU 百分比
0.0 st	st（steal time）意为虚拟时间百分比，就是当有虚拟机时，虚拟 CPU 等待实际 CPU 的时间百分比

第四行为物理内存信息，具体内容如表 6-4 所示。

表 6-4 物理内存信息

内容	说明
MiB Mem : 929.2 total	物理内存的总量,单位是 MB
346.3 free	空闲的物理内存数量
512.1 used	已经使用的物理内存数量
223.4 buff/cache	作为缓冲/缓存的内存数量

第五行为交换分区信息,如表 6-5 所示。

表 6-5 交换分区信息

内容	说明
MiB Swap: 256.0 total	交换分区(虚拟内存)的总大小,单位是 MB。这是实验虚拟机,笔者设置的 Swap 空间比较小,生产服务器建议 Swap 大小是内存的两倍
256.0 free	空闲交换分区的大小
0.0 used	已经使用的交换分区的大小
417.1 avail Mem	可用内存

我们通过 top 命令的第一部分就可以判断服务器的健康状态。如果系统在之前 1 分钟、5 分钟、15 分钟的平均负载高于 1,就证明系统压力较大。如果 CPU 的使用率过高或空闲率过低,就证明系统压力较大。如果物理内存的空闲内存过小,就证明系统压力较大。这时就应该判断是什么进程占用了系统资源,如果是不必要的进程,就应该结束这些进程;如果是必备进程,就应该增加服务器资源(如增加虚拟机内存),或者建立集群服务器。

我们还要解释一下缓存(Cache)和缓冲(Buffer)的区别。缓存是指在读取硬盘中的数据时,把最常用的数据保存在内存的缓存区中,这样再次读取该数据时,就不去硬盘中读取,而在缓存中直接读取。缓冲是指在向硬盘写入数据时,先把数据放入缓冲区,然后再一起向硬盘写入,把分散的写操作集中进行,减少磁盘碎片和硬盘的反复寻道,从而提高系统性能。简单来说,缓存是用来加速从硬盘中"读取"数据的,而缓冲是用来加速数据"写入"硬盘的。

再来看 top 命令的第二部分输出,主要是系统进程信息。这部分和 ps 命令的输出比较类似,只是如果在终端执行 top 命令,就不能看到所有的进程,只能看到占比靠前的进程。top 命令的第二部分主要为以下内容。

- PID:进程的 ID。
- USER:该进程所属的用户。
- PR:优先级,数值越小,优先级越高。
- NI:优先级,数值越小,优先级越高。
- VIRT:该进程使用的虚拟内存的大小,单位为 KB。
- RES:该进程使用的物理内存的大小,单位为 KB。
- SHR:共享内存大小,单位为 KB。
- S:进程状态。

- %CPU：该进程占用的 CPU 百分比。
- %MEM：该进程占用的内存百分比。
- TIME+：该进程共占用的 CPU 时间。
- COMMAND：产生该进程的命令名。

接下来举几个 top 命令常用的实例。例如，只想让 top 命令查看某个进程，就可以使用 "-p" 选项，命令如下：

```
[root@localhost ~]# top -p 1515
#只查看 PID 为 1515 的 httpd 进程
top - 15:40:13 up  2:24,  7 users,  load average: 0.00, 0.00, 0.00
Tasks:   1 total,   0 running,   1 sleeping,   0 stopped,   0 zombie
%Cpu(s):  0.0 us,  0.0 sy,  0.0 ni,100.0 id,  0.0 wa,  0.0 hi,  0.0 si,  0.0 st
MiB Mem :    929.2 total,    386.9 free,    471.5 used,    223.4 buff/cache
MiB Swap:    256.0 total,    256.0 free,      0.0 used.    457.7 avail Mem

    PID USER      PR  NI    VIRT    RES    SHR S  %CPU  %MEM     TIME+ COMMAND
   1515 root      20   0    6908   4836   4016 S   0.0   0.5   0:00.27 httpd
```

top 命令如果不正确退出，就会持续运行。在 top 命令的交互界面中按 "q" 键会退出 top 命令，也可以按 "?" 键或 "h" 键得到 top 命令交互界面的帮助信息，还可以按 "k" 键终止某个进程，具体命令如下：

```
[root@localhost ~]# top
top - 15:41:18 up  2:25,  7 users,  load average: 0.00, 0.00, 0.00
Tasks: 166 total,   1 running, 165 sleeping,   0 stopped,   0 zombie
%Cpu(s):  0.0 us,  0.0 sy,  0.0 ni,100.0 id,  0.0 wa,  0.0 hi,  0.0 si,  0.0 st
MiB Mem :    929.2 total,    386.9 free,    471.5 used,    223.4 buff/cache
MiB Swap:    256.0 total,    256.0 free,      0.0 used.    457.7 avail Mem
PID to signal/kill [default pid = 1] 1515   ←按 "k" 键，会提示输入要终止进程的 PID
    PID USER      PR  NI    VIRT    RES    SHR S  %CPU  %MEM     TIME+ COMMAND
      1 root      20   0  107192  16712  10180 S   0.0   1.8   0:01.07 systemd
…省略部分输出…
```

输入要终止进程的 PID，例如，要终止 1515 这个 apache 进程，接下来会要求输入终止信号，我们这里输入信号 "9"，代表强制终止，具体命令如下：

```
top - 15:41:18 up  2:25,  7 users,  load average: 0.00, 0.00, 0.00
Tasks: 166 total,   1 running, 165 sleeping,   0 stopped,   0 zombie
%Cpu(s):  0.0 us,  0.0 sy,  0.0 ni,100.0 id,  0.0 wa,  0.0 hi,  0.0 si,  0.0 st
MiB Mem :    929.2 total,    386.9 free,    471.5 used,    223.4 buff/cache
MiB Swap:    256.0 total,    256.0 free,      0.0 used.    457.7 avail Mem
Send pid 1515 signal [15/sigterm] 9    ←提示输入信号，信号 9 代表强制终止
    PID USER      PR  NI    VIRT    RES    SHR S  %CPU  %MEM     TIME+ COMMAND
…省略部分输出…
```

这时就能够强制终止 1515 进程了。

如果想要改变某个进程的优先级，就要利用 "r" 交互命令。需要注意的是，我们能够修改的只有 Nice 的优先级，不能修改 Priority 的优先级。具体修改命令如下：

```
[root@localhost ~]# top -p 1083
top - 15:54:08 up 8 min,   1 user,   load average: 0.00, 0.00, 0.00
```

```
Tasks:    1 total,    0 running,    1 sleeping,    0 stopped,    0 zombie
%Cpu(s):  0.0 us,  0.3 sy,  0.0 ni, 99.7 id,  0.0 wa,  0.0 hi,  0.0 si,  0.0 st
MiB Mem :    929.2 total,    495.1 free,    434.2 used,    143.1 buff/cache
MiB Swap:    256.0 total,    256.0 free,      0.0 used.    494.9 avail Mem
PID to renice [default pid = 1083] ←输入"r"交互命令，提示输入要修改优先级的进程的 PID

  PID USER      PR  NI    VIRT    RES    SHR S  %CPU  %MEM     TIME+ COMMAND
 1083 root      20   0   19384   7428   5100 S   0.0   0.8   0:00.01 sshd
```

输入"r"交互命令，会提示输入需要修改优先级的进程的 PID，因为我们使用"-p"选项来指定显示 1083 进程，所以这里可以直接按 Enter 键，当然也可以手工输入该进程的 PID。之后就可以输入 Nice 值，数值越低，优先级越高，具体命令如下：

```
Renice PID 1083 to value 10           ←输入 PID 后，需要输入 Nice 的优先级号
#我们把 1083 进程的优先级调整为 10，按 Enter 键后就能看到

  PID USER      PR  NI    VIRT    RES    SHR S  %CPU  %MEM     TIME+ COMMAND
 1083 root      30  10   19384   7428   5100 S   0.0   0.8   0:00.01 sshd
#1083 进程的优先级被修改了
```

如果在操作终端执行 top 命令，那么并不能看到系统中所有的进程，默认看到的只是 CPU 占比靠前的进程。如果想要看到所有的进程，那么可以把 top 命令的执行结果重定向到文件中。不过 top 命令是持续运行的，这时就需要使用"-b"和"-n"选项了，具体命令如下：

```
[root@localhost ~]# top -b -n 1 > /root/top.log
#让 top 命令只执行一次，然后把执行结果保存到 top.log 文件中，这样就能看到所有的进程了
```

3. pstree 命令

pstree 是查看进程树的命令，也就是查看进程相关性的命令。如果该命令默认没有安装，那么请执行"yum -y install psmisc"命令手工安装。

pstree 命令的格式如下：

```
[root@localhost ~]# pstree [选项]
```

选项：
　　-p：　显示进程的 PID
　　-u：　显示进程的所属用户

例如：

```
[root@localhost ~]# pstree -p
systemd(1)─┬─NetworkManager(668)─┬─{NetworkManager}(672)
           │                     └─{NetworkManager}(673)
           ├─VGAuthService(648)
           ├─agetty(1047)
           ├─atd(1013)
           ├─auditd(614)─┬─sedispatch(616)
           │             ├─{auditd}(615)
           │             └─{auditd}(617)
           ├─chronyd(652)
           ├─crond(1016)
           ├─dbus-broker-lau(637)───dbus-broker(638)
           ├─firewalld(667)───{firewalld}(979)
```

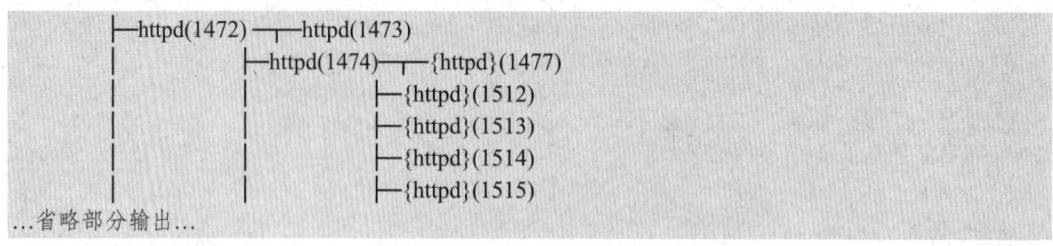

```
        ├─httpd(1472)─┬─httpd(1473)
        │             ├─httpd(1474)─┬─{httpd}(1477)
        │             │             ├─{httpd}(1512)
        │             │             ├─{httpd}(1513)
        │             │             ├─{httpd}(1514)
        │             │             └─{httpd}(1515)
…省略部分输出…
```

在 Rocky Linux 9.x 中，systemd 取代了 init 进程，是所有进程的父进程，进程的 PID 是 1，我们通过 pstree 命令可以清楚地看到这一点。

6.1.3 进程的管理

进程的管理主要是指进程的关闭与重启。一般关闭或重启软件，都是关闭或重启它的程序，而不是直接操作进程。例如，要想重启 Apache 服务，一般会使用"systemctl restart httpd"命令重启 Apache 服务的程序。可以通过直接管理进程来关闭或重启 Apache 服务吗？可以，这时就要依赖进程的信号（Signal）了。我们需要给予该进程一个信号，告诉进程我们想让它做什么。

系统中可以识别的信号较多，我们可以使用"kill -l"命令或"man 7 signal"命令来查询，命令如下：

```
[root@localhost ~]# kill -l
 1) SIGHUP       2) SIGINT       3) SIGQUIT      4) SIGILL       5) SIGTRAP
 6) SIGABRT      7) SIGBUS       8) SIGFPE       9) SIGKILL     10) SIGUSR1
11) SIGSEGV     12) SIGUSR2     13) SIGPIPE     14) SIGALRM     15) SIGTERM
16) SIGSTKFLT   17) SIGCHLD     18) SIGCONT     19) SIGSTOP     20) SIGTSTP
21) SIGTTIN     22) SIGTTOU     23) SIGURG      24) SIGXCPU     25) SIGXFSZ
26) SIGVTALRM   27) SIGPROF     28) SIGWINCH    29) SIGIO       30) SIGPWR
31) SIGSYS      34) SIGRTMIN    35) SIGRTMIN+1  36) SIGRTMIN+2  37) SIGRTMIN+3
38) SIGRTMIN+4  39) SIGRTMIN+5  40) SIGRTMIN+6  41) SIGRTMIN+7  42) SIGRTMIN+8
43) SIGRTMIN+9  44) SIGRTMIN+10 45) SIGRTMIN+11 46) SIGRTMIN+12 47) SIGRTMIN+13
48) SIGRTMIN+14 49) SIGRTMIN+15 50) SIGRTMAX-14 51) SIGRTMAX-13 52) SIGRTMAX-12
53) SIGRTMAX-11 54) SIGRTMAX-10 55) SIGRTMAX-9  56) SIGRTMAX-8  57) SIGRTMAX-7
58) SIGRTMAX-6  59) SIGRTMAX-5  60) SIGRTMAX-4  61) SIGRTMAX-3  62) SIGRTMAX-2
63) SIGRTMAX-1  64) SIGRTMAX
```

这里介绍一下常见的进程信号，如表 6-6 所示。

表 6-6　常见的进程信号

信号代号	信号名	说明
1	SIGHUP	该信号让进程立即关闭，在重新读取配置文件之后重启
2	SIGINT	程序终止信号，用于终止前台进程。相当于输出 Ctrl+C 快捷键
8	SIGFPE	在发生致命的算术运算错误时发出。不仅包括浮点运算错误，还包括溢出及除数为 0 等其他所有的算术运算错误

第6章 七剑下天山：系统管理

续表

信号代号	信号名	说明
9	SIGKILL	用来立即结束程序的运行。该信号不能被阻塞、处理和忽略。一般用于强制终止进程
14	SIGALRM	时钟定时信号，计算的是实际的时间或时钟时间。alarm 函数使用该信号
15	SIGTERM	正常结束进程的信号，kill 命令的默认信号。如果进程已经发生了问题，那么这个信号是无法正常终止进程的，这时我们才会尝试使用 SIGKILL 信号，也就是信号 9
18	SIGCONT	该信号可以让暂停的进程恢复执行。该信号不能被阻断
19	SIGSTOP	该信号可以暂停前台进程，相当于输入 Ctrl+Z 快捷键。该信号不能被阻断

我们只介绍了常见的进程信号，其中最重要的就是"1""9""15"这三个信号，我们只需要记住这三个信号即可。但是，如何把这些信号传递给进程，从而控制这个进程呢？这时就需要使用 kill、killall 或 pkill 命令。

1. kill 命令

从字面来看，kill 就是用来杀死进程的命令。但是，根据不同的信号，kill 命令可以完成不同的操作，其格式如下：

```
[root@localhost ~]# kill [信号] PID
```

kill 命令是按照 PID 来确定进程的，因此 kill 命令只能识别 PID，不能识别进程名。下面举几个例子来说明一下 kill 命令。

例 1：标准 kill 命令
```
[root@localhost ~]# systemctl start httpd.service
#启动 RPM 包默认安装的 Apache 服务

[root@localhost ~]# pstree -p | grep httpd | grep -v "grep"
#查看 httpd 的进程树及 PID。grep 命令查看 httpd 也会生成包含"httpd"关键字的进程
#因此使用"-v"反向选择包含"grep"关键字的进程
#这里使用 pstree 命令来查询进程，当然也可以使用 ps 命令和 top 命令
            |-httpd(1472)-+-httpd(1473)
            |             |-httpd(1474)-+-{httpd}(1477)
            |             |             |-{httpd}(1512)
            |             |             |-{httpd}(1513)
            |             |             |-{httpd}(1514)
            |             |             |-{httpd}(1515)
            |             |             |-{httpd}(1516)
            |             |             |-{httpd}(1517)
            |             |             |-{httpd}(1518)
            |             |             |-{httpd}(1519)
            |             |             |-{httpd}(1520)
            |             |             |-{httpd}(1521)
…省略部分输出…

[root@localhost ~]# kill -9 1513
#杀死 PID 是 1513 的 httpd 进程，使用"-9"信号，强制杀死进程
```

· 253 ·

```
[root@localhost ~]# pstree -p | grep httpd | grep -v "grep"
        |-httpd(1472)-+-httpd(1473)
        |             |-httpd(1475)-+-{httpd}(1478)
        |             |             |-{httpd}(1479)
        |             |             |-{httpd}(1480)
        |             |             |-{httpd}(1481)
        |             |             |-{httpd}(1482)
        |             |             |-{httpd}(1483)
        |             |             |-{httpd}(1484)
        |             |             |-{httpd}(1485)
```
#PID 是 1513 的 httpd 进程消失了，连带它的部分依赖进程也被强制杀死

例 2：使用 "-1" 信号，让进程重启
[root@localhost ~]# kill -1 1472
#使用 "-1（数字 1）" 信号，让 httpd 的主进程重新启动

```
[root@localhost ~]# pstree -p | grep httpd | grep -v "grep"
        |-httpd(1472)-+-httpd(1774)
        |             |-httpd(1775)-+-{httpd}(1818)
        |             |             |-{httpd}(1819)
        |             |             |-{httpd}(1820)
        |             |             |-{httpd}(1821)
        |             |             |-{httpd}(1822)
```

#主 httpd 进程（1472）没变，子 httpd 进程的 PID 都更换了，说明 httpd 进程已经重启了一次

例 3：使用 "-19" 信号，让进程暂停
[root@localhost ~]# vi test.sh
#使用 vi 命令编辑一个文件，不要退出

[root@localhost ~]# ps aux | grep "test.sh" | grep -v "grep"
root   2482 0.2 1.0 15068 9716 pts/0   S+   14:41   0:00 /usr/bin/vim test.sh
#换一个不同的终端，查看这个进程的状态。进程状态是 S（休眠）、+（位于后台）
#因为是在另一个终端运行的命令，所以在当前终端查看是位于后台的

[root@localhost ~]# kill -19 2482
#使用 "-19" 信号，让 PID 是 2482 的进程暂停。相当于在 vi 界面按 Ctrl+Z 快捷键

[root@localhost ~]# ps aux | grep "test.sh" | grep -v "grep"
root   2482 0.0 1.0 15068 9716 pts/0   T   14:41   0:00 /usr/bin/vim test.sh
#注意 2482 进程的状态，变成了 T（暂停）状态
#这时切换回 vi 的终端，发现 vi 命令已经暂停，又回到了命令提示符
#不过 PID 为 2482 的进程就会卡在后台。如果想要恢复，那么可以使用 "kill -9 2313" 命令强制终止进程，也
#可以利用 6.2 节将要学习的工作管理进行恢复

2. killall 命令

killall 命令就不再依靠 PID 来杀死单个进程了，而是通过程序的进程名来杀死一类

进程，其格式如下：

[root@localhost ~]# killall [选项][信号] 进程名
选项：
- -i：   交互式，询问是否要杀死某个进程
- -I：   忽略进程名的大小写

举几个例子。

例 4：杀死 httpd 进程

```
[root@localhost ~]# systemctl restart httpd.service
#重启 RPM 包默认安装的 Apache 服务

[root@localhost ~]# ps aux | grep "httpd"  | grep -v "grep"
root       2587  0.1  1.2  20116  11484 ?   Ss   14:54   0:00 /usr/sbin/httpd
-DFOREGROUND
apache     2588  0.0  0.7  21588   7332 ?   S    14:54   0:00 /usr/sbin/httpd
-DFOREGROUND
apache     2589  0.0  1.7 1210372 17016 ?   Sl   14:54   0:00 /usr/sbin/httpd
-DFOREGROUND
apache     2590  0.0  1.1 1079236 10876 ?   Sl   14:54   0:00 /usr/sbin/httpd
-DFOREGROUND
apache     2591  0.0  1.1 1079236 10876 ?   Sl   14:54   0:00 /usr/sbin/httpd
-DFOREGROUND
#查看 httpd 进程

[root@localhost ~]# killall httpd
#杀死所有进程名是 httpd 的进程（注意：正常情况下，应该使用 systemctl 命令关闭 Apache 服务）

[root@localhost ~]# ps aux | grep "httpd"  | grep -v "grep"
#查询后发现所有的 httpd 进程都消失了
```

例 5：交互式杀死 sshd 进程

```
[root@localhost ~]# ps aux | grep "sshd"  | grep -v "grep"
root    677  0.0  1.0  16092  9516 ?   Ss   12:04   0:00 sshd: /usr/sbin/sshd
root   2414  0.0  0.7  19380  7396 ?   S    14:35   0:00 sshd: root@pts/0
root   2815  0.0  0.7  19380  7000 ?   S    14:56   0:00 sshd: root@pts/1
#查询系统中有 3 个 sshd 进程。677 是 sshd 服务的进程，2414 和 2815 是两个远程连接的进程

[root@localhost ~]# killall -i sshd
#交互式杀死 sshd 进程
杀死 sshd(677) ? (y/N) n
#这个进程是 sshd 的服务进程，如果将其杀死，那么所有的 sshd 连接都不能登录
杀死 sshd(2410) ? (y/N) n
#这是当前登录终端，不能杀死
杀死 sshd(2414) ? (y/N) y
#杀死另一个 sshd 登录终端
```

3. pkill 命令

pkill 命令和 killall 命令非常类似，也是按照进程名来杀死进程的，其格式如下：

· 255 ·

```
[root@localhost ~]# pkill [选项] [信号] 进程名
选项:
    -t 终端号：       按照终端号踢出用户
```

不知道大家发现没有，刚刚通过 killall 命令杀死 sshd 进程的方式来"踢出"用户，非常容易误杀死进程，要么会把 sshd 服务杀死，要么会把自己的登录终端杀死。因此，不管是使用 kill 命令按照 PID 杀死登录进程，还是使用 killall 命令按照进程名杀死登录进程，都是非常容易误杀死进程的。

使用 pkill 命令可以按照终端号来杀死用户，而使用 w 命令（w 命令的详细说明可以参考 6.3 节）可以非常简单地对应自己是哪个终端，因为 w 命令会显示终端号与当前用户正在执行的命令。碰到其他用户刚好和你同时执行 w 命令的概率太小了，因此可以认为正在执行 w 命令的用户就是你自己，具体命令如下：

```
[root@localhost ~]# w
#使用 w 命令查询本机已经登录的用户
 15:14:05 up 3 min,   3 users,   load average: 0.02, 0.06, 0.02
USER     TTY       LOGIN@   IDLE    JCPU    PCPU  WHAT
root     tty1      15:13    45.00s  0.01s   0.01s -bash
root     pts/0     15:13    1.00s   0.00s   0.00s w
root     pts/1     15:13    28.00s  0.00s   0.00s -bash
#当前主机已经登录了三个 root 用户，一个为本地终端 tty1 登录，另外两个为远程登录
#从 pts/0 登录的远程用户是我自己，因为该用户正在执行 w 命令

[root@localhost ~]# pkill -9 -t pts/1
#强制杀死从 pts/1 虚拟终端登录的进程


[root@localhost ~]# w
 15:17:05 up 6 min,   2 users,   load average: 0.01, 0.02, 0.00
USER     TTY       LOGIN@   IDLE    JCPU    PCPU  WHAT
root     tty1      15:13    23:45   0.01s   0.01s -bash
root     pts/0     15:13    1.00s   0.01s   0.00s w
#从远程终端 pts/1 的登录进程已经被杀死了
```

6.1.4 进程的优先级

Linux 是一个多用户、多任务的操作系统，Linux 系统中通常运行着非常多的进程。但是，CPU 在一个时钟周期内只能运行一条指令（现在的 CPU 采用了多线程、多核心技术，因此在一个时钟周期内可以运算多条指令。但是同时运行的指令数也远远小于系统中的进程总数），那么问题就来了：谁应该先运行，谁应该后运行呢？这就需要由进程的优先级来决定了。此外，CPU 在运行数据时，不是先运行完一个进程，再运行下一个进程，而是先运行进程 1，再运行进程 2，接下来运行进程 3，然后再运行进程 1，直到进程任务结束。但是由于进程优先级的存在，进程并不是依次运行的，而是哪个进程的优先级高，哪个进程会在一次运行循环中被更多次地运行。

这样说很难理解，我们换一种说法。假设我现在有四个孩子（进程）需要喂饭（运

行），我更喜欢孩子1（进程1优先级更高），对孩子2、孩子3和孩子4一视同仁（进程2、进程3和进程4的优先级一致）。现在我开始喂饭了，我不能先把孩子1喂饱，再喂其他的孩子，而是需要循环喂饭（CPU运行时是所有进程循环运行的）。那么，我在喂饭时，会先喂孩子1，然后再去喂其他的孩子。而且在一次循环中，会先喂孩子1两口饭，因为我更喜欢孩子1（优先级高），而喂其他的孩子一口饭。这样，孩子1会先吃饱（进程1运行得更快），因为我更喜欢孩子1。

在Linux系统中，表示进程优先级的有两个参数为Priority和Nice。还记得"ps -le"命令吗？

```
[root@localhost ~]# ps -le
F S   UID   PID  PPID  C PRI  NI ADDR SZ WCHAN  TTY          TIME CMD
4 S     0     1     0  0  80   0 - 26494 ep_pol ?        00:00:00 systemd
1 S     0     2     0  0  80   0 -     0 kthrea ?        00:00:00 kthreadd
1 I     0     3     2  0  60 -20 -     0 rescue ?        00:00:00 rcu_gp
…省略部分输出…
```

其中，PRI代表Priority，NI代表Nice。这两个值都表示优先级，数值越小，代表该进程越优先被CPU处理。不过，PRI值是由内核动态调整的，用户不能直接修改。因此，我们只能通过修改NI值来影响PRI值，间接地调整进程优先级。PRI和NI的关系如下：

PRI（最终值）= PRI（原始值）+ NI

其实，大家只需要记得，修改NI值就可以改变进程的优先级。NI值越小，进程的PRI值就会降低，该进程就越优先被CPU处理；反之，NI值越大，进程的PRI值就会增加，该进程就越靠后被CPU处理。修改NI值时有以下几个注意事项。

- NI值的范围是-20～19。
- 普通用户调整NI值的范围是0～19，而且只能调整自己的进程。
- 普通用户只能调高NI值，而不能降低。例如，若原本NI值为0，则只能调整为大于0。
- 只有root用户才能设定进程NI值为负值，而且可以调整任何用户的进程。

1. nice命令

nice命令可以给新执行的命令直接赋予NI值，但是不能修改已经存在进程的NI值，命令格式如下：

```
[root@localhost ~]# nice [选项] 命令
```

选项：
-n NI值： 给命令赋予NI值

例如：

```
[root@localhost ~]# systemctl start httpd.service
#启动RPM包安装的httpd服务

[root@localhost ~]# ps -le | grep "httpd" | grep -v grep
F S   UID   PID  PPID  C PRI  NI ADDR SZ WCHAN  TTY          TIME CMD
4 S     0  1317     1  0  80   0 -  5029 do_sel ?        00:00:00 httpd
5 S    48  1318  1317  0  80   0 -  5397 skb_wa ?        00:00:00 httpd
```

```
5 S    48    1319    1317   0   80    0 - 269809 pipe_r ?    00:00:00 httpd
5 S    48    1320    1317   0   80    0 - 269809 pipe_r ?    00:00:00 httpd
5 S    48    1321    1317   0   80    0 - 302593 pipe_r ?    00:00:00 httpd
```
#使用默认优先级启动 httpd 服务，PRI 为是 80，而 NI 为是 0

[root@localhost ~]# systemctl stop httpd.service
#停止 Apache 服务

[root@localhost ~]# nice -n -5 /usr/sbin/httpd
#启动 Apache 服务，同时将 httpd 服务进程的 NI 值修改为 -5
#这里要通过 /usr/sbin/httpd 脚本直接启动 Apache 服务，不能通过 systemctl 来间接启动

```
[root@localhost ~]# ps -le | grep "httpd" | grep -v grep
F S   UID    PID    PPID   C  PRI   NI ADDR SZ WCHAN    TTY         TIME CMD
5 S    0    1548      1    0   75   -5 - 5029 do_sel ?              00:00:00 httpd
5 S    48   1549    1548   0   75   -5 - 5397 skb_wa ?              00:00:00 httpd
5 S    48   1550    1548   0   75   -5 - 269809 pipe_r ?            00:00:00 httpd
5 S    48   1551    1548   0   75   -5 - 269809 pipe_r ?            00:00:00 httpd
5 S    48   1552    1548   0   75   -5 - 302593 pipe_r ?            00:00:00 httpd
```
#httpd 进程的 PRI 值变为 75，而 NI 值为 -5

2. renice 命令

renice 是用来修改已经存在进程的 NI 值的命令，其格式如下：

[root@localhost ~]# renice [优先级] PID

例如：
[root@localhost ~]# renice -10 1550
1550 (进程 PID) 旧优先级为 -5，新优先级为 -10
#重新调整 1550 进程的 NI 值

```
[root@localhost ~]# ps -le | grep "httpd" | grep -v grep
5 S    0    1548      1    0   75   -5 - 5029 do_sel ?              00:00:00 httpd
5 S    48   1549    1548   0   75   -5 - 5397 skb_wa ?              00:00:00 httpd
5 S    48   1550    1548   0   70  -10 - 269809 pipe_r ?            00:00:00 httpd
5 S    48   1551    1548   0   75   -5 - 269809 pipe_r ?            00:00:00 httpd
5 S    48   1552    1548   0   75   -5 - 302593 pipe_r ?            00:00:00 httpd
```
#PID 为 1550 的进程的 PRI 值为 70，而 NI 值为 -10

6.2 工作管理

6.2.1 工作管理简介

工作管理指的是在单个登录终端（也就是登录的 shell 界面）同时管理多个工作的行为。也就是说，我们登录了一个终端，正在执行一个操作，那么是否可以在不关闭当前操作的情况下执行其他操作呢？当然可以，我们可以再启动一个终端，然后执行其他操

作。不过，是否可以在一个终端执行不同的操作呢？这就需要通过工作管理来实现了。例如，当前终端正在 vi 一个文件，在不停止 vi 的情况下，如果想在同一个终端中执行其他的命令，就应该把 vi 命令放入后台，然后再执行其他命令。先把命令放入后台，然后把命令恢复到前台，或者让命令恢复到后台执行，这些管理操作就是工作管理。

后台管理有几个事项需要大家注意。

- 前台是指当前可以操控和执行命令的操作环境；后台是指工作可以自行运行，但是不能直接使用 Ctrl+C 快捷键来终止它，只能使用 fg/bg 来调用工作。
- 当前的登录终端只能管理当前终端中的工作，而不能管理其他登录终端的工作。例如，tty1 终端是不能管理 tty2 终端中的工作的。
- 放入后台的命令必须可以持续运行一段时间，这样才能捕捉和操作它。
- 放入后台执行的命令不能和前台用户有交互或需要前台输入，否则只能放入后台暂停，而不能执行。例如，vi 命令只能放入后台暂停，而不能执行，因为 vi 命令需要前台输入信息；top 命令也不能放入后台执行，而只能放入后台暂停，因为 top 命令需要和前台交互。

6.2.2 如何把命令放入后台

那么，我们如何把命令放入后台呢？有两种方法，下面分别介绍。

1. 使用"命令 &"，把命令放入后台执行

第一种把命令放入后台的方法是在命令后面加入" &"。使用这种方法放入后台的命令，在后台处于执行状态。但还是要注意，我们已经强调过，放入后台的命令是不能和前台有交互的，否则这个命令不能在后台执行，只能在后台暂停。这句话是什么意思呢？举个例子说明。

```
[root@localhost ~]# find  / -name anaconda-ks.cfg &
[1]  1914
#[工作号] 进程 PID
#把 find 命令放入后台执行，每个后台命令会被分配一个工作号。命令既然可以执行，就会有进程产生，因此也会有进程 PID
```

这样，虽然 find 命令正在执行，但在当前终端仍然可以执行其他操作，稍等片刻，就可以看到搜索的结果。如果在终端上出现如下信息，就证明后台的这个命令已经完成了。

```
[1]+  完成              find / -name anaconda-ks.cfg
```

其中，[1]是这个命令的工作号，"+"代表这个命令是最近一个被放入后台的。

find 是搜索命令，在执行过程中不需要用户的介入，这种命令可以放入后台，不需要和前台发生交互，因此可以在后台运行。

但是还有一些命令，如 top 命令的作用是给用户显示系统实时占用信息，这种命令就必须和前台发生交互。top 命令就算使用" &"放入后台，也只能是暂停的，不能运行。这也好理解，top 命令如果在后台运行，显示的信息就无法给前台用户查看，这不是只浪费资源，并没有实际意义吗？

```
[root@localhost ~]# top &
[1] 1920
[root@localhost ~]#
[1]+  已停止                  top
#top 命令放入后台运行，会马上自动终止，但是这个进程还会暂停在后台，并没有消失
```

2. 在命令执行过程中按 Ctrl+Z 快捷键，使命令在后台处于暂停状态

使用这种方法放入后台的命令，无论是否与前台交互，都处于暂停状态，因为 Ctrl+Z 快捷键就是暂停的快捷键。举几个例子。

例 1：
```
[root@localhost ~]# top
#在 top 命令执行的过程中，按下 Ctrl+Z 快捷键
[2]+  已停止                  top
#top 命令被放入后台，工作号为 2，状态是暂停。工作号为 2 的原因是，在前面的实验中后台已经卡了一个 top 命令，也就是说后台已经有两个暂停的 top 命令了
```

例 2：
```
[root@localhost ~]# tar -zcf etc.tar.gz /etc
#压缩一下/etc/目录
tar: 从成员名中删除开头的 "/"
tar: 从硬链接目标中删除开头的 "/"
^Z                              ← 在执行过程中，按下 Ctrl+Z 快捷键
[3]+  已停止                  tar -zcf etc.tar.gz /etc
#tar 命令被放入后台，工作号是 3，状态是暂停
```

每个被放入后台的命令都会被分配一个工作号。第一个被放入后台的命令，工作号是 1；第二个被放入后台的命令，工作号是 2；以此类推。

大家会发现，放入后台的命令虽然没有执行，但也没有正确结束，一直卡在了后台。这样放入后台的程序多了，还是会浪费系统资源，造成不必要的资源浪费。故大家要慎用 Ctrl+Z 快捷键，因为这不是关闭进程的正确方式。

6.2.3 后台命令管理

那么，卡入后台的进程应怎么处理呢？我们接着来进行学习。

1. 查看后台的工作

我们可以使用 jobs 命令查看当前终端放入后台的工作，工作管理的名字也来源于 jobs 命令，其格式如下：
```
[root@localhost ~]# jobs [-l]
选项：
    -l：  显示工作的 PID
```

例如：
```
[root@localhost ~]# jobs -l
[1]   1920 停止 (信号)          top
```

```
[2]-   1923  停止 (信号)              top
[3]+   1941  停止                    tar -zcf etc.tar.gz /etc
```

当前终端有两个后台工作：一个是 top 命令，工作号为 1，状态是暂停，标志是 "-"；另一个是 tar 命令，工作号为 2，状态是暂停，标志是 "+"。"+"代表最近一个放入后台的工作，在工作恢复时会优先恢复具有 "+" 标志的工作。"-"代表倒数第二个放入后台的工作，而第三个以后的工作就没有 "+" "-" 标志了。

2. 将后台暂停的工作恢复到前台执行

如果想把后台工作恢复到前台执行，就需要执行 fg 命令，其格式如下：

```
[root@localhost ~]# fg %工作号
```

参数：

  %工作号："%"可以省略，但是注意工作号和 PID 的区别

例如：

```
[root@localhost ~]# jobs
[1]    1920  停止 (信号)              top
[2]-   1923  停止 (信号)              top
[3]+   1941  停止                    tar -zcf etc.tar.gz /etc
[root@localhost ~]# fg
#不写工作号，就是恢复 "+" 标志（最后放入后台）的工作，也就是 tar 命令
[root@localhost ~]# fg %1
#恢复 1 号工作，也就是 top 命令。
```

恢复到前台的命令和基本命令一致，正常执行或终止即可。但是要注意，top 命令是不能在后台执行的，如果要想终止 top 命令，那么要么把 top 命令恢复到前台，然后正常退出；要么找到 top 命令的 PID，使用 kill 命令杀死这个进程。

3. 把后台暂停的工作恢复到后台执行

使用 Ctrl+Z 快捷键的方式放入后台的命令，在后台都处于暂停状态，如何让这个后台工作继续在后台执行呢？这就需要使用 bg 命令了，其格式如下：

```
[root@localhost ~]# bg %工作号
```

我们继续把 top 命令和 tar -zcf etc.tar.gz /etc 命令放入后台，让它们处于暂停状态。然后尝试把两个后台暂停的命令恢复到后台运行，命令如下：

```
[root@localhost ~]# bg %2
[root@localhost ~]# bg %3
#把两个后台暂停的命令恢复到后台运行
[root@localhost ~]# jobs -l
[1]-   1920  停止 (信号)              top
[2]+   1923  停止 (信号)              top
[3]    1977  运行中                  tar -zcf etc.tar.gz /etc
#tar 命令的状态变为了 "运行中"，但是 top 命令的状态还是 "已停止"
#查询工作的 jobs 命令，要执行得快一点，否则 tar 命令就已经压缩完成了
```

可以看到，tar 命令确实已经在后台执行了，但是 top 命令怎么还处于暂停状态呢？那是因为 top 命令是需要和前台交互的，所以不能在后台执行。top 命令就是给前台用户

显示系统性能的命令,因此是不能在后台恢复运行的。如果 top 命令在后台恢复运行了,那么给谁看结果呢?

4. 后台命令脱离登录终端运行

我们知道,把命令放入后台,只能在当前登录终端执行。如果是远程管理的服务器,在远程终端执行了后台命令,这时退出登录,那么这个后台命令还能继续执行吗?当然是不行的,这个后台命令会被终止。但是我们确实需要在远程终端执行某些后台命令,该如何执行呢?

- 第一种方法是把需要在后台执行的命令加入/etc/rc.local 文件,让系统在启动时执行这个后台程序。这种方法存在的问题是,服务器是不能随便重启的,如果有临时后台任务,就不能执行了。
- 第二种方法是使用系统定时任务,让系统在指定的时间执行某个后台命令。这样放入后台的命令与终端无关,是不依赖登录终端的。
- 第三种方法是使用 nohup 命令。nohup 命令的作用就是让后台工作在离开操作终端时,也能够正确地在后台执行,其格式如下:

```
[root@localhost ~]# nohup [命令] &
```

例如:
```
[root@localhost ~]# nohup find / -print > /root/file.log &
[3] 2349                         ← 使用 find 命令,打印/下的所有文件。放入后台执行
[root@localhost ~]# nohup: 忽略输入并把输出追加到"nohup.out"
#有提示信息
```

接下来的操作要迅速,否则 find 命令就会执行结束。然后我们可以退出登录,在重新登录之后,执行 ps aux 命令,会发现 find 命令还在运行。

如果 find 命令执行得太快,就可以写一个循环脚本,然后使用 nohup 命令执行,例如:

```
[root@localhost ~]# vi for.sh
#!/bin/bash

for ((i=0;i<=1000;i=i+1))        ← 循环 1000 次
    do
        echo 11 >> /root/for.log  ← 在 for.log 文件中写入 11
        sleep 10s                 ← 每次循环睡眠 10 秒
    done

[root@localhost ~]# chmod 755 for.sh
[root@localhost ~]# nohup /root/for.sh &
[1] 2478
[root@localhost ~]# nohup: 忽略输入并把输出追加到"nohup.out"
#执行脚本
```

接下来退出登录,在重新登录之后,这个脚本仍然可以通过 ps aux 命令查看。

6.3 系统资源查看

使用 6.1.2 节学习的 ps、top、pstree 命令除了可以查看系统进程，还可以帮助判断系统的健康状态，尤其是使用 top 命令可以看到的信息非常多，也非常重要。在 Linux 系统中，除了这三个命令，还有一些重要的系统资源查看命令，我们也需要进行学习。

6.3.1 vmstat 命令：监控系统资源

Vmstat 命令是 Linux 系统中的一个综合性能分析工具，可以用来监控 CPU 使用、进程状态、内存使用、虚拟内存使用、磁盘输入/输出状态等信息，其格式如下：

```
[root@localhost ~]# vmstat [刷新延时 刷新次数]
```

例如：

```
[root@localhost proc]# vmstat 1 3
#使用 vmstat 命令检测，每隔一秒刷新一次，共刷新三次
procs -------memory--------- ---swap-- -----io---- -system-- ------cpu-----
 r  b   swpd   free   buff  cache    si   so    bi    bo   in   cs us sy id wa st
 3  0      0 329080   2672 286388     0    0    24    10   80  184  0  0 100  0  0
 0  0      0 329080   2672 286388     0    0     0     0   91  207  0  0 100  0  0
 0  0      0 329080   2672 286388     0    0     0     0   98  213  0  0 100  0  0
```

解释一下这个命令的输出。

（1）procs：进程信息字段。
- r：等待运行的进程数，数量越大，系统越繁忙。
- b：不可被唤醒的进程数量，数量越大，系统越繁忙。

（2）memory：内存信息字段。
- swpd：虚拟内存的使用情况，单位为 KB。
- free：空闲的内存容量，单位为 KB。
- buff：缓冲的内存容量，单位为 KB。
- cache：缓存的内存容量，单位为 KB。

（3）swap：交换分区信息字段。
- si：从磁盘中交换到内存中数据的数量，单位为 KB。
- so：从内存中交换到磁盘中数据的数量，单位为 KB。这两个数值越大，就表明数据需要经常在磁盘和内存之间进行交换，系统性能越差。

（4）io：磁盘读/写信息字段。
- bi：从块设备中读入的数据的总量，单位是块。
- bo：写到块设备的数据的总量，单位是块。这两个数值越大，代表系统的 I/O 越繁忙。

（5）system：系统信息字段。
- in：每秒被中断的进程次数。

- cs：每秒进行的事件切换次数。这两个数值越大，代表系统与接口设备的通信越繁忙。

（6）cpu：CPU 信息字段。
- us：非内核进程消耗 CPU 运行时间的百分比。
- sy：内核进程消耗 CPU 运行时间的百分比。
- id：空闲 CPU 的百分比。
- wa：等待 I/O 所消耗的 CPU 百分比。
- st：被虚拟机所盗用的 CPU 百分比。

本机是一台测试用的虚拟机，并没有多少资源被占用，因此资源占比都比较低。如果服务器上的资源占用率比较高，那么使用 vmstat 命令查看到的参数值就会比较大，我们就需要手工进行干预。如果是非正常进程占用了系统资源，就需要判断这些进程是如何产生的，不能一杀了之；如果是正常进程占用了系统资源，就说明服务器需要升级了。

6.3.2 dmesg 命令：显示开机时的内核检测信息

在系统启动过程中，内核还需要进行一次系统检测，这些内核检测信息会被记录在内存当中。我们是否可以查看内核检测信息呢？使用 dmesg 命令就可以查看这些信息，我们一般利用这个命令查看系统的硬件信息，其格式如下：

[root@localhost ~]# dmesg

例如：

[root@localhost ~]# dmesg | grep CPU
#查看 CPU 的信息
[0.008759] smpboot: Allowing 128 CPUs, 127 hotplug CPUs
[0.012280] setup_percpu: NR_CPUS:8192 nr_cpumask_bits:128 nr_cpu_ids:128 nr_node_ids:1
[0.087928] SLUB: HWalign=64, Order=0-3, MinObjects=0, CPUs=128, Nodes=1
[0.108295] rcu: RCU restricting CPUs from NR_CPUS=8192 to nr_cpu_ids=128.
[0.113421] random: crng init done (trusting CPU's manufacturer)
[0.133366] smpboot: CPU0: 12th Gen Intel(R) Core(TM) i9-12900H (family: 0x6, model: 0x9a, stepping: 0x3)
[0.134302] core: CPUID marked event: 'cpu cycles' unavailable
[0.134302] core: CPUID marked event: 'instructions' unavailable
[0.134302] core: CPUID marked event: 'bus cycles' unavailable
[0.134302] core: CPUID marked event: 'cache references' unavailable
[0.134302] core: CPUID marked event: 'cache misses' unavailable
[0.134302] core: CPUID marked event: 'branch instructions' unavailable
[0.134302] core: CPUID marked event: 'branch misses' unavailable
[0.145782] smp: Bringing up secondary CPUs ...
[0.145786] smp: Brought up 1 node, 1 CPU
[0.601995] intel_pstate: CPU model not supported

[root@localhost ~]# dmesg | grep eth0

```
[root@localhost ~]# dmesg | grep ens33
```
#查看第一块网卡的信息。通过 eth0 依然可以查询，能看到 MAC 地址、网卡型号等信息
#如果查看 ens33，就可以看到 1000Mbps 网卡、全双工等网卡信息

6.3.3 free 命令：查看内存使用状态

free 命令可以查看系统内存和 swap 交换分区的使用情况，其输出和 top 命令的内存部分非常相似，其格式如下：

```
[root@localhost ~]# free [-h|-b|-k|-m|-g]
```
选项：
- -h：人性化显示，按照常用单位显示
- -b：以字节为单位显示
- -k：以 KB 为单位显示，默认显示
- -m：以 MB 为单位显示
- -g：以 GB 为单位显示

```
[root@localhost ~]# free -h
              total        used        free      shared  buff/cache   available
Mem:          929Mi       500Mi       321Mi       5.0Mi       282Mi       429Mi
Swap:         255Mi          0B       255Mi
```

解释一下这个命令的输出。

- 第一行：Mem 定义的是内存的占用情况。total 是总内存数，used 是已经使用的内存数，free 是空闲的内存数，shared 是多个进程共享的内存总数，buff/cache 是缓冲与缓存内存数，available 是系统可用内存数（在系统内存占用较大时，可以把部分 shared 内存、buff/cache 内存提取出供系统使用，因此 available 内存数大于 free 内存数）。
- 第二行：swap 定义的是交换分区的使用情况。total 是 swap 交换分区的总数，used 是已经使用的 swap 交换分区数，free 是空闲的 swap 交换分区数。

6.3.4 查看 CPU 信息

CPU 的主要信息保存在/proc/cpuinfo 文件中，我们只要查看这个文件，就可以知道 CPU 的相关信息，使用的命令如下：

```
[root@localhost ~]# cat /proc/cpuinfo
processor     : 0
```
#逻辑 CPU 编号
```
vendor_id     : GenuineIntel
```
#CPU 制造厂商
```
cpu family    : 6
```
#产品的系列代号
```
model         : 154
```
#CPU 系列代号

```
model name      : 12th Gen Intel(R) Core(TM) i9-12900H
#CPU 系列的名字、编号
stepping        : 3
#更新版本
microcode       : 0x419
cpu MHz         : 2918.403
#实际主频
cache size      : 24576 KB
#二级缓存
physical id     : 0
siblings        : 1
core id         : 0
cpu cores       : 1
apicid          : 0
initial apicid  : 0
fpu             : yes
fpu_exception   : yes
cpuid level     : 32
wp              : yes
flags           : fpu vme de pse tsc msr pae mce cx8 apic sep mtrr pge mca cmov pat pse36 clflush mmx fxsr sse sse2 ss syscall nx pdpe1gb rdtscp lm constant_tsc arch_perfmon rep_good nopl xtopology tsc_reliable nonstop_tsc cpuid tsc_known_freq pni pclmulqdq ssse3 fma cx16 pcid sse4_1 sse4_2 x2apic movbe popcnt tsc_deadline_timer aes xsave avx f16c rdrand hypervisor lahf_lm abm 3dnowprefetch cpuid_fault invpcid_single ssbd ibrs ibpb stibp ibrs_enhanced fsgsbase tsc_adjust bmi1 avx2 smep bmi2 erms invpcid rdseed adx smap clflushopt clwb sha_ni xsaveopt xsavec xgetbv1 xsaves arat umip pku ospke gfni vaes vpclmulqdq rdpid movdiri movdir64b fsrm md_clear flush_l1d arch_capabilities
bugs            : spectre_v1 spectre_v2 spec_store_bypass swapgs itlb_multihit eibrs_pbrsb
bogomips        : 5836.80
clflush size    : 64
cache_alignment : 64
address sizes   : 45 bits physical, 48 bits virtual
power management:
```

6.3.5 查看本机登录用户信息

1. w 命令

如果我们想要知道 Linux 服务器上目前已经登录的用户信息，就可以使用 w 命令或 who 命令来进行查询。先看看 w 命令，具体如下：

```
[root@localhost ~]# w -f
 11:14:02 up  2:52,  3 users,  load average: 0.00, 0.03, 0.00
USER     TTY      FROM             LOGIN@   IDLE   JCPU   PCPU WHAT
root     tty1     -                11:13   58.00s  0.00s  0.00s -bash
root     pts/0    192.168.112.1    09:46    6:08   0.05s  0.05s -bash
root     pts/2    192.168.112.1    11:08    2.00s  0.01s  0.00s w -f
```

在当前系统中，w 命令需要添加-f 选项，才能列出登录用户来源 IP 地址。-f 选项在旧版系统中默认执行，可以不写。解释一下这个命令的输出：

(1)第一行其实和 top 命令的第一行非常类似,主要显示了系统当前时间、系统的运行时间(up)、有多少用户登录(users),以及系统在之前 1 分钟、5 分钟、15 分钟的平均负载(load average)。

(2)第二行是项目的说明,从第三行开始每行代表一个用户。这些项目具体如下。

- USER:登录的用户名。
- TTY:登录终端。
- FROM:从哪个 IP 地址登录。
- LOGIN@:登录时间。
- IDLE:用户闲置时间。
- JCPU:和该终端连接的所有进程占用的 CPU 运行时间。这个时间中并不包含过去的后台作业时间,但是包含当前正在运行的后台作业所占用的时间。
- PCPU:当前进程所占用的 CPU 运行时间。
- WHAT:当前正在运行的命令。

从 w 命令的输出中已知,Linux 服务器上已经登录了三个 root 用户,一个是从本地终端 1 登录的(tty1),两个是从远程终端 1(pts/0)和远程终端 2(pts/1)登录的,登录的来源 IP 是 192.168.112.1。

2. who 命令

who 命令比 w 命令稍微简单一些,也可以用来查看系统中已经登录的用户,具体如下:

```
[root@localhost ~]# who
root      tty1         2024-02-19 11:13
root      pts/0        2024-02-19 09:46 (192.168.112.1)
root      pts/2        2024-02-19 11:08 (192.168.112.1)
#用户名    登录终端      登录时间(登录来源 IP)
```

3. last 命令

如果原先登录的用户现在已经退出登录,那么是否还可以查看呢?当然可以,这时就需要使用 last 和 lastlog 命令了。先来看看 last 命令,具体如下:

```
[root@localhost ~]# last
#查询当前已经登录和过去登录的用户信息
[root@localhost ~]# last
root      tty1                          Mon Feb 19 11:13    still logged in
root      pts/2        192.168.112.1    Mon Feb 19 11:08    still logged in
root      pts/1        192.168.112.1    Mon Feb 19 10:46 - 11:08   (00:21)
root      pts/0        192.168.112.1    Mon Feb 19 09:46    still logged in
root      pts/2        192.168.112.1    Thu Dec 21 15:13 - 15:14   (00:00)
root      pts/1        192.168.112.1    Thu Dec 21 15:13 - 15:37   (00:23)
root      pts/0        192.168.112.1    Thu Dec 21 15:13 - 16:42   (01:29)
root      tty1                          Thu Dec 21 15:13 - 11:13 (59+19:59)
#用户名    登录终端      登录 IP        登录时间     - 退出时间 (在线时间)
reboot    system boot  5.14.0-162.6.1.e Thu Dec 21 15:10    still running
#还能看到系统的重启时间
…省略部分输出…
```

last 命令默认是去读取/var/log/wtmp 日志文件的，这是一个二进制文件，不能直接用 vi 编辑，只能通过 last 命令调用。

4．lastlog 命令

再来看看 lastlog 命令，具体如下：

```
[root@localhost ~]# lastlog
#查看系统中所有用户的最后一次登录时间、登录端口和来源 IP
Username         Port       From                    Latest
root             pts/1      192.168.112.1           一 2月 19 11:24:47 +0800 2024
bin                                                 **从未登录过**
daemon                                              **从未登录过**
adm                                                 **从未登录过**
#用户名           终端号      登录 IP                  最后一次登录时间
…省略部分输出…
```

lastlog 命令默认是去读取/var/log/lastlog 日志文件的，这个文件同样是二进制文件，不能直接用 vi 编辑，需要使用 lastlog 命令调用查看。

6.3.6 uptime 命令

uptime 命令的作用是显示系统的启动时间和平均负载，也就是 top 命令的第一行。其实 w 命令也能看到这行数据，具体愿意使用哪个命令看个人习惯。uptime 命令如下：

```
[root@localhost ~]# uptime
 11:32:08 up  3:10,  4 users,  load average: 0.00, 0.02, 0.00
```

6.3.7 查看系统与内核的相关信息

可以使用 uname 命令查看系统与内核的相关信息，其格式如下：

```
[root@localhost ~]# uname [选项]
```

选项：
- -a： 查看系统所有相关信息
- -r： 查看内核版本
- -s： 查看内核名

例如：

```
[root@localhost ~]# uname -a
Linux localhost.localdomain 5.14.0-162.6.1.el9_1.0.1.x86_64 #1 SMP PREEMPT_DYNAMIC Mon Nov 28 18:44:09 UTC 2022 x86_64 x86_64 x86_64 GNU/Linux

[root@localhost ~]# uname –r
5.14.0-162.6.1.el9_1.0.1.x86_64
```

如果想要判断当前系统的位数，那么可以通过 file 命令来判断系统文件（主要是系统命令）的位数，进而推断系统的位数，具体如下：

```
[root@localhost ~]# file /usr/bin/ls
/usr/bin/ls: ELF 64-bit LSB pie executable, x86-64, version 1 (SYSV), dynamically linked, interpreter
```

/lib64/ld-linux-x86-64.so.2, BuildID[sha1]=e7b6c8ea564ae615082de02296a2b1e13aee830e, for GNU/Linux 3.2.0, stripped
#很明显，当前系统是 64 位的

如果想要查询当前 Linux 系统的发行版本，那么可以使用 hostnamectl 命令（之前版本的 lsb_release 命令已经被弃用了），具体如下：

```
[root@localhost ~]# hostnamectl
   Static hostname: n/a
Transient hostname: localhost
        Icon name: computer-vm
          Chassis: vm
       Machine ID: 73845eb5973f4da895fa24c70667e945
          Boot ID: 202a1e463f544c4bb1013a66e4810d47
   Virtualization: vmware
 Operating System: Rocky Linux 9.1 (Blue Onyx)
      CPE OS Name: cpe:/o:rocky:rocky:9::baseos
           Kernel: Linux 5.14.0-162.6.1.el9_1.0.1.x86_64
     Architecture: x86-64
  Hardware Vendor: VMware, Inc.
   Hardware Model: VMware Virtual Platform
```

使用 hostnamectl 命令查看到的信息较为完整，包含主机名、机器 ID、发行版本、内核版本、系统位数等，完全可以使用这个命令查看到需要的相关信息。

当然，也可用通过查询/etc/os-release 文件来获取发行版的信息，具体如下：

```
[root@localhost ~]# cat /etc/os-release
NAME="Rocky Linux"
VERSION="9.1 (Blue Onyx)"
ID="rocky"
ID_LIKE="rhel centos fedora"
VERSION_ID="9.1"
PLATFORM_ID="platform:el9"
PRETTY_NAME="Rocky Linux 9.1 (Blue Onyx)"
ANSI_COLOR="0;32"
LOGO="fedora-logo-icon"
CPE_NAME="cpe:/o:rocky:rocky:9::baseos"
HOME_URL="https://rockylinux.org/"
BUG_REPORT_URL="https://bugs.rockylinux.org/"
ROCKY_SUPPORT_PRODUCT="Rocky-Linux-9"
ROCKY_SUPPORT_PRODUCT_VERSION="9.1"
REDHAT_SUPPORT_PRODUCT="Rocky Linux"
REDHAT_SUPPORT_PRODUCT_VERSION="9.1"
```

6.3.8 lsof 命令：列出进程调用或打开的文件信息

我们可以通过 ps 命令查询到系统中所有的进程，那么，是否可以知道这个进程到底在调用哪些文件呢？这时就需要 lsof 命令的帮助了，其格式如下：

```
[root@localhost ~]# lsof [选项]
#列出进程调用或打开的文件信息
```

选项：
    -c 字符串：   只列出以字符串开头的进程打开的文件
    +d 目录名：   列出某个目录中所有被进程调用的文件
    -u 用户名：   只列出某个用户的进程打开的文件
    -p pid：   列出某个 PID 对应的进程打开的文件

举几个例子。

例 1：

```
[root@localhost ~]# lsof | more
#查询系统中所有进程调用的文件
[root@localhost ~]# lsof | more
COMMAND      PID    TID TASKCMD USER    FD TYPE      DEVICE SIZE/OFF          NODE NAME
systemd       1         root    cwd     DIR          8,3    256               128 /
systemd       1         root    rtd     DIR          8,3    256               128 /
systemd       1         root    txt     REG                 8,3    1945080    16953143 /usr/lib/systemd/systemd
systemd       1         root    mem     REG                 8,3    582217     50341032 /etc/selinux/targeted/contexts/files/file_contexts.bin
systemd       1         root    mem     REG                 8,3    45416      242875 /usr/lib64/libffi.so.8.1.0
…省略部分输出…
```

lsof 命令的输出非常多。它根据 PID，从 PID 为 1 的进程开始，列出系统中所有的进程正在调用的文件名。

例 2：

```
[root@localhost ~]# lsof /usr/lib/systemd/systemd
#查询某个文件被哪个进程调用
COMMAND     PID USER   FD   TYPE DEVICE SIZE/OFF   NODE NAME
systemd       1 root   txt  REG  8,3    1945080 16953143 /usr/lib/systemd/systemd
systemd    1074 root   txt  REG  8,3    1945080 16953143 /usr/lib/systemd/systemd
(sd-pam)   1076 root   txt  REG  8,3    1945080 16953143 /usr/lib/systemd/systemd
```

lsof 命令也可以用来查询某个文件被哪个进程调用。下面的例子就查询到/sbin/init/usr/lib/systemd/systemd 文件是被 systemd 进程调用的。

例 3：

```
[root@localhost ~]# lsof +d /usr/lib64/ | more
#查询某个目录中所有的文件是被哪些进程调用的
COMMAND     PID       USER    FD   TYPE DEVICE SIZE/OFF   NODE NAME
systemd       1       root    mem  REG  8,3    45416     242875 /usr/lib64/libffi.so.8.1.0
systemd       1       root    mem  REG  8,3    153600    242785 /usr/lib64/libgpg-error.so.0.32.0
systemd       1       root    mem  REG  8,3    28568     242838 /usr/lib64/libattr.so.1.1.2501
systemd       1       root    mem  REG  8,3    102552    217427 /usr/lib64/libz.so.1.2.11
systemd       1       root    mem  REG  8,3    32528     242757 /usr/lib64/libcap-ng.so.0.0.0
…省略部分输出…
```

使用+d 选项可以搜索某个目录中所有的文件，查看到底哪个文件被哪个进程调用了。

例 4：

[root@localhost ~]# lsof -c httpd

第6章 七剑下天山：系统管理

```
#查看以 httpd 开头的进程调用了哪些文件
COMMAND   PID   USER  FD    TYPE    DEVICE  SIZE/OFF   NODE  NAME
httpd     1548  root  cwd   DIR     8,3     256        128 /
httpd     1548  root  rtd   DIR     8,3     256        128 /
httpd     1548  root  txt   REG     8,3     585736     939007 /usr/sbin/httpd
httpd     1548  root  DEL   REG     0,1                26 /dev/zero
httpd     1548  root  mem   REG     8,3     65216      17067366 /usr/lib64/
httpd/modules/mod_proxy_http2.so
httpd     1548  root  mem   REG     8,3     4459096    471090 /usr/lib64/
libcrypto.so.3.0.1
…省略部分输出…
```

使用-c 选项可以查询以某个字符串开头的进程调用的所有文件，例如，执行"lsof -c httpd"命令就会查询出以 httpd 开头的进程调用的所有文件。

例5：

```
[root@localhost ~]# lsof -p 1
#查询 PID 是 1 的进程调用的文件
COMMAND PID USER   FD    TYPE    DEVICE  SIZE/OFF   NODE  NAME
systemd   1 root   cwd   DIR     8,3     256        128 /
systemd   1 root   rtd   DIR     8,3     256        128 /
systemd   1 root   txt   REG     8,3     1945080    16953143 /usr/ lib/systemd/
systemd
systemd   1 root   mem   REG     8,3     582217     50341032 /etc/selinux/targeted/
contexts/xfiles/file_contexts.bin
…省略部分输出…
```

当然，我们也可以按照 PID 查询进程调用的文件，例如，执行"lsof -p 1"命令就可以查看 PID 为 1 的进程调用的所有文件。

例6：

```
[root@localhost ~]# lsof -u root | more
#按照用户名查询某个用户的进程调用的文件
COMMAND     PID USER  FD    TYPE    DEVICE  SIZE/OFF   NODE  NAME
systemd       1 root  cwd   DIR     8,3     256        128 /
systemd       1 root  rtd   DIR     8,3     256        128 /
systemd       1 root  txt   REG             8,3       1945080    16953143
/usr/lib/systemd/systemd
systemd       1 root  mem   REG             8,3       582217     50341032
/etc/selinux/targeted/contexts/files/file_contexts.bin
systemd       1 root  mem   REG             8,3       45416      242875
/usr/lib64/libffi.so.8.1.0
systemd       1 root  mem   REG             8,3       153600     242785
/usr/lib64/libgpg-error.so.0.32.0
systemd       1 root  mem   REG             8,3       28568      242838
/usr/lib64/libattr.so.1.1.2501
…省略部分输出…
```

我们还可以查看某个用户的进程调用了哪些文件。

6.4 系统定时任务

在进行系统运行和维护时，有些工作可能不是马上就要执行的，而要在某个特定的时间执行一次或重复执行。为了不忘记这些工作，我们需要把它们记录在记事本中。如果计算机可以在指定的时间自动执行指定的任务，那么管理员不就轻松多了吗？Linux 系统的定时任务（也可以叫作计划任务）就可以帮助管理员在指定的时间执行指定的工作。例如，在每天凌晨 5:05 执行系统备份脚本，备份系统重要的文件；在每天中午 12:00 发送一封邮件，提醒现在是快乐的午休时间；在每周二的凌晨 5:25 执行系统重启脚本，让服务器的状态归零。

系统定时任务主要有两种执行方式：第一种是使用 at 命令，at 命令定义的系统定时任务只能在指定时间执行一次，而不能循环执行；第二种是使用 crontab 命令，这个命令设定的系统定时任务比较灵活，可以按照分钟、小时、天、月或星期几循环执行任务。下面分别来介绍这两种系统定时任务的执行方式。

6.4.1 at 命令：一次性执行定时任务

1．atd 服务管理与访问控制

at 命令要想正确执行，需要 atd 服务的支持。atd 服务是独立的服务，其启动命令如下：

[root@localhost ~]# systemctl restart atd

如果想让 atd 服务开机时自启动，就可以使用如下命令：

[root@localhost ~]# systemctl enable atd

在 atd 服务启动之后，at 命令才可以正常使用，不过我们还要学习一下 at 命令的访问控制。这里的访问控制指的是允许哪些用户使用 at 命令设定定时任务，或者不允许哪些用户使用 at 命令。大家可以将其想象成设定黑名单或白名单，这样更容易理解。at 命令的访问控制是依靠/etc/at.allow（白名单）和/etc/at.deny（黑名单）这两个文件来实现的，具体规则如下：

- 如果系统中有/etc/at.allow 文件，那么只有写入/etc/at.allow 文件中的用户可以使用 at 命令，其他用户不能使用 at 命令（/etc/at.deny 文件会被忽略，也就是说，如果同一个用户既写入/etc/at.allow 文件，又写入/etc/at.deny 文件，那么这个用户是可以使用 at 命令的，因为/etc/at.allow 文件的优先级更高）。
- 如果系统中没有/etc/at.allow 文件，只有/etc/at.deny 文件，那么写入/etc/at.deny 文件中的用户不能使用 at 命令，其他用户可以使用 at 命令。不过这个文件对 root 用户不生效。
- 如果系统中这两个文件都不存在，那么只有 root 用户可以使用 at 命令。

系统中默认只有/etc/at.deny 文件，而且这个文件是空的，这样系统中所有的用户都可以使用 at 命令。不过，如果我们打算控制用户的 at 命令使用权限，那么只需把用户写

第6章 七剑下天山：系统管理

入/etc/at.deny 文件即可。对于/etc/at.allow 和/etc/at.deny 文件的优先级，我们做一个实验来验证一下，具体如下：

```
[root@localhost ~]# ll /etc/at*
-rw-r--r--. 1 root root 1 7月  11 09:26 /etc/at.deny
#系统中默认只有 etc/at.deny 文件

[root@localhost ~]# echo user1 >> /etc/at.deny
[root@localhost ~]# cat /etc/at.deny
user1
#把 user1 用户写入/etc/at.deny 文件

[root@localhost ~]# su - user1
[user1@localhost ~]$ at 02:00
You do not have permission to use at.         ←没有权限使用 at 命令
#切换成 user1 用户，这个用户已经不能使用 at 命令了

[user1@localhost ~]$ exit
logout
#返回 root 身份

[root@localhost ~]# echo user1 >> /etc/at.allow
[root@localhost ~]# cat /etc/at.allow
user1
#建立/etc/at.allow 文件，并在文件中写入 user1 用户

[root@localhost ~]# su - user1
[user1@localhost ~]$ at 02:00
at>
#切换成 user1 用户，user1 用户可以使用 at 命令。这时 user1 用户既在/etc/at.deny 文件中
#又在/etc/at.allow 文件中，但是/etc/at.allow 文件的优先级更高

[user1@localhost ~]$ exit
logout
#返回 root 身份

[root@localhost ~]# at 02:00
at>
#root 用户虽然不在/etc/at.allow 文件中，但是也能使用 at 命令
#说明 root 用户不受这两个文件的控制
```

这个实验说明了/etc/at.allow 文件的优先级更高，如果/etc/at.allow 文件存在，那么/etc/at.deny 文件会失效。/etc/at.allow 文件的管理更加严格，因为只有写入这个文件的用户才能使用 at 命令，如果需要禁用 at 命令的用户较多，就可以把少数用户写入这个文件。/etc/at.deny 文件的管理较为松散，如果允许使用 at 命令的用户较多，就可以把禁用的用户写入这个文件。不过，这两个文件都不能对 root 用户生效。

2. at 命令

at 命令的格式非常简单，只需在 at 命令后面加入时间即可，这样 at 命令就会在指定

的时间执行，其格式如下：
[root@localhost ~]# at [选项] 时间
选项：
 -m：   当 at 工作完成后，无论命令是否有输出，都用 E-mail 通知执行 at 命令的用户
 -c 工作号： 显示该 at 工作的实际内容
时间：
 HH:MM   在指定的"小时:分钟"执行命令，如 02:30
 HH:MM YYYY-MM-DD 在指定的"小时:分钟 年-月-日"执行命令，如 02:30 2013-07-25
 HH:MM[am|pm] [month] [date] 在指定的"小时:分钟[上午|下午][月][日]"执行命令，
             如 02:30 July 25
 HH:MM[am|pm] + [minutes|hours|days|weeks] 在指定的时间"再加多久"执行命令，
                 如 now + 5 minutes，05am +2 hours

  at 命令只要指定正确的时间，就可以输入需要在指定时间执行的命令。这个命令可以是系统命令，也可以是 shell 脚本。举几个例子。

例 1：
[root@localhost ~]# cat /root/hello.sh
#!/bin/bash
echo "hello world!! "
#该脚本会打印"hello world！！"

[root@localhost ~]# at now +2 minutes
at> /root/hello.sh >> /root/hello.log
#执行 hello.sh 脚本，并把输出写入/root/hello.log 文件
at> <EOT>   ←使用 Ctrl+D 快捷键保存 at 任务
job 1 at Thu Jul 11 09:46:00 2019 ←这是第一个 at 任务

[root@localhost ~]# at -c 1
#查询第一个 at 任务的内容
…省略部分内容…   ←主要定义系统的环境变量
/root/hello.sh >> /root/hello.log
#可以看到 at 执行的任务

例 2：
[root@localhost ~]# at 02:00 2019-07-12
at> /usr/bin/sync
at> /usr/sbin/shutdown -h now
at> <EOT>
job 2 at Fri Jul 12 02:00:00 2019
#在指定的时间关机。在一个 at 任务中是可以执行多个系统命令的

  在使用系统定时任务时，不论执行的是系统命令还是 shell 脚本，最好使用绝对路径来写命令，这样不容易报错。at 任务一旦使用 Ctrl+D 快捷键进行保存，实际上就写入了/var/spool/at/目录，这个目录内的文件可以直接被 atd 服务调用和执行。

3．其他 at 管理命令

  at 还有查询和删除命令，具体如下：

```
[root@localhost ~]# atq
#查询当前服务器上的 at 任务
```

例如：
```
[root@localhost ~]# atq
2       Fri Jul 12 02:00:00 2019 a root
#说明 root 用户有一个 at 任务，工作号是 2
```

```
[root@localhost ~]# atrm [工作号]
#删除指定的 at 任务
```

例如：
```
[root@localhost ~]# atrm 2
[root@localhost ~]# atq
#删除 9 号 at 任务，再查询 at 任务就不存在了
```

6.4.2　crontab 命令：循环执行定时任务

　　at 命令仅可以在指定的时间执行一次任务，但是在实际工作中，系统的定时任务一般是需要重复执行的。这时 at 命令已经不够用了，我们就需要利用 crontab 命令来循环执行定时任务。

1．crond 服务管理与访问控制

　　crontab 命令需要 crond 服务支持。crond 服务同样是独立的服务，其启动和自启动方法如下：
```
[root@localhost ~]# systemctl restart crond
#重新启动 crond 服务

[root@localhost ~]# systemctl enable crond
#设定 crond 服务为开机自启动
```

　　crond 服务默认是自启动的。如果服务器上有循环执行的系统定时任务，就不要关闭 crond 服务。

　　crontab 命令和 at 命令类似，也是通过/etc/cron.allow 和/etc/cron.deny 文件来限制某些用户是否可以使用 crontab 命令的，而且原则也非常相似。

- 当系统中有/etc/cron.allow 文件时，只有写入此文件的用户可以使用 crontab 命令，没有写入的用户不能使用 crontab 命令。同样，如果存在此文件，/etc/cron.deny 文件就会被忽略，因为/etc/cron.allow 文件的优先级更高。
- 当系统中只有/etc/cron.deny 文件时，写入此文件的用户不能使用 crontab 命令，没有写入文件的用户可以使用 crontab 命令。

　　这个规则基本和 at 命令的规则一致，同样是/etc/cron.allow 文件比/etc/cron.deny 文件的优先级高，在 Linux 系统中默认只有/etc/cron.deny 文件。

2．用户的 crontab 设置

　　每个用户都可以实现自己的 crontab 定时任务，只需使用这个用户身份执行 crontab -e

命令即可。当然，这个用户不能写入/etc/cron.deny 文件。crontab 命令格式如下：
[root@localhost ~]# crontab [选项]
选项：
- -e: 　　　　编辑 crontab 定时任务
- -l: 　　　　查询 crontab 定时任务
- -r: 　　　　删除当前用户所有的 crontab 定时任务。如果有多个定时任务，只想删除一个，则可以使用 crontab -e 命令
- -u 用户名：　修改或删除其他用户的 crontab 定时任务。只有 root 用户可用

其实 crontab 定时任务非常简单，只需执行 crontab -e 命令，然后输入想要定时执行的任务即可。不过，当我们执行 crontab -e 命令时，打开的是一个空文件，而且操作方法和 Vim 的操作方法是一致的。这个文件的格式才是我们真正需要学习的内容，其格式如下：

[root@localhost ~]# crontab -e
#进入 crontab 编辑界面。会打开 Vim 编辑你的任务
* * * * * 执行的任务

这个文件通过五个"*"来确定命令或任务的执行时间，五个"*"的具体含义，如表 6-7 表示。

表 6-7 crontab 时间表示

项目	含义	范围
第一个"*"	一小时当中的第几分钟	0～59
第二个"*"	一天当中的第几小时	0～23
第三个"*"	一个月当中的第几天	1～31
第四个"*"	一年当中的第几个月	1～12
第五个"*"	一周当中的星期几	0～7（0 和 7 都代表星期日）

在表示时间时，还有一些特殊符号需要学习，如表 6-8 所示。

表 6-8 表示时间的特殊符号

特殊符号	含义
*	代表任何时间。例如，第一个"*"代表一小时中每分钟都执行一次
,	代表不连续的时间。例如，"0 8,12,16 * * * 命令"代表在每天的 8 点 0 分、12 点 0 分、16 点 0 分都执行一次命令
-	代表连续的时间范围。例如，"0 5 * * 1-6 命令"，代表在周一到周六的凌晨 5 点 0 分执行命令
*/n	代表每隔多久执行一次。例如，"*/10 * * * * 命令"，代表每隔 10 分钟就执行一次命令

当 crontab -e 命令编辑完成之后，一旦保存退出，这个定时任务实际就会写入/var/spool/cron/目录，每个用户的定时任务使用自己的用户名进行区分。而且，crontab 命令只要保存就会生效，前提是 crond 服务是启动的。知道了这五个时间字段的含义后，我们多举几个时间的例子来熟悉一下时间字段，如表 6-9 所示。

表 6-9 crontab 举例

时间	含义
45 22 * * * 命令	在 22 点 45 分执行命令

续表

时间	含义
0 17 * * 1 命令	在每周一的 17 点 0 分执行命令
0 5 1,15 * * 命令	在每月 1 日和 15 日的凌晨 5 点 0 分执行命令
40 4 * * 1-5 命令	在每周一到周五的凌晨 4 点 40 分执行命令
*/10 4 * * * 命令	在每天的凌晨 4 点，每隔 10 分钟执行一次命令
0 0 1,15 * 1 命令	在每月 1 日和 15 日，每周一的 0 点 0 分都会执行命令。注意：星期几和几日最好不要同时出现，因为它们定义的都是天，非常容易让管理员混淆

现在我们已经对这五个时间字段非常熟悉了，可是，在"执行的任务"字段中都可以写什么呢？既可以定时执行系统命令，也可以定时执行某个 shell 脚本。我们举几个实际的例子。

例 1：让系统每隔五分钟就向 /tmp/test 文件中写入一行"11"，验证一下系统定时任务是否会执行
[root@localhost ~]# crontab -e
#进入编辑界面
*/5 * * * * /usr/bin/echo "11" >> /tmp/test.log

虽然这个任务在时间工作中没有任何意义，但是可以很简单地验证我们的定时任务是否可以正常执行。如果觉得每隔五分钟太长，就换成"*"，让它每分钟执行一次。而且和 at 命令一样，如果我们定时执行的是系统命令，那么最好使用绝对路径。

例 2：让系统在每周二的凌晨 5 点 05 分重启一次
[root@localhost ~]# crontab -e
5 5 * * 2 /sbin/shutdown -r now

如果服务器的负载压力比较大，就建议每周重启一次，让系统状态归零。例如，绝大多数游戏服务器每周维护一次，维护时最主要的工作就是重启，让系统状态归零。这时可以让我们的服务器自动来定时执行（在实际工作中，重启服务器有发生故障的可能，不建议进行定时任务自动重启，而是应该由管理员手工重启，并实时监控重启情况，此处只是举例）。

例 3：在每月 1 日、10 日、15 日的凌晨 3 点 30 分都定时执行日志备份脚本 autobak.sh
[root@localhost ~]# crontab -e
30 3 1,10,15 * * /root/sh/autobak.sh

这些定时任务在保存之后，就可以在指定的时间执行了。我们可以使用命令来查看和删除定时任务，具体如下：
[root@localhost ~]# crontab -l
#查看 root 用户的 crontab 任务
*/5 * * * * /usr/bin/echo "11" >> /tmp/test.log
5 5 * * 2 /sbin/shutdown -r now
30 3 1,10,15 * * /root/sh/autobak.sh

[root@localhost ~]# crontab -r
#删除 root 用户所有的定时任务
#如果只想删除某个定时任务，那么可以执行 crontab -e 命令进入编辑模式手工删除
[root@localhost ~]# crontab -l
no crontab for root
#删除后，再查询就没有 root 用户的定时任务了

3. crontab 的注意事项

在书写 crontab 定时任务时，需要注意以下几个事项。

- 六个选项都不能为空，必须填写。如果不确定，就使用"*"代表任意时间。
- crontab 定时任务的最小有效时间是分钟，最大有效时间是月。例如，2025 年某时执行、3 点 30 分 30 秒这样的时间都不能被识别。
- 在定义时间时，日期和星期最好不要在一条定时任务中出现，因为它们都以天为单位，非常容易让管理员混淆。
- 在定时任务中，不管是直接写命令，还是在脚本中写命令，最好都使用绝对路径。有时使用相对路径的命令会报错。

4. 系统的 crontab 设置

crontab -e 是每个用户都可以执行的命令，也就是说，不同的用户身份可以执行自己的定时任务。但是，有些定时任务需要系统执行，这时就需要编辑/etc/crontab 这个配置文件了。当然，并不是说写入/etc/crontab 配置文件中的定时任务在执行时不需要用户身份，而是 crontab -e 命令在定义定时任务时，默认用户身份是当前登录用户。而在修改/etc/crontab 配置文件时，定时任务的执行者身份是可以手工指定的。这样，定时任务的执行会更加灵活，修改起来也更加方便。

现在打开这个文件看看吧，具体如下：

```
[root@localhost ~]# vi /etc/crontab
SHELL=/bin/bash
#标识使用哪种 shell
PATH=/sbin:/bin:/usr/sbin:/usr/bin
#指定 PATH 环境变量。crontab 使用自己的 PATH，而不使用系统默认的 PATH，因此在定时任务中出现的命令最好使用大写
MAILTO=root
#如果有报错输出，或者命令结果有输出，就会向 root 发送信息

# For details see man 4 crontabs
#提示大家可以在"man 4 crontabs"中查看帮助

# Example of job definition:
# .---------------- minute (0 - 59)
# |  .------------- hour (0 - 23)
# |  |  .---------- day of month (1 - 31)
# |  |  |  .------- month (1 - 12) OR jan,feb,mar,apr ...
# |  |  |  |  .---- day of week (0 - 6) (Sunday=0 or 7) OR sun,mon,tue,wed,thu,fri,sat
# |  |  |  |  |
# *  *  *  *  * user-name command to be executed
#分 时 日 月 周 执行者身份   命令
#列出文件格式，并添加注释
```

只要按照格式修改/etc/crontab 配置文件，系统定时任务就可以执行，例如：

```
[root@localhost ~]# mkdir cron
#建立/root/cron/目录
```

```
[root@localhost cron]# vi /root/cron/hello.sh
    #/bin/bash
echo "hello" >> /root/cron/hello.log
#在/root/cron/hello.log 文件中写入"hello"
[root@localhost cron]# chmod 755 hello.sh
#赋予执行权限


[root@localhost ~]# vi /etc/crontab
…省略部分输出…
* * * * * root /usr/bin/run-parts /root/cron/
#让系统每分钟都执行一次/root/cron/目录中的脚本，脚本执行者是 root 用户
#使用 run-parts 脚本调用并执行/root/cron/目录中所有的可执行文件
```

只要保存/etc/crontab 文件，这个定时任务就可以执行了，当然，要确定 crond 服务是运行的。/etc/crontab 文件可以调用 run-parts 脚本执行后续目录中的所有执行文件，这个 run-parts 其实是一个 shell 脚本，保存在/usr/bin/run-parts 中，它的作用就是把其后面跟随的目录中的所有可执行文件依次执行。

为什么需要编写 run-parts 脚本？这是为了简化定时任务的书写。例如，我在/root/cron/目录下拥有五个执行脚本，每个脚本都需要在相同的时间定时执行。如果手工指定定时任务，就需要写五条时间相同，只是执行的命令不同的定时任务。而如果使用 run-parts 脚本，就只需要一条定时任务即可完成。需要注意的是，把五条命令放在一个目录下即可（我们会见到系统中部分定时任务是用 run-parts 脚本调用的，因此笔者举例说明）。

使用/etc/crontab 文件执行的定时任务，不能通过 crontab -l 命令查询。

5. /etc/cron.d/设置

在系统中，还有一个/etc/cron.d/目录，这个目录中符合定时任务格式的文件也会执行。我们来看看这个目录中默认的文件：

```
[root@localhost ~]# ls /etc/cron.d/
0hourly   raid-check   sysstat
#这个目录中默认拥有三个文件
```

在/etc/cron.d/目录中默认有三个定时任务文件，查看 0hourly 文件的内容：

```
[root@localhost ~]# vi /etc/cron.d/0hourly
# Run the hourly jobs
SHELL=/bin/bash
PATH=/sbin:/bin:/usr/sbin:/usr/bin
MAILTO=root
01 * * * * root run-parts /etc/cron.hourly
#在每小时的 01 分钟，会使用 run-parts 脚本运行/etc/cron.hourly/脚本中的所有执行文件
```

也就是说，我们完全可以写一个和 0hourly 文件类似的定时任务文件，放入/etc/cron.d 目录。在这个目录中所有符合定时任务格式的文件，都会被定时任务调用执行。

6. 定时任务总结

通过学习，我们知道了定时任务有三种方法可以定制，还是比较复杂的。其实，对

用户来说，他们并不需要知道这个定时任务到底是由哪个程序调用的。我们需要知道的事情是，如何使用系统的 crontab 设置。对此，新老版本的 CentOS 没有区别，配置方法都有三种。

- 第一种方法：用户直接执行 cronttab -e 命令编辑执行定时任务，这种方法最为简单直接。用户保存之后的定时任务会放置在/var/spool/cron/下，使用以用户名命名的文件保存。
- 第二种方法：修改/etc/crontab 配置文件，加入自己的定时任务，不过需要注意指定脚本的执行者身份。建议在定义定时任务时都使用此种方法，方便管理、整理，并且不易遗忘。
- 第三种方法：自己编写符合定时任务格式的文件，然后放入/etc/crond/目录中，定时任务也可以执行。

这三种方法都是可以使用的，具体使用哪种全凭个人习惯。不过，要想修改/etc/crontab 文件，必须是 root 用户才可以，普通用户不能修改，只能使用用户身份的 crontab 命令。

6.4.3 anacron

anacron 是用来做什么的呢？我们的 Linux 服务器如果不是 24 小时开机的，而刚好在关机的时间段之内有系统定时任务（cron）需要执行，那么这些定时任务是不会执行的。也就是说，假设我们需要在凌晨 5 点 05 分执行系统的日志备份，但是我们的 Linux 服务器恰巧在这个定时任务的执行时间没有开机，那么这个定时任务就不会执行了。anacron 就是用来解决这个问题的。

anacron 会使用一天、七天、一个月作为检测周期，用来判断是否有定时任务在关机之后没有执行。如果有这样的任务，anacron 就会在特定的时间重新执行这些定时任务。那么，anacron 是如何判断这些定时任务已经超过执行时间的呢？在系统的/var/spool/anacron/目录中存在 cron.{daily,weekly,monthly}文件，这些文件中都保存着 anacron 上次执行的时间。anacron 会读取这些文件中的时间，然后和当前时间进行比较，如果两个时间的差值超过 anacron 的指定时间差值（一般是一天、七天和一个月），就说明有定时任务没有执行，这时 anacron 会介入并执行这个漏掉的定时任务，从而保证在关机时没有执行的定时任务不会被漏掉。

当前系统中使用 cronie-anacron 取代了 vixie-cron 软件包。而且，旧版 CentOS（CentOS 5.x 以前）的/etc/cron.{daily,weekly,monthly}目录中的定时任务会同时被 cron 和 anacron 调用，这样非常容易出现重复执行同一个定时任务的错误。而在 CentOS 7.x 以后的系统（当然包含 Rocky Linux 9）中，/etc/cron.{daily,weekly,monthly}目录中的定时任务只会被 anacron 调用，从而保证这些定时任务只会在每天、每周或每月定时执行一次，而不会重复执行。

在当前系统中，anacron 还有一个变化，那就是 anacron 不再是单独的服务，而变成了系统命令。也就是说，我们不再使用服务管理命令来管理 anacron 服务，而需要使用

anacron 命令来管理 anacron 工作，具体命令格式如下：
[root@localhost ~]# anacron [选项] [工作名]
选项：
- -s： 开始执行 anacron 工作，根据/etc/anacrontab 文件中设定的延迟时间执行
- -n： 立即执行/etc/anacrontab 中所有的工作，忽略所有的延迟时间
- -u： 更新/var/spool/anacron/cron.{daily,weekly,monthly}文件中的时间戳，但不执行任何工作

参数：
　　工作名： 依据/etc/anacrontab 文件中定义的工作名

在当前的 Linux 系统中，其实不需要执行任何 anacron 命令，只需要配置好/etc/anacrontab 文件，系统就会依赖这个文件中的设定来通过 anacron 执行定时任务了。那么，关键就是/etc/anacrontab 文件的内容，这个文件的内容如下：

```
[root@localhost ~]# vi /etc/anacrontab
# /etc/anacrontab: configuration file for anacron

# See anacron(8) and anacrontab(5) for details.

SHELL=/bin/sh
PATH=/sbin:/bin:/usr/sbin:/usr/bin
MAILTO=root
#前面的内容和/etc/crontab 文件类似

# the maximal random delay added to the base delay of the jobs
RANDOM_DELAY=45
#最大随机延迟
# the jobs will be started during the following hours only
START_HOURS_RANGE=3-22
#anacron 的执行时间范围是 03:00—22:00


#period in days   delay in minutes   job-identifier   command
1       5       cron.daily       nice run-parts /etc/cron.daily
7       25      cron.weekly      nice run-parts /etc/cron.weekly
@monthly 45     cron.monthly     nice run-parts /etc/cron.monthly
#天数　强制延迟（分）　工作名　　　　实际执行的命令
#当时间差超过天数时，强制延迟多少分钟之后就执行命令
```

在这个文件中，RANDOM_DELAY 定义的是最大随机延迟，也就是说，cron.daily 工作如果超过 1 天没有执行，就并不会马上执行，而是先延迟强制延迟时间，再延迟随机延迟时间，之后再执行命令；START_HOURS_RANGE 定义的是 anacron 的执行时间范围，anacron 只会在这个时间范围内执行。

我们用 cron.daily 工作来说明/etc/anacrontab 的执行过程。

（1）读取/var/spool/anacron/cron.daily 文件中 anacron 上一次执行的时间。
（2）和当前时间比较，如果 2 个时间的差值超过 1 天，就执行 cron.daily 工作。
（3）只能在 03:00—22:00 执行这个工作。
- 执行工作时强制延迟时间为 5 分钟，再随机延迟 0～45 分钟。

- 使用 nice 命令指定默认优先级，使用 run-parts 脚本执行/etc/cron.daily 目录中所有的可执行文件。

大家会发现，/etc/cron.{daily,weekly,monthly}目录中的脚本在当前的 Linux 系统中是被 anacron 调用的，不再依靠 cron 服务。

不过，anacron 不用设置多余的配置，只需把需要定时执行的脚本放入/etc/cron.{daily,weekly,monthly}目录中，就会每天、每周或每月执行，而且也不再需要启动 anacron 服务。如果需要进行修改，那么只需修改/etc/anacrontab 配置文件即可。例如，笔者更加习惯让定时任务在凌晨 03:00—05:00 执行，可以进行如下修改：

```
[root@localhost ~]# vi /etc/anacrontab
# /etc/anacrontab: configuration file for anacron

# See anacron(8) and anacrontab(5) for details.

SHELL=/bin/sh
PATH=/sbin:/bin:/usr/sbin:/usr/bin
MAILTO=root
# the maximal random delay added to the base delay of the jobs
RANDOM_DELAY=0
#把最大随机延迟改为 0 分钟，不再随机延迟
# the jobs will be started during the following hours only
START_HOURS_RANGE=3-5
#执行时间范围为 03:00—05:00

#period in days   delay in minutes   job-identifier   command
1       0       cron.daily      nice run-parts /etc/cron.daily
7       0       cron.weekly     nice run-parts /etc/cron.weekly
@monthly 0      cron.monthly    nice run-parts /etc/cron.monthly
#把强制延迟也改为 0 分钟，不再强制延迟
```

这样，所有放入/etc/cron.{daily,weekly,monthly}目录中的脚本都会在指定时间执行，而且也不怕服务器万一出现关机的情况了。

6.5 本章小结

本章重点

Linux 的系统管理主要有以下几项工作：进程管理、工作管理、系统资源管理和系统定时任务。这些工作都是日常工作中的常用技能，需要熟练记忆，并且能在实际工作中想起来对应的命令，完成实际工作。

本章难点

本章的难点是理解进程管理工作的作用、熟练使用系统定时任务，以及在实际工作中能对应使用本章学习的命令。

第 7 章　凡走过必留下痕迹：日志管理

学前导读

系统日志详细地记录了在什么时间，哪台服务器、哪个程序或服务出现了什么情况。不管是哪种操作系统，都详细地记录了重要程序和服务的日志，只是我们很少养成查看日志的习惯。

日志是系统信息最详细、最准确的记录者，如果能够善用日志，那么当系统出现问题时，我们就能在第一时间发现问题，也能够从日志中找到解决问题的方法。只是很多人都觉得查看日志比较枯燥，甚至干脆看不懂，那么，本章就来学习一下 Linux 系统的日志管理。

7.1　日志简介

日志是操作系统用来记录在什么时间由哪个进程做了什么样的工作、发生了什么事件，同时记录系统中硬件和软件产生的系统问题。换句话说，日志就是系统的记账本，在记账本中按照时间先后排序记录了系统中发生的所有事件。当然，如果把所有的信息放入一个日志文件，那么这个文件的可读性会非常差，因此不同的日志应放入不同的日志文件。

7.1.1　日志相关服务

从 CentOS 7.x（Rocky Linux 9 当然也是这样）开始，systemd 接管了 Linux 系统中的服务，日志服务也不例外。systemd 通过 systemd-journald.service 服务来管理日志，但是 systemd-journald.service 服务产生的日志是保存在内存当中的。我们都知道内存中的数据一旦重启，就会消失，因此 systemd-journald.service 服务产生的日志是临时存储的，重启后会消失。

而 rsyslog.service 服务在 Rocky Linux 9 中依然生效，和 systemd-journald.service 服务不同的是，通过 rsyslog.service 服务记录的日志是存储在硬盘上永久生效的。而 rsyslog.service 服务是我们更熟悉的日志服务。

当然，不论是 systemd-journald.service 服务，还是 rsyslog.service 服务，我们都要进行学习。

7.1.2 确认日志服务启动状态

在 Linux 系统中，systemd-journald.service 服务和 rsyslog.service 服务都是默认开启的，如果没有人为手工关闭，它们就都是启动状态。当然，为了保险起见，我们还是建议检查一下，先查看 systemd-journald.service 服务，命令如下：

```
[root@localhost ~]# systemctl status systemd-journald.service
● systemd-journald.service - Journal Service
   Loaded: loaded (/usr/lib/systemd/system/systemd-journald.service; static)
# systemd-journald.service 服务默认是静态状态，可以被自动调用
   Active: active (running) since Tue 2024-02-20 09:36:15 CST; 2 weeks 1 day ago
# systemd-journald.service 服务默认是启动状态
TriggeredBy: ● systemd-journald-dev-log.socket
             ● systemd-journald.socket
     Docs: man:systemd-journald.service(8)
           man:journald.conf(5)
 Main PID: 542 (systemd-journal)
   Status: "Processing requests..."
    Tasks: 1 (limit: 5691)
   Memory: 4.7M
      CPU: 130ms
   CGroup: /system.slice/systemd-journald.service
           └─542 /usr/lib/systemd/systemd-journald
…省略部分内容…
```

再查看 rsyslog.service 服务，命令如下：

```
[root@localhost ~]# systemctl status rsyslog.service
● rsyslog.service - System Logging Service
   Loaded: loaded (/usr/lib/systemd/system/rsyslog.service; enabled; vendor preset: enabled)
# rsyslog.service 服务是开机自启动的
   Active: active (running) since Tue 2024-02-20 09:36:18 CST; 2 weeks 1 day ago
# rsyslog.service 服务在当前系统中是正常启动的
     Docs: man:rsyslogd(8)
           https://www.rsyslog.com/doc/
 Main PID: 641 (rsyslogd)
    Tasks: 3 (limit: 5691)
   Memory: 2.2M
      CPU: 1.072s
   CGroup: /system.slice/rsyslog.service
           └─641 /usr/sbin/rsyslogd -n
…省略部分内容…
```

系统中的绝大多数日志文件是由 rsyslogd 服务来统一管理的，只要各个进程将信息给予这个服务，它就会自动地把日志按照特定的格式记录到不同的日志文件中。也就是说，采用 rsyslogd 服务管理的日志文件，它们的格式应该是一致的。

在 Linux 系统中，有一部分日志不是由 rsyslogd 服务来管理的，例如，Apache 服务，它的日志是由 Apache 服务自己产生并记录的，并没有调用 rsyslogd 服务。但是为了便于读取，Apache 服务日志文件的格式和系统默认日志的格式是一致的。

7.2 日志服务 journald

我们先来学习 systemd-journald.service 日志服务，此服务可以将其简称为 journald 服务。始终需要注意，在默认情况下 journald 服务产生的日志是临时生效的，一旦重启，之前保存的日志信息就会消失。

7.2.1 journald 服务常见日志文件

journald 服务管理的日志，默认保存在/run/log/journal/目录中，我们来查看一下：

```
[root@localhost ~]# ll /run/log/journal/73845eb5973f4da895fa24c70667e945/system.journal
#journald 日志文件
```

注意，此文件是二进制形式的，不能使用文本工具（如 vim 和 cat）进行查看和修改。如果使用 vim 等工具打开此文件，就会发现这个文件是二进制乱码。这样的二进制日志文件只能使用对应的命令查看，而且无法修改。

不仅 journald 日志文件是二进制形式的，还有一些其他重要系统日志文件也是二进制形式的，这样可以保证重要系统日志不被人为篡改，从而保证日志文件的安全。

7.2.2 journalctl 命令

既然/run/log/journal/73845eb5973f4da895fa24c70667e945/system.journal 文件是二进制形式的（中间的乱码是当前计算机的机器唯一 ID，每个人的都不一样），使用 vim 查看是乱码，那么这个日志就只能使用对应的命令查看，这个命令就是 journalctl 命令。我们通过几个实例来说明如何使用 journalctl 命令。

1．journalctl 命令格式

journalctl 命令的基本格式如下：

```
[root@localhost ~]#journalctl [选项] [匹配关键字]
选项：
  -r:                 查看内核相关日志
  -n 数字：            查看最新的指定条数日志
  -u 服务单元：        按照服务名称查看日志
  _PID=n：            按照进程 PID 查看日志
  -p n：              按照日志级别查看日志，n 为数字，代表日志级别
                      n 的范围为 0~7，分别代表"emerg" (0), "alert" (1), "crit" (2),
                      "err" (3),"warning" (4), "notice" (5), "info" (6),
                       "debug" (7)。数字越小，日志的危险等级越高
  -r:                 按照时间倒序查看日志，也就是最新的日志排在最前面
  _UID=n：            按照用户 UID 查询此用户相关日志
  --since "时间"：     按照起始时间查找日志
  --until "时间"：     按照结束时间查找日志
```

journalctl 命令还可以按照时间查看日志，按照时间查看日志的选项相对较多，我们通过举例来详细讲解。

2．journalctl 查看所有日志

在系统中，直接执行 journalctl 命令，可以查看 systemd-journald.service 服务记录的所有日志（当然只会记录此次启动之后产生的日志，重启系统之前的日志已经丢失了），具体命令如下：

```
[root@localhost ~]# journalctl
#查看所有日志
3 月 06 15:33:38 localhost kernel: Linux version 5.14.0-162.6.1.el9_1.0.1.x86_64 (mockbuild@dal1-prod-builder001.bld.equ.rockylinux.or>
3 月 06 15:33:38 localhost kernel: The list of certified hardware and cloud instances for Enterprise Linux 9 can be viewed at the Red >
3 月 06 15:33:38 localhost kernel: Command line: BOOT_IMAGE=(hd0,msdos1)/ vmlinuz-5.14.0-162.6.1.el9_1.0.1.x86_64 root=UUID=60ff6727-f0>
3 月 06 15:33:38 localhost kernel: x86/fpu: Supporting XSAVE feature 0x001: 'x87 floating point registers'
3 月 06 15:33:38 localhost kernel: x86/fpu: Supporting XSAVE feature 0x002: 'SSE registers'
3 月 06 15:33:38 localhost kernel: x86/fpu: Supporting XSAVE feature 0x004: 'AVX registers'
3 月 06 15:33:38 localhost kernel: x86/fpu: Supporting XSAVE feature 0x200: 'Protection Keys User registers'
3 月 06 15:33:38 localhost kernel: x86/fpu: xstate_offset[2]:  576, xstate_sizes[2]:  256
3 月 06 15:33:38 localhost kernel: x86/fpu: xstate_offset[9]:  832, xstate_sizes[9]:    8
3 月 06 15:33:38 localhost kernel: x86/fpu: Enabled xstate features 0x207, context size is 840 bytes, using 'compacted' format.
3 月 06 15:33:38 localhost kernel: signal: max sigframe size: 3632
…省略部分内容…
```

journalctl 命令查看的日志是分页显示的，可以在此页面中执行一下交互命令：

- 空格：向下翻页。
- u：向上翻页。
- g：快速返回文件首部。
- G：快速到文件尾部。
- /字符串：在日志中搜索字符串。
- n 键：搜索下一个。
- N 键：搜索上一个。
- q：退出。

journalctl 命令的交互命令和 vim 的命令模式类似，相对好记忆。

journalctl 命令也可以通过 "-n" 选项，指定查看最新日志的条数，命令如下：

```
[root@localhost ~]# journalctl -n 5
#查看最新的 5 条日志
3 月 06 16:29:33 localhost.localdomain dnf[1310]: Rocky Linux 9 - Extras       213  B/s | 2.9 kB     00:14
3 月 06 16:29:33 localhost.localdomain dnf[1310]: 元数据缓存已建立
3 月 06 16:29:33 localhost.localdomain systemd[1]: dnf-makecache.service: Deactivated successfully.
3 月 06 16:29:33 localhost.localdomain systemd[1]: Finished dnf makecache.
```

3 月 06 16:29:33 localhost.localdomain systemd[1]: dnf-makecache.service: Consumed 2.735s CPU time.

3．查看内核相关日志

journalctl 命令可以使用"-r"选项，查看内核相关日志，具体命令如下：

[root@localhost ~]# journalctl -r
#查看内核相关日志
3 月 07 16:29:28 localhost.localdomain systemd[1]: Failed to start dnf makecache.
3 月 07 16:29:28 localhost.localdomain systemd[1]: dnf-makecache.service: Failed with result 'exit-code'.
3 月 07 16:29:28 localhost.localdomain dnf[1893]:   - Curl error (6): Couldn't resolve host name for http://mirror.nju.edu.cn/rocky/9．>
3 月 07 16:29:28 localhost.localdomain dnf[1893]: Errors during downloading metadata for repository 'baseos':
3 月 07 16:29:28 localhost.localdomain dnf[1893]: Rocky Linux 9 - BaseOS   0.0 B/s | 0 B   00:13
3 月 07 16:29:14 localhost.localdomain systemd[1]: Starting dnf makecache...
3 月 07 16:15:46 localhost.localdomain systemd[1]: systemd-hostnamed.service: Deactivated successfully.
3 月 07 16:15:44 localhost.localdomain su[1749]: pam_unix(su-l:session): session closed for user user2
…省略部分内容…

当然，在所有日志的结果中，刚刚学习过的日志交互命令都可以使用，如翻页、搜索等。

4．按照服务名或进程 PID 来查看日志

我们可以按照服务名，查看指定服务的日志，具体命令如下：

[root@localhost ~]# journalctl -u sshd
#查看 sshd 服务相关日志信息
3 月 06 15:33:43 localhost systemd[1]: Starting OpenSSH server daemon...
3 月 06 15:33:43 localhost sshd[675]: Server listening on 0.0.0.0 port 22.
3 月 06 15:33:43 localhost sshd[675]: Server listening on :: port 22.
3 月 06 15:33:43 localhost systemd[1]: Started OpenSSH server daemon.
3 月 06 15:33:50 localhost.localdomain sshd[1058]: Accepted password for root from 192.168.112.1 port 57898 ssh2
3 月 06 15:33:50 localhost.localdomain sshd[1058]: pam_unix(sshd:session): session opened for user root(uid=0) by (uid=0)

当然也可以依赖进程 PID 来查看指定的日志，具体命令如下：

[root@localhost ~]# journalctl _PID=1
#看看 PID 为 1 的 systemd 服务的日志
3 月 06 15:33:39 localhost systemd[1]: Starting Create Volatile Files and Directories...
3 月 06 15:33:39 localhost systemd[1]: Finished Create Volatile Files and Directories.
3 月 06 15:33:39 localhost systemd[1]: Finished Setup Virtual Console.
3 月 06 15:33:39 localhost systemd[1]: dracut ask for additional cmdline parameters was skipped because all trigger condition checks f>
3 月 06 15:33:39 localhost systemd[1]: Starting dracut cmdline hook...
…省略部分内容…

5．按照用户 UID 查看某用户产生的日志

可以按照用户的 UID 来查看指定用户产生的日志，具体命令如下：

[root@localhost ~]# journalctl _UID=1000

Linux 9 系统管理全面解析

```
#查看用户 UID 为 1000 的用户的 ID，此系统是 user1 用户
3月 07 16:12:42 localhost.localdomain passwd[1686]: pam_unix(passwd:chauthtok): authentication failure;
logname= uid=1000 euid=0 tty=>
3月 07 16:12:53 localhost.localdomain passwd[1689]: pam_unix(passwd:chauthtok): authentication failure;
logname= uid=1000 euid=0 tty=>
...省略部分内容...
```

注意，日志尾部如果有"=>"，就代表日志一行没显示完整，可以通过小键盘"→"键查看剩余日志信息。

6. 按照日志警告级别查看日志

使用 journalctl 命令的"-p"选项可以查看指定级别的日志，日志级别用 0 至 7 代表，分别表示：" emerg" (0)、"alert" (1)、"crit" (2)、"err" (3)、"warning" (4)、"notice" (5)、"info" (6)、"debug" (7)。

日志级别所对应的数字越小，代表此日志的危险等级越高，我们要警惕 0 至 4 级别的日志，如果出现，那么一般需要人为排除相关故障。

笔者在写作时使用的是虚拟机做实验，没有找到 0 至 2 级别的报错日志，这是好事。但是，不幸的是，笔者在查询"err"(3)级别日志时，系统出现报错信息，具体命令如下：

```
[root@localhost ~]# journalctl -p 3
#查询"err"(3)级别报错日志
3月 06 15:33:41 localhost kernel: piix4_smbus 0000:00:07.3: SMBus Host Controller not enabled!
```

这个报错是系统内核没有正确加载"piix4_smbus"模块的驱动导致的，如果严重就会影响系统启动，是需要人为修复的错误。修复此错误不属于本章的内容，就不在这里演示了。

通过这个小意外，相信大家能感受到 journalctl 日志的重要性。笔者建议，应通过脚本定期检测 journalctl 日志中的危险级别日志，如果发现了，就需要人为干预。

7. 按照日期和时间查看日志

journalctl 命令也可以按照日期和时间查看日志，几种常用的时间格式如下：

```
[root@localhost ~]# journalctl --since "2024-3-6"
#查看指定日期之后的日志（没有指定时间，则从 00:00:00 开始）

[root@localhost ~]# journalctl --since "2024-3-6 15:30:00"
#查询日期和时间之后的日志

[root@localhost ~]# journalctl --since "2024-3-6 12:00:00" --until "2024-3-6 15:30:00"
#查询指定日期和时间范围内的日志

[root@localhost ~]# journalctl --since yesterday
#查询昨天的日志
```

按照日期和时间查询日志还是比较灵活的，可以形成各种时间组合，在系统帮助中也有一些例子，大家可以参考。

按照日期和时间查询日志在实际工作中还是比较实用的，因为服务器在一般情况下会有监控程序，用于监控服务器的日常运行。如果监控程序报警，我们就会明确地知道

服务器是在哪个时间点出现的故障，这时再查看这段时间的日志，就可以分析到底是什么原因引起了这个故障。

journald 服务的配置文件保存在/etc/systemd/journald.conf 中，这个文件主要用于日志的持久化存储，也就是永久保存在硬盘之中的。当前系统的 journald 服务的持久化存在一些小故障，笔者推荐还是使用 rsyslogd 服务来永久保存日志。这个配置文件，我们暂时不讲解了。

7.3 日志服务 rsyslogd

当前系统开始使用 rsyslogd 服务取代 syslogd 服务。其实，在使用过程中，这两个服务非常类似，包括由此服务产生的日志文件的格式、服务的配置文件等基本一样，因此不论学习了哪个服务，都会非常容易接受另一个服务。

本节来学习 rsyslogd 服务，主要学习该服务产生的日志文件的格式和服务的配置文件。

7.3.1 rsyslogd 服务常见日志文件

日志文件是重要的系统信息文件，其中记录了许多重要的系统事件，包括用户的登录信息、系统的启动信息、系统的安全信息、邮件相关信息、各种服务相关信息等。这些信息有的非常敏感，因此在 Linux 系统中这些日志文件只有 root 用户可以读取。

那么，系统日志文件保存在什么地方呢？还记得/var/目录吗？它是用来保存系统动态数据的目录，那么/var/log/目录就是系统日志文件的保存位置。我们通过表 7-1 来说明系统中的重要日志文件。

表 7-1 系统中的重要日志文件

日志文件	说明
/var/log/cron	记录与系统定时任务相关的日志
/var/log/cups/	记录打印信息的日志
/var/log/dmesg	记录系统在开机时内核自检的信息。也可以使用 dmesg 命令直接查看内核自检信息
/var/log/btmp	记录错误登录的日志。这个文件是二进制文件，不能直接用 Vi 查看，而要使用 lastb 命令查看，命令如下： [root@localhost log]# lastb root tty1 Tue Jun 4 22:38 - 22:38 (00:00) #有人在 6 月 4 日 22:38 使用 root 用户在本地终端 1 登录错误
/var/log/lastlog	记录系统中所有用户最后一次的登录时间的日志。这个文件也是二进制形式的文件，不能直接用 Vi 查看，而是要使用 lastlog 命令查看
/var/log/mailog	记录邮件信息的日志
/var/log/message	记录系统重要信息的日志。这个日志文件中会记录 Linux 系统的绝大多数重要信息，如果系统出现问题，那么首先要检查的应该就是这个日志文件

续表

日志文件	说明
/var/log/secure	记录验证和授权方面的信息，只要涉及账户和密码的程序都会记录。例如，系统的登录、ssh 的登录、su 切换用户、sudo 授权，甚至添加用户和修改用户密码都会记录在这个日志文件中
/var/log/wtmp	永久记录所有用户的登录、注销信息，同时记录系统的启动、重启、关机事件。同样，这个文件也是二进制形式的文件，不能直接用 Vim 查看，而是要使用 last 命令查看
/var/run/utmp	记录当前已经登录的用户的信息。这个文件会随着用户的登录和注销而不断变化，只记录当前登录用户的信息。同样，这个文件不能直接用 Vim 查看，而要使用 w、who、users 等命令查看

除系统默认的日志外，使用 RPM 包方式安装的系统服务也会默认把日志记录在 /var/log/ 目录中（源码包安装的服务日志存放在源码包指定的目录中）。不过，这些日志不是由 rsyslogd 服务来记录和管理的，而是各个服务使用自己的日志管理文档来记录自身的日志。以下介绍的日志目录在读者的 Linux 系统上不一定存在，只有安装了相应的服务，日志才会出现。服务日志如表 7-2 所示。

表 7-2 服务日志

日志文件	说明
/var/log/httpd/	RPM 包安装的 Apache 服务的默认日志目录
/var/log/mail/	RPM 包安装的邮件服务的额外日志目录
/var/log/samba/	RPM 包安装的 Samba 服务的日志目录
/var/log/sssd/	守护进程安全服务目录

7.3.2 痕迹命令

系统中有一些重要的痕迹日志，如 /var/log/wtmp、/var/run/utmp、/var/log/btmp、/var/log/lastlog 等日志文件，如果使用 Vim 打开这些文件，就会发现这些文件是二进制乱码。这是由于这些日志中保存的是系统的重要登录痕迹，包括某个用户何时登录了系统、何时退出了系统、错误登录等重要的系统信息。这些信息只要可以通过 Vim 打开，就能编辑。在这样的情况下，痕迹信息就不准确，因此这些重要的痕迹日志只能通过对应的命令来查看。

1．w 命令

w 命令是显示系统中正在登录的用户信息的命令，这个命令查看的痕迹日志是 /var/run/utmp。w 命令的基本信息如下。

- 命令名称：w。
- 英文原意：Show who is logged on and what they are doing.
- 所在路径：/usr/bin/w。
- 执行权限：所有用户。
- 功能描述：显示登录用户，以及他正在做什么。

例如：

第 7 章　凡走过必留下痕迹：日志管理

```
[root@localhost ~]# w
 00:06:11 up   5:47,   2 users,   load average: 0.00, 0.01, 0.05
#系统时间 持续开机时间       登录用户        系统在 1 分钟、5 分钟、15 分钟前的平均负载
USER      TTY        FROM          LOGIN@        IDLE       JCPU       PCPU WHAT
root      tty1                     23:59         7:07       0.08s      0.08s -bash
root      pts/2      192.168.252.1 23:42         3.00s      0.44s      0.06s w
```

w 命令第一行输出信息说明如表 7-3 所示。

表 7-3　w 命令第一行输出信息说明

内容	说明
12:26:46	系统当前时间
up 1 day, 13:32	系统的运行时间，本机已经运行了 1 天 13 小时 32 分钟
2 users	当前登录了 2 个用户
load average: 0.00, 0.00, 0.00	系统在之前 1 分钟、5 分钟、15 分钟的平均负载。如果 CPU 是单核的，那么这个数值超过 1 就是高负载；如果 CPU 是四核的，那么这个数值超过 4 就是高负载（平均负载完全依据个人经验来进行判断，一般认为不应该超过服务器 CPU 的核数）

w 命令第二行输出信息说明如表 7-4 所示。

表 7-4　w 命令第二行输出信息说明

内容	说明
USER	当前登录的用户
TTY	登录的终端： • tty1-6：本地字符终端（使用 Alt+F1～F6 键切换） • tty7：本地图形终端（使用 Ctrl+Alt+F7 键切换，必须安装启动图形界面） • pts/0-255：远程终端
FROM	登录的 IP 地址，如果是本地终端，就为空
LOGIN@	登录时间
IDLE	用户闲置时间
JCPU	所有的进程占用的 CPU 时间
PCPU	当前进程占用的 CPU 时间
WHAT	用户正在进行的操作

2．who 命令

who 命令和 w 命令类似，用于查看正在登录的用户，但是显示的内容更加简单，也是查看 /var/run/utmp 日志。

```
[root@localhost ~]# who
root    tty1         2018-11-12 23:59
root    pts/2        2018-11-12 23:42 (192.168.252.1)
#用户名  登录终端      登录时间（来源 IP）
```

3. last 命令

last 命令用于查看所有登录过系统的用户信息,包括正在登录的用户和之前登录的用户。last 命令查看的是/var/log/wtmp 痕迹日志文件。

```
[root@localhost ~]# last
root     tty1                         Mon Nov 12 23:59      still logged in
root     pts/2      192.168.252.1     Mon Nov 12 23:42      still logged in
root     pts/1      192.168.252.1     Mon Nov 12 23:37 - 23:59    (00:22)
root     tty1                         Mon Nov 12 19:17 - 23:58    (04:41)
root     pts/0      192.168.252.1     Mon Nov 12 18:20 - 23:52    (05:32)
reboot   system boot 3.10.0-862.el7.x Mon Nov 12 18:18 - 00:22    (06:03)
#系统重启信息记录
root     pts/1      192.168.252.1     Mon Nov 12 08:48 - down     (01:29)
root     pts/1      192.168.252.1     Thu Nov  8 21:04 - 22:29    (01:25)
#用户名   终端号      来源 IP 地址       登录时间 -      退出时间
```

4. lastlog 命令

lastlog 命令是查看系统中所有用户最后一次登录时间的命令,其查看的日志是/var/log/lastlog 文件。

```
[root@localhost ~]# lastlog
Username         Port     From           Latest
root             tty1                    Mon Nov 12 23:59:03 +0800 2018
bin                                      **Never logged in**
daemon                                   **Never logged in**
adm                                      **Never logged in**
lp                                       **Never logged in**
sync                                     **Never logged in**...
…省略部分内容…
#用户名            终端      来源 IP        登录时间
```

5. lastb 命令

lastb 命令用来查看错误登录的信息,查看的是/var/log/btmp 痕迹日志。

```
[root@localhost ~]# lastb
(unknown  tty1                      Mon Nov 12 23:58 - 23:58    (00:00)
root      tty1                      Mon Nov 12 23:58 - 23:58    (00:00)
#错误登录用户      终端              尝试登录的时间
```

7.3.3 日志文件的格式

只要是由日志服务 rsyslogd 记录的日志文件,它们的格式就都是一致的。因此,我们只要了解了日志文件的格式,就可以轻松地看懂日志文件。日志文件的格式包含以下 4 列。

- 事件产生的时间。
- 产生事件的服务器的主机名。
- 产生事件的服务名或程序名。
- 事件的具体信息。

查看/var/log/secure 日志，在这个日志中主要记录的是用户验证和授权方面的信息，更加容易理解，具体如下：

[root@localhost ~]# vi /var/log/secure
Mar 13 15:34:36 localhost sshd[2565]: Accepted password for root from 192.168.112.1 port 58174 ssh2
#3月13日　15:34:36　本地主机　sshd 服务产生消息：接收从 192.168.112.1 主机的 58174 端口发起的 ssh 连接的密码
Mar 13 15:34:36 localhost sshd[2565]: pam_unix(sshd:session): session opened for user root(uid=0) by (uid=0)
#时间　本地主机　sshd 服务中 pam_unix 模块产生消息：打开用户 root 的会话（UID 为 0）
Mar 13 15:55:31 localhost useradd[2739]: new group: name=user3, GID=1002
#时间　本地主机　useradd 命令产生消息：新建立 user3 组，GID 为 1002
Mar 13 15:55:31 localhost useradd[2739]: new user: name=user3, UID=1002, GID=1002, home=/home/user3, shell=/bin/bash, from=/dev/pts/2
Mar 13 15:55:37 localhost passwd[2746]: pam_unix(passwd:chauthtok): password changed for user3

笔者截取了一段日志的内容，注释了其中的三句日志，剩余的两句日志可以看懂吗？其实，分析日志既是重要的系统维护工作，也是一项非常枯燥和烦琐的工作。如果我们的服务器出现了一些问题，如系统不正常重启或关机、用户非正常登录、服务无法正常使用等，那么都应该先查询日志。只要感觉服务器不太正常，就应该查看日志，甚至在服务器没有什么问题时也要养成定时查看系统日志的习惯。

7.3.4　rsyslogd 服务的配置文件

1．/etc/rsyslog.conf 配置文件的格式

rsyslogd 服务是依赖其配置文件/etc/rsyslog.conf 来确定哪个服务的什么等级的日志信息会被记录在哪个位置的。也就是说，日志服务的配置文件中主要定义了服务名称、日志等级和日志记录位置，其基本格式如下所示：

authpriv.*   /var/log/secure
#服务名称[连接符号]日志等级   日志记录位置
#认证相关服务.所有日志等级   记录在/var/log/secure 日志中

（1）服务名称。

我们需要确定 rsyslogd 服务可以识别哪些服务的日志，也可以理解为以下服务委托 rsyslogd 服务来代为管理日志，这些服务如表 7-5 所示。

表 7-5　rsyslogd 服务可以识别的日志服务名称

服务名称	说明
auth（LOG_AUTH）	安全和认证相关消息（不推荐使用 authpriv 替代）
authpriv（LOG_AUTHPRIV）	安全和认证相关消息（私有的）
cron（LOG_CRON）	系统定时任务 cront 和 at 产生的日志
daemon（LOG_DAEMON）	与各个守护进程相关的日志
ftp（LOG_FTP）	ftp 守护进程产生的日志
kern（LOG_KERN）	内核产生的日志（不是用户进程产生的）
local0-local7（LOG_LOCAL0-7）	为本地使用预留的服务

续表

服务名称	说明
lpr（LOG_LPR）	打印产生的日志
mail（LOG_MAIL）	邮件收发信息
news（LOG_NEWS）	与新闻服务器相关的日志
syslog（LOG_SYSLOG）	有syslogd服务产生的日志信息（虽然服务名称已经改为rsyslogd，但是很多配置依然沿用了syslogd服务，因此这里并没有修改服务名称）
user（LOG_USER）	用户等级类别的日志信息
uucp（LOG_UUCP）	uucp子系统的日志信息。uucp是早期Linux系统进行数据传递的协议，后来也常用在新闻组服务中

这些日志服务名称是rsyslogd服务自己定义的，并不是实际的Linux系统的服务。当有服务需要委托rsyslogd服务来帮助管理日志时，只需要调用这些服务名称就可以实现日志的委托管理。这些日志服务名称可以使用命令"man 3 syslog"来查看。虽然我们的日志管理服务已经更新到了rsyslogd，但是很多配置依然沿用了syslogd服务，在帮助文档中仍然查看syslogd服务的帮助信息。

（2）连接符号。

日志服务连接日志等级的格式如下：

日志服务[连接符号]日志等级　　　　　　日志记录位置

在这里，连接符号可以被识别为以下三种。

- "."代表只要比后面的等级高的（包含该等级）日志都记录。例如，"cron.info"代表cron服务产生的日志，只要日志等级大于等于info级别，就记录。
- ".="代表只记录所需等级的日志，其他等级的日志都不记录。例如，"*.=emerg"代表人和日志服务产生的日志，只要等级是emerg等级，就记录。这种用法极少见，了解就好。
- ".!"代表不等于，也就是除该等级的日志外，其他等级的日志都记录。

（3）日志等级。

每个日志的重要性都是有差别的，例如，有些日志只是系统的一个日常提醒，看不看根本不会对系统的运行产生影响；但是有些日志就是系统和服务的警告，甚至是报错信息，这些日志如果不处理，就会威胁系统的稳定或安全。如果把这些日志全部写入一个文件，那么很有可能会因为管理员的大意而忽略重要信息。例如，在工作中需要处理大量的邮件，笔者现在每天可能会接收到两百多封邮件，而这些邮件绝大多数是不需要处理的普通信息邮件，甚至是垃圾邮件，因此笔者每天都要先把这些大量的非重要邮件删除之后，才能找到真正需要处理的邮件。但是每封邮件的标题都差不多，有时会误删除需要处理的邮件。这时笔者就非常怀念Linux系统的日志等级，如果邮件也能标识重要等级，就不会误删除或漏处理重要邮件了。

邮件的等级信息也可以使用"man 3 syslog"命令来查看。日志等级如表7-6所示，我们按照严重等级从低到高排列。

表 7-6 日志等级

等级名称	说明
debug（LOG_DEBUG）	一般的调试信息说明
info（LOG_INFO）	基本的通知信息
notice（LOG_NOTICE）	普通信息，但是有一定的重要性
warning（LOG_WARNING）	警告信息，但是还不会影响到服务或系统的运行
err（LOG_ERR）	错误信息，一般达到 err 等级的信息已经可以影响到服务或系统的运行了
crit（LOG_CRIT）	临界状况信息，比 err 等级还要严重
alert（LOG_ALERT）	警告状态信息，比 crit 等级还要严重，必须立即采取行动
emerg（LOG_EMERG）	疼痛等级信息，系统已经无法使用了
*	代表所有日志等级。例如，"authpriv.*" 代表 authpriv 认证信息服务产生的日志，所有的日志等级都记录

日志等级还可以被识别为 "none"。如果日志等级是 none，就说明忽略这个日志服务，该服务的所有日志都不再记录。

（4）日志记录位置。

日志记录位置就是当前日志输出到哪个日志文件中保存，当然也可以把日志输出到打印机打印，或者输出到远程日志服务器上（当然，远程日志服务器要允许接收才行）。日志记录位置也是固定的。

- 日志文件的绝对路径。这是最常见的日志保存方法，如 "/var/log/secure" 就用来保存系统验证和授权信息日志。
- 系统设备文件。如 "/dev/lp0" 代表第一台打印机，如果日志保存位置是打印机设备，当有日志时就会在打印机上打印。
- 转发给远程主机。因为可以选择使用 UDP 协议和 TCP 协议传输日志信息，所以有两种发送格式：如果使用 "@192.168.0.210:514"，就会把日志内容使用 UDP 协议发送到 192.168.0.210 的 UDP 514 端口上；如果使用 "@@192.168.0.210:514"，就会把日志内容使用 TCP 协议发送到 192.168.0.210 的 TCP 514 端口上，其中，514 是日志服务默认端口。当然，只要 192.168.0.210 同意接收此日志，就可以把日志内容保存在日志服务器上。
- 用户名。如果是 "root"，就会把日志发送给 root 用户，当然 root 用户要在线，否则就收不到日志信息了。在发送日志给用户时，可以使用 "*" 代表发送给所有在线用户，如 "mail.* *" 就会把 mail 服务产生的所有级别的日志发送给所有在线用户。如果需要把日志发送给多个在线用户，那么用户名之间用 "," 分隔。
- 忽略或丢弃日志。如果接收日志的对象是 "~"，就代表这个日志不会被记录，而会被直接丢弃。例如，"local3.* ~" 代表 local3 服务类型所有的日志都不记录。

2. /etc/rsyslog.conf 配置文件的内容

已知/etc/rsyslog.conf 配置文件中日志的格式，接下来就看看这个配置文件的具体内容：

```
[root@localhost ~]# vi /etc/rsyslog.conf
#查看配置文件的内容
# rsyslog configuration file

# For more information see /usr/share/doc/rsyslog-*/rsyslog_conf.html
# or latest version online at http://www.rsyslog.com/doc/rsyslog_conf.html
# If you experience problems, see http://www.rsyslog.com/doc/troubleshoot.html

#### GLOBAL DIRECTIVES ####
#定义全局设置

# Where to place auxiliary files
global(workDirectory="/var/lib/rsyslog")
#定义辅助文件的位置

# Use default timestamp format
module(load="builtin:omfile" Template="RSYSLOG_TraditionalFileFormat")
#定义日志的时间使用默认的时间戳格式

# Include all config files in /etc/rsyslog.d/
include(file="/etc/rsyslog.d/*.conf" mode="optional")
#包含/etc/rsyslog.d/目录中所有的".conf"子配置文件。也就是说，这个目录中的所有子配置文件也同
时生效

#### MODULES ####

module(load="imuxsock"    # provides support for local system logging (e.g. via logger command)
       SysSock.Use="off") # Turn off message reception via local log socket;
                          # local messages are retrieved through imjournal now.
#加载 imuxsock 模块，为本地系统登录提供支持
module(load="imjournal"             # provides access to the systemd journal
       StateFile="imjournal.state") # File to store the position in the journal
#加载 imjournal 模块，为 systemd-journald.service 提供支持
#module(load="imklog")    # reads kernel messages (the same are read from journald)
#module(load="immark")    # provides --MARK-- message capability

# Provides UDP syslog reception
# for parameters see http://www.rsyslog.com/doc/imudp.html
#module(load="imudp") # needs to be done just once
#input(type="imudp" port="514")
#加载 UPD 模块，允许使用 UDP 的 514 端口接收采用 UDP 协议转发的日志（默认没有开启，如果开
启，就可以远程保存日志）


# Provides TCP syslog reception
# for parameters see http://www.rsyslog.com/doc/imtcp.html
#module(load="imtcp") # needs to be done just once
#input(type="imtcp" port="514")
```

#加载 TCP 模块，允许使用 TCP 的 514 端口接收采用 TCP 协议转发的日志（默认没有开启，如果开启，就可以远程保存日志）

RULES
#日志文件保存规则

Log all kernel messages to the console.
Logging much else clutters up the screen.
#kern.*   /dev/console
#kern 服务.所有日志级别   保存在/dev/console
#这个日志默认没有开启，如果需要，就取消注释

Log anything (except mail) of level info or higher.
Don't log private authentication messages!
*.info;mail.none;authpriv.none;cron.none   /var/log/messages
#所有服务.info 以上级别的日志保存在/var/log/messages 日志文件中
#mail、authpriv、cron 的日志不记录在/var/log/messages 日志文件中，因为它们都有自己的日志文件
#所以/var/log/messages 日志是最重要的系统日志文件，需要经常查看

The authpriv file has restricted access.
authpriv.*   /var/log/secure
#用户认证服务所有级别的日志保存在/var/log/secure 日志文件中

Log all the mail messages in one place.
mail.*   -/var/log/maillog
#mail 服务的所有级别的日志保存在/var/log/maillog 日志文件中
"-" 的含义是日志先在内存中保存，当日志足够多之后，再向文件中保存

Log cron stuff
cron.*   /var/log/cron
#计划任务的所有日志保存在/var/log/cron 日志文件中

Everybody gets emergency messages
.emerg   :omusrmsg:
#所有日志服务的疼痛等级日志对所有在线用户广播

Save news errors of level crit and higher in a special file.
uucp,news.crit   /var/log/spooler
#uucp 和 news 日志服务的 crit 以上级别的日志保存在/var/log/sppoler 日志文件中

Save boot messages also to boot.log
local7.*   /var/log/boot.log
#loacl7 日志服务的所有日志写入/var/log/boot.log 日志文件
#会把开机时的检测信息在显示到屏幕的同时写入/var/log/boot.log 日志文件

sample forwarding rule

```
#定义转发规则
#action(type="omfwd")
# # An on-disk queue is created for this action. If the remote host is
# # down, messages are spooled to disk and sent when it is up again.
#queue.filename="fwdRule1"              # unique name prefix for spool files
#queue.maxdiskspace="1g"                # 1gb space limit (use as much as possible)
#queue.saveonshutdown="on"              # save messages to disk on shutdown
#queue.type="LinkedList"                # run asynchronously
#action.resumeRetryCount="-1"           # infinite retries if host is down
# # Remote Logging (we use TCP for reliable delivery)
# # remote_host is: name/ip, e.g. 192.168.0.1, port optional e.g. 10514
#Target="remote_host" Port="XXX" Protocol="tcp")
```

其实系统已经非常完善地定义了这个配置文件的内容，系统中重要的日志也已经记录得非常完备。如果是外来的服务，如 Apache、Samba 等服务，那么在这些服务的配置文件中也详细定义了日志的记录格式和记录方法。因此，日志的配置文件基本上不需要修改，我们要做的仅是查看和分析系统记录好的日志。

3．定义自己的日志

如果想要定义自己的日志，可以实现吗？当然可以，只需在/etc/rsyslog.conf 配置文件中按照格式写入即可，当然，rsyslogd 服务可以识别的日志服务只有表 7-3 中列出的那些，例如：

```
[root@localhost ~]# vi /etc/rsyslog.conf
#写入以下这句话
*.crit                         /var/log/alert.log
#把所有服务的"临界点"以上的错误都保存在/var/log/alert.log 日志中

[root@localhost ~]# systemctl restart rsyslog.service
#重启 rsyslog 服务
[root@localhost ~]# ll /var/log/alert.log
-rw-------. 1 root root 0 7 月    12 18:50 /var/log/alert.log
#/var/log/alert.log 日志就生成了
```

这样，/var/log/alert.log 日志就生成了。如果这个日志中出现任何信息，就应该是比较危险的错误信息，应该引起警惕。

在系统中有可能不生成/var/log/alert.log 日志，这是由于我们设定的报警等级 crit 过高，如果系统中没有超过 crit 等级的警告信息，/var/log/alert.log 日志文件就可能不会生成。那么，我们可以把日志等级定得低一点：

```
[root@localhost ~]# vi /etc/rsyslog.conf
*.info                                              /var/log/mylog.log
#定义 info 等级的日志，写入/var/log/mylog.log

[root@localhost ~]# systemctl restart rsyslog.service
#重启日志服务

[root@localhost ~]# ll /var/log/mylog.log
-rw-------. 1 root root 933 7 月    12 18:50 /var/log/mylog.log
```

```
#系统中生成/var/log/mylog.log 日志
#后续实验使用/var/log/mylog.log 来进行
```

4. 日志服务器的设置

我们已经知道可以使用"@IP:端口"或"@@IP:端口"的格式把日志发送到远程主机上，这么做有什么意义吗？假设需要管理几十台服务器，那么每天的重要工作就是查看这些服务器的日志。可是单独登录每台服务器并查看日志非常烦琐，可以把几十台服务器的日志集中到一台日志服务器上吗？这样每天只要登录这台日志服务器，就可以查看所有服务器的日志，要方便得多。

如何实现日志服务器的功能呢？其实并不难，不过要先分清服务器端和客户端。假设服务器端的服务器 IP 地址是 192.168.0.210，主机名是 localhost.localdomain；客户端的服务器 IP 地址是 192.168.0.211，主机名是 www1。我们现在要做的是把 192.168.0.211 的日志保存在 192.168.0.210 这台服务器上，实验过程如下：

```
#服务器端设定（192.168.0.210）：
[root@localhost ~]# vi /etc/rsyslog.conf
…省略部分输出…
# Provides TCP syslog reception
$ModLoad imtcp
$InputTCPServerRun 514
#取消这两句话的注释，允许服务器使用 TCP 514 端口接收日志
…省略部分输出…

[root@localhost ~]# systemctl restart rsyslog.service
#重启 rsyslog 日志服务

[root@localhost ~]# netstat -tuln | grep 514
tcp        0      0 0.0.0.0:514           0.0.0.0:*              LISTEN
tcp6       0      0 :::514                :::*                   LISTEN

#查看 514 端口已经打开

#客户端设置（192.168.0.211）：
[root@www1 ~]# vi /etc/rsyslog.conf
#修改日志服务配置文件
*.*                                    @@192.168.0.210:514
#把所有日志采用 TCP 协议发送到 192.168.0.210 的 514 端口上

[root@localhost ~]# systemctl restart rsyslog.service
#重启日志服务
```

这样，日志服务器和客户端就搭建完成了，以后 192.168.0.211 这台客户机上产生的所有日志都会记录到 192.168.0.210 这台服务器上，例如：

```
#在客户机上（192.168.0.211）
[root@www1 ~]# useradd shenchao
[root@www1 ~]# passwd shenchao
#添加 shenchao 用户（注意：提示符的主机名是 www1）
```

```
#在服务器（192.168.0.210）上
[root@localhost ~]# vi /var/log/secure
#查看服务器的 secure 日志（注意：主机名是 localhost）
Jul 12 18:53:56 www1 sshd[905]: Server listening on 0.0.0.0 port 22.
Jul 12 18:53:56 www1 sshd[905]: Server listening on :: port 22.
Jul 12 18:53:56 www1 sshd[1184]: Accepted password for root from 192.168.0.211 port 7036 ssh2
Jul 12 18:53:56 www1 sshd[1184]: pam_unix(sshd:session): session opened for user root by (uid=0)
Jul 12 18:53:56 www1 useradd[1184]: new group: name=shenchao, GID=505
Jul 12 18:53:56 www1 useradd[1184]: new user: name=shenchao, UID=505, GID=505,
home=/home/shenchao, shell=/bin/bash
Jul 12 18:53:56 www1 passwd: pam_unix(passwd:chauthtok): password changed for shenchao
#注意：查看到的日志内容的主机名是 www1，说明虽然查看的是服务器的日志文件，但是在其中可以
看到客户机的日志内容
```

需要注意的是，日志服务是通过主机名来区别不同的服务器的。因此，如果配置了日志服务，就需要给所有的服务器分配不同的主机名。

7.4 日志轮替

日志是重要的系统文件，记录和保存了系统中所有的重要事件。但是，日志文件也需要进行定期维护，因为日志文件是不断增长的，如果完全不进行日志维护，任由其随意递增，那么用不了多久，我们的硬盘就会被写满。日志维护最主要的工作就是把旧的日志文件删除，从而腾出空间保存新的日志文件。这项工作如果靠管理员手工完成，那么其实是非常烦琐的，而且也容易忘记。那么，Linux 系统是否可以自动完成日志的轮替工作呢？logrotate 就是用来进行日志轮替（也叫作日志转储）的，也就是把旧的日志文件移动并改名，同时创建一个新的空日志文件用来记录新日志，当旧日志文件超出保存的范围时就删除。

7.4.1 日志文件的命名规则

日志轮替的主要作用是为了防止单一日志文件过大，最终导致无法查询与操作，因此当日志达到一定的标准（日志轮替的标准可以为时间，也可以为大小）后，把旧日志换个文件名重新保存，同时建立新日志文件，保存之后出现的日志信息。那么，旧的日志文件改名之后，如何命名呢？主要依靠/etc/logrotate.conf 配置文件中的"dateext"参数。

- 如果在配置文件中有"dateext"参数，那么日志会用日期来作为日志文件的后缀，如"secure-20130605"。这样，日志文件名不会重叠，也就不需要对日志文件进行改名了，只需要保存指定的日志个数，删除多余的日志文件即可。

- 如果在配置文件中没有"dateext"参数，那么日志文件就需要进行改名。当第一次进行日志轮替时，当前的"secure"日志会自动改名为"secure.1"，然后新建"secure"日志，用来保存新的日志；当第二次进行日志轮替时，"secure.1"会自动改名为"secure.2"，当前的"secure"日志会自动改名为"secure.1"，然后也会新建"secure"日志，用来保存新的日志；以此类推。

7.4.2 logrotate 配置文件

我们来查看 logrotate 的配置文件/etc/logrotate.conf 的默认内容。

```
[root@localhost ~]# vi /etc/logrotate.conf
# see "man logrotate" for details
# rotate log files weekly
weekly
#每周对日志文件进行一次轮替

# keep 4 weeks worth of backlogs
rotate 4
#保存四个日志文件，也就是说，如果进行了五次日志轮替，就会删除第一个备份日志

# create new (empty) log files after rotating old ones
create
#在日志轮替时，自动创建新的日志文件

# use date as a suffix of the rotated file
dateext
#使用日期作为日志轮替文件的后缀

# uncomment this if you want your log files compressed
#compress
#日志文件是否压缩。如果取消注释，那么日志会在转储的同时进行压缩

#以上日志配置为默认配置，如果需要轮替的日志没有设定独立的参数，那么都会遵循以上参数
#如果轮替日志配置了独立参数，那么独立参数的优先级更高

# RPM packages drop log rotation information into this directory
include /etc/logrotate.d
#包含/etc/logrotate.d/目录中所有的子配置文件。也就是说，会把这个目录中所有的子配置文件读取进来，
进行日志轮替
```

在当前版本的这个配置文件中，主要分为两部分。

第一部分是默认设置，如果需要转储的日志文件没有特殊配置，就遵循默认设置的参数。

第二部分是读取/etc/logrotate.d/目录中的日志轮替的子配置文件，也就是说，在/etc/logrotate.d/目录中所有符合语法规则的子配置文件也会进行日志轮替。在当前版本中，把常见日志的轮替都放入了/etc/logrotate.d/目录中，通过子配置文件的方式进行管理，这样更整洁。

logrotate 配置文件的主要参数如表 7-7（有些参数写在自配置文件中）所示。在这些参数中较为难理解的应该是 prerotate/endscript 和 postrotate/endscript，我们利用"man logrotate"中的例子来解释一下这两个参数，例如：

表 7-7　logrotate 配置文件的主要参数

参数	参数说明
daily	日志的轮替周期是每天
weekly	日志的轮替周期是每周
monthly	日志的轮替周期是每月
rotate 数字	保留的日志文件的个数。0 是指没有备份
compress	当进行日志轮替时，对旧的日志进行压缩
create mode owner group	建立新日志，同时指定新日志的权限与所有者和所属组，如 create 0600 root utmp
mail address	当进行日志轮替时，输出内容通过邮件发送到指定的邮件地址，如 mail shenc@lamp.net
missingok	如果日志不存在，就忽略该日志的警告信息
notifempty	如果日志为空文件，就不进行日志轮替
minsize 大小	日志轮替的最小值。也就是日志一定要达到这个最小值才会进行轮替，否则就算时间达到也不进行轮替
size 大小	日志只有大于指定大小才进行日志轮替，而不是按照时间轮替，如 size 100k
dateext	使用日期作为日志轮替文件的后缀，如 secure-20130605
sharedscripts	在此关键字之后的脚本只执行一次
prerotate/endscript	在日志轮替之前执行脚本命令。endscript 标识 prerotate 脚本结束
postrotate/endscript	在日志轮替之后执行脚本命令。endscript 标识 postrotate 脚本结束

```
"/var/log/httpd/access.log" /var/log/httpd/error.log {
    #日志轮替的是/var/log/httpd/中 RPM 包默认安装的 Apache 服务正确访问日志和错误日志
    rotate 5
        #轮替五次
    mail www@my.org
        #把信息发送到指定邮箱
    size 100k
        #日志大于 100KB 时才进行日志轮替，不再按照时间轮替
    sharedscripts
        #以下脚本只执行一次
    postrotate
        #在日志轮替结束之后，执行以下脚本
        /usr/bin/killall -HUP httpd
            #重启 Apache 服务
    endscript
        #脚本结束
}
```

prerotate 和 postrotate 主要用于在日志轮替的同时执行指定的脚本，一般用于日志轮替之后重启服务。这里强调一下，如果日志是写入 rsyslog 服务的配置文件中的，那么把新日志加入 logrotate 后，一定要重启 rsyslog 服务，否则就会发现，虽然新日志建立了，但数据还是写入了旧的日志当中。这是因为虽然 logrotate 知道日志轮替了，但是 rsyslog 服务并不知道。同理，如果采用源码包安装了 Apache、Nginx 等服务，就需要重启 Apache 或 Nginx 服务，同时还要重启 rsyslog 服务，否则日志也不能正常轮替。

不过，这里有一个典型应用，就是给特定的日志添加 chattr 的 a 属性。如果系统文件添加了 a 属性，那么这个文件就只能增加数据，不能删除和修改已有的数据，root 用户也不例外。因此，我们会给重要的日志文件添加 a 属性，这样就可以保护日志文件不被恶意修改。不过，一旦添加了 a 属性，在进行日志轮替时，这个日志文件就是不能被改名的，当然也就不能进行日志轮替了。我们可以利用 prerotate 和 postrotate 参数来修改日志文件的 chattr 的 a 属性。在 7.4.3 节中，我们会具体说明这两个参数的使用方式。

7.4.3 把自己的日志加入日志轮替

如果有些日志默认没有加入日志轮替（例如，源码包安装的服务的日志，或者自己添加的日志），那么这些日志默认是不会进行日志轮替的，这当然不符合我们对日志的管理要求。如果需要把这些日志也加入日志轮替，该如何操作呢？有以下两种方法。

- 第一种方法是直接在/etc/logrotate.conf 配置文件中写入该日志的轮替策略，从而把日志加入轮替。
- 第二种方法是在/etc/logrotate.d/目录中新建该日志的轮替文件，在该轮替文件中写入正确的轮替策略，因为该目录中的文件都会被包含到主配置文件中，所以也可以把日志加入轮替。推荐使用第二种方法，因为系统中需要轮替的日志非常多，如果全部直接写入/etc/logrotate.conf 配置文件，那么这个文件的可管理性就会非常差，不利于此文件的维护。

说起来很复杂，举个例子。还记得我们自己生成的/var/log/mylog.log 日志吗？这个日志不是系统默认日志，而是我们通过/etc/rsyslog.conf 配置文件自己生成的日志，因此默认这个日志是不会进行轮替的。如果需要把这个日志加入日志轮替策略，那么该怎么实现呢？我们采用第二种方法，也就是在/etc/logrotate.d/目录中建立此日志的轮替文件，具体步骤如下：

```
[root@localhost ~]# chattr +a /var/log/mylog.log
#先给日志文件赋予 chattr 的 a 属性，保证日志的安全
[root@localhost ~]# vi /etc/logrotate.d/mylog
#创建 alter 轮替文件，把/var/log/alert.log 加入轮替
/var/log/mylog.log {
        weekly                          ←每周轮替一次
        rotate 6                        ←保留六个轮替日志
        sharedscripts                   ←以下命令只执行一次
        prerotate                       ←在日志轮替之前执行
            /usr/bin/chattr -a /var/log/mylog.log
            #在日志轮替之前取消 a 属性，以便让日志可以轮替
        endscript                       ←脚本结束

        sharedscripts
        postrotate                      ←在日志轮替之后执行
            /usr/bin/chattr +a /var/log/mylog.log
            #在日志轮替之后，重新加入 a 属性
```

· 303 ·

```
        /bin/kill -HUP $(/bin/cat /var/run/rsyslogd.pid 2>/dev/null) &>/dev/null
        #重启 rsyslog 服务，保证日志轮替正常进行
    endscript
}
```

这样，我们自己生成的日志/var/log/mylog.log 就可以进行日志轮替了，当然这些配置信息也可以直接写入/etc/logrotate.conf 配置文件。

再举一个例子，如果需要把 Nginx 服务的日志加入日志轮替，就需要注意重启 Nginx 服务，当然还要重启 rsyslog 服务，例如：

```
/date/logs/nginx/access/access.log /date/logs/nginx/access/default.log {
#假设 Nginx 服务的日志放在/date/目录下
    daily
    rotate 30
    create
    compress
    sharedscripts
    postrotate
        /bin/kill -HUP $(/bin/cat /var/run/syslogd.pid) &>/dev/null
        #重启 rsyslog 服务
        /bin/kill -HUP $(/bin/cat /usr/local/nginx/logs/nginx.pid) &>/dev/null
        #重启 Nginx 服务
    endscript
}
```

7.4.4 logrotate 命令

日志轮替本质上是通过 logrotate 命令来执行的，我们也可以手工执行此命令。logrotate 命令的格式是什么样的呢？下面来学习一下。

```
[root@localhost ~]# logrotate [选项] 配置文件名
选项：
        如果此命令没有选项，就会按照配置文件中的条件进行日志轮替
    -v：    显示日志轮替过程。加入了-v 选项，会显示日志的轮替过程
    -f：    强制进行日志轮替。不管日志轮替的条件是否符合，强制配置文件中所有的日志都进行轮替
```

执行 logrotate 命令，并查看执行过程。

```
[root@localhost ~]# logrotate -v /etc/logrotate.conf
#查看日志轮替的流程
…省略部分输出…
rotating pattern: /var/log/mylog.log   weekly (6 rotations)
#这就是我们自己加入轮替的/var/log/mylog.log 日志
empty log files are rotated, old logs are removed
considering log /var/log/mylog.log
Creating new state
  Now: 2024-03-14 15:43
        #现在的时间
  Last rotated at 2024-03-14 15:00
        #上次轮替时间
  log does not need rotating (log has already been rotated)
```

#时间不够一周，因此不进行日志轮替
not running prerotate script, since no logs will be rotated
not running postrotate script, since no logs were rotated
#轮替没有执行，当然在轮替中应执行的命令也没有执行
…省略部分输出…

我们发现，/var/log/mylog.log 日志已加入日志轮替，已经被 logrotate 命令识别并调用了，只是时间没有达到轮替的标准，因此没有进行轮替。那么，强制进行一次日志轮替，查看会有什么结果。

[root@localhost ~]# logrotate -vf /etc/logrotate.conf
#强制进行日志轮替，不管是否符合轮替条件
…省略部分输出…
rotating pattern: /var/log/mylog.log   forced from command line (6 rotations)
empty log files are rotated, old logs are removed
considering log /var/log/mylog.log
    Now: 2024-03-14 15:51
        #现在的时间
    Last rotated at 2024-03-14 15:51
        #最后一次轮替时间
    log needs rotating
        #日志需要轮替
rotating log /var/log/mylog.log, log->rotateCount is 6
dateext suffix '-20240314'
        #提取轮替日期参数
glob pattern '-[0-9][0-9][0-9][0-9][0-9][0-9][0-9][0-9]'
set default create context to system_u:object_r:var_log_t:s0
glob finding old rotated logs failed
running prerotate script
#运行 prerotate 指定的命令
set default create context to system_u:object_r:var_log_t:s0
renaming /var/log/mylog.log to /var/log/mylog.log-20240314
creating new /var/log/mylog.log mode = 0600 uid = 0 gid = 0
running postrotate script
#运行 postrotate 指定的命令
…省略部分输出…

我们发现，/var/log/mylog.log 日志已经完成了日志轮替。查看新生成的日志和旧日志，具体如下：

[root@localhost ~]# ll /var/log/mylog.log*
[root@localhost ~]# ll /var/log/mylog.log*
-rw-------. 1 root root 165   3月 14 15:51 /var/log/mylog.log
-rw-------. 1 root root 703   3月 14 15:49 /var/log/mylog.log-20240314
#旧的日志文件已经轮替
[root@localhost ~]# lsattr /var/log/mylog.log
-----a---------- /var/log/mylog.log
#新的日志文件被自动添加了 chattr 的 a 属性

logrotate 命令在使用-f 选项之后，就会不管日志是否符合轮替条件，而强制把所有的日志都进行轮替。

7.5 日志分析工具

日志是非常重要的系统文件，管理员每天的重要工作就是分析和查看服务器的日志，判断服务器的健康状态。但是日志管理又非常枯燥，如果需要管理员手工查看服务器上所有的日志，那么实在是一项非常痛苦的工作。有些管理员就会偷懒，省略日志的检测工作，但是这样做非常容易导致服务器出现问题。

那么，有取代的方案吗？有，那就是使用日志分析工具。这些日志分析工具会详细地查看日志，同时分析这些日志，并且把分析的结果通过邮件的方式发送给 root 用户。这样，我们每天只要查看日志分析工具发来的邮件，就可以知道服务器的基本情况，而不用挨个检查日志。这样，系统管理员就可以从繁重的日常工作中解脱出来，去处理更加重要的工作。

Linux 系统自带一个日志分析工具，即 logwatch。不过，这个工具默认没有安装（因为我们选择的是最小化安装），因此需要手工安装，安装命令如下：

[root@localhost Packages]# yum -y install logwatch

安装完成之后，需要手工生成 logwatch 的配置文件。默认配置文件是 /etc/logwatch/conf/logwatch.conf，不过这个配置文件是空的，需要把模板配置文件复制过来，具体方式如下：

[root@localhost ~]# cp /usr/share/logwatch/default.conf/logwatch.conf /etc/ logwatch/conf/logwatch. conf
#复制配置文件

这个配置文件的内容中绝大多数是注释，我们把注释去掉，内容如下：

[root@localhost ~]# vi /etc/logwatch/conf/logwatch.conf
#查看配置文件
LogDir = /var/log
#logwatch 会分析和统计 /var/log/ 中的日志
TmpDir = /var/cache/logwatch
#指定 logwatch 的临时目录
Output = mail
#定义输出位置。"stdout" 是标准输出，也可以改为 "mail"，输出为邮件。我们修改为 "mail"
Format = text
Encode = none
#定义日志标准输出及格式
MailTo = root
#日志的分析结果，给 root 用户发送邮件
MailFrom = Logwatch
#邮件的发送者是 Logwatch，在接收邮件时显示
Range = All
#分析哪天的日志。可以识别 "All" "Today" "Yesterday"，用来分析 "所有日志" "今天日志" "昨天日志"
Detail = Low
#日志的详细程度。可以识别 "Low" "Med" "High"。也可以用数字表示，范围为 0~10，"0" 代表最不详细，"10" 代表最详细

```
Service = All
#分析和监控所有日志
Service = "-zz-network"
#但是不监控"-zz-network"服务的日志。"-服务名"表示不分析和监控此服务的日志
Service = "-zz-sys"
Service = "-eximstats"
```

这个配置文件笔者只做了两处修改。

- 把 Range 项改为了 All，否则一会儿实验可以分析的日志过少。
- 把输出位置 Output 改为 mail，输出到邮件，它就会默认每天执行。为什么会每天执行呢？聪明的读者已经想到了，一定是 crond 服务起的作用。没错，logwatch 一旦安装，就会在/etc/cron.daily/目录中建立"0logwatch"文件，用于每天定时执行 logwatch 命令，分析和监控相关日志。

注意：如果需要使用邮件收集日志，就需要通过 yum 安装"s-nail"和"sendmail"两个软件，还需要手工执行"systemctl start sendmail.service"命令，之后启动 sendmail 服务才可以。

如果想立刻执行让 logwatch 日志分析工具，那么只需执行 logrotate 命令即可，具体如下：

```
[root@localhost ~]# logwatch
#立刻执行 logwatch 日志分析工具
[root@localhost ~]# mail
#查看邮件
Heirloom Mail version 12.5 7/5/10.   Type ? for help.
"/var/spool/mail/root": 3 messages 1 new
▶N  1   root                        2024-03-14 16:15    19/742    "111 "
 N  2 logwatch@localhost.l 2024-03-14 16:07    79/2415   "Logwatch for localhost.localdomain (Linux)
#第二封邮件就是刚刚生成的日志分析邮件，"N"代表没有查看
& 2
#按数字"2"可以查看此邮件
[-- Message  2 -- 79 lines, 2415 bytes --]:
Date: Thu, 14 Mar 2024 16:07:03 +0800
Message-Id: <202403140807.42E8730q033636@localhost.localdomain>
To: root@localhost.localdomain
From: logwatch@localhost.localdomain
Subject: Logwatch for localhost.localdomain (Linux)


 ################### Logwatch 7.5.5 (01/22/21) ####################
        Processing Initiated: Thu Mar 14 16:07:03 2024
        Date Range Processed: yesterday
                              ( 2024-Mar-13 )
                              Period is day.
        Detail Level of Output: 0
        Type of Output/Format: mail / text
        Logfiles for Host: localhost.localdomain
 ##################################################################
#上面是日志分析的时间
```

-------------------- Connections (secure-log) Begin ------------------------

New Users:
    user3 (1002)

Failed adding users:
    user1: 1 Time(s)
    user2: 1 Time(s)

New Groups:
    user3 (1002)
------------------ Connections (secure-log) End ------------------------
#分析 secure.log 日志的内容。统计新建立了哪些用户和组，以及错误登录信息

-------------------- SSHD Begin ------------------------

Users logging in through sshd:
    root:
        192.168.112.1: 3 Times

---------------------- SSHD End ------------------------
#分析 SSHD 的日志。可以知道哪些 IP 地址连接过服务器

-------------------- Disk Space Begin ------------------------

Filesystem   Size   Used Avail Use% Mounted on
/dev/sda3   20G   2.2G   18G   12% /
/dev/sda1   295M   186M 110M   63% /boot

-------------------- Disk Space End ------------------------
#硬盘使用空间分析

-------------------- dnf-rpm Begin ------------------------

Packages Installed:
    apr-1.7.0-11.el9.x86_64
    apr-util-1.6.1-20.el9_2.1.x86_64
…省略部分输出…
Information Messages:
    Creating group 'pcp' with GID 984.: 1 Times(s)
    libsemanage.semanage_direct_install_info: Overriding pcp module at lower priority 100 with module at priority 200.: 1 Times(s)

---------------------- dnf-rpm End ------------------------

#系统安装的软件情况分析

 --------------------- Systemd Begin -----------------------

 Unmatched Entries
    Auto-connect to subsystems on FC-NVME devices found during boot was skipped because of a failed condition check (ConditionPathExis
ts=/sys/class/fc/fc_udev_device/nvme_discovery).: 2 Time(s)
    Commit a transient machine-id on disk was skipped because of a failed condition check (ConditionPathIsMountPoint=/etc/machine-id).
: 2 Time(s)
…省略部分输出…
    sm-client.service: Failed to parse PID from file /run/sm-client.pid: Invalid argument: 1 Time(s)

 --------------------- Systemd End ------------------------
#系统重要日志分析

有了 logwatch 日志分析工具，日志管理工作就会轻松很多。当然，Linux 系统支持很多日志分析工具，在这里只介绍了系统自带的 logwatch，大家可以根据自己的习惯选择相应的日志分析工具。

7.6 本章小结

本章重点

本章重点是可以看懂 Linux 系统日志的含义，并且能够通过日志信息判断系统报错的原因，同时解决系统故障。还需要掌握日志轮替的技术，可以把自己需要的日志文件加入轮替功能当中。

本章难点

本章难点是理解日志的级别，能够看懂系统日志，并且掌握日志轮替功能。

第8章 常在河边走，哪有不湿鞋：备份与恢复

学前导读

不知道大家有没有丢失过重要的数据呢？丢失数据的理由是多种多样的，有人是因为在重装系统时，没有把加密文件的密钥导出，在重装系统后密钥丢失，导致所有的加密数据不能解密；也有人是因为在火车上笔记本电脑被别人调包，导致硬盘中的重要数据丢失；还有人是因为在系统中误执行了"rm -rf /"命令，导致整个根目录被人为清空。但由此带来的后果是一样严重的。保护重要数据最有效的方法就是"不要把鸡蛋都放在一只篮子里"，这就是数据备份最主要的作用。

当然，随着技术的发展，网络存储和云存储技术的普及使备份存储技术也发展得日新月异，我们既然学习 Linux 系统的使用方式，就只讲解 Linux 系统自带的备份工具，但不要认为备份工具只有讲解的这几个。

8.1 数据备份简介

有人说，既然数据备份非常重要，那么把重要数据在硬盘中保存一份，在移动硬盘中也保存一份，再刻录一张光盘，这样数据应该非常安全了吧？对个人用户来讲，这样保存数据已经足够了；但是对企业用户来讲，还是有安全隐患的，因为这些数据还是放在了同一个地方。因此，在备份数据的时候，不仅要把数据保存在多个存储介质中，还要考虑把重要数据异地保存。

8.1.1 Linux 服务器中的哪些数据需要备份

既然备份这么重要，那么对 Linux 服务器来说，到底需要备份哪些数据呢？当然，最理想的就是把整块硬盘中的数据都备份，甚至连分区和文件系统都备份，如果硬盘损坏，那么可以直接把备份硬盘中的数据导入新硬盘，甚至可以直接使用备份硬盘代替损坏的硬盘。从数据恢复的角度来说，这样的整盘备份是最方便的（dd 命令就可以实现整盘备份，类似于 Windows 系统中的 GHOST 软件）。不过，这种备份所需的备份时间比较长，占用的硬盘空间较大，不太适合经常进行。我们最常进行的备份还是对系统中的重要数据进行备份。那么，哪些数据是 Linux 服务器中较为重要的、需要定时备份的数据呢？

1. Linux 服务器中的重要数据

在 Linux 服务器中哪些数据需要备份，可能不同的管理员有不同的理解，不过有一

些数据是大家公认的需要备份的数据。

- /root/目录：/root/目录是管理员的家目录，很多管理员会习惯在这个目录中保存一些相关数据，那么，当进行数据备份时，需要备份此目录。
- /home/目录：/home/目录是普通用户的家目录。如果是生产服务器，那么在这个目录中也会保存大量的重要数据，应该备份。
- /var/spool/mail/目录：在一般情况下，用户的邮件也是需要备份的重要数据。
- /etc/目录：系统重要的配置文件保存目录，当然需要备份。
- 其他目录：根据系统的具体情况，备份认为重要的目录。例如，在我们的系统中有重要的日志，或者安装了 RPM 包的 MySQL 服务器（使用 RPM 包安装的 mysql 服务，数据库保存在/var/lib/mysql/目录中），那么/var/lib/mysql/目录就需要备份；如果我们的服务器中安装了多个操作系统，或者编译过新的内核，那么/boot/目录就需要备份。

2. 安装服务的数据

在 Linux 服务器中会安装各种各样的应用程序，这些程序当然也有重要数据需要备份。不过应用程序是多种多样的，每种应用程序到底应该备份什么数据也不尽相同，要具体情况具体分析。这里拿最常见的 Apache 服务和 mysql 服务来举例。

（1）Apache 服务需要备份如下内容。

- 配置文件。使用 RPM 包安装的 Apache 服务需要备份/etc/httpd/conf/httpd.conf，使用源码包安装的 Apache 服务则需要备份/usr/local/apache2/conf/httpd.conf。
- 网页主目录。使用 RPM 包安装的 Apache 服务需要备份/var/www/html/目录中所有的数据，使用源码包安装的 Apache 服务需要备份/usr/local/apache2/htdocs/目录中所有的数据。
- 日志文件。使用 RPM 包安装的 Apache 服务需要备份/var/log/httpd/目录中所有的日志，使用源码包安装的 Apache 服务需要备份/usr/local/apache2/logs/目录中所有的日志。

其实，对于使用源码包安装的 Apache 服务来说，只要备份/usr/local/apache2/目录中所有的数据即可，因为使用源码包安装的服务，其所有数据都会保存到指定目录中。但如果是使用 RPM 包安装的服务，就需要单独记忆和指定位置保存了。

（2）mysql 服务需要备份如下内容。

- 对于使用源码包安装的 mysql 服务，数据库默认安装到/usr/local/mysql/data/目录中，只需备份此目录即可。
- 对于使用 RPM 包安装的 mysql 服务，数据库默认安装到/var/lib/mysql/目录中，只需备份此目录即可。

如果是使用源码包安装的服务，就可以直接备份/usr/local/目录，因为一般使用源码包安装的服务都会安装到/usr/local/目录中。如果是使用 RPM 包安装的服务，就需要具体服务具体对待，备份正确的数据。

8.1.2 备份策略

在进行数据备份时，可以采用不同的备份策略。主要的备份策略一般分为完全备份、增量备份和差异备份，下面分别来介绍。

1．完全备份

完全备份是指把所有需要备份的数据全部备份。当然，完全备份可以备份整块硬盘、整个分区或某个具体的目录。完全备份的好处是数据恢复方便，因为所有的数据都在同一个备份中，所以只要恢复完全备份，所有的数据都会恢复。如果在完全备份时备份的是整块硬盘，那么甚至不需要进行数据恢复，只要把备份硬盘安装上，服务器就会恢复正常。但是，完全备份的缺点也很明显，那就是需要备份的数据量较大，备份时间较长，占用的空间较大，因此不可能每天执行。

我们一般会对关键服务器进行整盘完全备份，如果出现问题，就可以很快地使用备份硬盘进行替换，从而减少损失。我们甚至会针对关键服务器搭设一台一模一样的服务器，这样只要远程设置几个命令（或使用 shell 脚本自动检测，自动进行服务器替换），备份服务器就会接替原本的服务器，使故障响应时间大大缩短。

2．增量备份

随着数据量的增多，完全备份在备份时耗费的时间和占用的空间会越来越多，因此完全备份不会也不能每天进行。这时，增量备份的作用就体现了出来。增量备份是指先进行一次完全备份，在服务器运行一段时间之后，比较当前系统和完全备份的数据之间的差异，只备份有差异的数据。而后服务器继续运行，再经过一段时间，进行第二次增量备份。在进行第二次增量备份时，当前系统和第一次增量备份的数据进行比较，也是只备份有差异的数据。第三次增量备份是和第二次增量备份的数据进行比较，以此类推。我们画一张示意图，如图 8-1 所示。

假设我们在第一天进行一次完全备份。在第二天进行增量备份时，只会备份第二天和第一天之间的差异数据，但是第二天的总备份数据是完全备份加第一次增量备份的数据。在第三天进行增量备份时，只会备份第三天和第二天之间的差异数据，但是第三天的总备份数据是完全备份加第一次增量备份的数据，再加第二次增量备份的数据。当然，在第四天进行增量备份时，只会备份第四天和第三天之间的差异数据，但是第四天的总备份数据是完全备份加第一次增量备份的数据，加第二次增量备份的数据，再加第三次增量备份的数据。

这种备份的好处是在每次备份时需要备份的数据较少，耗时较短，占用的空间较小；坏处是数据恢复比较麻烦，如果是图 8-1 中的例子，那么在进行数据恢复时，就要先恢复完全备份的数据，再依次恢复第一次增量备份的数据、第二次增量备份的数据和第三次增量备份的数据，最终才能恢复所有的数据。

3．差异备份

差异备份也要先进行一次完全备份，但是和增量备份不同的是，每次差异备份都备

第 8 章　常在河边走，哪有不湿鞋：备份与恢复

份和原始的完全备份不同的数据。也就是说，差异备份在每次备份时的参照物都是原始的完全备份，而不是上一次的差异备份。我们也画一张示意图，如图 8-2 所示。

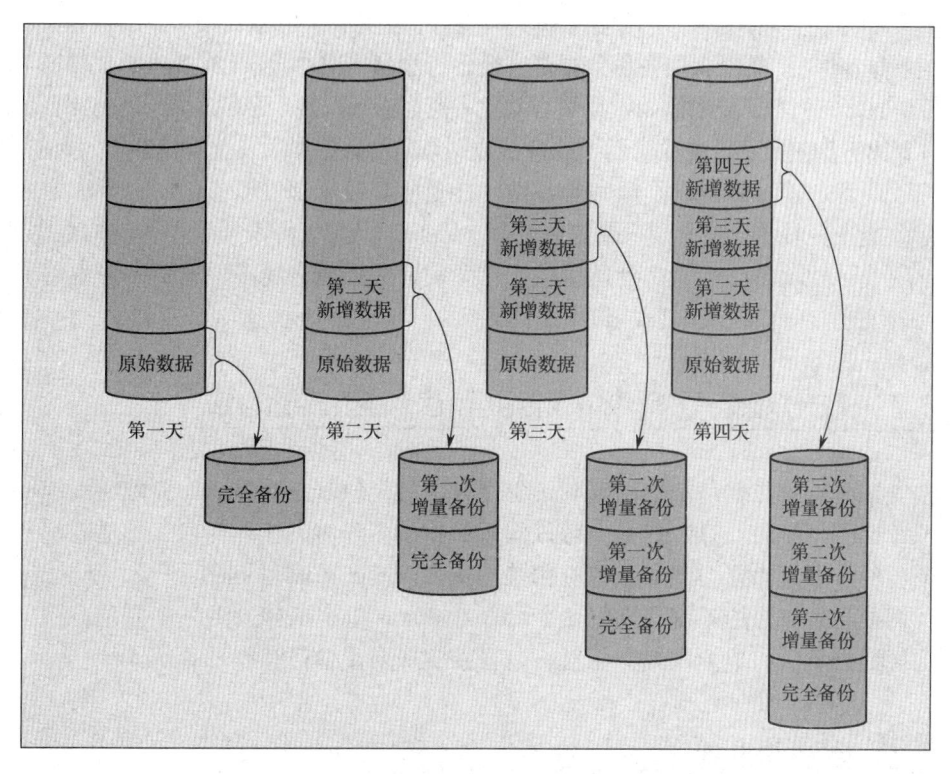

图 8-1　增量备份

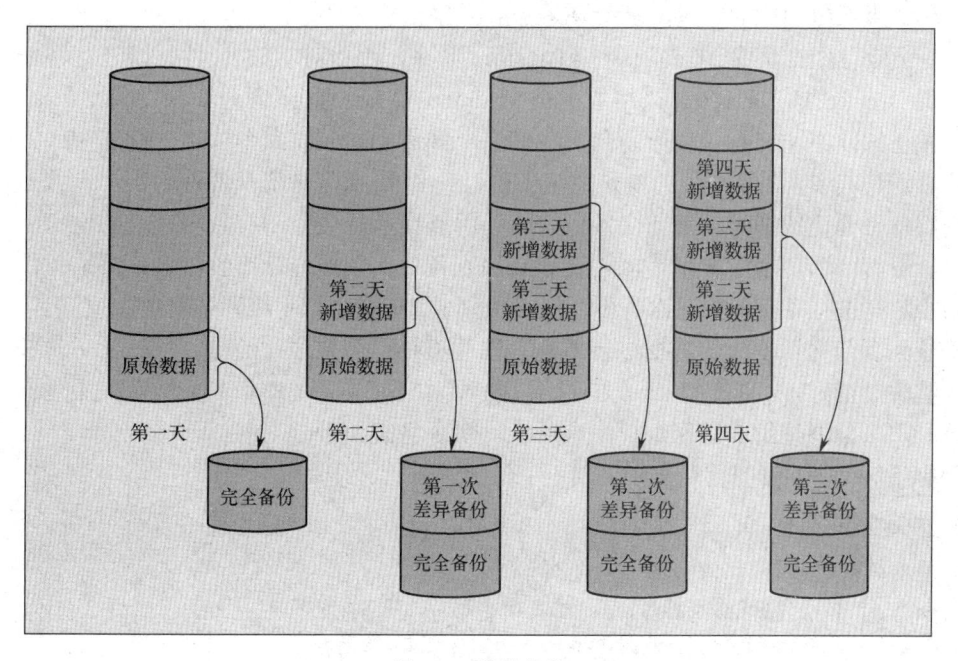

图 8-2　差异备份

假设我们在第一天进行一次完全备份。在第二天进行差异备份时，会备份第二天和第一天之间的差异数据，而第二天的备份数据是完全备份加第一次差异备份的数据。在第三天进行差异备份时，仍和第一天的原始数据进行对比，把第二天和第三天所有的数据都备份在第二次差异备份中，第三天的备份数据是完全备份加第二次差异备份的数据。在第四天进行差异备份时，仍和第一天的原始数据进行对比，把第二天、第三天和第四天所有不同的数据都备份到第三次差异备份中，第四天的备份数据是完全备份加第三次差异备份的数据。

相较而言，差异备份既不像完全备份一样把所有数据都进行备份，也不像增量备份在进行数据恢复时那么麻烦，只要先恢复完全备份的数据，再恢复差异备份的数据即可。不过，随着时间的增加，和完全备份相比，变动的数据越来越多，差异备份也可能会变得数据量庞大、备份速度缓慢、占用空间较大。

8.2 备份和恢复命令：xfsdump 和 xfsrestore

其实，数据备份就是把数据复制一份保存在其他位置，当然，如果能够压缩一下就更好了。那么，使用 tar 或 cp 命令可以实现数据的备份吗？当然可以，不过它们只能实现完全备份，如果想要实现增量备份和差异备份，就必须编写 shell 脚本才行。Linux 系统给我们准备了专用的备份和恢复命令，即 xfsdump 和 xfsrestore 命令，它们不但可以轻松地实现数据备份和数据恢复，而且可以直接实现增量备份和差异备份。

8.2.1 xfsdump 命令

在旧版系统中，备份和恢复命令是 dump 与 restore 命令，而从 Linux 7.x 开始，备份与恢复命令已经升级为 xfsdump 与 xfsrestore 命令，用于对 XFS 文件系统进行备份与恢复。我们的 Rocky Linux 9.x 采用的也是 xfsdump 和 xfsrestore 命令。

在正式介绍 xfsdump 命令之前，我们需要知道 xfsdump 命令可以支持 0~9 共 10 个备份级别。其中，0 级别指的就是完全备份，1~9 级别都是增量备份级别。也就是说，当我们备份一份数据时，第一次备份应该使用 0 级别，会把所有数据完全备份一次；第二次备份就可以使用 1 级别了，它会和 0 级别备份的数据进行比较，把 0 级别备份之后变化的数据进行备份；第三次备份使用 2 级别，2 级别会和 1 级别备份的数据进行比较，把 1 级别备份之后变化的数据进行备份；以此类推。需要注意的是，只有在备份整个分区或整块硬盘时，才能支持 1~9 的增量备份级别；如果只是备份某个文件或不是分区的目录，那么只能使用 0 级别进行完全备份，命令格式如下：

```
[root@localhost ~]# xfsdump [选项] 备份之后的文件名 原文件或分区
选项：
    -l n：      指定备份级别，l 是小写字母，n 是 0~9 中的数字
    -f 文件名： 指定备份之后的文件名
    -L：        指定会话标签，可以任意写，用于说明备份文档
    -M：        指定标签，也是用于说明文档的，可以任意写
    -s 目录名： 只备份指定分区中的某一个目录
```

这里的"-L""-M"两个选项都用于说明备份文档的作用和用途，是 xfsdump 命令的必备选择，在备份时必须写入。如果在 xfsdump 命令中不进行指定，那么在命令执行时会使用交互输入的方式要求用户输入两个选项。

先看看如何备份分区。

1. 备份分区

我们先来看看如何使用 0 级别备份分区，具体如下：

```
[root@localhost ~]# df -h
文件系统           容量    已用   可用   已用%  挂载点
devtmpfs          4.0M    0     4.0M   0%    /dev
tmpfs             465M    0     465M   0%    /dev/shm
tmpfs             186M    4.2M  182M   3%    /run
/dev/sda3         20G     2.2G  18G    12%   /
/dev/sda1         295M    186M  110M   63%   /boot
tmpfs             93M     0     93M    0%    /run/user/0
#在系统中只划分了/分区和/boot 分区。根分区太大，备份速度太慢，我们还是备份/boot 分区吧

[root@localhost ~]# xfsdump -l 0 -L "full" -M "full" -f /root/boot.dump0 /boot
#备份/boot 分区，使用 0 级别完整备份，将其备份到/root/boot.dump0 文件中
# "-l 0"前一个字符是小写字母 l，后一个是数字 0，不要混淆
# "-L" 和 "-M" 说明写 "full" 代表完整备份
#注意：/boot 分区，不能写成/boot/，否则会报错

[root@localhost ~]# ll -h /root/boot.dump0
-rw-r--r--. 1 root root 168M  3月  19 16:10 /root/boot.dump0
#备份文件已经生成
```

注意：笔者认为 xfsdump 命令开发得不够完整，有一些 bug 存在。在备份/boot 分区的时候，命令中不能写成"/boot/"，否则 xfsdump 命令会报错，提示"does not identify a file system（文件系统不识别）"。

如果/boot 分区的内容发生了变化，就可以使用 1 级别进行增量备份。当然，如果数据会继续发生变化，就可以继续使用 2～9 级别增量备份，命令如下：

```
[root@localhost ~]# ll -h /etc/services
-rw-r--r--. 1 root root 677K  6月  23   2020 /etc/services
#/etc/services 文件是常用端口的说明，这个文件有 677KB
[root@localhost ~]# cp /etc/services /boot/
#复制文件到/boot 分区

[root@localhost ~]# xfsdump -l 1 -L "dump1" -M "dump1" -f /root/boot.dump1 /boot
#进行 1 级别增量备份
#"-l 1"前一个是小写字母 l，后一个是数字 1

[root@localhost ~]# ll  -h  /root/boot.dump*
-rw-r--r--. 1 root root  97M 8月    9 15:34 /root/boot.dump0
#boot.dump0 是完整备份，大小有 97MB
-rw-r--r--. 1 root root 702K  3月  19 16:26 /root/boot.dump1
#boot.dump1 是增量备份，大小只有 702KB
```

xfsdump 命令可以非常方便地实现增量备份，如果是第二次增量备份，就只需要把备份级别写为 2，以后依次增加即可。

但是，如何实现差异备份呢？其实也很简单，先使用 0 级别完全备份一次，以后每次备份都使用 1 级别进行备份。

2. 备份文件或目录

xfsdump 命令也可以文件或目录，不过，只要不是备份分区，就只能使用 0 级别进行完全备份，而不再支持增量备份。我们说的/etc/目录是重要的配置文件目录，那么我们就备份这个目录来看看吧，命令如下：

```
[root@localhost ~]#xfsdump -l 0 -L "etc0" -M "etc0" -f /root/etc.dump0 -s etc /
#在使用 "-s" 指定目录时，只能写成相对路径，否则会报错
#最后的 "/" 指的是根分区，备份指定目录，需要采用这种格式
[root@localhost ~]# ll   -h /root/etc.dump0
-rw-r--r--. 1 root root 22M   3月  19 16:39 /root/etc.dump0
#查看备份文件
```

总体来说，xfsdump 命令的格式很别扭，备份文件或目录，格式必须和例子类似，否则会报错。

不过，如果使用增量备份会怎么样呢？命令如下：

```
[root@localhost ~]# xfsdump -l 1 -L "etc.dump0" -M "etc.dump0" -f /root/etc.dump0 -s etc /
xfsdump: using file dump (drive_simple) strategy
xfsdump: version 3.1.10 (dump format 3.0) - type ^C for status and control
xfsdump: ERROR: cannot find earlier dump to base level 1 increment upon
xfsdump: Dump Status: ERROR
#备份失败了，目录备份只能使用 0 级别
```

8.2.2 xfsrestore 命令

xfsrestore 命令是 xfsdump 命令的配套命令，xfsdump 命令用来备份分区和数据，而 xfsrestore 命令用来恢复数据。尝试还原之前的备份：

```
[root@localhost ~]# mkdir test
#建立测试目录，用于数据还原

[root@localhost ~]# xfsrestore -f /root/boot.dump0 /root/test/
#把/boot/目录的 0 级别备份，还原到/root/test/目录中

[root@localhost ~]# ls /root/test/
#查看目录中的内容
config-5.14.0-162.6.1.el9_1.0.1.x86_64
loader
efi
symvers-5.14.0-162.6.1.el9_1.0.1.x86_64.gz
grub2
System.map-5.14.0-162.6.1.el9_1.0.1.x86_64
initramfs-0-rescue-73845eb5973f4da895fa24c70667e945.img
vmlinuz-0-rescue-73845eb5973f4da895fa24c70667e945
```

```
initramfs-5.14.0-162.6.1.el9_1.0.1.x86_64.img
vmlinuz-5.14.0-162.6.1.el9_1.0.1.x86_64
#可以发现，/root/test/目录中的内容和/boot/分区的内容一致

[root@localhost ~]# xfsrestore -f /root/boot.dump1 /root/test/
#再还原/boot/目录的 1 级别备份到/root/test/目录中
[root@localhost ~]# ls /root/test/
#查看还原目录
config-5.14.0-162.6.1.el9_1.0.1.x86_64
services
#1 级别备份是单独备份了我们复制进去的 services 文件，还原之后这个文件也恢复了
efi
symvers-5.14.0-162.6.1.el9_1.0.1.x86_64.gz
grub2
System.map-5.14.0-162.6.1.el9_1.0.1.x86_64
initramfs-0-rescue-73845eb5973f4da895fa24c70667e945.img
vmlinuz-0-rescue-73845eb5973f4da895fa24c70667e945
initramfs-5.14.0-162.6.1.el9_1.0.1.x86_64.img
vmlinuz-5.14.0-162.6.1.el9_1.0.1.x86_64
loader
```

增量备份的还原需要先还原 0 级别备份，再从 1～9 级别依次还原备份。如果是完全备份，那么只需要还原 0 级别备份即可。在使用完之后，记得把/boot/services 文件删除，禁止在/boot/分区中手工建立文件。

8.3 备份命令 dd

dd 命令主要用来进行数据备份，并且可以在备份的过程中进行格式转换。其实，dd 命令可以把源数据复制成目标数据，而且不管源数据是文件、分区、磁盘还是光盘，都可以进行数据备份，dd 命令的格式如下：

```
[root@localhost ~]# dd if="输入文件" of="输出文件" bs="数据块" count="数量"
```
参数：
- if： 定义输入数据的文件，也可以是输入设备
- of： 定义输出数据的文件，也可以是输出设备
- bs： 指定数据块的大小，也就是定义一次性读取或写入多少字节。模式数据块大小是 512 字节
- count：指定 bs 的数量
- conv=标志：依据标志转换文件
  - 标志有以下这些：
    - ascii   由 EBCDIC 码转换至 ASCII 码
    - ebcdic   由 ASCII 码转换至 EBCDIC 码
    - ibm   由 ASCII 码转换至替换的 EBCDIC 码
    - block   将结束字符块里的换行替换成等长的空格
    - unblock 将 cbs 大小的块中尾部的空格替换为一个换行符
    - lcase   将大写字符转换为小写字符
    - notrunc 不截断输出文件

ucase	将小写字符转换为大写字符
swab	交换每一对输入数据字节
noerror	读取数据发生错误后仍然继续
sync	将每个输入数据块以 NUL 字符填满至 ibs 的大小；当配合 block 或 unblock 时，会以空格代替 NUL 字符填充

下面举几个例子。如果只想备份文件，那么使用 dd 命令就非常简单了，具体如下：

例1：备份文件

[root@localhost ~]# dd if=/etc/httpd/conf/httpd.conf of=/tmp/httpd.bak
记录了 22+1 的读入
记录了 22+1 的写出
11753 字节(12 KB)已复制，0.000910365 秒，12.9 MB/秒
#如果要备份文件，那么 dd 命令和 cp 命令非常类似
[root@localhost ~]# ll -h /tmp/httpd.bak
-rw-r--r--. 1 root root 12K   3月 19 16:43 /tmp/httpd.bak
#查看一下生成的备份文件的大小

dd 命令还可以用来直接备份某个分区。当然，可以把分区备份成一个备份文件，也可以直接备份成另一个新的分区。先来看看如何把分区备份成文件，具体如下：

例2：备份分区为一个备份文件

[root@localhost ~]# df -h /boot/
文件系统   容量   已用   可用 已用% 挂载点
/dev/sda1   295M   186M   110M   63%   /boot
#查看一下/boot/分区容量，我们准备备份/boot/分区

[root@localhost ~]# dd if=/dev/sda1 of=/tmp/boot.bak
#备份/boot/分区

[root@localhost ~]# ll -h /tmp/boot.bak
-rw-r--r--. 1 root root 300M   3月 19 16:45 /tmp/boot.bak
#查看生成的备份文件，dd 命令是逐字节备份，不区分已写数据，还是空白空间
#因此备份之后的文件是 300MB，就是/boot/分区的大小

#如果需要恢复，就执行以下命令
[root@localhost ~]# dd if=/tmp/boot.bak of=/dev/sda1

如果想要把分区直接备份成另一个分区，就需要生成一个新的分区，这个分区不能比源分区小，只能和源分区大小一致或比它大，具体如下：

例3：备份分区为另一个新的分区
[root@localhost ~]# dd if=/dev/sda1 of=/dev/sdb1

#如果需要恢复，那么把输入项和输出项反过来写即可
[root@localhost ~]# dd if=/dev/sdb1 of=/dev/sda1

既然可以备份分区，当然也可以整盘备份，具体如下：

例4：整盘备份
[root@localhost ~]# dd if=/dev/sda of=/dev/sdb
#把磁盘 a 备份到磁盘 b 上

[root@localhost ~]# dd if=/dev/sda of=/tmp/disk.bak

#把磁盘 a 备份成文件 disk.bak

#备份恢复
#如果要备份到另一块硬盘上，那么当源硬盘数据损坏时，只需用备份硬盘替换源硬盘即可
#如果要备份成文件，那么在恢复时需要把备份数据复制到其他 Linux 服务器中，然后把新硬盘安装到
这台 Linux 服务器上，再把磁盘备份数据复制到新硬盘中
[root@localhost ~]# dd if=/tmp/disk.bak of=/dev/sdb

需要注意的是，dd 命令是逐字节备份的，就算是空白分区也会备份，因此使用 dd 命令非常浪费时间。而当前我们的硬盘已经是按照 TB 为单位来计算的了，如果真要整盘备份，那么耗费的时间会非常长，长到无法接受。笔者曾经做过实验，使用目前主流 1U 服务器（价格在 1.5 万元左右），使用 dd 命令备份整个硬盘，速度大约是 50GB/小时。这样的速度对大硬盘备份来说是不可接受的，因此现在很少会使用 dd 命令备份整块硬盘。

虽然目前软盘使用得非常少，不过如果需要进行软盘复制，就要利用 dd 命令，具体如下：

#例 5：复制软盘
[root@localhost ~]# dd if=/dev/fd0 of=/tmp/fd.bak
#在 Linux 系统中软盘的设备文件名是/dev/fd0
#这条命令先把软盘中的数据保存为临时数据文件

[root@localhost ~]# dd if=/tmp/fd.bak of=/dev/fd0
#然后更换新的软盘，把数据备份复制到新软盘中，就实现了软盘的复制

如果需要备份的是光盘，那么可以在 Linux 系统中使用 dd 命令来制作光盘的 ISO 镜像，具体如下：
#制作光盘 ISO 镜像
[root@localhost ~]# dd if=/dev/cdrom of=/tmp/cd.iso
#把光盘中所有的数据制作成 ISO 镜像
[root@localhost ~]# mkdir /mnt/cd
#建立一个新的挂载点
[root@localhost ~]# mount -o loop /tmp/cd.iso /mnt/cd
#挂载 ISO 文件到挂载点

我们有时需要制作指定大小的文件，例如，在增加 swap 分区时，就需要建立指定大小的文件，这时也使用 dd 命令，具体如下：
[root@localhost ~]# dd if=/dev/zero of=/tmp/testfile bs=1M count=10
#数据输入项是/dev/zero，会向目标文件中不停地写入二进制的 0
#指定数据块大小是 1MB
#指定生成 10 个数据块，也就是定义输出的文件大小为 10MB
[root@localhost ~]# ll -h /tmp/testfile
-rw-r--r--. 1 root root 10M 3月 19 16:47 /tmp/testfile
#生成的 testfile 文件的大小刚好是 10MB

dd 命令在进行整盘复制时，可实现类似于 GHOST 工具的功能，不过通过 dd 命令复制出来的硬盘数据要比 GHOST 复制出来的硬盘数据稳定得多。虽然 dd 命令功能强大，但也具有一个明显的缺点，那就是在复制时需要把空白空间也进行复制，需要的时间较长。

实现数据备份的方法和工具还有很多，如 tar 和 cpio 命令。至于网络复制工具，如 rsync 和 scp 等，需要掌握较完备的网络知识才能够学习。

8.4 本章小结

本章重点

本章的重点是理解备份的重要性，在实际工作中灵活应用各种备份策略，备份系统的重要数据。

本章难点

本章的难点是理解备份工作的重要性。

第 9 章　服务器安全"一阳指"：SELinux 管理

学前导读

　　root 用户实在是一个"超人"，在 Linux 系统当中无所不能，而且读、写和执行权限对 root 用户完全没有作用。root 用户的存在极大地方便了 Linux 系统的管理，但是也造成了一定的安全隐患。想象一下，如果 root 用户被盗用了，或者 root 用户本身对 Linux 系统并不熟悉，在管理 Linux 系统的过程中产生了误操作，那么会造成什么后果？其实，绝大多数系统的严重错误都是 root 用户的误操作引起的，来自外部的攻击产生的影响反而不是那么严重。一旦 root 用户的权限过高，一些看似简单、微小的操作，都有可能对系统产生重大的影响。最常见的错误就是 root 用户为了管理方便，给重要的系统文件或系统目录设置了 777 权限，这会造成严重的安全隐患。

　　SELinux 由美国国家安全局（NSA）开发，是整合在 Linux 内核当中，针对特定的进程与指定的文件资源进行权限控制的系统。即使你是 root 用户，也必须遵守 SELinux 的规则，才能正确访问正确的资源，这样可以有效地防止 root 用户的误操作（当然，root 用户可以修改 SELinux 的规则）。不过，需要注意的是，系统的默认权限依然会生效，也就是说，用户既要符合系统的读、写、执行权限，又要符合 SELinux 的规则，才能正确地访问系统资源。

9.1　什么是 SELinux

9.1.1　SELinux 的作用

　　SELinux 是 Security Enhanced Linux 的缩写，也就是安全强化的 Linux 系统。SELinux 是由美国国家安全局（NSA）开发的，用于解决原先 Linux 中自主访问控制（Discretionary Access Control，DAC）系统中的各种权限问题（如 root 权限过高等）。在传统的自主访问控制系统中，Linux 的默认权限是对文件或目录的所有者、所属组和其他人的读、写和执行权限进行控制。而在 SELinux 中采用的是强制访问控制（Mandatory Access Control，MAC）系统，也就是控制一个进程对具体文件系统中的文件或目录是否拥有访问权限。当然，判断进程是否可以访问文件或目录的依据是在 SELinux 中设定的较多策略规则。

　　说到这里，我们需要介绍一下这两个访问控制系统的特点。

（1）自主访问控制系统是 Linux 的默认访问控制方式，也就是根据用户的身份和该身份对文件及目录的 rwx 权限来判断是否可以访问。不过，在自主访问控制系统的实际使用中，我们也发现了一些问题。

- root 权限过高，rwx 权限对 root 用户并不生效，一旦 root 用户被窃取或 root 用户本身出现误操作，都是对 Linux 系统的致命威胁。
- Linux 默认权限过于简单，只有所有者、所属组和其他人的身份，权限也只有读、写和执行权限，不利于权限细分与设定。
- 不合理的权限分配会导致严重后果，如给系统敏感文件或目录设定 777 权限，或者给敏感文件设定特殊权限——SetUID 权限等。

（2）强制访问控制系统则通过 SELinux 的默认策略规则来控制特定的进程对系统的文件资源的访问。也就是说，即使你是 root 用户，当你访问文件资源时，如果使用了不正确的进程，那么也是不能访问这个文件资源的。这样一来，SELinux 控制的就不再是用户及权限，而是进程（不过 Linux 的默认权限还是有作用的，也就是说，一个用户要想能够访问一个文件，既要求这个用户的进程符合 SELinux 的规定，也要求这个用户的权限符合 rwx 权限）。每个进程能够访问哪个文件资源，以及每个文件资源可以被哪些进程访问，都靠 SELinux 的规则策略来确定。不过，系统中有许多进程，也有许多文件，如果手工进行分配和指定，那么工作量过大。因此，SELinux 提供了很多的默认策略规则，这些策略规则已经设定得比较完善，稍后再来学习如何查看和管理这些策略规则。

举个例子，假设在 Apache 服务上发现了一个漏洞，使某个远程用户可以访问系统的敏感文件，如/etc/shadow。如果在 Linux 系统中启用了 SELinux，那么，因为 Apache 服务的进程并不具备访问/etc/shadow 的权限，所以这个远程用户通过 Apache 服务访问/etc/shadow 文件就会被 SELinux 所阻挡，起到保护 Linux 系统的作用。

9.1.2 SELinux 的运行模式

其实，上面说了这么多的概念，归根结底就是说 SELinux 更加安全。不过，SELinux 是如何运行的呢？在解释 SELinux 的运行模式之前，先来解释几个概念。

（1）主体（Subject）：就是想要访问文件或目录资源的进程。要想得到资源，基本流程是这样的：由用户调用命令，由命令产生进程，由进程访问文件或目录资源。在自主访问控制系统中（Linux 默认权限中），靠权限控制的主体是用户；而在强制访问控制系统中（SELinux 中），靠策略规则控制的主体是进程。

（2）目标（Object）：这个概念比较明确，就是需要访问的文件或目录资源。

（3）策略（Policy）：Linux 系统中进程与文件的数量庞大，那么限制进程是否可以访问文件的 SELinux 规则就更加烦琐，如果每个规则都需要管理员手工设定，那么 SELinux 的可用性就会变得极低。还好我们不用手工定义规则，SELinux 默认定义了两个策略，规则都已经在这两个策略中写好了，只要调用策略就可以正常使用了。这两个默认策略如下。

- targeted：这是 SELinux 的默认策略，这个策略主要是限制网络服务的，对本机系统的限制极少。我们使用这个策略就已经足够了。
- mls：多级安全保护策略，这个策略限制得更为严格。

（4）安全上下文（Security Context）：每个进程、文件和目录都有自己的安全上下文，进程具体是否能够访问文件或目录，要看这个安全上下文是否匹配。如果进程的安全上下文和文件或目录的安全上下文能够匹配，该进程就可以访问这个文件或目录。当然，判断进程的安全上下文和文件或目录的安全上下文是否匹配，需要依靠策略中的规则。

我们画一张示意图来表示这几个概念之间的关系，如图 9-1 所示。

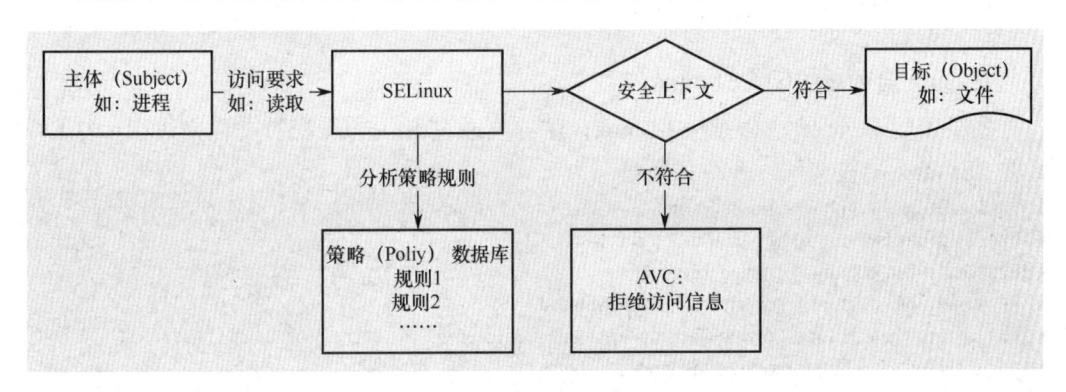

图 9-1　SELinux 运行模式的相关概念

解释一下这张示意图。当主体想要访问目标时，如果系统中启动了 SELinux，那么主体的访问请求需要先和 SELinux 中定义好的策略进行匹配。如果进程符合策略中定义好的规则，就允许访问，这时进程的安全上下文就可以和目标的安全上下文进行匹配；如果比较失败，就拒绝访问，并通过 AVC（Access Vector Cache，访问向量缓存，主要用于记录所有与 SELinux 相关的访问统计信息）生成拒绝访问信息。如果安全上下文匹配，就可以正常访问目标文件。当然，最终是否可以真正地访问到目标文件，还要匹配产生进程（主体）的用户是否对目标文件拥有合理的读、写、执行权限。

我们在进行 SELinux 管理的时候，一般只会修改文件或目录的安全上下文，使其和访问进程的安全上下文匹配或不匹配，用来控制进程是否可以访问文件或目录资源；而很少会修改策略中的具体规则，因为规则实在太多了，修改起来过于复杂。不过，我们可以人为定义规则是否生效，用以控制规则的启用与关闭。

9.2　SELinux 的启动管理

9.2.1　SELinux 附加管理工具的安装

在 Rocky Linux 9.x 中，SELinux 被整合到 Linux 内核中，并且是启动的，因此不需要单独安装。不过，虽然现在 SELinux 的主程序默认已经安装，但是很多的 SELinux 管理工具需要我们手工安装，安装命令如下：
[root@localhost ~]# yum -y install setroubleshoot
[root@localhost ~]# yum -y install setools-console

这两条命令要想正确运行，需要搭建正确的 yum 源。这两个软件包在安装时会依赖已安装一系列的软件包，这些软件包中包含 SELinux 的常用工具。

这两个管理工具就算不安装，SELinux 在 Linux 系统中也会生效，并起到保护作用。但是，如果没有这两个管理工具，我们就无法手工修改 SELinux 规则，也无法完成本书的试验，因此需要手工安装。

9.2.2 SELinux 的启动管理

1. 永久启动或关闭 SELinux

如果需要永久启动或关闭 SELinux，就需要通过 SELinux 配置文件来进行。打开并查看 SELinux 配置文件，命令如下：

```
[root@localhost ~]# vi /etc/selinux/config
# This file controls the state of SELinux on the system.
# SELINUX= can take one of these three values:
#     enforcing - SELinux security policy is enforced.
#     permissive - SELinux prints warnings instead of enforcing.
#     disabled - No SELinux policy is loaded.
# See also:
#          https://docs.fedoraproject.org/en-US/quick-docs/getting-started-with-selinux/#getting-started-with-selinux-selinux-states-and-modes
#
# NOTE: In earlier Fedora kernel builds, SELINUX=disabled would also
# fully disable SELinux during boot. If you need a system with SELinux
# fully disabled instead of SELinux running with no policy loaded, you
# need to pass selinux=0 to the kernel command line. You can use grubby
# to persistently set the bootloader to boot with selinux=0:
#
#     grubby --update-kernel ALL --args selinux=0
#
# To revert back to SELinux enabled:
#
#     grubby --update-kernel ALL --remove-args selinux
#
SELINUX=enforcing
#指定 SELinux 的运行模式，存在 enforcing（强制模式）、permissive（宽容模式）、disabled（关闭）三种模式

# SELINUXTYPE= can take one of these three values:
#     targeted - Targeted processes are protected,
#     minimum - Modification of targeted policy. Only selected processes are protected.
#     mls - Multi Level Security protection.
SELINUXTYPE=targeted
```

#指定 SELinux 的默认策略，存在有 targeted（针对性保护策略，是默认策略）和 mls（多级安全保护策略）两种策略

要想关闭和启动 SELinux，只需修改 SELinux 的运行模式即可。三种模式的区别如下。

- SELINUX=enforcing：强制模式，代表 SELinux 正常运行，所有的策略已经生效。
- SELINUX=permissive：宽容模式，代表 SELinux 已经启动，但是只会显示警告信息，并不会实际限制进程访问文件或目录资源。
- SELINUX=disable：关闭，代表 SELinux 被禁用了。

这里需要注意，如果从强制模式（enforcing）、宽容模式（permissive）切换到关闭模式（disabled），或者从关闭模式切换到其他两种模式，就必须重启 Linux 系统才能生效，但是如果是强制模式和宽容模式这两种模式互相切换，那么不用重启 Linux 系统就可以生效。这是因为 SELinux 是整合到 Linux 内核中的，所以必须重启才能正确关闭和启动。而且，如果从关闭模式切换到强制模式，那么重启 Linux 系统的速度会比较慢，因为需要重新写入安全上下文信息。

2．临时启动或关闭 SELinux

我们也可以使用命令来进行 SELinux 的运行模式的查询和修改，查询命令如下：

```
[root@localhost ~]# getenforce
#查询 SELinux 的运行模式
Enforcing
#当前的 SELinux 是强制模式
```

除了可以查询 SELinux 的运行模式，还可以修改 SELinux 的运行模式。不过需要注意，setenforce 命令只能让 SELinux 在强制模式和宽容模式两种模式之间进行切换。如果从强制模式切换到关闭模式，或者从关闭模式切换到强制模式，就只能修改配置文件，setenforce 命令就无能为力了。

这种修改只是临时修改，系统重启之后就会不起作用，具体格式如下：

```
[root@localhost ~]# setenforce 选项
选项：
    0:          切换成 permissive（宽容模式）
    1:          切换成 enforcing（强制模式）

例如：
[root@localhost ~]# setenforce 0
#切换成宽容模式
[root@localhost ~]# getenforce
Permissive
[root@localhost ~]# setenforce 1
#切换成强制模式
[root@localhost ~]# getenforce
Enforcing
```

现在已经知道了 SELinux 的启动和关闭方法，那么，如何查询当前 SELinux 的策略呢？这就要使用 sestatus 命令了，具体如下：

```
[root@localhost ~]# sestatus
SELinux status:                 enabled
#SELinux 是启动的
SELinuxfs mount:                /sys/fs/selinux
#SELinux 相关数据的挂载位置
SELinux root directory:         /etc/selinux
#SELinux 的根目录位置
Loaded policy name:             targeted
#目前的策略是针对性保护策略
Current mode:                   enforcing
#运行模式是强制模式
Mode from config file:          enforcing
#配置文件内指定的运行模式也是强制模式
Policy MLS status:              enabled
#是否支持 MLS 模式
Policy deny_unknown status:     allowed
#是否拒绝未知进程
Max kernel policy version:      33
#策略版本
```

9.3 SELinux 安全上下文管理

在 SELinux 的管理过程中，一般通过调整安全上下文来管理进程是否可以正确地访问文件资源，因此安全上下文管理是我们需要重点掌握的 SELinux 管理技巧。

9.3.1 查看安全上下文

我们已经知道，进程和文件都有自己的安全上下文，只有进程和文件的安全上下文匹配，该进程才可以访问该文件资源，因此我们可以查看进程和文件的安全上下文。先来看看如何查看文件和目录的安全上下文，其实就是使用 ls 命令，具体如下：

```
[root@localhost ~]# ls -Z [文件名或目录名]
#使用-Z 选项查看文件和目录的安全上下文

例如：
[root@localhost ~]# ls -Z anaconda-ks.cfg
system_u:object_r:admin_home_t:s0 anaconda-ks.cfg
```

查看文件的安全上下文非常简单，就是使用 "ls -Z 文件名" 命令，也可以按照习惯使用 "ll -Z 文件名" 命令。当然，要想查看目录的安全上下文，记得添加 "-d" 选项，代表显示目录本身，而不显示目录下的子文件，具体如下：

```
[root@localhost ~]# ls -Zd /var/www/html/
system_u:object_r:httpd_sys_content_t:s0 /var/www/html/
```

那么，该如何查看进程的安全上下文呢？只需使用 ps 命令即可，具体如下：

```
[root@localhost ~]# systemctl restart httpd
```

#启动使用 RPM 包安装的 Apache 服务

[root@localhost ~]# ps auxZ | grep httpd
system_u:system_r:httpd_t:s0   root   39928 0.3 1.2 20116 11592 ?   Ss   16:17
0:00 /usr/sbin/httpd -DFOREGROUND
…省略部分输出…

也就是说，只要进程和文件的安全上下文匹配，该进程就可以访问该文件资源。在上面的命令输出中，我们加粗的部分就是安全上下文。安全上下文看起来比较复杂，它使用 ":" 分隔为 4 个字段，其实共有 5 个字段，只是最后一个 "类别" 字段是可选的，例如：

system_u:object_r:httpd_sys_content_t:s0: [类别]
#身份字段：角色：类型：灵敏度：[类别]

下面对这 5 个字段的作用进行说明。

（1）身份（user）：用于标识该数据被哪个身份所拥有，相当于权限中的用户身份。这个字段并没有特别的作用，知道就好。常见的身份类型有以下 3 种。

- root：表示安全上下文的身份是 root。
- system_u：表示系统用户身份，其中 "_u" 代表 user。
- user_u：表示与一般用户账号相关的身份，其中 "_u" 代表 user。

一般系统数据的 user 字段就是 system_u，而用户数据的 user 字段就是 user_u。那么，在 SELinux 中到底可以识别多少种身份字段呢？我们可以使用 seinfo 命令来进行查询。SELinux 的相关命令一般都是以 "se" 开头的，因此较为好记，seinfo 命令的格式如下：

[root@localhost ~]# seinfo [选项]
选项：
　-u：　　列出 SELinux 中所有的身份（user）
　-r：　　列出 SELinux 中所有的角色（role）
　-t：　　列出 SELinux 中所有的类型（type）
　-b：　　列出所有的布尔值（也就是策略中的具体规则名）
　-x：　　显示更多的信息

seinfo 命令可实现的功能较多，我们这里只想查询 SELinux 中的身份，只需执行如下命令：

[root@localhost ~]# seinfo -u
Users: 8
　guest_u
　root
　staff_u
　sysadm_u
　system_u
　unconfined_u
　user_u
　xguest_u

从中可以看到，在 SELinux 中能够识别的身份共有 8 种。不过，身份字段在实际使用中并没有太多的作用，了解一下即可。

（2）角色（role）：主要用来表示此数据是进程还是文件或目录。这个字段在实际使用中也不需要修改，了解就好。常见的角色有以下 2 种。

- object_r：代表该数据是文件或目录，这里的"_r"代表 role。
- system_r：代表该数据是进程，这里的"_r"代表 role。

那么，SELinux 中到底有多少种角色呢？使用 seinfo 命令也可以查询，具体如下：

```
[root@localhost ~]# seinfo -r
Roles: 14
    auditadm_r
    dbadm_r
    guest_r
    logadm_r
    nx_server_r
    object_r
    secadm_r
    staff_r
    sysadm_r
    system_r
    unconfined_r
    user_r
    webadm_r
    xguest_r
```

（3）类型（type）：这是安全上下文中最重要的字段，进程是否可以访问文件，主要就是看进程的安全上下文类型字段是否和文件的安全上下文类型字段相匹配，如果匹配就可以访问。不过需要注意，类型字段在文件或目录的安全上下文中被称作类型（type），但是在进程的安全上下文中被称作域（domain）。也就是说，在主体（Subject）的安全上下文中，这个字段被称为域；在目标（Object）的安全上下文中，这个字段被称为类型。域和类型需要匹配（进程的类型要和文件的类型相匹配），才能正确访问。

如果想要了解 SELinux 中到底有多少种类型，那么可以通过 seinfo 命令查询，可使用的命令如下：

```
[root@localhost ~]# seinfo -t | more
Types: 5047
#当前系统中，共有 5047 种类型
    NetworkManager_etc_rw_t
    NetworkManager_etc_t
    NetworkManager_exec_t
    NetworkManager_initrc_exec_t
    NetworkManager_log_t
    NetworkManager_priv_helper_exec_t
    NetworkManager_priv_helper_t
    NetworkManager_ssh_t
…省略部分输出…
```

现在已知类型的作用，可是怎么知道进程的域和文件的类型是否匹配呢？这就要查询具体的策略规则了，在后面再进行介绍。不过已知 Apache 进程可以访问/var/www/html/（此目录为使用 RPM 包安装的 Apache 服务的默认网页主目录）目录中的网页文件，因此 Apache 进程的域和/var/www/html/目录的类型应该是匹配的，我们查询一下，命令如下：
```
[root@localhost ~]# ps auxZ | grep httpd
ystem_u:system_r:httpd_t:s0    root    39928  0.0  1.2  20116  11592 ?    Ss    16:17
0:00 /usr/sbin/httpd -DFOREGROUND
#Apache 进程的域是 httpd_t

[root@localhost ~]# ls -dZ /var/www/html/
system_u:object_r:httpd_sys_content_t:s0 /var/www/html/
#/var/www/html/目录的类型是 httpd_sys_content_t
```

Apache 进程的域是 httpd_t，/var/www/html/目录的类型是 httpd_sys_content_t，这个主体的安全上下文类型经过策略规则的比对，与目标的安全上下文类型匹配，因此 Apache 进程可以访问/var/www/html/目录。

在 SELinux 中最常遇到的问题就是进程的域和文件的类型不匹配，因此一定要掌握如何修改类型字段。

（4）灵敏度：灵敏度一般用 s0、s1、s2 来命名，数字代表灵敏度的等级。数值越大，代表灵敏度越高。

（5）类别：此字段不是必备的，因此使用 ls 命令和 ps 命令查询的时候并没有看到类别字段。但是，可以通过 seinfo 命令来查询，具体如下：

```
[root@localhost ~]# seinfo -u -x
#查询所有的 user 字段，并且查看详细信息
Users: 8
  user guest_u roles guest_r level s0 range s0;
    user root roles { staff_r sysadm_r system_r unconfined_r } level s0 range s0 - s0:c0.c1023;
    user staff_u roles { staff_r sysadm_r system_r unconfined_r } level s0 range s0 - s0:c0.c1023;
    user sysadm_u roles sysadm_r level s0 range s0 - s0:c0.c1023;
    user system_u roles { system_r unconfined_r } level s0 range s0 - s0:c0.c1023;
    user unconfined_u roles { system_r unconfined_r } level s0 range s0 - s0:c0.c1023;
    user user_u roles user_r level s0 range s0;
    user xguest_u roles xguest_r level s0 range s0;
```

我们使用"user system_u roles {system_r unconfined_r} level s0 range s0-s0:c0. c1023;"字段来解释这部分内容的输出信息：

- system_u：此 user 字段的字段名。
- roles { system_r unconfined_r }：此 user 能够匹配的 role（角色）。
- level s0：默认灵敏度。
- range s0 - s0:c0.c1023：灵敏度可以识别的类型。

9.3.2 修改和设置安全上下文

安全上下文的修改是必须掌握的内容，其实也并不难，主要通过 chron 命令来实现，其格式如下：

```
[root@localhost ~]# chcon [选项] 文件或目录
选项：
```

-R:	递归，当前目录和目录下的所有子文件同时设置
-t:	修改安全上下文的类型字段，最常用
-u:	修改安全上下文的身份字段
-r:	修改安全上下文的角色字段

举个例子：

```
[root@localhost ~]# echo 'test page!!!' >> /var/www/html/index.html
#建立一个网页文件，并写入"test page！！！"
```

我们可以通过浏览器来查看这个网页，只需在浏览器的 URL 中输入"http://ip"即可，如图 9-2 所示。

图 9-2　访问 Apache 测试页

```
[root@localhost ~]# ls -Z /var/www/html/index.html
unconfined_u:object_r:httpd_sys_content_t:s0 /var/www/html/index.html
#这个网页文件的模式类别是 httpd_sys_content_t
[root@localhost ~]# seinfo -t | grep var_t
   var_t
#查询 SELinux 中所有的安全上下文类型，发现有一个类型叫作 var_t
[root@localhost ~]# chcon -t var_t /var/www/html/index.html
#把网页文件的安全上下文类型修改为 var_t 类型
[root@localhost ~]# ls -Z /var/www/html/index.html
unconfined_u:object_r:var_t:s0 /var/www/html/index.html
#这个网页的安全上下文类型已经被修改了
```

我们已将网页文件的安全上下文类型进行了修改，这样 Apache 进程的安全上下文一定无法匹配网页的安全上下文，就会出现如图 9-3 所示的拒绝访问的情况。

大家注意，这里在访问网页的时候，如果只输入 IP 地址"http://192.168.44.20"，就会发现 Apache 显示了测试页面，这是由于 index.html 文件已经不符合访问要求，Apache

认为没有默认网页存在，所以显示测试页。如果想要看到报错，就请输入"http://192.168.44.20/index.html"。

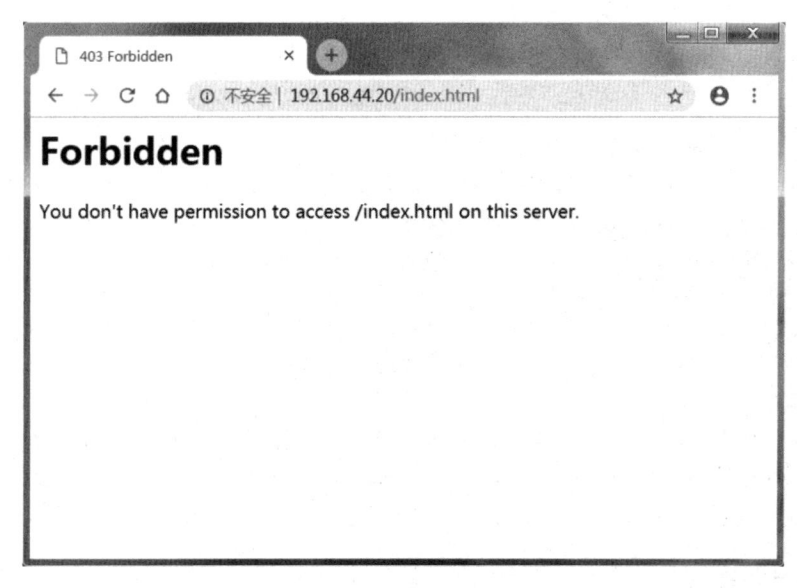

图 9-3　拒绝访问

注意：笔者用来测试的计算机的 IP 是 192.168.44.20，因此在浏览器中输入的是此 IP，试验设备的IP是什么，就应该输入什么，并不会和笔者的一致。还有，请注意关闭防火墙，或者正确地配置防火墙功能，否则网页不能访问。

这里的网页就会提示权限拒绝，我们已经知道是由于安全上下文不匹配造成的。当然，我们可以通过 chcon 命令将其修改回来，就可以修复了。不过还可以使用 restorecon 命令，这个命令的作用就是把文件的安全上下文恢复成默认的安全上下文。SELinux 的安全上下文设定得非常完善，因此使用 restorecon 命令就可以修复安全上下文不匹配所引起的问题。restorecon 命令的格式如下：

```
[root@localhost ~]# restorecon [选项] 文件或目录
选项：
    -R：  递归，同时恢复当前目录和目录下所有的子文件
    -v：  把恢复过程显示到屏幕上

例如：
[root@localhost ~]# restorecon -Rv /var/www/html/index.html
Relabeled  /var/www/html/index.html  from  unconfined_u:object_r:var_t:s0  to  unconfined_u:object_r:httpd_sys_content_t:s0
#这里已经提示安全上下文从 var_t 恢复成了 httpd_sys_content_t

[root@localhost ~]# ls -Z /var/www/html/index.html
unconfined_u:object_r:**httpd_sys_content_t**:s0 /var/www/html/index.html
#查看一下，安全上下文已经恢复正常了，网页的访问也已经恢复正常了
```

9.3.3 查询和修改默认安全上下文

1. 查询默认安全上下文

既然 restorecon 命令能够把文件或目录恢复成默认的安全上下文，就说明每个文件和目录都有自己的默认安全上下文。实际上，为了管理更加便捷，系统给所有的系统默认文件和目录都已经定义了默认的安全上下文。那么，默认安全上下文该如何查询和修改呢？这就要使用 semanage 命令了，具体如下：

```
[root@localhost ~]# semanage fcontext -l
#查询所有的默认安全上下文
…省略部分输出…
/var/www(/.*)?        all files      system_u:object_r:httpd_sys_content_t:s0
…省略部分输出…
#能够看到在/var/www/目录中所有内容的默认安全上下文都是 httpd_sys_content_t
```

因此，如果对/var/www/目录下文件的安全上下文进行了修改，就可以使用 restorecon 命令进行恢复，因为默认安全上下文已经明确定义了。

2. 修改默认安全上下文

那么，可以修改目录的默认安全上下文吗？当然可以，举个例子：

```
[root@localhost ~]# mkdir /www/
#新建/www/目录，并打算将这个目录作为 Apache 的网页主目录，不再使用/var/www/html/目录
[root@localhost ~]# ls -Zd /www/
unconfined_u:object_r:default_t:s0 /www/
#这个目录的安全上下文类型是 default_t，那么 Apache 进程当然就不能访问和使用/www/目录了
```

这时可以直接将/www/目录的安全上下文类型设置为 httpd_sys_content_t，但是为了以后管理方便，笔者打算修改/www/目录的默认安全上下文类型。先查询一下/www/目录的默认安全上下文类型，命令如下：

```
[root@localhost ~]# semanage fcontext -l | grep "/www"
#没有找到/www/目录的默认安全上下文
#查询/www/目录的默认安全上下文
```

查询后得到一堆结果，但是并没有找到/www/目录的默认安全上下文。因为这个目录是手工建立的，并不是系统默认目录，所以并没有默认安全上下文，需要我们手工设定，命令如下：

```
[root@localhost ~]# semanage fcontext -a -t httpd_sys_content_t "/www(/.*)?"
#解释一下命令
    -a:         增加默认安全上下文
    -t:         设定默认安全上下文的类型
#这条命令会给/www/目录及目录中的所有内容设定默认安全上下文类型为 httpd_sys_content_t

[root@localhost ~]# semanage fcontext -l | grep "/www"
…省略部分输出…
/www(/.*)?         all files       system_u:object_r:httpd_sys_content_t:s0
#/www/目录的默认安全上下文出现了
```

这时已经设定好了/www/目录的默认安全上下文。

```
[root@localhost ~]# ls -Zd /www/
unconfined_u:object_r:default_t:s0 /www/
#但是查询发现/www/目录的安全上下文并没有进行修改，这是因为我们只修改了默认安全上下文，
#而没有修改目录的当前安全上下文

[root@localhost ~]# restorecon -Rv /www/
Relabeled /www from unconfined_u:object_r:default_t:s0 to unconfined_u:object_r:httpd_sys_content_t:s0
#恢复一下/www/目录的默认安全上下文，发现类型已经被修改为 httpd_sys_content_t
```

默认安全上下文的设定就这么简单。

9.4　SELinux 日志查看

在刚刚列举的 Apache 服务的例子中，index.html 文件的安全上下文是人为故意修改错误的，因此修改回来很简单。但是在实际的生产服务器上，一旦 SELinux 出现了问题，我们该如何判断问题出现在哪里呢？又该如何修改呢？这时就要求助 SELinux 的日志系统了，在日志系统中详细地记录了 SELinux 中出现的问题，并提供了解决建议。

9.4.1　auditd 的安装与启动

在当前版本的系统中，auditd 服务是默认已经安装并启动的，不再需要手工安装与启动。如果不放心，那么可以手工查询一下：

```
[root@localhost ~]# rpm -qa | grep audit
audit-libs-3.0.7-103.el9.x86_64
audit-3.0.7-103.el9.x86_64
#auditd 服务已经安装

[root@localhost ~]# ps aux | grep auditd
root         613  0.0  0.2 165544  2244 ?        S<sl 05:18   0:00 /sbin/auditd
#auditd 服务已经启动
```

9.4.2　auditd 日志的使用

auditd 服务会把 SELinux 的信息都记录在/var/log/auditd/auditd.log 文件中。这个文件中记录的信息非常多，如果手工查看，那么效率将非常低下。例如，在笔者使用的 Linux 中，这个日志的大小就有 776KB。

```
[root@localhost ~]# ll -h /var/log/audit/audit.log
-rw-------. 1 root root 1022K  3 月 21 15:41 /var/log/audit/audit.log
```

而且，这里的 Linux 只是实验用的虚拟机，如果是真正的生产服务器，那么这个日志的大小将更加"恐怖"（注意：audit.log 并没有自动加入 logrotate 日志轮替当中，需要手工让这个日志进行轮替，具体方法参考第 7 章）。因此，如果手工查看这个日志，效率就会非常低。还好，Linux 较为人性化，为我们准备了几个工具，来帮助我们分析这个

日志，下面分别进行学习。

1. audit2why 命令

audit2why 命令用来分析 audit.log 日志文件，并分析 SELinux 为什么会拒绝进程的访问。也就是说，这个命令显示的都是 SELinux 的拒绝访问信息，正确的信息会被忽略。audit2why 命令的格式也非常简单，具体如下：

[root@localhost ~]# audit2why < 日志文件名

例如：
[root@localhost ~]# audit2why < /var/log/audit/audit.log
type=AVC msg=audit(1710925002.688:886): avc: denied { getattr } for pid=40257 comm="httpd" path="/var/www/html/index.html" dev="sda3" ino=16930305 scontext=system_u:system_r:httpd_t:s0 tcontext=unconfined_u:object_r:var_t:s0 tclass=file permissive=0
#这条信息的意思是拒绝了 PID 为 40257 的进程访问 "/var/www/html/index.html"
#原因是主体的安全上下文和目标的安全上下文不匹配
#其中，denied 代表拒绝，path 指定目标的文件名，scontext 代表主体的安全上下文
#tcontext 代表目标的安全上下文
#仔细查看，其实就是主体的安全上下文类型 httpd_t 和目标的安全上下文类型 var_t 不匹配导致的

　　Was caused by:
　　　　Missing type enforcement (TE) allow rule.

　　　　You can use audit2allow to generate a loadable module to allow this access.
#给出的处理建议是使用 audit2allow 命令再次分析这个日志文件

2. audit2allow 命令

audit2allow 命令的作用是分析日志，并提供允许的建议规则或拒绝的建议规则。这样讲解很难理解，我们还是尝试使用一下吧，audit2allow 命令的使用方式如下：
[root@localhost ~]# audit2allow -a /var/log/audit/audit.log
#选项-a：指定日志文件名

#=============== httpd_t ==============
allow httpd_t var_t:file getattr;
#提示非常简单，我们只需定义一个规则，允许 httpd_t 类型对 var_t 类型拥有 getattr 权限
#即可解决这个问题

可是，到现在我们还没有学习如果修改策略规则，这该如何是好？其实针对这种主体和目标安全上下文类型不匹配的问题，全部使用 restorecon 命令恢复目标（文件）的安全上下文为默认安全上下文，即可解决问题，简单方便，完全不用自己定义规则。但是，audit2allow 命令对解决其他类型的 SELinux 错误还是很有帮助的。

3. sealert 命令

sealert 命令是 setroubleshoot 客户端工具，也就是 SELinux 信息诊断客户端工具。虽然 setroubleshoot 服务已经不存在了，但是 sealert 命令还是可以使用的。sealert 命令的格式如下：
[root@localhost ~]# sealert [选项] 日志文件名

选项：
　　-a：　分析指定的日志文件

同样使用这个工具分析一下我们的 audit.log 日志，具体如下：

```
[root@localhost ~]# sealert -a /var/log/audit/audit.log
100% done
found 3 alerts in /var/log/audit/audit.log
--------------------------------------------------------------------------------

…省略部分输出…
SELinux 正在阻止 /usr/sbin/httpd 对 getattr 文件 进行 /var/www/html/index.html 访问。

***** 插件 restorecon (94.8 置信度) 建议   ******************************************

如果要修复标签。/var/www/html/index.html 默认标签应该是 httpd_sys_content_t。
然后 你可以运行restorecon。由于访问父目录的权限不足，可能已停止访问尝试，在这种情况下尝试相
应地更改以下命令。
做
#以上为系统自带中文输出
# /sbin/restorecon -v /var/www/html/index.html
#提示非常明确，只要运行以上命令，即可修复 index.html 文件的问题

*****插件 catchall_labels (5.21 置信度) 建议   ************************************

如果你想允许 httpd 对 index.html file 拥有 getattr 访问权限
然后 必须更改 /var/www/html/index.html 中的标签做
#以上为系统自带中文输出
# semanage fcontext -a -t FILE_TYPE '/var/www/html/index.html'
…省略部分输出…
```

有了这些日志分析工具，我们就能够处理常见的 SELinux 错误了。这些工具非常好用，要熟练掌握。

9.5　SELinux 的策略规则

虽然策略中的规则数量众多，管理较为麻烦，但是我们还是需要学习规则的基本管理方法，主要包括规则的查看、规则的开启与关闭。

9.5.1　规则的查看

我们已经知道，当前 SELinux 的默认策略是 targeted，那么这个策略中到底包含有多少个规则呢？使用 seinfo 命令即可查询，具体如下：

```
[root@localhost ~]# seinfo -b
#还记得-b 选项吗？就是查询布尔值，也就是查询规则名
Booleans: 347
```

Linux 9 系统管理全面解析

```
#当前系统有 347 条规则
   abrt_anon_write
   abrt_handle_event
   abrt_upload_watch_anon_write
   antivirus_can_scan_system
   antivirus_use_jit
   auditadm_exec_content
   authlogin_nsswitch_use_ldap
…省略部分输出…
```

使用 seinfo 命令只能看到所有规则的名称，如果想要知道规则的具体内容，就需要使用 sesearch 命令，其格式如下：

[root@localhost ~]# sesearch [选项] [规则类型] [表达式]
选项：
  -h: 显示帮助信息
规则类型：
  --allow: 显示允许的规则
  --neverallow: 显示从不允许的规则
  --A: 显示 allow 和 allowxperm 规则
表达式：
  -s 主体类型: 显示和指定主体的类型相关的规则（主体是访问的发起者，这个 s 是 source 的意思，也就是源类型）
  -t 目标类型: 显示和指定目标的类型相关的规则（目标是被访问者，这个 t 是 target 的意思，也就是目标类型）
  -b 规则名: 显示规则的具体内容（b 是 bool，也就是布尔值，这里是指规则名）

下面举几个例子。演示一下，如果我们知道的是规则名，那么应该如何查询具体的规则内容？命令如下：

例 1：按照规则名查询规则的具体内容

```
[root@localhost ~]# seinfo -b | grep http
    httpd_anon_write
    httpd_builtin_scripting
    httpd_can_check_spam
    httpd_can_connect_ftp
    httpd_can_connect_ldap
    httpd_can_connect_mythtv
    httpd_manage_ipa
…省略部分输出…
    #查询和 Apache 相关的规则，有 httpd_manage_ipa 规则

[root@localhost ~]# sesearch -A -b httpd_manage_ipa
# httpd_manage_ipa 规则中具体定义了哪些规则内容呢？使用 sesearch 命令查询一下
allow httpd_t memcached_var_run_t:dir { add_name ioctl lock read remove_name write };
[ httpd_manage_ipa ]:True
allow httpd_t memcached_var_run_t:file { append create getattr ioctl link lock open read rename setattr unlink watch watch_reads write }; [ httpd_manage_ipa ]:True
…省略部分输出…
```

每个规则中都定义了大量的具体规则内容，这些内容比较复杂，一般不需要修改，

掌握查询方式即可。

可是，有时我们知道的是安全上下文的类型，而不是规则名。例如，已知 Apache 进程的域是 httpd_t，而/var/www/html/目录的类型是 httpd_sys_content_t。而 Apache 进程之所以可以访问/var/www/html/目录，是因为 httpd_t 域和 httpd_sys_content_t 类型匹配。那么，该如何查询这两个类型匹配的规则呢？命令如下：

例 2：按照安全上下文类型查询规则内容

```
[root@localhost ~]# ps auxZ | grep httpd
system_u:system_r:httpd_t:s0    root    39928  0.0  1.2  20216  11452 ?    Ss   14:33
0:00 /usr/sbin/httpd -DFOREGROUND
#Apache 进程的域是 httpd_t
[root@localhost ~]# ls -Zd /var/www/html/
system_u:object_r:httpd_sys_content_t:s0 /var/www/html/
#/var/www/html/目录的类型是 httpd_sys_content_t

[root@localhost ~]# sesearch -A -s httpd_t -t httpd_sys_content_t
…省略部分输出…
allow httpd_t httpd_content_type:dir { ioctl lock read }; [ httpd_builtin_scripting ]:True
allow httpd_t httpd_content_type:file { getattr ioctl lock map open read };
allow httpd_t httpd_content_type:lnk_file { getattr read }; [ httpd_builtin_scripting ]:True
allow httpd_t httpd_sys_content_t:dir { ioctl lock read };
allow httpd_t httpd_sys_content_t:lnk_file { getattr read };
…省略部分输出…
#可以清楚地看到 httpd_t 域是允许访问和使用 httpd_sys_content_t 类型的
```

9.5.2 规则的开启与关闭

虽然不用修改规则的具体内容，但是在默认情况下，并不是所有规则都是开启的，我们需要学习如何开启与关闭规则。规则的开启与关闭并不困难，使用 getsebool 命令来查询规则的开启和关闭状态，使用 setsebool 命令来修改规则的开启与关闭状态。

1. 查询规则是否开启

先来看看如何知道哪些规则是启用的，哪些规则是关闭的。这时需要使用 getsebool 命令，其格式如下：

```
[root@localhost ~]# getsebool [选项] [规则名]
选项：
    -a:    列出所有规则的开启状态
```

例如：

```
[root@localhost ~]# getsebool -a
abrt_anon_write --> off
abrt_handle_event --> off
abrt_upload_watch_anon_write --> on
antivirus_can_scan_system --> off
antivirus_use_jit --> off
auditadm_exec_content --> on
```

...省略部分输出...
#getsebool 命令明确地列出了规则的开启状态

2. 修改规则的开启状态

如果能够查询到规则的开启状态，那么我们使用 setsebool 命令就可以开启和关闭某个规则。当然，我们应该先通过 sesearch 命令确认这个规则的作用，格式如下：

```
[root@localhost ~]# setsebool [选项] 规则名=[0|1]
```
选项：
- -P：   将改变写入配置文件，永久生效
- 规则名=0：   将该规则关闭
- 规则名=1：   将该规则开启

举个例子：

```
[root@localhost ~]# getsebool -a | grep httpd
#查询和 Apache 进程相关的规则
...省略部分输出...
httpd_enable_homedirs --> off
...省略部分输出...
#发现 httpd_enable_homedirs 规则是关闭的，这个规则主要用于允许 Apache 进程访问用户的家目录
#如果不开启这个规则，那么 Apache 进程的 userdir 功能将不能使用

[root@localhost ~]# setsebool -P httpd_enable_homedirs=1
#开启 httpd_enable_homedirs 规则
[root@localhost ~]# getsebool httpd_enable_homedirs
httpd_enable_homedirs --> on
#查询规则状态为开启

[root@localhost ~]# setsebool -P httpd_enable_homedirs=0
#关闭规则
[root@localhost ~]# getsebool httpd_enable_homedirs
httpd_enable_homedirs --> off
#查询规则状态为关闭
```

9.6 本章小结

本章重点

本章重点是理解 SELinux 的概念、理解安全上下文的概念、理解 SELinux 日志管理概念，并掌握 SELinux 相关管理命令。

本章难点

SELinux 属于 Linux 系统中比较复杂的部分，我们建议服务器一定要开启 SELinux 策略，这有助于提升服务器安全等级。对 SELinux 来讲，我们只要掌握基本操作，能够进行基本的安全上下文管理，就可以了。